高等学校“十一五”规划教材

基础化学实验

欧阳玉祝　主编

化学工业出版社

·北京·

本书分为实验室基本知识、基础化学实验项目和实验附录三部分，其中第二部分综合了无机化学、分析化学、有机化学和物理化学等课程的实验方法、实验操作和实验技术，实验项目包括基础性实验、综合性实验和设计性实验三个层次，共计 87 个实验；第三部分共包括 32 个附录，对实验涉及试剂的物性参数及相关性能进行综合列举。

本书可作为高等学校化学、化工、食品、生物、环境、医学和药学等本科专业及其相近专业的基础化学实验教材使用。

图书在版编目（CIP）数据

基础化学实验/欧阳玉祝主编. —北京：化学工业出版社，2010.9（2024.7 重印）
高等学校“十一五”规划教材
ISBN 978-7-122-09147-5

Ⅰ. 基… Ⅱ. 欧… Ⅲ. 化学实验-高等学校-教材
Ⅳ. O6-3

中国版本图书馆 CIP 数据核字（2010）第 136172 号

责任编辑：徐雅妮　　　文字编辑：糜家铃
责任校对：陈　静　　　装帧设计：张　辉

出版发行：化学工业出版社（北京市东城区青年湖南街 13 号　邮政编码 100011）
印　　装：北京科印技术咨询服务有限公司数码印刷分部
787mm×1092mm　1/16　印张 16½　字数 422 千字　2024 年 7 月北京第 1 版第11次印刷

购书咨询：010-64518888　　　售后服务：010-64518899
网　　址：http://www.cip.com.cn
凡购买本书，如有缺损质量问题，本社销售中心负责调换。

定　　价：39.00 元

《基础化学实验》编写人员

主　　编　欧阳玉祝

副 主 编　颜文斌　覃事栋　彭晓春

刘文萍　张朝晖

参编人员　（按拼音排序）

陈莉华　段友构　李志平　刘建本

石爱华　王小华　王迎春　吴显明

吴竹青　杨朝霞　章爱华

前 言

化学是自然科学中融科学性、实践性和趣味性于一体的基础科学。它与物理学、生物学、医学、数学、美学、哲学等学科交叉融合，形成许多新型学科，为人类创造了巨大的财富。基础化学实验是验证和巩固基础化学理论、训练专业技能、培养创新能力的一门实践课程，在本科生人才培养过程中占有重要地位。

随着科学技术的不断发展和教育改革的不断深化，如何通过实验教学内容和实验教学手段的改革，培养学生发现问题、提出问题、分析问题和解决问题的能力，形成良好的创新意识和创新思维，已成为当今实验教学改革的重点，也逐渐受到人们的关注和重视。为了更好地适应教学改革发展和人才培养模式改革的需要，进一步提高教育、教学质量，强化本地资源开发利用，突出办学特色，根据基础化学实验教学目标和人才培养要求，我们组织本校化学实验教学中心的实验教学人员，结合实验教学研究和科学研究成果，对多年来的实验教学经验进行认真的总结、分析和讨论，编写了《基础化学实验》一书。本书在编写过程中强调了以下几点。

1. 从学生系统学习和掌握化学基本理论、基本知识和基本技能着手，综合四大基础课实验重复的基本操作实验，将无机化学、分析化学、有机化学和物理化学四大化学基础课实验进行综合分析和归纳，形成一个整体。

2. 考虑到实验教学课时量的限制，本书将基本操作实验和大型仪器分析实验融入综合性实验中，使原来单一的验证性实验变成综合性实验。书中只保留最常用的几个基本操作实验。

3. 本教材的编写坚持教学与应用相结合，实验项目设置和实验内容的确定与本地资源开发利用相结合，实验内容涉及常规基础型实验、天然产物提取实验、农林产品加工实验、本地矿产加工实验等，以适应本地资源开发利用和经济发展的需要。

4. 编写时力求语句通顺，结构合理，格式规范，内容准确。编写时按四大基础课实验顺序进行编写，每一大类由一个负责人进行审核。

本书由吉首大学化学化工学院欧阳玉祝主编，颜文斌、覃事栋、彭晓春、刘文萍、张朝晖任副主编，颜文斌负责基础化学实验Ⅰ的审核，覃事栋负责基础化学实验Ⅱ的审核，彭晓春负责基础化学实验Ⅲ的审核，刘文萍负责基础化学实验Ⅳ的审核，张朝晖负责实验室基本知识和附录的审核。全书共 87 个实验，32 个附录。颜文斌编写实验 14、实验 15、实验 25；石爱华编写实验 5、实验 6～实验 11、实验 13、实验 26；刘建本编写实验 3、实验 4、实验 12、实验 16、实验 24、实验 27～实验 31；吴竹青编写实验 1、实验 2、实验 17～实验 23；覃事栋编写实验 44～实验 46；段友构编写实验 32～实验 35；张朝晖编写实验 40～实验 43；陈莉华编写实验 36～实验 39；彭晓春编写实验 50～实验 54；欧阳玉祝编写实验 47、实验 48、实验 65～实验 67；李志平编写实验 68 和实验 69；王迎春编写实验 49、实验 60～实验 64；章爱华编写实验 55～实验 59；刘文萍编写实验 70、实验 76、实验 77、实验 79、实验

80、实验 83、实验 85 和实验 86；吴显明编写实验 73～实验 75、实验 87；杨朝霞编写实验 71、实验 72、实验 78、实验 81、实验 82 和实验 84；王小华编写实验室基本知识和附录。

限于编者的学术水平和经验，疏漏和不妥之处在所难免，恳请各位专家和读者不吝指正。

编　者

于吉首大学化学化工学院

2010.6

目　　录

基础化学实验Ⅱ

基础化学实验Ⅲ

基础化学实验Ⅳ

导　言

一、化学实验的重要意义

化学是一门中心科学。一方面，化学学科本身发展迅猛，另一方面，化学在发展过程中为相关学科的发展提供了物质基础。化学离不开实验，是一门实践性非常强的学科。化学实验的重要性主要表现在三个方面：第一，化学实验是化学理论产生的基础，化学的规律和成果建筑在实验成果之上；第二，化学实验也是检验化学理论正确与否的唯一标准，化学合成方案、产品性能分析、物质性质检验是否可行，都将由实验来检验，并且通过实验技术来完成；第三，化学学科发展的最终目的是转化为社会生产力。据估计，在21世纪，化学化工产品在国际市场上将成为仅次于电子产品的第二大类产品，而化学实验正是化学学科与生产力发展的基本点。

化学学科已发生巨大变化，其中实验化学发展迅速，成果惊人。至1995年化合物总量已达1800多万种，而且化合物的合成已达分子设计的水平。实验测量的技术精度空前提高，空间分辨率可达0.1nm（10^{-10}m）；时间分辨率可达飞秒（10^{-15}s）；测定物质的浓度只需要10^{-13}g/mL。今天化学家不仅研究地球重力场作用下发生的化学过程，而且已开始系统研究物质在磁场、电场和光能、力能以及声能作用下的化学反应；在高温、高压、高纯、高真空、无氧无水等条件下研究在太空失重和强辐射、高真空情况下的化学反应过程。因此，化学实验推动着化学学科乃至相关学科的飞速发展，引导人类进入崭新的物质世界。

二、化学实验教学的目的

著名化学家、中科院院士戴安邦教授对实验教学作了精辟的论述：实验教学是实施全面化学教育的有效形式。强调和重视实验教学，是因为实验教学在化学教学方面起着课堂讲授不能代替的特殊作用。通过化学实验教学，不仅要传授化学知识，更重要的是培养学生的能力和素质，掌握化学实验基本操作技能和化学实验基本技术，培养学生发现问题、提出问题、分析问题和解决问题的能力，养成实事求是的科学研究态度，树立勇于探索的创新意识。

大学生通过系统地学习基础化学实验，可以逐渐掌握化学实验的基本知识和实验基本操作技能，获得大量物质性质与变化、合成与分离以及纯化与分析的感性认识。通过进一步熟悉四大基础化学课程涉及的无机和有机界中物质的重要信息，掌握合成、制备、分离和纯化方法；加深对化学基本理论和基础知识的理解，养成独立思考、独立准备和独立操作的实践能力。培养细致地观察实验、记录实验现象、分析实验现象产生的原因以及实验数据处理和实验结果表达的能力。

三、掌握学习方法

为了实现基础化学实验的学习目的，不仅要求学生有良好的学习态度和强烈的学习兴趣，而且要求有正确的学习方法。基础化学实验的学习方法大致可分为下列三个步骤。

1. 预习

为了使实验能够获得良好的效果，实验前必须对本次实验内容进行全面预习，预习内容如下。

（1）阅读本次实验的教材内容和相关参考资料的有关内容。

（2）明确本次实验的教学目的。

（3）理解本次实验的实验原理，掌握实验内容、实验步骤、实验仪器与试剂、实验试剂的性质以及实验时应注意的安全知识。

（4）在预习的基础上，按照要求写好预习报告，在实验前一天交实验指导老师批阅。学生预习不充分或报告不合格，教师可让学生重新进行预习，要求学生在掌握实验内容之后再进行实验。

2. 实验

实验是培养学生动手能力的重要环节，实验必须做到如下几点。

（1）实验中要按照实验安全规程和实验要求认真完成每项操作，不允许违反实验操作规程进行实验。

（2）观察是成功的关键。实验中，要仔细观察每一个实验现象，并及时、如实地做好详细的实验记录，把整个实验过程记录在实验报告上。

（3）如果发现实验现象与理论不符，应首先尊重实验事实，并认真分析和检查其原因，也可以做对照实验、空白实验或自行设计的实验来核对，必要时应多次重做验证，从中得到有益的科学结论和学习科学思维的方法。

（4）实验中要多思考、勤分析，力争自己解决问题。遇到疑难问题或自己解决不了的实验难题或实验现象，可向老师请教。

（5）在实验过程中应保持肃静，严格遵守实验室工作规程、实验操作规程和实验室安全规程。

3. 撰写实验报告

实验报告是预习报告的延续，是对本次实验的总结。每次实验完毕后，都应撰写规范的实验报告。实验报告要绘制实验装置图，对实验现象进行解释并作出结论，根据实验数据进行处理和计算，撰写实验体会和收获。实验报告要独立完成，完成后交指导教师审阅。实验报告中的实验记录必须是原始记录，不允许写“回忆录”。若实验现象、解释、结论、数据、计算等不符合要求，或实验报告写得草率，应重做实验或重写报告。书写实验报告应字迹端正，简明扼要，整齐清洁。

第一章 实验室基本知识

化学实验教学不同于传统的课堂教学，对学生的技能训练和创新能力的培养有着重大的意义。在实验教学过程中，学生是教学过程的主体，教师发挥的是主导作用。为了使学生尽快熟悉这种教学方式，规范教学秩序，必须制定相关的规章制度。

化学实验室是实施实验教学的重要场所，关系到实验教学质量的好坏。在化学实验室里涉及许多仪器、仪表、化学试剂，甚至有毒药品。为了保证实验教学人员的安全，实验室设备的完好、防火安全和环境保护是十分重要的，也是要求学生应掌握的重要课程内容。

本章对基础化学实验室中经常遇到的实验基本知识和问题进行扼要介绍，以引起教师和学生的重视。

一、遵守实验室规则

实验室规则是人们由长期的实验室工作中归纳总结出来的，它是保证正常从事实验的环境和工作秩序、防止意外事故、提高实验教学质量的一个重要前提，人人必须做到无条件遵守。

(1) 实验前一定要做好实验预习和实验准备工作，检查实验所需的仪器、药品是否齐全。如果要做规定以外的实验，应先提出申请，获得教师批准后才能实施。

(2) 实验时要集中精神，认真操作，仔细观察，积极思考，如实详细地做好实验记录，观察实验过程中的一些细微变化的现象，并对现象进行合理的解释。

(3) 实验中必须保持肃静，不准大声喧哗，不得到处乱走。不得无故缺席，因故缺席未做的实验应该补做。

(4) 爱护国家财物，小心使用仪器和实验设备，注意节约水、电和燃气。每人应取用自己的仪器，不得随意动用他人的仪器；公用仪器和临时供用的仪器用毕应洗净，并立即送回原处。如有损坏，必须及时登记补领并且按照规定赔偿。

(5) 加强环境保护意识，采取积极措施，减少有毒气体和废液对大气、水和周围环境的污染。

(6) 剧毒药品必须有严格的管理、使用制度；领用时要登记，用完后要回收或销毁，并把用过的桌子和地面擦净，洗净双手。

(7) 实验台上的仪器、药品应整齐地放在一定的位置上；并保持台面的清洁。每人准备一个废品杯，实验中的废纸、火柴梗和碎玻璃等应随时放入废品杯中。待实验结束后，集中倒入垃圾箱。酸性溶液应倒入废液缸，切勿倒入水槽，以防腐蚀下水管道；碱性废液倒入相应的废液缸。

(8) 按规定的量取用药品，注意节约。称取药品后，及时盖好原瓶盖，放在指定地方的药品不得擅自拿走。

(9) 使用精密仪器时，必须严格按照操作规程进行操作，细心谨慎，避免粗枝大叶而损坏仪器。如发现仪器有故障，应立即停止使用，报告教师，及时排除故障。

(10) 在使用燃气时要严防泄漏，火源要与其他物品保持一定的距离，用后要关闭燃气阀门。

(11) 实验后，应将所用仪器洗净并整齐地放回实验柜内。实验台和试剂架必须擦净，最后关好电门、水龙头和燃气开关。实验柜内仪器应存放有序，清洁整齐。

(12) 每次实验后由学生轮流值勤，负责打扫和整理实验室，并检查水龙头、燃气开关、门、窗是否关紧，电闸是否拉掉，以保持实验室的整洁和安全。教师检查合格后方可离去。

(13) 如果发生意外事故，应保持镇静，不要惊慌失措；遇有烧伤、烫伤、割伤时应立即报告教师，及时救治。

二、注意实验安全

进行化学实验时，要严格遵守关于水、电、燃气和各种仪器、药品的使用规定。化学药品中，很多是易燃、易爆、有腐蚀性和有毒的药品。因此，重视安全操作，熟悉一般的安全知识是非常必要的。

注意安全不仅是个人的事情。发生了事故不仅损害个人的健康，还会危及周围的人，并使国家的财产受到损失，影响工作的正常进行。实验教师和学生要从思想上重视实验安全工作，决不能麻痹大意；实验前应全面了解仪器的性能和药品的性质以及本实验中的安全事项。在实验过程中，集中注意力，严格遵守实验安全守则，以防意外事故的发生。同时，要学会一般的救护措施。一旦发生意外事故，可进行及时处理。对于实验室的废液，要掌握一些处理方法，以保持实验室环境不受污染。

1. 实验室安全守则

(1) 不要用湿的手、物接触电源。水、电、燃气一经使用完毕，就立即关闭水龙头、燃气开关，拉掉电闸。点燃的火柴用后立即熄灭，不得乱扔。

(2) 严禁在实验室内饮食、吸烟，或把食具带进实验室。实验完毕，必须洗净双手。

(3) 绝对不允许随意混合各种化学药品，以免发生意外事故。

(4) 金属钾、钠和白磷等暴露在空气中易燃烧，所以，金属钾、钠应保存在煤油中，白磷则可保存在水中，取用时要用镊子。一些有机溶剂（如乙醚、乙醇、丙酮、苯等）极易燃烧，使用时必须远离明火、热源，用毕立即盖紧瓶塞。

(5) 含氧气的氢气遇火易爆炸，操作时必须严禁接近明火。在点燃氢气前，必须先检查并确保纯度符合要求。银氨溶液不能留存，因久置后会变成氮化银，也易爆炸。某些强氧化剂（如氯酸钾、硝酸钾、高锰酸钾等）或其混合物不能研磨，否则将引起爆炸。

(6) 应配备必要的护目镜。倾注药剂或加热液体时，容易溅出，不要俯视容器。尤其是浓酸、浓碱具有强腐蚀性，切勿使其溅在皮肤或衣服上，眼睛更应注意防护。稀释酸、碱时(特别是浓硫酸)，应将它们慢慢倒入水中，而不能反向进行，以避免迸溅。加热试管时，切记不要使试管口对着自己或别人。

(7) 不要俯向容器去嗅放出的气味。面部应远离容器，用手把逸出容器的气体慢慢地扇向自己的鼻孔。能产生有刺激性或有毒气体（如 H_2S、HF、Cl_2、CO、NO_2、SO_2、Br_2 等）的实验必须在通风橱内进行。

(8) 有毒药品（如重铬酸钾、钡盐、铅盐、砷的化合物、汞的化合物，特别是氰化物）不得进入口内或接触伤口。剩余的废液也不能随便倒入下水道，应倒入废液缸或教师指定的容器里。

(9) 金属汞易挥发，并通过呼吸道进入人体，并逐渐积累引起慢性中毒。所以，做金属汞的实验应特别小心，不得把金属汞洒落在桌上或地上。一旦洒落，必须尽可能收集起来，并用硫黄粉盖在洒落的地方，使金属汞转变成不挥发的硫化汞。

(10) 实验室所有药品不得携带出实验室外，用剩的有毒药品应及时交还给教师。

2. 实验室事故的处理

(1) 创伤　伤处不能用手抚摸，也不能用水洗涤。若是玻璃创伤，应先把碎玻璃从伤处挑出。轻伤可涂以紫药水（或红汞、碘酒），必要时撒些消炎粉或敷些消炎膏，用绷带包扎。

(2) 烫伤　不要用冷水洗涤伤处。伤处皮肤未破时，可涂擦饱和碳酸氢钠溶液或用碳酸氢钠粉调成糊状敷于伤处，也可抹獾油或烫伤膏；如果伤处皮肤已破，可涂些紫药水或1%高锰酸钾溶液。

(3) 受酸腐蚀致伤　先用大量水冲洗，再用饱和碳酸氢钠溶液（或稀氨水、肥皂水）洗，最后再用水冲洗。如果酸液溅入眼内，用大量水冲洗后，送医院诊治。

(4) 受碱腐蚀致伤　先用大量水冲洗，再用2%醋酸溶液或饱和硼酸溶液洗，最后用水冲洗，如果碱液溅入眼中，用硼酸溶液洗。

(5) 受锈腐蚀致伤　用苯或甘油洗涤伤口，再用水洗。

(6) 受磷灼伤　用1%硝酸银、5%硫酸铜或浓高锰酸钾溶液洗涤伤口，然后包扎。

(7) 吸入刺激性或有毒气体　吸入氯气、氯化氢气体时，可吸入少量酒精和乙醚的混合蒸气解毒。吸入硫化氢或一氧化碳气体而感到不适时，应立即到室外呼吸新鲜空气。但应注意氯气、溴中毒不可进行人工呼吸，一氧化碳中毒不可施用兴奋剂。

(8) 毒物进入口内　将5～10mL稀硫酸铜溶液加入一杯温水中，内服后，用手指深入咽喉部，促使呕吐，吐出毒物，然后立即送医院。

(9) 触电　首先切断电源，然后在必要时进行人工呼吸。

(10) 起火　起火后，要立即一面灭火，一面防止火势蔓延（如采取切断电源、移走易燃药品等措施）。灭火的方法要针对起因选用合适的方法和灭火设备（见表1）。一般的小火可用湿布、石棉布或沙子覆盖燃烧物，即可灭火。火势大时可使用泡沫灭火器。但电器设备所引起的火灾，只能使用二氧化碳或四氯化碳灭火器灭火，不能使用泡沫灭火器，以免触电。实验人员衣服着火时，切勿惊慌乱跑，赶快脱下衣服，或用石棉布覆盖着火处。

表1　常用的灭火器及其使用范围

灭火器类型	药液成分	适用范围
酸碱式	H_2SO_4、$NaHCO_3$	非油类、非电器的一般火灾
二氧化碳灭火器	$Al_2(SO_4)_3$、$NaHCO_3$	油类起火
干粉灭火器	$NaHCO_3$ 等盐类、润滑剂、防潮剂	油类、可燃性气体、电器设备、精密仪器、图书文件和遇水易燃烧药品的初起火灾
1211灭火器	CF_2ClBr 液化气体	特别适用于油类、有机溶剂、精密仪器、高压电气设备失火

(11) 伤势较重者，应立即送医院。

为了对实验室内意外事故进行紧急处理，应该在每个实验室内准备一个急救药箱，药箱内可准备下列药品：

红药水	碘酒（3%）
獾油或烫伤膏	碳酸氢钠溶液（饱和）
饱和硼酸溶液	醋酸溶液（2%）
氨水（5%）	硫酸铜溶液（5%）
高锰酸钾晶体（需要时再制成溶液）	氯化铁溶液（止血剂）
消炎粉	甘油

另外，消毒纱布、消毒棉（均放在玻璃瓶内，磨口塞紧）、剪刀、氧化锌橡皮膏、棉花棒等也是不可缺少的。

3. 实验室废液的处理

实验中经常会产生某些有毒的气体、液体和固体，都需要及时排弃，特别是某些剧毒物质，如果直接排出就可能污染周围空气和水源，损害人体健康。因此，对废液、废气和废渣要经过一定的处理后，才能排弃。产生少量有毒气体的实验应在通风橱内进行。通过排风设备将少量毒气排到室外，使排出气在外面大量空气中稀释，以免污染室内空气。产生毒气量大的实验必须备有吸收或处理装置。如二氧化氮、二氧化硫、氯气、硫化氢、氟化氢等可用导管通入碱液中，使其大部分被吸收后排出，一氧化碳可点燃生成二氧化碳。少量有毒的废渣常埋于地下（应有固定地点）。下面主要介绍一些常见废液处理的方法。

(1) 无机实验中通常产生的大量的废液是废酸液。废酸缸中废酸液可先用耐酸塑料网纱或玻璃纤维过滤，滤液加碱中和，调至 pH 为 6～8 后即可排出，少量滤渣可埋于地下。

(2) 废铬酸洗液可以用高锰酸钾氧化法使其再生，重复使用。氧化方法：先在 110～130℃下将其不断搅拌、加热、浓缩，除去水分后，冷却至室温，缓缓加入高锰酸钾粉末，每 1000mL 洗液加入 10g 左右，边加边搅拌，直至溶液呈深褐色或微紫色，不要过量。然后直接加热至有三氧化硫出现，停止加热。稍冷，通过玻璃砂芯漏斗过滤，除去沉淀；冷却后析出红色三氧化铬沉淀，再加适量硫酸使其溶解即可使用。少量的废铬酸洗液可加入废碱液或石灰使其生成氢氧化铬（Ⅲ）沉淀，将此废渣埋于地下。

(3) 氰化物是剧毒物质，含氰废液必须认真处理。对于少量的含氰废液，可先加氢氧化钠调至 pH＞10，再加入少量高锰酸钾使 CN^- 氧化分解。大量的含氰废液可用碱性氯化法处理。先用碱将废液调至 pH＞10，再加入漂白粉，使 CN^- 氧化成氰酸盐，并进一步分解为二氧化碳和氮气。

(4) 含汞盐废液应先调至 pH 为 8～10，然后，加适当过量的硫化钠生成硫化汞沉淀，并加硫酸亚铁生成硫化亚铁沉淀，从而吸附硫化汞产生沉淀。静置后分离，再离心，过滤。清液汞含量降到 0.02mg/L 以下可排放。少量残渣可埋于地下，大量残渣可用焙烧法回收汞，但要注意一定要在通风橱内进行。

(5) 含重金属离子的废液，最有效和最经济的处理方法是加碱或加硫化钠把重金属离子变成难溶性的氢氧化物或硫化物沉积下来，然后过滤分离，少量残渣可埋于地下。

三、培养良好学风

由于基础化学实验具有一定的启蒙性，要做好基础化学实验，圆满完成基础化学实验教学的任务，教与学的双方都必须积极努力。

教师要充分发挥主导作用，必须明确教师不只是“宣讲员”、“裁判员”，更是肩负重任的“教练员”，是培养学生实验能力、启发学生思维发展的导师。教师在每个实验中要认真、负责、严格地要求学生，特别要重视实验工作能力的培养和基本操作的训练，并贯穿在各个具体实验之中。每个实验既要有完成具体实验内容的教学任务，也要有进行基本操作训练方面的要求。要看到实验教学对人才的培养是全面的，既有实验知识的传授，又有操作技能、技巧的训练；既有逻辑思维的启发和引导，又有良好习惯、作风和科学工作方法的培养。

学生必须懂得基础化学实验的基本操作训练与实验能力的培养，高年级实验甚至是以后掌握新的实验技术的必备基础。对于每一个实验，不仅要在原理上搞清、弄懂，而且要在基本操作上进行严格的训练，要注意操作的规范化。另外也要看到实验对自己的锻炼和培养是多方面的，要注意从各方面严格要求自己，比如对实验方法、步骤的理解和掌握，对实验现象的观察和分析，就是在培养自己的科学思维和工作方法；又比如桌面保持整洁，仪器存放有序、污物不乱扔，就是培养自己从事科学实验的良好习惯和作风。

第二章 基础化学实验

基础化学实验Ⅰ

 仪器的认领、洗涤和干燥

一、实验目的

(1) 熟悉无机化学实验室的规则和要求；

(2) 领取无机化学实验常用仪器并熟悉其名称、规格，了解使用注意事项；

(3) 学习并练习常用仪器的洗涤和干燥方法。

二、实验原理

1. 玻璃仪器的一般洗涤方法

为了得到准确的实验结果，每次实验前和实验后必须要将实验仪器洗涤干净。尤其对于久置变硬不易洗掉的实验残渣和对玻璃有腐蚀作用的废液，一定要在实验后立即清洗干净。洗涤仪器的方法如下。

(1) 振荡水洗

注入 1/3 左右的水，稍用力振荡后把水倒掉，连洗几次。

(2) 毛刷刷洗

内壁有不易洗掉的物质，可用毛刷刷洗。

①倒去试管中的废液；②注入 1/3 左右的水；③选择毛刷；④来回柔力刷洗。

刷洗后，用水振荡数次，必要时用蒸馏水洗。用水和毛刷刷洗仪器，可以去掉仪器上附着的尘土、可溶性物质及易脱落的不溶性物质，但洗不去油污和一些有机物。注意使用毛刷刷洗时，不可用力过猛，以免戳破容器。

(3) 药剂洗涤法（对症下药法）

对于那些无法用普通水洗方法洗净的污垢，须根据污垢的性质选用适当的洗液，通过化学方法除去。

① 合成洗涤剂水刷洗

去污粉是由碳酸钠、白土和细沙混合而成，它是利用 Na_2CO_3 的碱性具有强的去污能力、细沙的摩擦作用及白土的吸附作用，增加对仪器的清洗效果。细沙有损玻璃，一般不使用。

市售的餐具洗涤剂是以非离子表面活性剂为主要成分的中性洗液，可配成 1%～2%的水溶液（也可用 5%的洗衣粉水溶液）刷洗仪器，温热的洗涤液去污能力更强，必要时可短时间浸泡。

先将待洗仪器用少量水润湿后，加入少量去污粉或洗涤剂，再用毛刷擦洗，最后用自来水洗去去污粉颗粒、残余洗涤剂，并用蒸馏水洗去自来水中带来的钙、镁、铁、氯等离子，

每次蒸馏水的用量要少（本着“少量多次”的原则）。

② 铬酸洗液（因毒性较大尽可能不用）

铬酸洗液的配法是：称 25g 工业重铬酸钾，加 50mL 水，加热溶解。冷却后，将 450mL 浓硫酸沿玻璃棒慢慢加入上述溶液中，边加边搅拌。冷却，转入棕色细口瓶备用（如呈绿色，可加入浓硫酸将三价铬氧化后继续使用）。

铬酸洗液有很强的氧化性和酸性，对有机物和油垢的去污能力特别强。洗涤时，仪器应用水冲洗并倒尽残留的水，尽量保持干燥，以免洗液被稀释。倒少许洗液于器皿中，转动器皿使其内壁被洗液浸润（必要时可用洗液浸泡），洗液可反复使用，用后倒回原瓶并密闭，以防吸水，再用水冲洗器皿内残留的洗液，直至洗净为止。

实验中常用的移液管、容量瓶和滴定管等具有精确刻度的玻璃器皿，可恰当地选择洗液来洗。

铬酸洗液具有很强的腐蚀性和毒性，故近年来较少使用。采用 NaOH/乙醇溶液洗涤附着有机物的玻璃器皿，效果较好。

不论用哪种方法洗涤器皿，最后都必须用自来水冲洗，当倾去水后，内壁只留下均匀的一薄层水，如壁上挂着水珠，则必须重洗，直到器壁上不挂水珠，再用蒸馏水或去离子水荡洗三次。

洗液对皮肤、衣服、桌面、橡皮等均有腐蚀性，使用时要特别小心。六价铬对人体有害，又污染环境，应尽量少用。

③ 碱性高锰酸钾洗液

4g 高锰酸钾溶于少量水，加入 10g 氢氧化钠，再加水至 100mL。它主要洗涤油污、有机物，浸泡。浸泡后器壁上会留下二氧化锰棕色污迹，可用盐酸洗去。

④ 对症洗涤法

针对附着在玻璃器皿上不同物质的性质，采用特殊的洗涤法，如硫黄用煮沸的石灰水；难溶硫化物用 HNO_3/HCl；铜或银用 HNO_3；AgCl 用氨水；煤焦油用浓碱；黏稠焦油状有机物用回收的溶剂浸泡；MnO_2 用热浓盐酸等。

光度分析中使用的比色皿等系光学玻璃制成，不能用毛刷刷洗，可用 HCl/乙醇浸泡、润洗。

2. 玻璃仪器的洗涤顺序

倒净废液→清水冲洗→洗液浸洗→清水荡洗→去离子水漂洗。

仪器刷洗后，都要用水冲洗干净，最后再用去离子水冲洗三次，把由自来水中带来的钙、镁、氯等离子洗去。

3. 仪器洗涤干净的标准

洗净的仪器外观清洁、透明，并且可被水完全湿润。将仪器倒转过来，水即顺器壁流下，器壁上只留下一层薄而均匀的水膜，不挂水珠。

4. 玻璃仪器的干燥方法

(1) 晾干法：仪器洗净后倒置，控去水分，自然晾干。该法适用于容量仪器。

(2) 烤干法：将仪器外壁擦干后用酒精灯烤干（用外焰并不停转动仪器，使其受热均匀）。该法适用于可加热或耐高温的仪器，如试管、烧杯等。

(3) 干燥箱烘干：将待烘干的仪器水倒净，放在金属托盘上在电烘箱中于 105℃烘半小时。该法不能用于精密度高的容量仪器。

(4) 气流烘干：将洗涤好的玻璃仪器倒置在加热风管上，开启电源，调节温控旋钮至适当位置，一般干燥 5～10min 即可。

（5）吹干法：电吹风吹干（也可以用少量乙醇润洗后再吹干）。

（6）有机溶剂法：先用少量丙酮或无水乙醇使仪器内壁均匀润湿后倒出，再用乙醚使仪器内壁均匀润湿后倒出。再依次用电吹风冷风和热风吹干，此种方法又称为快干法。

三、实验仪器与材料

（1）仪器　试管，烧杯，表面皿，漏斗，量筒，烧瓶，容量瓶等。

（2）材料　洗洁精，试管刷等。

四、实验步骤

1. 认领仪器

按仪器清单逐个认领无机实验中的常用仪器。

2. 洗涤仪器

用水和洗洁精将领取的仪器洗涤干净，抽取2件交教师检查。将洗净的仪器合理地放于柜内。

3. 干燥仪器

烤干2支试管交给老师检查。

参照仪器清单画出所领仪器的平面图，列出其规格、主要用途、使用方法和注意事项、理由等。

五、注意事项

（1）口小、管细的仪器，不便用刷子洗，可用少量王水或铬酸洗液洗涤。

（2）量器不可以用作溶解、稀释操作的容器；不可以量取热溶液，不可以加热（因为这会影响仪器的精度）；不可以长期存放溶液。

（3）洗涤用水时，应做到少量多次的原则。

（4）洗干净的仪器，不能用布和软纸擦拭，以免使布上或纸上的少量纤维留在容器表面反而沾污了仪器。

（5）烘、烤完的热仪器不能直接放在冷的、特别是潮湿的桌面上，以免局部骤冷而破裂。

六、思考题

（1）烤干试管时，为什么开始管口要略向下倾斜？

（2）容量仪器应用什么方法干燥？为什么？

（3）玻璃仪器洗涤洁净的标志是什么？

实验2　第一过渡系元素（铁、钴、镍）的性质

一、实验目的

（1）掌握二价铁、钴、镍的还原性和三价铁、钴、镍的氧化性；

（2）掌握铁、钴、镍配合物的生成及性质。

二、实验原理

铁、钴、镍是周期系第Ⅷ族元素第一个三元素组，它们的原子最外层电子数都是2个，次外层电子尚未满足，因此显示可变的化合价，它们的性质彼此相似。

铁、钴、镍的+2氧化态氢氧化物显碱性，它们有不同的颜色：$Fe(OH)_2$ 呈白色，$Co(OH)_2$ 呈粉红色，$Ni(OH)_2$ 呈绿色。

$Fe(OH)_2$ 具有很强的还原性，易被空气中的氧氧化成红棕色的 $Fe(OH)_3$。$Fe(OH)_2$

主要呈碱性，酸性很弱，但能溶于浓碱溶液，形成 $[Fe(OH)_6]^{4-}$。

$CoCl_2$ 溶液与 OH^- 反应，先生成蓝色的 $Co(OH)_2$ 沉淀，稍放置生成粉红色的 $Co(OH)_2$ 沉淀。$Co(OH)_2$ 也能被空气中的氧氧化，生成褐色的 $CoO(OH)$。$Co(OH)_2$ 显两性，不仅能溶于酸，而且能溶于过量的浓碱，形成 $[Co(NH_3)_4]^{2-}$。

$Ni(OH)_2$ 在空气中是稳定的，只有在碱性溶液中用强氧化剂（如 Br_2、NaClO、Cl_2）才能将其氧化成黑色的 $NiO(OH)$。$Ni(OH)_2$ 显碱性。

Fe(Ⅲ)、Co(Ⅲ)、Ni(Ⅲ) 的氢氧化物都显碱性，颜色依次为红棕色、褐色、黑色。若将 Fe(Ⅲ)、Co(Ⅲ)、Ni(Ⅲ) 的氢氧化物溶于酸后，则分别得到三价的 Fe^{3+} 和二价的 Co^{2+}、Ni^{2+}。这是因为在酸性溶液中，Co^{3+}、Ni^{3+} 是强氧化剂，它们能将 H_2O 氧化成 O_2，将 Cl^- 氧化成 Cl_2。反应方程式如下（M 为 Co、Ni）：

$$4M^{3+} + 2H_2O \xlongequal{} 4M^{2+} + 4H^+ + O_2$$

$$2M^{3+} + 2Cl^- \xlongequal{} 2M^{2+} + Cl_2$$

Co(Ⅲ)、Ni(Ⅲ) 氢氧化物的获得，通常是由 Co(Ⅱ)、Ni(Ⅱ) 盐在碱性条件下被强氧化剂（如 Br_2、NaClO、Cl_2）氧化而得到。例如：

$$2Ni^{2+} + 6OH^- + Br_2 \xlongequal{} 2Ni(OH)_3$$

铁、钴、镍均能形成多种配合物，它们具有不同的稳定性和颜色，故常利用配合物的生成及性质来鉴定铁、钴、镍离子的存在。如 $Fe_4[Fe(CN)_6]_3$（普鲁士蓝）、$Fe_3[Fe(CN)_6]_2$（滕氏蓝）、$[Fe(NCS)_n]^{3-n}$（$n=1-6$，血红色）、$[Co(NCS)_4]^{2-}$（蓝色，此配合物在乙醚等有机溶剂中较稳定），Ni^{2+} 与丁二酮肟在弱碱性条件下反应生成鲜红色的内配盐，此反应常用于鉴定 Ni^{2+}。

Fe^{2+}、Fe^{3+} 与氨水反应只生成氢氧化物沉淀，而不形成氨配合物，Co^{2+}、Co^{3+} 均可形成氨配合物，但后者比前者稳定，Ni^{2+} 与 NH_3 能形成蓝色的 $[Ni(NH_3)_6]^{2+}$，但该配离子遇酸、遇碱，水稀释和受热均可发生分解反应。

三、实验仪器、试剂与材料

（1）仪器　试管，离心试管。

（2）试剂　固体药品：硫酸亚铁铵，硫氰酸钾。液体药品：H_2SO_4(6mol/L、1mol/L)，HCl（浓），NaOH(6mol/L、2mol/L)，$(NH_4)_2Fe(SO_4)_2$(0.1mol/L)，$CoCl_2$(0.1mol/L)，$NiSO_4$(0.1mol/L)，KI(0.5mol/L)，$K_4[Fe(CN)_6]$(0.5mol/L)，氨水（6mol/L、浓），氯水，碘水，四氯化碳，戊醇，乙醚，H_2O_2(3%)，$FeCl_3$(0.2mol/L)，KSCN(0.5mol/L)。

（3）材料　碘化钾淀粉试纸。

四、实验步骤

1. 铁（Ⅱ）、钴（Ⅱ）、镍（Ⅱ）化合物的还原性

（1）铁（Ⅱ）的还原性

① 酸性介质：往盛有 0.5mL 氯水的试管中加入 3 滴 6mol/L H_2SO_4 溶液，然后滴加 $(NH_4)_2Fe(SO_4)_2$ 溶液，观察现象，写出反应式（如现象不明显，可滴加 1 滴 KSCN 溶液，出现红色，证明有 Fe^{3+} 生成）。

② 碱性介质：在一试管中放入 2mL 蒸馏水和 3 滴 6mol/L H_2SO_4 溶液煮沸，以赶尽溶于其中的空气，然后溶入少量硫酸亚铁铵晶体。在另一试管中加入 3mL 6mol/L NaOH 溶液煮沸，冷却后，用一长滴管吸取 NaOH 溶液，插入 $(NH_4)_2Fe(SO_4)_2$ 溶液（直至试管底部），慢慢挤出滴管中的 NaOH 溶液，观察产物颜色和状态。振荡后放置一段时间，观察又有何变化？写出反应方程式。产物留作下面实验用。

实验②要求整个操作都要避免将空气带进溶液中，为什么？

(2) 钴(Ⅱ)的还原性

① 往盛有 $CoCl_2$ 溶液的试管中加入氯水,观察有何变化?

② 在盛有 1mL $CoCl_2$ 溶液的试管中滴入稀 NaOH 溶液,观察沉淀的生成。所得沉淀分成两份,一份置于空气中,一份加入新配制的氯水,观察有何变化?第二份留作下面实验用。

(3) 镍(Ⅱ)的还原性

用 $NiSO_4$ 溶液按(2)的实验方法操作,观察现象,第二份沉淀留作下面实验用。

2. 铁(Ⅲ)、钴(Ⅲ)、镍(Ⅲ)化合物的氧化性

① 向前面实验中保留下来的氢氧化铁(Ⅲ)、氢氧化钴(Ⅲ)、氢氧化镍(Ⅲ)沉淀中加入浓盐酸,振荡后观察各有何变化?并用碘化钾淀粉试纸检验所放出的气体。

② 在上述制得的 $FeCl_3$ 溶液中加入 KI 溶液,再加入 CCl_4,振荡后观察现象,写出反应方程式。

综合上述实验所观察到的现象,总结+2 氧化态的铁、钴、镍化合物的还原性和+3 氧化态的铁、钴、镍化合物的氧化性的变化规律。

3. 配合物的生成

(1) 铁的配合物

① 往盛有 1mL 亚铁氰化钾[六氰合铁(Ⅱ)酸钾]溶液的试管中,加入约 0.5mL 的碘水,摇动试管后,滴入数滴硫酸亚铁铵溶液,有何现象发生?该法为 Fe^{2+} 的鉴定反应。

② 向盛有 1mL 新配制的 $(NH_4)_2Fe(SO_4)_2$ 溶液的试管中加入碘水,摇动试管后,将溶液分成两份,各滴入数滴硫氰酸钾溶液,然后向其中一支试管注入约 0.5mL 3% H_2O_2 溶液,观察现象。该法为 Fe^{3+} 的鉴定反应。

试从配合物的生成对电极电势的改变来解释为什么 $Fe(CN)_6^{4-}$ 能把 I_2 还原成 I^-,而 Fe^{2+} 则不能?

③ 往 $FeCl_3$ 溶液中加入 $K_4[Fe(CN)_6]$ 溶液,观察现象,写出反应方程式。这也是鉴定 Fe^{3+} 的一种常用方法。

④ 往盛有 0.5mL 0.2mol/L $FeCl_3$ 的试管中滴入浓氨水直至过量,观察沉淀是否溶解?

(2) 钴的配合物

① 往盛有 1mL $CoCl_2$ 溶液的试管里加入少量硫氰酸钾固体,观察固体周围的颜色。再加入 0.5mL 乙醚,振荡后,观察水相和有机相的颜色,这个反应可用来鉴定 Co^{2+}。

② 往 0.5mL $CoCl_2$ 溶液中加入浓氨水,至生成的沉淀刚好溶解为止,静置一段时间后,观察溶液的颜色有何变化?

(3) 镍的配合物

往盛有 2mL 0.1mol/L $NiSO_4$ 溶液中加入 6mol/L 氨水,观察现象。静置片刻,再观察现象,写出离子反应方程式。把溶液分成四份:一份加入 2mol/L NaOH 溶液,一份加入 1mol/L H_2SO_4 溶液,一份加水稀释,最后一份作为对比,观察有何变化?

根据实验结果比较 $[Co(NH_3)_6]^{2+}$ 和 $[Ni(NH_3)_6]^{2+}$ 氧化还原稳定性的相对大小及溶液稳定性。

五、注意事项

1. 固体物质的取用

粒状或粉状物质,在置于试管中时,应用一纸槽帮助送至试管下部,注意不要接触溶液。

2. 试管加热

管内所盛的液体不得超过试管总容积的1/3，试管夹夹于距管口1/3处，口倾斜向上，局部加热前应整个试管先预热，不要加热至沸腾使溶液溢出，不要管口对人。

3. 液体试剂的取用

从滴管瓶中吸取液体药品时，滴管专用，不得弄乱、弄脏；滴管不能吸得太深，也不能倒置；移液时滴管不要接触接受容器的器壁；试剂瓶及时放回原位。

六、思考题

(1) 制取 $Co(OH)_3$、$Ni(OH)_3$ 时，为什么要在碱性溶液中以Co(Ⅱ)、Ni(Ⅱ)为原料进行氧化，而不用Co(Ⅲ)、Ni(Ⅲ)直接制取？

(2) 有一瓶含 Fe^{3+}、Cr^{3+} 和 Ni^{2+} 的混合液，如何将它们分离出来？请设计分离示意图。

(3) 总结Fe(Ⅱ、Ⅲ)、Co(Ⅱ、Ⅲ)、Ni(Ⅱ、Ⅲ)所形成主要化合物的性质。

(4) 有一浅绿色晶体A，可溶于水得到溶液B，于B中加入不含氧气的6mol/L NaOH溶液，有白色沉淀C和气体D生成。C在空气中逐渐变为棕色，气体D使红色石蕊试纸变蓝。若将溶液B加以酸化，再滴加一紫红色溶液E，则得到浅黄色溶液F，于F中加入黄血盐溶液，立即产生深蓝色的沉淀G。若溶液B中加入 $BaCl_2$ 溶液，有白色沉淀H析出，此沉淀不溶于强酸。

问A、B、C、D、E、F、G、H是什么物质？写出分子式和有关的反应式。

实验3 溶液的配制

一、实验目的

(1) 学习移液管、容量瓶和电子天平的使用方法；

(2) 掌握溶液的一般配制方法和基本操作；

(3) 了解特殊溶液的配制方法。

二、实验原理

在化学实验中，常常需要配制各种溶液来满足不同实验的要求。如果实验对溶液浓度的准确性要求不高，可以采用粗略配制的方法；如果实验对溶液浓度的准确性要求较高，就采用准确配制的方法；配制准确浓度溶液的固体试剂必须是组成与化学式完全符合且摩尔质量大的高纯物质。在保存和称量时其组成和质量稳定不变，即通常说的基准物质。

在配制溶液时，除注意准确度外，还要考虑试剂在水中的溶解性、热稳定性、挥发性、水解性等因素的影响。对于易水解的物质，在配制溶液时还要考虑先以相应的酸溶解易水解的物质，再加水稀释；如果是易被氧化的物质，还要考虑加入还原剂防止氧化。

根据配制前试剂的物态和溶液准确性的要求不同，配制时所选用的仪器和方法也有所不同。

无论是粗配还是准确配制一定体积、一定浓度的溶液，首先要计算所需试剂的用量，包括固体试剂的质量或液体试剂的体积，然后再进行配制。

1. 用固体试剂配制溶液

(1) 有关计算

① 质量分数

$$x=\frac{m_{溶质}}{m_{溶液}}$$

$$m_{溶质}=\frac{xm_{溶剂}}{1-x}=\frac{x\rho_{溶剂}V_{溶剂}}{1-x}$$

式中，$m_{溶质}$为固体试剂的质量；x为溶质质量分数；$m_{溶剂}$为溶剂的密度，3.98℃时，对于水$\rho=1.0000\text{g/mL}$；$V_{溶剂}$为溶剂体积。

② 质量摩尔浓度

$$m_{溶质}=\frac{Mbm_{溶剂}}{1000}=\frac{Mb\rho_{溶剂}V_{溶剂}}{1000}$$

式中，b为质量摩尔浓度，mol/kg；M为固体试剂摩尔质量，g/mol；其他符号说明同前。

配制方法同质量分数。

③ 物质的量浓度

$$m_{溶质}=cVM$$

式中，c为物质的量浓度，mol/L；V为溶液体积，L；其他符号说明同前。

（2）配制方法

① 粗略配制

算出配制一定体积溶液所需固体试剂的质量，用台秤称取所需固体试剂，倒入带刻度的烧杯中，加入少量蒸馏水搅动使固体全溶解后，用蒸馏水稀释至刻度（定容），即得所需的溶液。然后将溶液移入试剂瓶中，贴上标签，备用。

② 准确配制

用分析天平称取所需固体试剂，放在烧杯中加适量水溶解，转入容量瓶中用去离子水定容，摇匀后再移入试剂瓶中，贴上标签，备用。

2. 用液体（或浓溶液）试剂配制溶液

（1）有关计算

① 体积比溶液

$$\frac{液体试剂(浓溶液)体积}{溶剂体积}=体积比$$

② 物质的量浓度

$$V_{原}=\frac{c_{新}V_{新}}{c_{原}}$$

式中，$c_{新}$为稀释后溶液的物质的量浓度；$V_{新}$为稀释后溶液的体积；$c_{原}$为原溶液的物质的量浓度；$V_{原}$为取原溶液的体积。

若由已知质量分数溶液配制，则

$$c_{原}=\frac{\rho x}{M}\times1000$$

式中，M为溶质的摩尔质量；ρ为液体试剂（或浓溶液）的密度。

（2）配制方法

① 粗略配制

用量筒量取所需体积的液体，转入有少量水的有刻度烧杯中混合并定容（若放热，需冷至室温再定容），混匀后转入试剂瓶，贴上标签，备用。

② 准确配制

用移液管吸取较浓的准确浓度的溶液注入给定体积的容量瓶中，加去离子水定容，摇匀后再移入试剂瓶中，贴上标签，备用。

三、实验仪器、试剂与材料

(1) 仪器　烧杯 (50mL、100mL)，移液管 (5mL 或分刻度的)，容量瓶 (50mL、100mL)，量筒 (10mL、50mL)，试剂瓶，台秤，分析天平。

(2) 试剂　固体药品：$CuSO_4 \cdot 5H_2O$，Na_2CO_3(AR)，$SnCl_2 \cdot H_2O$，锡粒。液体药品：浓硫酸，醋酸 (2.00mol/L)，浓盐酸。

(3) 材料　标签纸。

四、实验步骤

1. 粗略配制 50mL 0.1mol/L 的 $CuSO_4$ 溶液

用台秤称取一定量的 $CuSO_4 \cdot 5H_2O$ 晶体，倒入 100mL 刻度烧杯中，加少量去离子水，加热，搅拌，使固体完全溶解，冷却后，再用水稀释至刻度 (定容)。将配制好的溶液转入贴有标签的试剂瓶中。

2. 准确配制 50.00mL 0.1mol/L 的 Na_2CO_3 溶液

在电子分析天平上称取一定量的无水碳酸钠 (准确至 0.0001g) 至小烧杯中，加入少量去离子水溶解，冷却后转入 50mL 容量瓶中，用去离子水少量多次洗涤烧杯并转入容量瓶中，定容，摇匀。将配制好的溶液转入贴有标签的试剂瓶中。计算 Na_2CO_3 溶液的准确浓度。

3. 粗略配制 50mL 3mol/L 的 H_2SO_4 溶液

在 250mL 烧杯中加入 40mL 去离子水，量取一定体积的浓硫酸沿烧杯内壁慢慢流下，并用玻璃棒缓慢搅拌至冷却后，加去离子水至 50mL。将配制好的溶液转入贴有标签的试剂瓶中。

4. 准确配制 100.00mL 0.1mol/L 的 HAc 溶液

用已处理好的移液管吸取一定体积的 2.00mol/L 的 HAc 溶液注入 100.00mL 的容量瓶中，加去离子水定容，摇匀。将配制好的溶液转入贴有标签的试剂瓶中。

5. 配制 50mL 0.1mol/L 的 $SnCl_2$ 溶液

用台秤称取一定量的 $SnCl_2 \cdot H_2O$ 晶体，倒入 100mL 烧杯中，加入 5～10mL 6mol/L 盐酸溶解后加去离子水搅拌，定容，再加入一粒锡粒。将配制好的溶液转入贴有标签的试剂瓶中。

五、注意事项

1. 容量瓶的使用

(1) 检漏。

(2) 洗涤：先用洗涤剂洗涤，然后用自来水清洗，最后用少量去离子水润洗 2～3 次。

(3) 装液：已溶解并冷却的溶液，用玻璃棒引流 (玻璃棒倾斜)。

(4) 定容：加去离子水至刻度线约差 1cm 处，改用滴管逐滴滴加至刻度 (视线与刻度弯月面的下线相切)。

(5) 摇匀：左手按住塞子，右手托住瓶底，侧转约 15 次。

2. 吸管 (移液管) 的使用

(1) 洗涤：先用洗涤剂洗涤，然后用自来水清洗，最后用 3～5mL 去离子水润洗内壁 2～3 次，吸干尖嘴水分，再用待取液 2～3mL 润洗内壁 2～3 次。

(2) 吸液 (演示)：左手握洗耳球，右手拿移液管上部、吸管下端液面下约 1cm 处 (太浅吸进空气、太深沾污试液、顶底吸不进试液)，读数精度：0.01mL。

(3) 放液：左手拿住接收液体的容器并倾斜，右手使移液管垂直且尖嘴靠在容器壁上，稍微松动食指，让溶液沿壁流下，不要将残留在尖嘴内的液体吹出 (除标有“吹”字外)，因尖嘴内的液体已不包含在一定体积的溶液内。

3. 台秤

(1) 先调零，后称量；

(2) 左物右码；

(3) 药品不能直接放在秤盘上，砝码不得用手拿；

(4) 称后砝码及游码复原。

4. 电子天平的使用

(1) 预热：将天平接通电源，显示器即显示“OFF”，预热60min。

(2) 开启天平：按“ON/OFF”键。

(3) 校准：按“TARE”键，显示“0.0000g”；按“CAL”键，显示“CAL”，再显示时在秤盘中央加上校正砝码，同时关上防风罩的玻璃门，等待自动校准；当显示器出现“+200.0000g”，同时蜂鸣器响一下后天平校准结束。移去校准砝码，天平稳定后显示“0.0000g”。若按“CAL”键后出现CAL-E，可按“TARE”键。再重复以上操作。

(4) 称重。

① 简单称重：在天平显示“0.0000g”时，将称重样品放于秤盘上，关门等待天平稳定后显示单位“g”，读取称重结果。

② 去皮：在天平空盘时显示“0.0000g”，将空容器放在天平秤盘上，显示容器质量值，去皮（按“TARE”键，即显示“0.0000g”）；给容器加上称量样品，显示净质量值；按“TARE”键后显示“0.0000g”，移去样品及容器，显示负的累加值。

(5) 关闭天平，断开电源，填写使用登记簿，罩好天平罩。

六、思考题

(1) 用容量瓶配制溶液时，是否要将容量瓶干燥？是否要用被稀释的溶液洗三遍，为什么？

(2) 怎样洗涤移液管？水洗净后的移液管在使用前还要用吸取的溶液来洗涤，为什么？

(3) 某同学在配制硫酸铜溶液时，用分析天平称取硫酸铜晶体，用量筒取水配成溶液，此操作对否？为什么？

(4) 在配制 $SbCl_3$ 溶液时，如何防止水解？

实验4 一种钴（Ⅲ）配合物的制备

一、实验目的

(1) 掌握制备金属配合物最常用的方法——水溶液中的取代反应和氧化还原反应，了解其基本原理和方法；

(2) 对配合物的组成进行初步推断；

(3) 学习使用电导仪。

二、实验原理

运用水溶液中的取代反应来制取金属配合物，是在水溶液中的一种金属盐和一种配体之间的反应。实际上是用适当的配体来取代水合配离子中的水分子。氧化还原反应还是将不同氧化态的金属化合物，在配体存在下使其适当地氧化或还原以制得该金属配合物。

Co(Ⅱ)的配合物能很快地进行取代反应（是活性的），而Co(Ⅲ)配合物的取代反应则很慢（是惰性的）。Co(Ⅲ)的配合物制备过程一般是，通过Co(Ⅱ)（实际上是它的水合配合物）和配体之间的一种快速反应生成Co(Ⅱ)的配合物，然后使它被氧化成为相应的Co

(Ⅲ) 配合物 (配位数均为 6)。

常见的 Co(Ⅲ) 配合物有：$[Co(NH_3)_6]^{3+}$ (黄色)、$[Co(NH_3)_5H_2O]^{3+}$ (粉红色)、$[Co(NH_3)_5Cl]^{2+}$ (紫红色)、$[Co(NH_3)_4CO_3]^{+}$ (紫红色)、$[Co(NH_3)_3(NO_2)_3]$ (黄色)、$[Co(CN)_6Cl]^{3-}$ (紫色)、$[Co(NO_2)_6]^{3-}$ (黄色) 等。

用化学分析方法确定某配合物的组成，通常先确定配合物的外界，然后将配离子破坏再来看其内界。配离子的稳定性受很多因素影响，通常可用加热或改变溶液的酸碱性来破坏它。本实验是初步推断，一般用定性、半定量甚至估量的分析方法。推定配合物的化学式后，可用电导仪来测定一定浓度配合物溶液的导电性，与已知电解质溶液的导电性进行对比，可确定该配合物化学式中含有几个离子，进一步确定该化学式。

游离的 Co^{2+} 在酸性溶液中可与硫氰化钾作用生成蓝色配合物 $[Co(SCN)_4]^{2-}$。因其在水中离解度大，故常加入硫氰化钾浓溶液或固体，并加入戊醇和乙醚以提高其稳定性。由此可用来鉴定 Co^{2+} 的存在。其反应式如下：

$$Co^{2+}+4SCN^- = \underset{\text{(蓝色)}}{[Co(SCN)_4]^{2-}}$$

游离的 NH_4^+ 可由奈氏试剂来鉴定，其反应式如下：

$$NH_4^+ + \underset{\text{(奈氏试剂)}}{2[HgI_4]^{2-}} + 4OH^- = \underset{\text{(红褐色)}}{[Hg_2ONH_2]I} \downarrow + 7I^- + 2H_2O$$

三、实验仪器、试剂与材料

(1) 仪器　台秤，锥形瓶，量筒，漏斗 ($\phi=6cm$)，铁架台，酒精灯，药匙，试管夹，漏斗架，石棉网，普通温度计，电导率仪，干燥箱等。

(2) 试剂　固体药品：氯化铵，氯化钴，硫氰化钾。液体药品：浓氨水，硝酸 (浓)，盐酸 (6mol/L、浓)，H_2O_2(30%)，$AgNO_3$(2mol/L)，$SnCl_2$(0.5mol/L、新配)，奈氏试剂，乙醚，戊醇等。

(3) 材料　pH 试纸，滤纸。

四、实验步骤

1. 制备 Co(Ⅲ) 配合物

在 100mL 锥形瓶中将 1.0g 氯化铵溶于 6mL 浓氨水中，待完全溶解后手持锥形瓶颈不断振摇，使溶液均匀。分数次加入 2.0g 氯化钴粉末，边加边摇动，加完后继续摇动使溶液成棕色稀浆。再往其中滴加 2～3mL 30% H_2O_2，边加边摇动，加完后再摇动。当固体完全溶解、溶液中停止起泡时，慢慢加入 6mL 浓盐酸，边加边摇动，并在水浴上微热，温度不要超过 85℃，边摇边加热 10～15min，然后在室温下冷却混合物并摇动，待完全冷却后过滤出沉淀。用 5mL 冷水分数次洗涤沉淀，接着用 5mL 冷的 6mol/L 盐酸洗涤，产物在 105℃ 左右烘干并称量。

2. 组成的初步推断

(1) 用小烧杯取 0.3g 所制得的产物，加入 35mL 蒸馏水，混匀后用 pH 试纸检验其酸碱性。

(2) 用烧杯取 15mL 上述实验 (1) 中所得混合液，慢慢滴加 2mol/L $AgNO_3$ 溶液并搅动，直至加 1 滴 $AgNO_3$ 溶液后上部清液没有沉淀生成。然后过滤，往滤液中加 1～2mL 浓硝酸并搅动，再往溶液中滴加 $AgNO_3$ 溶液，看有无沉淀，若有，比较与前面沉淀的量。

(3) 取 2～3mL 实验 (1) 中所得的混合液于试管中，加几滴 (0.5mol/L $SnCl_2$) 溶液 (为什么?)，振荡后加入一粒绿豆大小的硫氰化钾固体，振摇后再加入 1mL 戊醇、1mL 乙醚，振荡后观察上层溶液中的颜色 (为什么?)。

（4）取 2mL 实验（1）中所得的混合液于试管中，加入少量蒸馏水，得清亮溶液后，加 2 滴奈氏试剂并观察变化。

（5）将实验（1）中剩下的混合液加热，观察溶液变化，直至其完全变成棕黑色后停止加热，冷却后用 pH 试纸检验溶液的酸碱性，然后过滤（必要时用双层滤纸）。取所得清液，分别做一次（3）、（4）实验。观察现象与原来的有什么不同？

通过这些实验是否能推断出此配合物的组成？能写出其化学式吗？

（6）由上述初步推断的化学式来配制 100mL 0.01mol/L 该配合物的溶液，用电导仪测量其电导率，然后稀释 10 倍后再测其电导率并与表 4-1 对比，来确定其化学式中所含离子数。

表 4-1　部分电解质的电导率

电　解　质	类型(离子数)	电导率/S①	
		0.01mol/L	0.001mol/L
KCl	1-1 型(2)	1230	133
$BaCl_2$	1-2 型(3)	2150	250
$K_3[Fe(CN)_6]$	1-3 型(4)	3400	420

① 电导率的 SI 制单位为西门子，符号为 S，$1S=1\Omega^{-1}$。

五、注意事项

（1）台秤的使用：左物右码，砝码用镊子夹取，用后归位。

（2）固体试剂的取用：对于固体试剂的取用，不要撒落，放入试管中要借助纸条送入。

（3）水浴锅的使用：要注意水位的合适高度及温度范围的控制。

（4）减压过滤：应注意正确选择或剪裁滤纸的大小，布氏漏斗与抽滤瓶的正确连接，本实验抽滤时可用双层滤纸，以防穿孔。转移沉淀时只能用 5mL 水，并分成几次洗涤锥形瓶残留物。洗涤沉淀时应拔掉管子停止抽滤，洗涤剂使用要少量多次，抽滤完毕先拔管后关电。

（5）干燥箱的使用：应注意正确开关门，滤纸、试剂不得直接放在干燥箱内，注意箱内的清洁。

（6）电导率仪的使用：正确使用电极；注意选择合适的量程进行测量，正确读数。

六、思考题

（1）将氯化钴加入氯化铵与浓氨水的混合液中，发生什么反应，生成何种配合物？

（2）上述实验中加过氧化氢起何作用？如不用过氧化氢还可以用哪些物质？用这些物质有什么不好？上述实验中加浓盐酸的作用是什么？

实验 5　过氧化氢分解热的测定

一、实验目的

（1）测定过氧化氢稀溶液的分解热；

（2）了解测定反应热效应的一般原理和方法；

（3）学习温度计、秒表的使用和简单的作图方法。

二、实验原理

过氧化氢浓溶液在温度高于 150℃ 或混入具有催化活性的 Fe^{3+}、Cr^{3+} 等一些多变价的金属离子时，就会发生爆炸性分解：

$$H_2O_2(l) = H_2O(l) + \frac{1}{2}O_2(g)$$

但在常温和无催化活性杂质存在的情况下，过氧化氢相当稳定。对于过氧化氢稀溶液来说，升高温度或加入催化剂均不会引起爆炸性分解。本实验以二氧化锰为催化剂，用保温杯式简易量热计测定其稀溶液的催化分解反应的热效应。

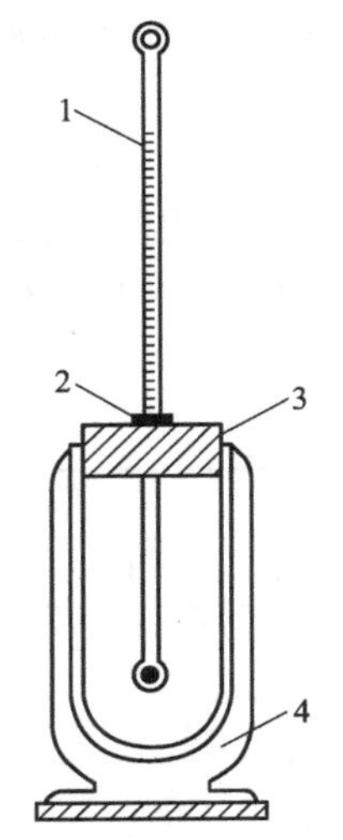

图 5-1 保温杯式简易量热装置
1—温度计；2—橡皮圈；3—泡沫塑料塞；4—保温杯

保温杯式简易量热计由量热计装置（普通保温杯，分刻度为 0.1℃ 的温度计）及杯内所盛的溶液或溶剂（通常是水溶液或水）组成，如图 5-1 所示。

在一般的测定实验中，溶液的浓度很稀，因此溶液的比热容（C_{aq}）近似地等于溶剂的比热容 C_{sol}。量热计的热容 C 可由下式表示：

$$C = C_{aq}m_{aq} + C_p \approx C_{sol} \times m_{sdv} + C_p$$

式中，C_p 为量热计装置（包括保温杯，温度计等部件）的热容。

化学反应产生的热量，使量热计的温度升高。要测量量热计吸收的热量必须先测定量热计的热容（C）。在本实验中采用稀的过氧化氢水溶液，因此

$$C = C_{H_2O}m_{H_2O} + C_p$$

式中，C_{H_2O} 为水的质量热容，等于 4.184J/(g·K)；m_{H_2O} 为水的质量；在室温附近，水的密度约等于 1.00kg/L，因此：

$$m_{H_2O} = V_{H_2O}$$

式中，V_{H_2O} 表示水的体积。量热计装置的热容可用下述方法测得。

往盛有质量为 m 的水（温度为 T_1）的量热计装置中，迅速加入相同质量的热水（温度为 T_2），测得混合后的水温为 T_3，则：

$$热水失热 = C_{H_2O}m_{H_2O}(T_2 - T_3)$$

$$冷水得热 = C_{H_2O}m_{H_2O}(T_3 - T_1)$$

$$量热计装置得热 = (T_3 - T_1)C_p$$

根据热量平衡得到：

$$C_{H_2O}m_{H_2O}(T_2 - T_3) = C_{H_2O}m_{H_2O}(T_3 - T_1) + C_p(T_3 - T_1)$$

$$C_p = \frac{C_{H_2O}m_{H_2O}(T_2 + T_1 - 2T_3)}{T_3 - T_1}$$

严格地说，简易量热计并非绝热体系。因此，在测量温度变化时会碰到下述问题，即当冷水温度正在上升时，体系和环境已发生了热量交换。这一误差可用外推作图法予以消除，以温度对时间作图，在所得各点间作一最佳直线 AB，延长 BA 与纵轴相交于 C，C 点所表示的温度就是体系上升的最高温度，如图 5-2 所示。如果量热计的隔热性能好，在温度升高到最高点时，数分钟内温度并不下降，则可不用外推作图法。

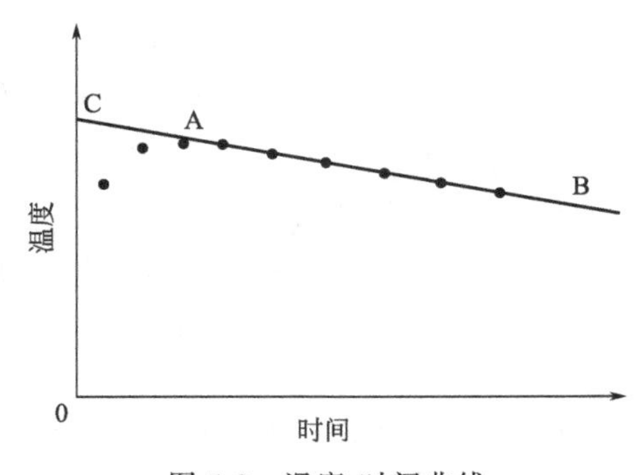

图 5-2 温度-时间曲线

应当指出的是，由于过氧化氢分解时，有氧气放出，所以本实验的反应热 ΔH 不仅包括体系内能的变化，还包括体系对环境所做膨胀功，但因后者所占的比例很小，在近似测量中，通常可忽略不计。

三、实验仪器、试剂与材料

（1）仪器　温度计两支（0～50℃、分刻度0.1℃和量程100℃普通温度计），保温杯，量筒，烧杯，研钵，秒表。

（2）试剂　二氧化锰，H_2O_2(0.3%)。

（3）材料　泡沫塑料塞，吸水纸。

四、实验步骤

1. 测定量热计装置的热容

按图5-1装配好保温杯式简易量热计装置。保温杯盖可用泡沫塑料或软木塞。杯盖上的小孔要稍比温度计直径大一些，为了不使温度计接触杯底，在温度计底端套一橡皮圈。

用量筒量取50mL的蒸馏水，把它倒入干净的保温杯中，盖好塞子，用双手握住保温杯进行摇动（注意尽可能不使液体溅到塞子上），几分钟后用精密温度计观测温度，若连续3min温度不变，记下温度T_1。再量取50mL蒸馏水，倒入100mL烧杯中，把此烧杯置于温度高于室温20℃的热水浴中，放置10～15min后，用精密温度计准确读出热水温度T_2（为了节省时间，在其他准备工作之前就把蒸馏水置于热水浴中，用100℃温度计测量，热水温度绝不能高于50℃），迅速将此热水倒入保温杯中，盖好塞子，以上述同样的方法摇动保温杯。在倒热水的同时，按动秒表，每10s记录一次温度。记录三次后，隔20s记录一次，直到体系温度不再变化或等速下降为止。记录混合后的最高温度T_3，倒尽保温杯中的水，把保温杯洗净并用吸水纸擦干待用。

2. 测定过氧化氢稀溶液的分解热

取100mL已知准确浓度的过氧化氢溶液，把它倒入保温杯中，塞好塞子，缓缓摇动保温杯，用精密温度计观测温度3min，当溶液温度不变时，记下温度T'_1。迅速加入0.5g研细过的二氧化锰粉末，塞好塞子后，立即摇动保温杯，以使二氧化锰粉末悬浮在过氧化氢溶液中。在加入二氧化锰的同时，按动秒表，每隔10s记录一次温度。当温度升高到最高点时，记下此时的温度T'_2，以后每隔20s记录一次温度。在相当一段时间（如3min）内若温度保持不变，T'_2即可视为该反应达到的最高温度，否则就需用外推法求出反应的最高温度。

应当指出的是，由于过氧化氢不稳定，因此其溶液浓度的标定应在本实验前不久进行。此外，无论在量热计热容的测定中，还是在过氧化氢分解热的测定中，保温杯摇动的节奏都要始终保持一致。

3. 数据记录和处理

（1）量热计装置热容C_p的计算（见表5-1）

表5-1　量热计装置热容测定

参　数	数　据	参　数	数　据
冷水温度T_1/K		冷(热)水的质量m/g	
热水温度T_2/K		水的质量热容C_{H_2O}/[J/(g·K)]	
冷热水混合后温度T_3/K		量热计装置热容C_p/(J/K)	

（2）分解热的计算

$$Q=C_p(T'_2-T'_1)+C_{H_2O_2}m_{H_2O_2}(T'_2-T'_1)$$

由于过氧化氢稀水溶液的密度和比热容与水的相近，因此：

$$C_{H_2O_2(aq)}\approx C_{H_2O}=4.184\text{J/(g·K)}$$

$$m_{H_2O_2}\approx V_{H_2O_2}$$

$$Q=C_p\Delta T+4.184V_{H_2O_2}\Delta T$$

$$\Delta H=\frac{-Q}{C_{H_2O_2}V/1000}=\frac{(C_p+4.184V_{H_2O_2})\Delta T\times 1000}{C_{H_2O_2}V_{H_2O_2}}$$

过氧化氢分解热实验值与理论值的相对百分误差应该在±10%以内，其测定值见表5-2。

表 5-2 过氧化氢分解热的测定

参　数	数　据	参　数	数　据
反应前温度 T'_1/K 反应后温度 T'_2/K ΔT/K H_2O_2 溶液的体积 V/mL		量热计吸收的总热量 Q/J 分解热 ΔH/(kJ/mol) 与理论值的相对百分误差/%	

五、注意事项

(1) 精密温度计的使用方法如下，严防损坏！

a. 水银球套上胶管以防损坏，最高温度 50℃（量热水时先用普通温度计粗量）；

b. 读数准至 0.01℃。

(2) 秒表的使用（机械表）：上发条→开始→暂停→读数。

(3) 测 C_p 时，用两支温度计分别测冷、热水（统一烧），混合好后再计时读数。

(4) 做分解热实验时，保温杯要洗净，不能粘有二氧化锰。

(5) 原始数据记录格式如下：

a. C_p热容测定　$T_1=$　　　$T_2=$

时间累计/s	10	20	30	40	…
温度/℃	28.91	28.94	29.02	…	不少于 15 组。

b. 测 $\Delta_r H$　$T_1=$　　　$T_2=$

时间累计/s	10	20	30	40	…
温度/℃	28.91	28.94	29.02	29.02	…至温度不变 3min 以上。

(6) 数据处理要求写出计算过程，保留 3 位有效数字。

(7) 过氧化氢溶液（约 0.3%）使用前应用 $KMnO_4$ 或碘量法准确测定其物质的量浓度（单位：mol/L）。

(8) 二氧化锰要尽量研细，并在 110℃烘箱中烘 1～2h 后，置于干燥器中待用。

(9) 一般市售保温杯的容积为 250mL 左右，故过氧化氢的实际用量可取 150mL 为宜。为了减少误差，应尽可能使用较大的保温杯，例如 400mL 或 500mL 的保温杯，取用较多量的过氧化氢做实验（注意此时 MnO_2 的用量亦应相应按比例增加）。

(10) 重复分解热实验时，一定要使用干净的保温杯。

(11) 实验合作者注意相互密切配合。

六、思考题

(1) 为何要使二氧化锰粉末悬浮在过氧化氢溶液中？

(2) 杯盖上小孔为何要稍比温度计直径大些？这样对实验结果会产生何影响？

(3) 结合本实验理解下列概念：体系、环境、比热容、热容、反应热、内能和焓。

(4) 实验中使用二氧化锰的目的是什么？在计算反应所放出的总热量时，是否要考虑加入的二氧化锰的热效应？

(5) 在测定量热计装置热容时，使用一支温度计先后测冷、热水的温度好，还是使用两支温度计分别测定冷、热水的温度好？它们各有什么利弊？

（6）试分析本实验结果产生误差的主要因素是什么？

实验 6 五水硫酸铜的制备、提纯和检验

一、实验目的

（1）了解金属与酸作用制备盐的方法；

（2）掌握并巩固无机制备过程中加热、常压过滤、减压过滤、结晶等基本操作；

（3）学习重结晶基本操作；

（4）了解产品纯度检验的原理及方法；

（5）了解结晶水合物中结晶水含量的测定原理和方法；

（6）进一步熟悉分析天平的使用，学习研钵、干燥器等仪器的使用和沙浴加热、恒重等基本操作。

二、实验原理

$CuSO_4 \cdot 5H_2O$ 俗称蓝矾、胆矾或孔雀石，是蓝色透明三斜晶体，在空气中缓慢风化，易溶于水，难溶于无水乙醇。加热时失水，当加热至 258℃失去全部结晶水而成为白色无水 $CuSO_4$。无水 $CuSO_4$ 易吸水变蓝，利用此特性来检验某些液态有机物中微量的水。

$CuSO_4 \cdot 5H_2O$ 用途广泛，如用于棉及丝织品印染的媒染剂、农业的杀虫剂、水的杀菌剂、木材防腐剂、铜的电镀等。同时，还大量用于有色金属选矿（浮选）工作、船舶油漆工业及其他化工原料的制造。

$CuSO_4 \cdot 5H_2O$ 的生产方法有多种，如电解液法、废铜法、氧化铜法、白冰铜法、二氧化硫法。工业上常用电解液法，方法是将电解液与铜粉作用后，经冷却结晶分离、干燥而制得。

纯铜属于不活泼金属，不能溶于非氧化性酸中，本实验采用浓硝酸作氧化剂，以废铜屑与硫酸、浓硝酸作用来制备 $CuSO_4$。反应式为：

$$Cu + 2HNO_3 + H_2SO_4 \xlongequal{} CuSO_4 + 2NO_2\uparrow + 2H_2O$$

溶液中除生成 $CuSO_4$ 外，还含有一定量的 $Cu(NO_3)_2$ 和其他一些可溶性或不溶性杂质，不溶性杂质可过滤除去。$CuSO_4$ 可利用 $CuSO_4$ 和 $Cu(NO_3)_2$ 在水中溶解度的不同分离出来（见表 6-1）。

表 6-1 $CuSO_4$ 和 $Cu(NO_3)_2$ 在水中的溶解度 单位：g/100g 水

盐	温度/℃				
	0	20	40	60	80
$CuSO_4 \cdot 5H_2O$	23.3	32.3	46.2	61.1	83.8
$Cu(NO_3)_2 \cdot 6H_2O$	81.8	125.1	—	—	—
$Cu(NO_3)_2 \cdot 3H_2O$	—	—	—160	—178.5	—208

由表 6-1 中数据可知，$Cu(NO_3)_2$ 在水中的溶解度不论在高温或低温都比 $CuSO_4$ 大得多。因此，当热溶液冷却到一定温度时，$CuSO_4$ 首先达到过饱和而开始从溶液中结晶析出，随着温度继续下降，$CuSO_4$ 不断从溶液中析出，$Cu(NO_3)_2$ 则大部分仍留在溶液中，只有小部分随 $CuSO_4$ 析出。这一小部分 $Cu(NO_3)_2$ 和其他一些可溶性杂质，可再通过重结晶的方法除去，最后达到制备纯 $CuSO_4 \cdot 5H_2O$ 的目的。

很多离子型的盐从水溶液中析出时，常含有一定量的结晶水（或称水合水）。结晶水与盐

类结合得比较牢固，但受热到一定温度时，可以脱去结晶水的一部分或全部。$CuSO_4 \cdot 5H_2O$ 晶体在不同温度下按下列反应逐步脱水[1]：

$$CuSO_4 \cdot 5H_2O \xrightarrow{48℃} CuSO_4 \cdot 3H_2O + 2H_2O$$

$$CuSO_4 \cdot 3H_2O \xrightarrow{99℃} CuSO_4 \cdot H_2O + 2H_2O$$

$$CuSO_4 \cdot H_2O \xrightarrow{218℃} CuSO_4 + H_2O$$

因此，对于经过加热能脱去结晶水，又不会发生分解的结晶水合物中结晶水的测定，通常是把一定量的结晶水合物（不含吸附水）置于已灼烧至恒重的坩埚中，加热至较高温度（以不超过被测定物质的分解温度为限）脱水，然后把坩埚移入干燥器中，冷却至室温，再取出用分析天平称量。由结晶水合物经高温加热后的失重值可算出该结晶水合物所含结晶水的质量分数，以及每物质的量的该盐所含结晶水的物质的量，从而可确定结晶水合物的化学式。由于压力不同、粒度不同、升温速率不同，有时可以得到不同的脱水温度及脱水过程。

三、实验仪器、试剂与材料

（1）仪器　台秤，蒸发皿，普通漏斗，漏斗架，布氏漏斗，吸滤瓶，真空泵，表面皿，滴管，酒精灯，水浴锅，量筒（100mL、10mL），坩埚，泥三角，坩埚钳，干燥器，铁架台，铁圈，沙浴盘，温度计（300℃），分析天平，烧杯（250mL、100mL）。

（2）试剂　HNO_3(1mol/L)，浓 HNO_3(AR)，H_2SO_4(1mol/L、3mol/L)，HCl(2mol/L)，H_2O_2(3%)，KSCN(1mol/L)，$NH_3 \cdot H_2O$(2mol/L、6mol/L)，铜片。

（3）材料　pH 试纸，滤纸，沙子。

四、实验步骤

1. 铜片的净化

称取 3g 剪碎的铜片，置于干燥的蒸发皿中，加入 7mL 1mol/L HNO_3 溶液，小火加热，以洗去铜片上的污物（不要加热太久，以免铜过多地溶解在稀 HNO_3 中影响产率）。用倾注法除去酸液，用水洗净铜片。

2. $CuSO_4 \cdot 5H_2O$ 的制备

向盛有铜片的蒸发皿中加入 12mL 3mol/L H_2SO_4，水浴加热，温热后，分多次缓慢地加入 5mL 浓硝酸（反应过程中产生大量有毒的 NO_2 气体，操作应在通风橱中进行）。待反应缓和后，盖上表面皿，在水浴上继续加热至铜片几乎全部溶解（加热过程中需要补加 6mL 3mol/L H_2SO_4 和 1.5mL 浓 HNO_3）。趁热以倾注法过滤，用 5mL 蒸馏水分两次洗涤滤纸。将滤液转入洗净的蒸发皿中，在水浴上缓慢加热，浓缩至表面出现晶膜为止。取下蒸发皿，使溶液逐渐冷却，析出结晶，减压抽滤得到 $CuSO_4 \cdot 5H_2O$ 粗品，晶体用滤纸吸干。

称其粗品质量，计算产率（以湿品计算，应不少于 85%）。

产品质量/g ________；理论产量/g ________；产率/% ________。

3. 重结晶法提纯 $CuSO_4 \cdot 5H_2O$

称出 1g 上面制得的粗 $CuSO_4 \cdot 5H_2O$ 晶体留作分析样品，其余的放入小烧杯中，按 $CuSO_4 \cdot 5H_2O : H_2O = 1 : 2$ 的比例（质量比）加入纯水，加热溶解。滴加 2mL 3% H_2O_2，将溶液加热，同时滴加 2mol/L $NH_3 \cdot H_2O$（或 0.5mol/L NaOH）直到溶液 pH=4，再多加 1～2 滴，加热片刻，静置，使生成的 $Fe(OH)_3$ 及其他不溶物沉降。过滤，滤液转入洁净的蒸发皿中，滴加 1mol/L H_2SO_4 溶液，调节 pH 至 1～2，然后在石棉网上加热、蒸发、

[1] 在各种无机化学教科书和有关手册中，$CuSO_4 \cdot 5H_2O$ 逐步脱水的温度数据相差很大。本数据取自刘建民、马秦儒等《$CuSO_4 \cdot 5H_2O$ 加热过程中的行为》一文（大学化学研讨会论文集，北京：北京大学出版社，1990，10：128-129）。

浓缩至液面出现晶膜时，停止加热。以冷水冷却，抽滤（尽量抽干），取出结晶，放在两层滤纸中间挤压，以吸干水分，称其质量，计算产率。

产品质量/g ________；理论产量/g ________；产率/% ________。

4. $CuSO_4 \cdot 5H_2O$ 的纯度检查

（1）将 1g 粗 $CuSO_4 \cdot 5H_2O$ 晶体放入小烧杯中，用 10mL 蒸馏水溶解，加入 1mol/L H_2SO_4 酸化，加 2mL 3% H_2O_2，煮沸片刻，使 Fe^{2+} 氧化为 Fe^{3+}，待溶液冷却后，在搅拌下滴加 6mL$NH_3 \cdot H_2O$，直至最初生成的蓝色沉淀完全溶解，溶液呈深蓝色为止。此时 Fe^{3+} 成为 $Fe(OH)_3$ 沉淀，而 Cu^{2+} 则成为 $[Cu(NH_3)_4]^{2+}$。

将此溶液进行 4～5 次常压过滤，用滴管吸取 6mol/L $NH_3 \cdot H_2O$ 洗涤滤纸至蓝色消失，滤纸上留下黄色的 $Fe(OH)_3$ 沉淀。用少量蒸馏水冲洗，再用滴管将 3mL 热的 2mol/L HCl 溶液逐滴滴在滤纸上至 $Fe(OH)_3$ 沉淀全部溶解，以洁净的试管接收滤液。然后在滤液中加入 2 滴 1mol/L KSCN 溶液，并加水稀释至 5mL，观察血红色配合物的产生。保留此液供后面比较使用。

（2）称取 1g 提纯过的 $CuSO_4 \cdot 5H_2O$ 晶体，重复上述操作，比较两种溶液血红色的深浅，确定产品的纯度。

5. 恒重坩埚

将一洗净的坩埚及坩埚盖置于泥三角上。小火烘干后，用氧化焰灼烧至红热。将坩埚冷却至略高于室温，再用干净的坩埚钳将其移入干燥器中，冷却至室温（注意，热坩埚放入干燥器后，一定要在短时间内将干燥器盖子打开 1～2 次，以免内部压力降低，难以打开）。取出，用电光天平称量。重复加热至脱水温度以上、冷却、称量，直至恒重。

6. 水合硫酸铜的脱水

（1）在已恒重的坩埚中加入 1.0～1.2g 研细的水合硫酸铜晶体，铺成均匀的一层，再在电光天平上准确称量坩埚及水合硫酸铜的总质量，减去已恒重坩埚的质量即为水合硫酸铜的质量。

（2）将已称量的、内装有水合硫酸铜晶体的坩埚置于沙浴盘中。将其 3/4 体积埋入沙内，再在靠近坩埚的沙浴中插入一支温度计（300℃），其末端应与坩埚底部大致处于同一水平面。加热沙浴至约 210℃，然后慢慢升温至 280℃左右，调节煤气灯以控制沙浴温度在 260～280℃之间。当坩埚内粉末由蓝色全部变为白色时停止加热（约需 15～20min）。用干净的坩埚钳将坩埚移入干燥器内，冷至室温。将坩埚外壁用滤纸揩干净后，在电光天平上称量坩埚和脱水硫酸铜的总质量。计算脱水硫酸铜的质量。重复砂浴加热，冷却、称量，直到“恒重”（本实验要求两次称量之差≤1mg）。实验后将无水硫酸铜倒入回收瓶中。

将实验数据填入表 6-2。由实验所得数据，计算每物质的量的 $CuSO_4$ 中所结合的结晶水的物质的量（计算出结果后，四舍五入取整数）。确定水合硫酸铜的化学式。

表 6-2　恒重坩锅及加热后坩锅加无水硫酸铜质量

空坩埚的质量/g			（空坩埚＋五水硫酸铜）的质量/g	（加热后坩埚＋无水硫酸铜）的质量/g		
第一次称量	第二次称量	平均值		第一次称量	第二次称量	平均值

7. 数据记录与处理

$CuSO_4 \cdot 5H_2O$ 的质量 m_1 ________；$CuSO_4 \cdot 5H_2O$ 的物质的量 $= m_1/249.7$g/mol ________

无水硫酸铜的质量 m_2 ________；$CuSO_4$ 的物质的量$= m_2/159.6$g/mol ________

结晶水的质量 m_3 __________；结晶水的物质的量＝m_3/18.0g/mol __________

每物质的量的 $CuSO_4$ 的结合水__________；水合硫酸铜的化学式__________

五、注意事项

（1）熟悉实验过程中固体的溶解、过滤、蒸发、结晶、重结晶、固液分离、沙浴加热、研钵的使用、干燥器的准备和使用等基本操作，学习分析天平的使用方法。

（2）$CuSO_4 \cdot 5H_2O$ 的用量最好不要超过 1.2g。

（3）加热脱水一定要完全，晶体完全变为灰白色，不能是浅蓝色。

（4）注意恒重。

（5）注意控制脱水温度。

六、思考题

（1）为什么要在精制后的 $CuSO_4$ 溶液中调节 pH＝1 使溶液呈强酸性？

（2）制备 $CuSO_4 \cdot 5H_2O$ 时，为什么要加入少量浓硝酸？为什么要分多次缓慢加入？

（3）蒸发、结晶制备 $CuSO_4 \cdot 5H_2O$ 时，为什么刚出现晶膜时即停止加热而不能将溶液蒸干？

（4）什么叫重结晶？NaCl 可以用重结晶法进行提纯吗？为什么？

（5）粗 $CuSO_4$ 溶液中的 Fe^{2+} 杂质为什么要氧化为 Fe^{3+} 后再除去？为什么要调节溶液的 pH＝4？pH 太大或太小有何影响？

（6）在水合硫酸铜结晶水的测定中，为什么用沙浴加热并控制温度在 280℃左右？

（7）加热后的坩埚能否未冷却至室温就去称量？加热后的热坩埚为什么要放在干燥器内冷却？

（8）在高温灼烧过程中，为什么必须用煤气灯氧化焰而不用还原焰加热坩埚？

（9）为什么要进行重复的灼烧操作？什么叫恒重？其作用是什么？

【附注】 （1）如果用废铜屑为原料，应先放在蒸发皿中以强火灼烧至表面生成黑色的 CuO，然后再与 H_2SO_4 反应。有时为避免有害气体污染实验室环境，也可直接以 CuO 为原料制备 $CuSO_4$。方法是：取 3.5g CuO 置于 100mL 小烧杯中，加入 30mL 3mol/L H_2SO_4（工业纯）反应制得粗 $CuSO_4 \cdot 5H_2O$，然后再按实验步骤 3，用重结晶法制得纯 $CuSO_4 \cdot 5H_2O$。

（2）试剂行业中 $CuSO_4 \cdot 5H_2O$ 提纯流程如下：

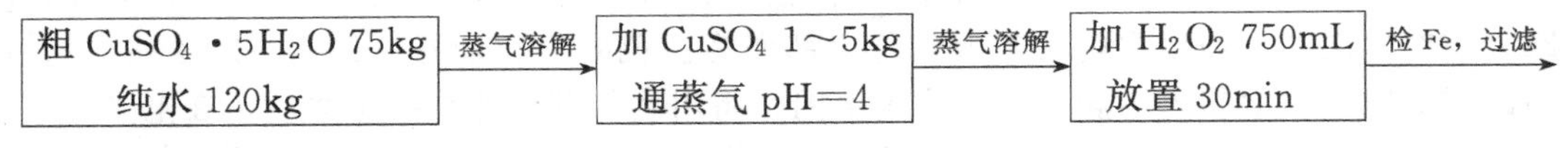

（3）若溶液倒入太多，滤纸会被蓝色溶液全部或大部分浸润，以致用 $NH_3 \cdot H_2O$ 过多或洗不彻底，用 HCl 溶解 $Fe(OH)_3$ 沉淀时，$[Cu(NH_3)_4]^{2+}$ 便会一起流入试管中，遇大量 SCN^- 生成黑色 $Cu(SCN)_2$ 沉淀，影响检验结果：

$$Cu^{2+} + 2SCN^- \longrightarrow Cu(SCN)_2 \downarrow（黑色）$$

实验 7 水的净化——离子交换法

一、实验目的

（1）了解离子交换法制备纯水的基本原理和方法；

（2）掌握水质检验的原理和方法；

(3) 学习电导率仪的使用；

(4) 掌握离子交换树脂的操作方法。

二、实验原理

水是常用的溶剂，其溶解能力很强，很多物质易溶于水，因此天然水（河水、地下水等）中含有很多杂质。一般水中的杂质按其分散形态的不同可分为三类，见表 7-1。

表 7-1 天然水中的杂质

杂质种类	杂 质
悬浮物	泥沙、藻类、植物遗体等
胶体物质	黏土胶粒、溶胶、腐殖质体等
溶解物质	Na^{+}、K^{+}、Ca^{2+}、Mg^{2+}、Fe^{3+}、CO_3^{2-}、HCO_3^{-}、Cl^{-}、SO_4^{2-}、O_2、N_2、CO_2 等

水的纯度对科研和工业生产关系甚大，在化学实验中，水的纯度直接影响实验结果的准确度。因此了解水的纯度、掌握净化水的方法是每个化学工作者应具有的基本知识。

天然水经简单的物理、化学方法处理后得到的自来水，虽然除去了悬浮物质及部分无机盐类，但仍含有较多的杂质（气体及无机盐等）。因此，在化学实验中，自来水不能作为纯水使用。

天然水和自来水的净化，主要有以下几种方法。

1. 蒸馏法

将自来水（或天然水）在蒸馏装置上加热汽化，然后冷凝水蒸气即得蒸馏水。蒸馏水是化学实验中最常用的较为纯净价廉的洗涤剂和溶剂。在 25℃时其电阻率为 $1\times10^{5}\,\Omega\cdot cm$ 左右。

2. 电渗析法

电渗析法是将自来水通过电渗析器，除去水中阴、阳离子，实现净化的方法。电渗析水的电阻率一般为 $10^{4}\sim10^{5}\,\Omega\cdot cm$，比蒸馏水的纯度略低。

3. 离子交换法

离子交换法是使自来水通过离子交换柱（内装阴、阳离子交换树脂）除去水中杂质离子，实现净化的方法。用此法得到的去离子水纯度较高，25℃时的电阻率达 $5\times10^{6}\,\Omega\cdot cm$ 以上。

(1) 离子交换树脂

离子交换树脂是一种由人工合成的带有交换活性基团的多孔网状结构的有机高分子聚合物。它的特点是性质稳定，与酸、碱及一般有机溶剂都不起作用，在其网状结构的骨架上，含有许多可与溶液中的离子起交换作用的“活性基团”。根据树脂可交换活性基团的不同，把离子交换树脂分为阳离子交换树脂和阴离子交换树脂两大类。

① 阳离子交换树脂：特点是树脂中的活性基团可与溶液中的阳离子进行交换。例如：

$$Ar\text{-}SO_3^{-}H^{+},\qquad Ar\text{-}COO^{-}H^{+}$$

Ar 表示树脂中网状结构的骨架部分。

活性基团中含有 H^{+}，可与溶液中的阳离子发生交换的阳离子交换树脂称为酸性阳离子交换树脂或 H 型阳离子交换树脂。按活性基团酸性强弱的不同，又分为强酸性、弱酸性离子交换树脂。例如 $Ar\text{-}SO_3^{-}H^{+}$ 为强酸性离子交换树脂（如国产“732”树脂）；$Ar\text{-}COO^{-}H^{+}$ 为弱酸性离子交换树脂（如国产“724”树脂）；应用最广泛的是强酸性磺酸型聚乙烯树脂。

② 阴离子交换树脂：特点是树脂中的活性基团可与溶液中的阴离子发生交换。例如：

$Ar\text{-}NH_3^+OH^-$的活性基团中含有OH^-，可与溶液中阴离子发生交换的阴离子交换树脂称为碱性阴离子交换树脂或OH^-型阴离子交换树脂。按活性基团碱性强弱的不同，可分为强碱性、弱碱性离子交换树脂。例如$Ar\text{-}N^+(CH_3)_3OH^-$为强碱性离子交换树脂（如国产“717”树脂）；$Ar\text{-}NH_3^+OH^-$为弱碱性离子交换树脂（如国产“701”树脂）。

在制备去离子水时，使用强酸性和强碱性离子交换树脂。它们具有较好的耐化学腐蚀性、耐热性与耐磨性。在酸性、碱性及中性介质中都可以应用，同时离子交换效果好，对弱酸根离子可以进行交换。

（2）离子交换法制备纯水的原理

离子交换法制备纯水的原理是基于树脂中的活性基团和水中各种杂质离子间的可交换性。

离子交换过程是水中的杂质离子先通过扩散进入树脂颗粒内部，再与树脂活性基团中的H^+或OH^-发生交换，被交换出来的H^+或OH^-又扩散到溶液中去，并相互结合成H_2O的过程。

例如$Ar\text{-}SO_3^-H^+$型阳离子交换树脂，交换基团中的H^+与水中的阳离子杂质（如Na^+、Mg^{2+}、Ca^{2+}）进行交换后，使水中的Mg^{2+}、Ca^{2+}等离子结合到树脂上，并交换出H^+于水中。反应式如下：

$$Ar\text{-}SO_3^-H^+ + Na^+ \rightleftharpoons Ar\text{-}SO_3^-Na^+ + H^+$$

$$2Ar\text{-}SO_3^-H^+ + Ca^{2+} \rightleftharpoons (Ar\text{-}SO_3^-)_2Ca^{2+} + 2H^+$$

经过阳离子交换树脂交换后流出的水中有过剩的H^+，因此呈酸性。

同样，水通过阴离子交换树脂，交换基团中的OH^-与水中的阴离子杂质（如Cl^-、SO_4^{2-}等）发生交换反应而置换出OH^-。反应式如下：

$$\underset{\displaystyle OH^-}{\overset{}{Ar\text{-}N^+}}\!\!-\!(CH_3)_3 + Cl^- \longrightarrow \underset{\displaystyle Cl^-}{Ar\text{-}N^+}\!\!-\!(CH_3)_3 + OH^-$$

经过阴离子交换树脂交换后流出的水中含有过剩的OH^-，因此呈碱性。

由以上分析可知，如果含有杂质离子的原料水（工业上称为原水）单纯地通过阳离子交换树脂或阴离子交换树脂后，虽然能达到分别除去阳（或阴）离子的作用，但所得的水是非中性的。如果将原水通过阴、阳离子交换树脂，则交换出来的H^+或OH^-又发生中和反应结合成水：

$$H^+ + OH^- = H_2O$$

从而得到纯度很高的去离子水。

在离子交换树脂上进行的交换反应是可逆的。杂质离子可以交换出树脂中的H^+和OH^-，而H^+或OH^-又可以交换出树脂所包含的杂质离子。反应主要向哪个方向进行，与水中两种离子（H^+或OH^-与杂质离子）的浓度有关。当水中杂质离子较多时，杂质离子交换出树脂中的H^+或OH^-的反应是矛盾的主要方面，但当水中杂质离子减少，树脂上的活性基团大量被杂质离子所占领时，则水中大量存在的H^+或OH^-反而会把杂质离子从树脂上交换下来，使树脂又转变成H型或OH型。由于交换反应的这种可逆性，所以只用两个离子交换柱（阳离子交换柱和阴离子交换柱）串联起来所生产的水仍含有少量的杂质离子未经交换而遗留在水中。为了进一步提高水质，可再串联一个由阳离子交换树脂和阴离子交换树脂均匀混合的交换柱，其作用相当于串联了很多个阳离子交换柱与阴离子交换柱，而且在交换柱床层任何部位的水都是中性的，从而减少了逆反应发生的可能性。

利用上述交换反应可逆的特点，既可以将原水中的杂质离子除去，达到纯化水的目的，又可以将盐型的失效树脂经过适当处理后重新复原，恢复交换能力，解决树脂循环再使用的问题。后一过程称为树脂的再生。

另外，由于树脂是多孔网状结构，具有很强的吸附能力，可以同时除去电中性杂质。又由于装有树脂的交换柱本身就是一个很好的过滤器，所以颗粒状杂质也能一同除去。

三、实验仪器与试剂

（1）仪器　离子交换柱三支（ϕ7mm×160mm），自由夹四个，乳胶管，橡皮塞，直角玻璃弯管，直玻璃管，烧杯。

（2）试剂　732 型强酸性离子交换树脂，717 型强碱性离子交换树脂，钙试剂（0.1%），镁试剂（0.1%），HNO_3（2mol/L），HCl 溶液（5%），NaOH（5%，2mol/L），$AgNO_3$（0.1mol/L），$BaCl_2$（1mol/L）。

四、实验步骤

1. 装柱

用两只 10mL 小烧杯分别量取再生过的阳离子交换树脂约 7mL（湿）或阴离子交换树脂约 10mL（湿），按照装柱操作要求进行装柱。第一个柱子中装入约 1/2 柱容积的阳离子交换树脂，第二个柱子中装入约 2/3 柱容积的阴离子交换树脂，第三个柱子中装入 2/3 柱容积的阴阳混合交换树脂（阳离子交换树脂与阴离子交换树脂按 1∶2 体积比混合）。装置完毕，按附注图 7-1 所示将 3 个柱进行串联，在串联时同样使用纯水并注意尽量排出连接管内的气泡，以免液柱阻力过大而交换不能畅通。

2. 离子交换与水质检验

依次使原料水流经阳离子交换柱、阴离子交换柱、混合交子交换柱，并依次接收原料水、阳离子交换柱流出水、阴离子交换柱流出水、混合离子交换柱流出水样品，进行以下项目检验。

（1）用电导率仪测定各样品的电导率。

（2）取各样品水 2 滴分别放入点滴板的圆穴内，按表 7-2 方法检验 Ca^{2+}、Mg^{2+}、SO_4^{2-} 和 Cl^-。

表 7-2　水样检测结果

检验项目		电导率	pH	Ca^{2+}	Mg^{2+}	Cl^-	SO_4^{2-}	结论
检验方法		测电导率（μS/cm）	pH 试纸	加入 1 滴 2mol/L NaOH 和 1 滴钙试剂溶液，观察有无红色溶液生成	加入 1 滴 2mol/L NaOH 和 1 滴镁试剂溶液，观察有无天蓝色沉淀生成	加入 1 滴 2mol/L 硝酸酸化，再加入 1 滴 0.1mol/L 硝酸银溶液，观察有无白色沉淀生成	加入 1 滴 1mol/L $BaCl_2$ 溶液，观察有无白色沉淀生成	
样品水	自来水							
	阳离子交换柱流出水							
	阴离子交换柱流出水							
	混合离子交换柱流出水							

将检验结果填入表 7-2 中，并根据检验结果做出结论。

3. 再生

按附注中所述的方法再生阴、阳离子交换树脂。

五、注意事项

(1) 检测顺序：先测混合离子交换树脂柱，再测阴、阳离子交换树脂柱；先测电导率。混合离子交换树脂柱合格后（$<10\mu S/cm$），再检验离子（钙、镁在点滴板上进行）。检验用的点滴板等一定要用去离子水多洗几遍，检验结果经教师过目。

(2) 制得的纯水收集在洗瓶内待用，洗涤仪器用自制的去离子水。

(3) 电导率仪中量程挡的数字是范围，读数不需乘系数。

六、思考题

(1) 天然水中主要的无机盐杂质是什么？试述离子交换法净化水的原理。

(2) 用电导率仪测定水纯度的根据是什么？

(3) 装柱时为何要赶净气泡？

(4) 钠型阳离子交换树脂和氯型阴离子交换树脂为什么在使用前要分别用酸、碱处理，并洗至中性？

【附注】

1. 电导率仪的使用

(1) 预热：连接电极，接通电源，打开电源开关，预热 30min。

(2) 定位：置“CAL”挡，根据电极调节常数。

(3) 测量：电极使用时，用电极夹夹紧电极的胶木帽，并通过电极夹把电极固定在电极杆上，将电极浸入待测液中，选择合适的量程进行测定。

2. 离子交换树脂的预处理、装柱和树脂再生

(1) 树脂的预处理❶

阳离子交换树脂的预处理：自来水冲洗树脂至水为无色后，改用纯水浸泡 4～8h，再用5%的盐酸浸泡 4h。倾去盐酸溶液，用纯水洗至 pH=3～4。纯水浸泡备用。

阴离子交换树脂的预处理：将树脂如同上法漂洗和浸泡后，改用 5%NaOH 溶液浸泡 4h。倾去 NaOH 溶液，用纯水洗至 pH=8～9。纯水浸泡备用。

(2) 装柱

用离子交换法制备纯水或进行离子分离等操作，要求在离子交换柱中进行。本实验中的交换柱采用 $\phi=7mm$ 的玻璃管拉制而成，把玻璃管的下端拉成尖嘴，管长 16cm，在尖嘴上套一根细乳胶管，用小夹子控制出水速度。

离子交换树脂制备成需要的型号后（阳离子交换树脂处理成 H 型、阴离子交换树脂处理成 OH 型），浸泡在纯水中备用。

装柱的方法：将少许润湿的玻璃棉塞在交换柱的下端，以防树脂漏出，然后在交换柱中加入柱高 1/3 的纯水，排除柱下部和玻璃棉中的空气。将处理好的湿树脂（连同纯水）一起加入交换柱中，同时调节小夹子让水缓慢注出（水的流速不能太快，防止树脂露出水面），并轻敲柱子，使树脂均匀自然下沉。在装柱时，应防止树脂层中夹有气泡。装柱完毕，最好在树脂层的上面盖一层湿玻璃棉，以防加入溶液时把树脂层掀动。

---

❶ 离子交换树脂（活性基）的盐型比它的游离酸型（H 型）或游离碱（OH 型）稳定得多。商品离子交换树脂大多是钠型（阳离子交换树脂）或氯型（阴离子交换树脂）。根据离子交换操作的要求，需要把树脂变成指定的形式（如 H 型、OH 型等）。

树脂的交换装置示意见图 7-1。

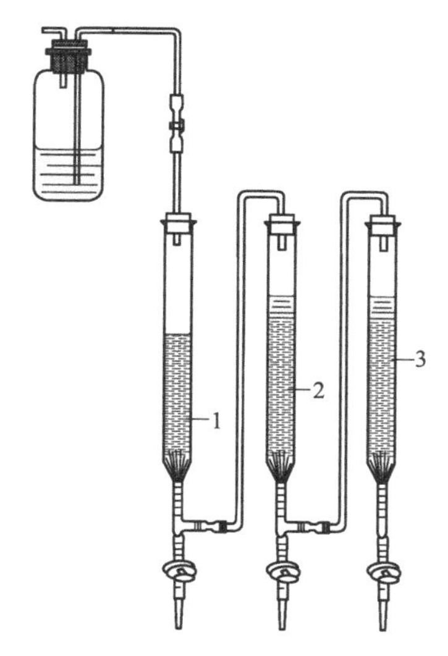

图 7-1 树脂交换装置示意
1—阳离子交换柱；2—阴离子交换柱；
3—混合离子交换柱

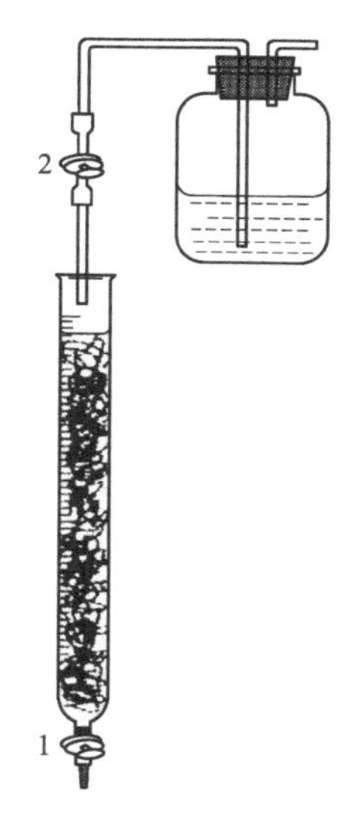

图 7-2 树脂再生装置示意
1—流出液控制夹；
2—进液控制夹

(3) 阳离子交换树脂的再生

按图 7-2 所示的装置，在 30mL 的试剂瓶中装入约 6～10 倍于阳离子交换树脂体系的 2mol/L(5%～10%) HCl 溶液，通过虹吸管以每秒约一滴的流速淋洗树脂。可用夹子 2 控制酸液的流速，用夹子 1 控制树脂上液层的高度。注意在操作中切勿使液面低于树脂层。如此用酸淋洗，直到交换柱中流出液不含 Na^+ 为止（如何检验?）。然后用蒸馏水洗涤树脂，直至流出液的 pH≈6。

(4) 阴离子交换树脂的再生　可用大约 6～10 倍于阴离子交换树脂体积量的 2mol/L（或 5%）NaOH 溶液。再生操作同“(1) 树脂的预处理”，直至从交换柱中流出液不含 Cl^- 为止（如何检验?）。然后用蒸馏水淋洗树脂，直至流出的 pH≈7～8。

实验 8 醋酸电离度和电离常数的测定

一、实验目的

(1) 测定醋酸电离度和电离常数，加深对电离度、电离平衡常数和弱电解质电离平衡的理解；

(2) 掌握数字酸度计的使用方法；

(3) 进一步掌握滴定原理、滴定操作及正确判断滴定终点。

二、实验原理

醋酸（CH_3COOH 或 HAc）是弱电解质，在水溶液中存在以下电离平衡：

$$HAc \rightleftharpoons H^+ + Ac^-$$

其平衡关系为

$$K_i = \frac{[H^+][Ac^-]}{[HAc]}$$

c 为 HAc 的起始浓度，$[H^+]$、$[Ac^-]$、$[HAc]$ 分别为 H^+、Ac^-、HAc 的平衡浓度，

α为电离度，K_i为电离平衡常数，则在纯的 HAc 溶液中，

$$[H^+]=[Ac^-]=c\alpha \qquad [HAc]=c(1-\alpha)$$

则

$$\alpha=\frac{[H^+]}{c}\times 100\% \qquad K_i=\frac{[H^+][Ac^-]}{[HAc]}=\frac{[H^+]^2}{c-[H^+]}$$

当 $\alpha<5\%$时，$c-[H^+]\approx c$，故 $K_i=\frac{[H^+]^2}{c}$。

根据以上关系，通过测定已知浓度 HAc 溶液的 pH，就知道其 $[H^+]$，从而可以计算该 HAc 溶液的电离度和平衡常数。

三、实验仪器与试剂

(1) 仪器　碱式滴定管，吸量管（10mL），移液管（25mL），锥形瓶（50mL），烧杯（50mL），pH 计。

(2) 试剂　HAc(0.2mol/L)，NaOH 标准溶液（0.2mol/L），酚酞指示剂。

四、实验步骤

1. 醋酸溶液浓度的测定

以酚酞为指示剂，用已知浓度的 NaOH 标准溶液标定 HAc 的准确浓度，把结果填入表 8-1 中。

表 8-1　HAc 溶液浓度的标定

测定序号		Ⅰ	Ⅱ	Ⅲ
NaOH 溶液的浓度/(mol/L)				
HAc 溶液的用量/mL				
NaOH 溶液的用量/mL				
HAc 溶液的浓度/(mol/L)	测定值			
	平均值			

2. 配制不同浓度的 HAc 溶液

用移液管和吸量管分别吸取 25.00mL、5.00mL、2.50mL 已测得准确浓度的 HAc 溶液，把它们分别加入三个 50mL 容量瓶中，再用蒸馏水稀释至刻度，摇匀，并计算出这三个容量瓶 HAc 溶液的准确浓度。

3. 测定醋酸溶液的 pH，计算醋酸的电离度和电离平衡常数

将以上四种不同浓度的 HAc 溶液分别加入四只洁净干燥的 50mL 烧杯中，按由稀到浓的次序在 pH 计上分别测定它们的 pH，并记录数据和室温。计算电离度和电离平衡常数，并将有关数据填入表 8-2 中。

表 8-2　不同浓度 HAc 溶液的 pH 及电离度和电离平衡常数　　温度____℃

溶液编号	c/(mol/L)	pH	$[H^+]$/(mol/L)	α	电离平衡常数 K	
					测定值	平均值
1						
2						
3						
4						

本实验测定的 K 在 1.0×10^{-5}～2.0×10^{-5} 范围内为合格（25℃的文献值为 1.76×10^{-5}）。

五、注意事项

（1）注意实验过程中的滴定管、移液管、吸量管、容量瓶和 pH 计的正确使用方法。

（2）注意酸碱滴定管的正确使用，在接近刻度时一定要逐滴加入醋酸（或水），配成准确浓度的醋酸溶液。

（3）在进行不同浓度的醋酸溶液的配制时，一定要注意采用干燥的小烧杯（100mL），以免使浓度发生变化，或液面过低，无法将玻璃电极完全浸没。

六、思考题

（1）烧杯是否必须烘干？还可以作怎样的处理？

（2）测定 pH 时，为什么要按从稀到浓的次序进行？

（3）若所用的醋酸浓度极稀，醋酸的电离度大于 5%时，是否还能用 $K_i=\frac{[H^+]^2}{c}$ 计算电离平衡常数？为什么？

（4）改变所测醋酸溶液的浓度或温度，则电离度和电离常数有无变化？若有变化，会有怎样的变化？

（5）下列情况能否用 $K=\frac{[H^+]^2}{c}$ 求电离平衡常数？

① 在 HAc 溶液中加入一定量的固体 NaAc（假设溶液的体积不变）；

② 在 HAc 溶液中加入一定量的固体 NaCl（假设溶液的体积不变）。

（6）将 NaOH 标准溶液装入碱式滴定管中滴定待测 HAc 溶液时，以下情况对滴定结果有何影响？

① 滴定过程中滴定管下端产生了气泡；

② 滴定近终点时，没有用蒸馏水冲洗锥形瓶的内壁；

③ 滴定完后，有液滴悬挂在滴定管的尖端处；

④ 滴定过程中，有一些滴定液自滴定管的活塞处渗漏出来。

实验 9 碘化铅的制备和溶度积常数的测定

一、实验目的

（1）巩固溶度积的概念，利用离子交换法测定难溶物碘化铅的溶度积，从而了解离子交换法的一般原理和使用离子交换树脂的基本方法；

（2）掌握用离子交换法测定溶度积的原理，并练习滴定操作。

二、实验原理

在一定温度下，难溶电解质 PbI_2 达成下列沉淀溶解平衡：

$$PbI_2 \rightleftharpoons Pb^{2+}(aq)+2I^-(aq)$$

$$c(Pb^{2+})=1/2c(I^-)$$

$$K_{sp}^{\ominus}=[c(Pb^{2+})/c^{\ominus}]\cdot[c(I^-)/c^{\ominus}]^2=4[c(Pb^{2+})/c^{\ominus}]^3$$

可见，知道了 PbI_2 饱和溶液中 Pb^{2+} 的浓度，便可求出 PbI_2 的溶度积常数。

离子交换树脂是含有能与其他物质进行离子交换的活性基团的高分子化合物。含有酸性基团而能与其他物质交换阳离子的称为阳离子交换树脂，含有碱性基团能与其他物质交换阴离子的称为阴离子交换树脂。本实验采用阳离子交换树脂与碘化铅饱和溶液中的铅离子进行交换。其交换反应可以用下式来示意：

$$2R^-H^+ + Pb^{2+} \rightleftharpoons R_2^-Pb^{2+} + 2H^+$$

将一定体积的碘化铅饱和溶液通过阳离子交换树脂，树脂上的氢离子即与铅离子进行交换。交换后，氢离子随流出液流出，然后用标准氢氧化钠溶液滴定，可求出氢离子的含量：

$$H^+ + OH^- = H_2O$$

根据流出液中的氢离子的数量，可计算出通过离子交换树脂的碘化铅饱和液中的铅离子浓度。

设所取 PbI_2 饱和溶液的体积为 $V(PbI_2)$，NaOH 的浓度为 $c(NaOH)$，滴定所消耗的 NaOH 体积为 $V(NaOH)$，则饱和溶液中的 Pb^{2+} 的浓度 $c(Pb^{2+})$ 为：

$$c(Pb^{2+}) = c(NaOH)V(NaOH)/2V(PbI_2)$$

代入溶度积计算式中即可求出碘化铅的溶度积。

三、实验仪器、试剂与材料

(1) 仪器　离子交换柱（见图 9-1，可用一支直径约为 2cm、下口较细的玻璃管代替，下端细口处填少许玻璃棉，并连接一段乳胶管，夹上螺旋夹），碱式滴定管（50mL），滴定管架，锥形瓶（100mL、250mL），温度计（50℃），烧杯，移液管（25mL）。

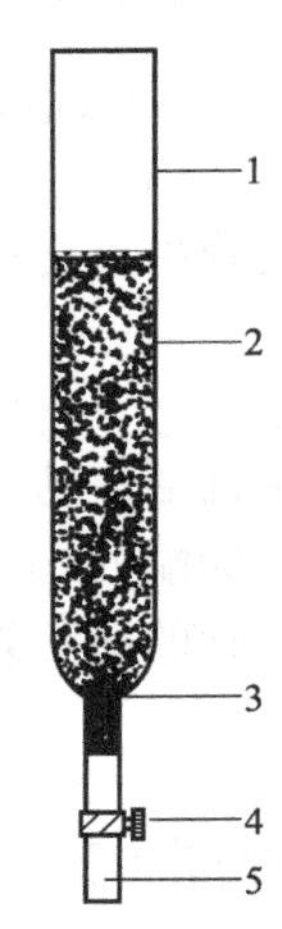

图 9-1　离子交换柱

1—交换柱；2—阳离子交换树脂；3—玻璃棉；
4—螺旋夹；5—胶皮管

(2) 试剂　NaOH 标准溶液（0.005mol/L），HNO_3(1mol/L)，硝酸铅（AR），碘化钾（AR），强酸型离子交换树脂。

(3) 材料　玻璃棉，pH 试纸，溴化百里酚蓝指示剂。

四、实验步骤

1. 碘化铅饱和溶液的配制

碘化铅试剂可用硝酸铅溶液与过量的碘化钾溶液反应而制得。制成的碘化铅沉淀需用蒸馏水反复洗涤，以防过量的铅离子存在。过滤，得到碘化铅固体。

将过量的碘化铅固体溶于经煮沸除去二氧化碳的蒸馏水中，充分搅动并放置过夜，使其溶解，达到沉淀溶解平衡。

2. 装柱

首先将阳离子交换树脂用蒸馏水浸泡 24～48h。

装柱前，把交换柱下端填入少许玻璃棉，以防止离子交换树脂随流出液流出。然后将浸泡过的阳离子交换树脂约 40g 随同蒸馏水一并注入交换柱中。为防止离子交换树脂中有气泡，可用长玻璃棒插入交换柱的树脂中搅动，以赶走树脂中的气泡。在装柱以后树脂的转型和交换的整个过程中，要注意液面始终要高出树脂，避免空气进入树脂层影响交换结果。

3. 转型

在进行离子交换前，须将钠型树脂完全转变成氢型。可用 100mL 1mol/L HNO_3 以每分钟 30～40 滴的流速流过树脂。然后用蒸馏水淋洗树脂至淋洗液呈中性（可用 pH 试纸检验）。

4. 交换和洗涤

将碘化铅饱和溶液过滤到一个干净的干燥锥形瓶中。测量并记录饱和溶液的温度，然后用移液管准确量取该饱和溶液 25.0mL，放入一小烧杯中，分几次将其转移至离子交换柱内。用一个 250mL 洁净的锥形瓶承接流出液。待碘化铅饱和溶液流出后，再用蒸馏水淋洗树脂至流出液呈中性。将洗涤液一并放入锥形瓶中。注意在交换和洗涤过程中，流出液不要损失。

5. 滴定

将盛锥形瓶中的流出液用 0.005mol/L NaOH 标准溶液滴定，用溴化百里酚蓝作指示剂，在 pH＝6.5～7 时，溶液由黄色转变为鲜艳的蓝色，即达到滴定终点，记录数据。

6. 离子交换树脂的后处理

回收用过的交换树脂，经蒸馏水洗涤后，再用约 100mL 1mol/L HNO_3 淋洗，然后用蒸馏水洗涤至流出液为中性，即可使用。

7. 数据处理

碘化铅饱和溶液的温度/℃ ________

通过交换柱的碘化铅饱和溶液的体积/mL ________

NaOH 标准溶液的浓度/(mol/L) ________

消耗 NaOH 标准溶液的体积/mL ________

流出液中 H^+ 的量/mol ________

饱和溶液中 $[Pb^{2+}]$/(mol/L) ________

碘化铅的 K_{sp} ________

本实验测定 K_{sp} 值的数量级为 10^{-9}～10^{-8} 时即合格。

五、注意事项

（1）注意滴定和离子交换分离的正确操作。

（2）过滤饱和碘化铅溶液时用的漏斗、玻璃棒等必须是干净、干燥的。滤纸可用碘化铅饱和溶液润湿。

（3）树脂装柱高度约 2/3。

（4）交换和洗涤过程中流出液不要损失。

（5）滴定速度要慢，要细心。

六、思考题

（1）在离子交换树脂的转型中，如果加入硝酸的量不够，树脂没完全转变成氢型，会对实验结果造成什么影响？

（2）在交换和洗涤过程中，如果流出液有一少部分损失掉，会对实验结果造成什么影响？

实验10 化学反应速率与活化能

一、实验目的

（1）通过实验了解温度、浓度和催化剂对化学反应速率的影响，加深对活化能的理解，并练习根据实验数据作图求活化能的方法；

（2）练习在水浴中保持恒温的操作；

（3）测定过二硫酸铵氧化碘化钾的反应速率，并求算一定温度下的反应级数、反应速率常数和反应的活化能；了解浓度、温度和催化剂对反应速率的影响。

二、实验原理

在水溶液中过二硫酸铵和碘化钾发生如下反应：

$$(NH_4)_2S_2O_8 + 3KI \longrightarrow (NH_4)_2SO_4 + K_2SO_4 + KI_3$$

$$S_2O_8^{2-} + 3I^- \longrightarrow 2SO_4^{2-} + I_3^- \quad (10\text{-}1)$$

其反应的微分速率方程可表示为：

$$v = kc^m_{S_2O_8^{2-}}c^n_{I^-}$$

式中，v 是在此条件下反应的瞬时速率，若 $c_{S_2O_8^{2-}}$、c_{I^-} 是起始浓度，则 v 表示初速率（v_0）；k 是反应速率常数；m 与 n 之和是反应级数。

实验能测定的速率是在一段时间间隔（Δt）内反应的平均速率 $\bar{v}$。如果在 Δt 时间内 $S_2O_8^{2-}$ 浓度的改变为 $\Delta c_{S_2O_8^{2-}}$，则平均速率：

$$\bar{v} = \frac{-\Delta c_{S_2O_8^{2-}}}{\Delta t}$$

近似地用平均速率代替初速率：

$$v_0 = kc^m_{S_2O_8^{2-}}c^n_{I^-} = \frac{-\Delta c_{S_2O_8^{2-}}}{\Delta t}$$

为了能够测出在 Δt 时间内 $S_2O_8^{2-}$ 浓度的改变值，需要在混合 $(NH_4)_2S_2O_8$ 和 KI 溶液的同时，加入一定体积已知浓度的 $Na_2S_2O_3$ 溶液和淀粉溶液，这样在反应（10-1）进行的同时还进行下面的反应：

$$2S_2O_3^{2-} + I_3^- \longrightarrow S_4O_6^{2-} + 3I^- \quad (10\text{-}2)$$

这个反应进行得非常快，几乎瞬间完成，而反应（10-1）比反应（10-2）慢得多。因此，由反应（10-1）生成的 I_3^- 立即与 $S_2O_3^{2-}$ 反应，生成无色的 $S_4O_6^{2-}$ 和 I^-。所以在反应的开始阶段看不到碘与淀粉反应而显示的特有蓝色。但是一旦 $Na_2S_2O_3$ 耗尽，反应（10-1）继续生成 I_3^- 就与淀粉反应而呈现出特有的蓝色。

由于从反应开始到蓝色出现标志着 $S_2O_3^{2-}$ 全部耗尽，所以从反应开始到出现蓝色这段 Δt 时间内，$S_2O_3^{2-}$ 浓度的改变 $\Delta c_{S_2O_3^{2-}}$ 实际上就是 $Na_2S_2O_3$ 的起始浓度。

再从反应式(10-1）和反应式(10-2）可以看出，$S_2O_8^{2-}$ 减少的量为 $S_2O_3^{2-}$ 减少量的一半，所以 $S_2O_8^{2-}$ 在 Δt 时间内减少的量可以从下式求得：

$$\Delta c_{S_2O_8^{2-}} = \frac{c_{S_2O_3^{2-}}}{2}$$

实验中，通过改变反应物 $S_2O_8^{2-}$ 和 I^- 的初始浓度，测定消耗等量的 $S_2O_8^{2-}$ 的物质的量浓度 $\Delta c_{S_2O_8^{2-}}$ 所需要的不同的时间间隔（Δt），计算得到不同反应物初始浓度的初速率，进而确定该反应的微分速率和反应速率常数。

三、实验仪器与试剂

（1）仪器　烧杯，大试管，量筒，秒表，温度计。

（2）试剂　$(NH_4)_2S_2O_8$（0.20mol/L），KI（0.20mol/L），$Na_2S_2O_3$（0.20mol/L），KNO_3（0.20mol/L），$(NH_4)_2SO_4$（0.20mol/L），$Cu(NO_3)_2$（0.20mol/L），淀粉溶液（0.2%），冰。

四、实验步骤

1. 浓度对化学反应速率的影响

在室温条件下进行表10-1中编号Ⅰ的实验。用量筒分别量取20.0mL 0.20mol/L KI溶液、8.0mL 0.010mol/L $Na_2S_2O_3$溶液和2.0mL 0.4%淀粉溶液，全部加入烧杯中，混合均匀。然后用另一量筒取20.0mL 0.20mol/L $(NH_4)_2S_2O_8$溶液，迅速倒入上述混合液中，同时启动秒表，并不断搅动，仔细观察。当溶液刚出现蓝色时，立即按停秒表，记录反应时间和室温。

用同样方法按照表10-1的用量进行编号Ⅱ、Ⅲ、Ⅳ、Ⅴ的实验。

表10-1　浓度对反应速率的影响　　温度____℃

实验编号		Ⅰ	Ⅱ	Ⅲ	Ⅳ	Ⅴ
试剂用量/mL	0.20mol/L $(NH_4)_2S_2O_8$	20.0	10.0	5.0	20.0	20.0
	0.20mol/L KI	20.0	20.0	20.0	10.0	5.0
	0.010mol/L $Na_2S_2O_3$	8.0	8.0	8.0	8.0	8.0
	0.4%淀粉溶液	2.0	2.0	2.0	2.0	2.0
	0.20mol/L KNO_3	0	0	0	10.0	15.0
	0.20mol/L $(NH_4)_2SO_4$	0	10.0	15.0	0	0
混合液中反应物的起始浓度/(mol/L)	$(NH_4)_2S_2O_8$					
	KI					
	$Na_2S_2O_3$					
反应时间 Δt/s						
$S_2O_8^{2-}$的浓度变化 $\Delta c_{S_2O_8^{2-}}$/(mol/L)						
反应速率 v						

2. 温度对化学反应速率的影响

按表10-1实验Ⅳ中的药品用量，将装有碘化钾、硫代硫酸钠、硝酸钾和淀粉混合溶液的烧杯和装有过二硫酸铵溶液的小烧杯，放入冰水浴中冷却，待它们温度冷却到低于室温10℃时，将过二硫酸铵溶液迅速加至碘化钾等混合溶液中，同时计时并不断搅动，当溶液刚出现蓝色时，记录反应时间。此实验编号记为Ⅵ。

同样方法在热水浴中进行高于室温10℃的实验。此实验编号记为Ⅶ。

将此两次实验数据Ⅵ、Ⅶ和实验Ⅳ的数据记入表10-2中进行比较。

表10-2　温度对化学反应速率的影响

实验编号	Ⅵ	Ⅳ	Ⅶ
反应温度 t/℃			
反应时间 Δt/s			
反应速率 v			

3. 催化剂对化学反应速率的影响

按表 10-1 实验Ⅳ的用量，把碘化钾、硫代硫酸钠、硝酸钾和淀粉溶液加到 150mL 烧杯中，再加入 2 滴 0.02mol/L $Cu(NO_3)_2$ 溶液，搅匀，然后迅速加入过二硫酸铵溶液，搅动、计时。将此实验的反应速率与表 10-1 中实验Ⅳ的反应速率定性地进行比较可得到什么结论？

4. 数据处理

（1）反应级数和反应速率常数的计算

将反应速率表示为 $v=kc^m_{S_2O_8^{2-}}c^n_{I^-}$，两边取对数：

$$\lg v=m\lg c_{S_2O_8^{2-}}+\lg c_{I^-}+\lg k$$

当 c_{I^-} 不变时（即实验Ⅰ、Ⅱ、Ⅲ），以 $\lg v$ 对 $\lg c_{S_2O_8^{2-}}$ 作图，可得一直线，斜率为 m。同理，当 $c_{S_2O_8^{2-}}$ 不变时（即实验Ⅰ、Ⅳ、Ⅴ），以 $\lg v$ 对 $\lg c_{I^-}$ 作图，可求得 n，此反应的级数则为 $m+n$。

将求得的 m 和 n 代入 $v=kc^m_{S_2O_8^{2-}}c^n_{I^-}$ 即可求得反应速率常数 k。将数据填入表 10-3。

表 10-3　反应级数 m 和 n 及反应速率常数 k 的计算

实验编号	Ⅰ	Ⅱ	Ⅲ	Ⅳ	Ⅴ
$\lg v$					
$\lg c_{S_2O_8^{2-}}$					
$\lg c_{I^-}$					
m					
n					
反应速率常数 k					

（2）反应活化能的计算

反应速率常数 k 与反应温度 T 一般有以下关系：

$$\lg k=A-\frac{E_a}{2.30RT}$$

式中，E_a 为反应的活化能；R 为摩尔气体常数；T 为热力学温度。测出不同温度时的 k 值，以 $\lg k$ 对 $1/T$ 作图，可得一直线，由直线斜率$\left(\text{等于}-\frac{E_a}{2.30R}\right)$可求得反应的活化能 E_a。将数据填入表 10-4。

表 10-4　反应活化能的计算

实验编号	Ⅵ	Ⅶ	室温下的平均值
反应速率常数 k			
$\lg k$			
$1/T$			
反应活化能 E_a			

本实验活化能测定值的误差不超过 10%（文献值：51.8kJ/mol）。

五、注意事项

（1）注意量筒和秒表的正确使用及作图的基本方法。

（2）根据实际的用量选择合适的量筒，注意量筒不能混用，最好能给每个量筒贴上标签。

（3）在测定温度对反应速率的影响时，一定要使两管试剂的温度一致后迅速混合，立即计时。

（4）在作图时应用坐标纸，注意图表的规范。

六、思考题

(1) 若不用 $S_2O_3^{2-}$ 而用 I_3^- 或 I^- 的浓度变化来表示，反应速率常数是否一样？

(2) 为什么在实验Ⅱ、Ⅲ、Ⅳ、Ⅴ中，分别加入 KNO_3 或 $(NH_4)_2SO_4$ 溶液？

(3) 每次实验的计时操作要注意什么？

(4) 下列操作对实验有何影响？

① 取用试剂的量筒没有分开专用；

② 先加 $(NH_4)_2S_2O_8$ 溶液，最后加 KI 溶液；

③ $(NH_4)_2S_2O_8$ 溶液慢慢加入 KI 等混合溶液中。

【附注】 (1) 本实验对试剂有一定的要求。碘化钾溶液应为无色透明溶液，不宜使用有碘析出的浅黄色溶液。过二硫酸铵溶液要新配制的，因为时间长了过二硫酸铵易分解。如所配制过二硫酸铵溶液的 pH 小于 3，说明该试剂已有分解，不适合本实验使用。所用试剂中如混有少量 Cu^{2+}、Fe^{3+} 等杂质，对反应会有催化作用，必要时需滴入几滴 0.10mol/L EDTA 溶液。

(2) 在做温度对化学反应速率影响的实验时，如室温低于 10℃，可将温度条件改为室温、高于室温 10℃、高于室温 20℃三种情况进行。

实验 11 氧化还原反应和氧化还原平衡

一、实验目的

(1) 学会装配原电池；

(2) 掌握电极的本性、电对的氧化型或还原型物质的浓度、介质的酸度等因素对电极电势、氧化还原反应的方向、产物、速率的影响；

(3) 通过实验了解化学电池电动势。

二、实验原理

1. 原电池电动势

对于反应 $$aA+bB = cC+dD$$

(1) $$E=E^{\ominus}-\frac{0.0592}{n}\lg\frac{[C]^c[D]^d}{[A]^a[B]^b}$$

(2) $$E=\varphi_+-\varphi_-$$

2. 电极电势

(1) 一般电对 $$\varphi=\varphi^{\ominus}+\frac{0.0592}{n}\lg\frac{[\text{氧化型}]}{[\text{原型}]}$$

(2) 配合物电对 $$\varphi=\varphi^{\ominus}_{MLn/M}-\frac{0.0592}{n}\lg K$$

3. 氧化还原反应方向的判断

$E>0$，反应正向进行。

$E<0$，反应逆向进行。

三、实验仪器、试剂与材料

(1) 仪器 试管（离心、10mL），烧杯（100mL、250mL），伏特计（或酸度计），表面皿，U 形管。

(2) 试剂 HCl（浓），HNO_3（2mol/L、浓），HAc(6mol/L)，H_2SO_4（1mol/L），NaOH（6mol/L、40%），$NH_3\cdot H_2O$（浓），$ZnSO_4$（1mol/L），$CuSO_4$（0.01mol/L），KI(0.1mol/L)，

KBr(0.1mol/L)，$FeCl_3$(0.1mol/L)，$Fe_2(SO_4)_3$(0.1mol/L)，$FeSO_4$(0.1mol/L)，H_2O_2(3%)，Sb^{2+}(0.1mol/L)，溴水，碘水（0.1mol/L)，氯水（饱和)，KCl（饱和)，CCl_4，酚酞指示剂，淀粉溶液（0.4%)，琼脂，氟化铵（AR)。

（3）材料　电极（锌片、铜片)，导线，回形针，红色石蕊试纸（或酚酞试纸)，砂纸，滤纸。

四、实验步骤

1. 氧化还原反应和电极电势

（1）在试管中加入 0.5mL 0.1mol/L KI 溶液和 2 滴 0.1mol/L $FeCl_3$ 溶液，摇匀后加入 0.5mL CCl_4，充分振荡，观察 CCl_4 层颜色有无变化？

（2）用 0.1mol/L KBr 溶液代替 KI 溶液进行同样实验，观察现象。

（3）往两支试管中分别加入 3 滴碘水、溴水，然后加入 0.5mL 0.1mol/L $FeSO_4$ 溶液，摇匀后，加入 0.5mL CCl_4，充分振荡，观察 CCl_4 层有无变化？

根据以上实验结果，定性地比较 Br_2/Br^-、I_2/I^-、Fe^{3+}/Fe^{2+} 三个电对的电极电势。

2. 浓度对电极电势的影响

（1）往一只小烧杯中加入约 30mL 1mol/L $ZnSO_4$ 溶液，在其中插入锌片；往另一只小烧杯中加入约 30mL 1mol/L $CuSO_4$ 溶液，在其中插入铜片。用盐桥将两烧杯相连，组成一个原电池。用导线将锌片和铜片分别与伏特计（或酸度计）的负极和正极相接，测定两极之间的电压（见图 11-1）。

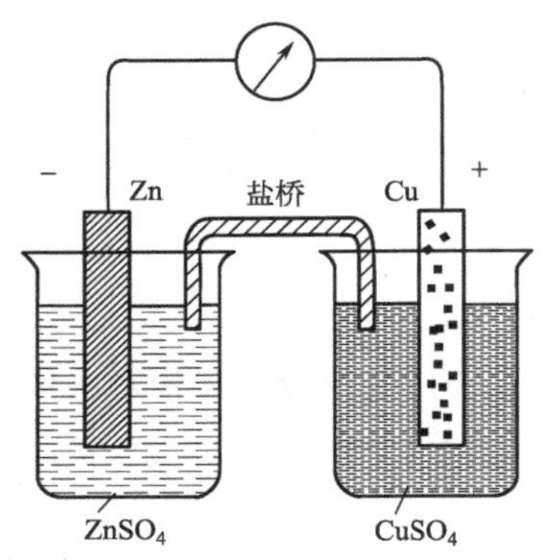

图 11-1　Cu-Zn 原电池

在 $CuSO_4$ 溶液中注入浓氨水至生成的沉淀溶解为止，形成深蓝色的溶液：

$$Cu^{2+}+4NH_3 \rightleftharpoons Cu[(NH_3)_4]^{2+}$$

测量电压，观察有何变化？再于 $ZnSO_4$ 溶液中加入浓氨水至生成的沉淀完全溶解为止：

$$Zn^{2+}+4NH_3 \rightleftharpoons Zn[(NH_3)_4]^{2+}$$

测量电压，观察又有什么变化？利用能斯特方程式来解释实验现象。

（2）自行设计并测定下列浓差电池的电动势，将实验值与计算值比较。

$$Cu|CuSO_4(0.01mol/L) \| CuSO_4(1mol/L)|Cu$$

在浓差电池的两极各连一个回形针，然后在表面皿上放一小块滤纸，滴加 1mol/L Na_2SO_4 溶液，使滤纸完全湿润，再加入酚酞 2 滴。将两极的回形针压在纸上，使其相距约 1mm，稍等片刻，观察所压处，哪一端出现红色？

3. 酸度和浓度对氧化还原反应的影响

（1）酸度的影响

① 在三支均盛有 0.5mL 0.1mol/L Na_2SO_4 溶液的试管中，分别加入 0.5mL 1mol/L H_2SO_4 溶液及 0.5mL 蒸馏水和 0.5mL 6mol/L NaOH 溶液，混合均匀后，再各滴入 2 滴 0.1mol/L $KMnO_4$ 溶液，观察颜色的变化有何不同？写出有关化学反应方程式。

② 在试管中加入 0.5mL 0.1mol/L KI 溶液和 2 滴 0.1mol/L HIO_3 溶液，再加几滴淀粉溶液，混合后观察溶液颜色有无变化？然后加 2～3 滴 1mol/L H_2SO_4 溶液酸化混合液，观察有什么变化？最后滴加 2～3 滴 6mol/L NaOH 使混合液显碱性，观察又有什么变化？写出有关化学反应方程式。

（2）浓度的影响

① 往盛有 H_2O、CCl_4 和 0.1mol/L $Fe_2(SO_4)_3$ 各 0.5mL 的试管中加入 0.5mL 0.1

mol/L KI 溶液，振荡后观察 CCl_4 层的颜色。

② 往盛有 CCl_4、1mol/L $FeSO_4$ 和 0.1mol/L $Fe_2(SO_4)_3$ 各 0.5mL 的试管中，加入 0.5mL 0.1mol/L KI 溶液，振荡后观察 CCl_4 层的颜色。与上一实验中 CCl_4 层颜色有何区别？

③ 在实验（1）的试管中，加入少许 NH_4F 固体，振荡，观察 CCl_4 层颜色的变化。

说明浓度对氧化还原反应的影响。

4. 酸度对氧化还原反应速率的影响

在两支各盛有 0.5mL 0.1mol/L KBr 溶液的试管中，分别加入 0.5mL 1mol/L H_2SO_4 和 6mol/L HAc 溶液，然后各加入 0.01mol/L $KMnO_4$ 溶液，观察两支试管中紫红色褪去的速度，分别写出有关化学反应方程式。

5. 氧化数据中的物质的氧化还原性

（1）在试管中加入 0.5mL 0.1mol/L KI 和 2～3 滴 1mol/L H_2SO_4，再加入 1～2 滴 3% H_2O_2，观察试管中溶液颜色的变化。

（2）在试管中加入 2 滴 0.01mol/L $KMnO_4$ 溶液，再加入 3 滴 1mol/L H_2SO_4 溶液，摇匀后滴加 2 滴 3% H_2O_2，观察溶液颜色的变化。

五、注意事项

（1）实验过程中注意试剂的取用和试管的使用等操作规范，熟悉伏特计的使用。

（2）伏特计使用时要注意原电池正极与伏特计正极相连，原电池负极与伏特计负极相接，另读数时要注意所选量程。

（3）加浓氨水、溴水、碘水、四氯化碳时须在通风橱中进行。

（4）电极的处理：电极的锌片、铜片要用砂纸擦干净，以免增大电阻。

六、思考题

（1）为什么 H_2O_2 既具有氧化性，又具有还原性？试从电极电势予以说明。

（2）若用适量氯水分别与溴化钾、碘化钾溶液反应并加入 CCl_4，估计 CCl_4 层的颜色。

（3）利用浓差电池作电源电解 Na_2SO_4 水溶液的实质是什么物质被电解？使酚酞出现红色的一极是什么极？为什么？

（4）酸度对 Cl_2/Cl^-、Br_2/Br^-、I_2/I^-、Fe^{3+}/Fe^{2+}、Cu^{2+}/Cu、Zn^{2+}/Zn 电对的电极电势有无影响？为什么？

（5）从实验结果讨论氧化还原反应和哪些因素有关？

（6）电解硫酸钠溶液为什么得不到金属钠？

（7）什么叫浓差电池？写出实验步骤 2（2）的电池符号和电池反应式，并计算电池电动势。

【附注】 盐桥的制法：称取 1g 琼脂，放在 100mL KCl 饱和溶液中浸泡一会儿，在不断搅拌下，加热煮成糊状，趁热倒入 U 形玻璃管中（管内不能留有气泡，否则会增加电阻），冷却即成。

更为简便的方法可用 KCl 饱和溶液装满 U 形玻璃管，两管口以小棉花球塞住（管内不留有气泡），作为盐桥使用。

实验中还可用素烧瓷筒用作盐桥。

《实验 12》 废干电池的回收

一、实验目的

（1）了解干电池的构造；

(2) 学习混合物的分离方法；

(3) 学习废锌锰干电池中提取有用物质的方法。

二、实验提示

锌锰干电池的负极为锌皮，正极是碳棒，在碳棒周围填充的是石墨粉和二氧化锰的混合物，电解液是糊状物，内有氯化铵、氯化锌和淀粉等。发生的电池反应为：

$$Zn+2MnO_2+2NH_4Cl \longrightarrow Zn(NH_3)_2Cl_2+Mn_2O_3+H_2O$$

在使用过程中，锌皮消耗最多，二氧化锰只起氧化作用，氯化铵作为电解质没有消耗。当锌锰干电池的电压降至约 1.3V 以下时，电池将不能再用。但电池的构成物质还远远没有耗尽。

根据锌锰干电池各组成的化学性质，回收处理废干电池可以获得多种物质，如锌、二氧化锰、氯化铵和制备有关金属的盐类等，回收的主要物质都是重要的化工原料，有的可直接用于干电池的生产。

1. 氯化铵的回收

将电池中的黑色混合物溶于水，可得氯化铵和氯化锌的混合溶液。依据两者溶解度的不同可回收氯化铵。氯化铵在 100℃时开始显著挥发，338℃时解离，350℃时升华。

2. 二氧化锰的回收

电池中黑色混合物不溶于水的部分是二氧化锰和炭粉的混合物，灼烧以除去炭粉后，可得二氧化锰。

3. 由锌皮制备 $ZnSO_4 \cdot 7H_2O$

锌皮溶于硫酸可制备 $ZnSO_4 \cdot 7H_2O$，但锌皮中所含的杂质铁也同时溶解，必须除铁。

三、实验要求

(1) 根据实验室提供的条件选择废干电池中的 1～2 种物质回收；

(2) 写出详细的实验方案；

(3) 经教师审查后完成实验。

四、实验仪器、试剂与材料

(1) 仪器　由学生自己列出所需用的仪器。

(2) 试剂　H_2SO_4(3mol/L)，NaOH(2mol/L)，$NH_3 \cdot H_2O$(6mol/L)，H_2O_2(3%)，草酸，硫酸铵。

(3) 材料　pH 试纸，火柴。

五、思考题

(1) 废干锌锰电池可回收哪些有用物质？

(2) 废干电池应如何预处理以减少后续处理的干扰？

实验 13　磺基水杨酸合铁（Ⅲ）配合物的组成及其稳定常数的测定

一、实验目的

(1) 了解光度法测定配合物的组成及其稳定常数的原理和方法；

(2) 测定 pH<2.5 时磺基水杨酸铁的组成及其稳定常数；

(3) 学习分光光度计的使用。

二、实验原理

磺基水杨酸（简式为 H_3R）与 Fe^{3+} 可以形成稳定的配合物，因溶液的 pH 不同，形成配合物的组成也不同。本实验将测定 pH<2.5 时磺基水杨酸合铁（Ⅲ）配离子的组成及其稳定常数。

测定配合物的组成常用光度法，其基本原理如下。

当一束波长一定的单色光通过有色溶液时，一部分光被溶液吸收，一部分光透过溶液。

对光的被溶液吸收和透过程度，通常有以下两种表示方法。

① 用透光率 T 表示，即透过光的强度 I_t 与入射光的强度 I_0 之比：

$$T=\frac{I_t}{I_0}$$

② 用吸光度 A（又称消光度，光密度）来表示。它是取透光率的负对数：

$$A=-\lg T=\lg\frac{I_0}{I_t}$$

A 值大，表示光被有色溶液吸收的程度大；反之 A 值小，表示光被溶液吸收的程度小。

实验结果证明：有色溶液对光的吸收程度与溶液的浓度 c 和光穿过的液层厚度 d 的乘积成正比。这一规律称朗伯-比尔定律：

$$A=\varepsilon cd$$

式中，ε 是消光系数（或吸光系数）。当波长一定时，它是有色物质的一个特征常数。

由于所测溶液中，磺基水杨酸是无色的，Fe^{3+} 溶液的浓度很稀，也可以认为是无色的，只有磺基水杨酸铁配离子（MRn）是有色的。因此，溶液的吸光度只与配离子的浓度成正比。通过对溶液吸光度的测定，可以求出该配离子的组成。

下面介绍一种常用的测定方法。

等物质的量系列法：即用一定波长的单色光，测定一系列组分变化的溶液的吸光度（中心离子 M 和配体 R 的总物质的量保持不变，而 M 和 R 的摩尔分数连续变化）。显然，在这一系列溶液中，有一些溶液的金属离子是过量的，而另一些溶液配体也是过量的；在这两部分溶液中，配离子的浓度都不可能达到最大值；只有当溶液中金属离子与配体的物质的量比与配离子的组成一致时，配离子的浓度才能最大。由于中心离子和配体对光几乎不吸收，所以配离子的浓度越大，溶液的吸光度也越大，总的来说就是在特定波长下，测定一系列的 [R]/([M]+[R]) 组成溶液的吸光度 A，作 A-[R]/([M]+[R]) 的曲线图，则曲线必然存在极大值，而极大值所对应的溶液组成就是配合物的组成，如图 13-1 所示。但是当金属离子 M 和配体 R 存在一定程度的吸收时，则观察到的吸光度 A 就不是完全由配合物 MRn 的吸收所引起，此时需要加以校正，其校正的方法如下。

分别测定单纯金属离子和单纯配离子溶液的吸光度 M 和 N。在 A'-[R]/([M]+[R]) 的曲线图上，[R]/([M]+[R]) 等于 0 或 1.0 的两点作直线 MN，则直线上所表示的不同组成的吸光度数值，可以认为是由于 [M] 及 [R] 的吸收所引起的。因此，校正后的吸光度 A' 应等于曲线上的吸光度数值减去相应组成下直线上的吸光度数值，即 $A'=A-A_0$，如图 13-2 所示。最后作 A'-[R]/([M]+[R]) 的曲线，该曲线的极大值对所对应的组成才是配合物的实际组成。

设 x(R) 为曲线极大值所对应的配体的摩尔分数：

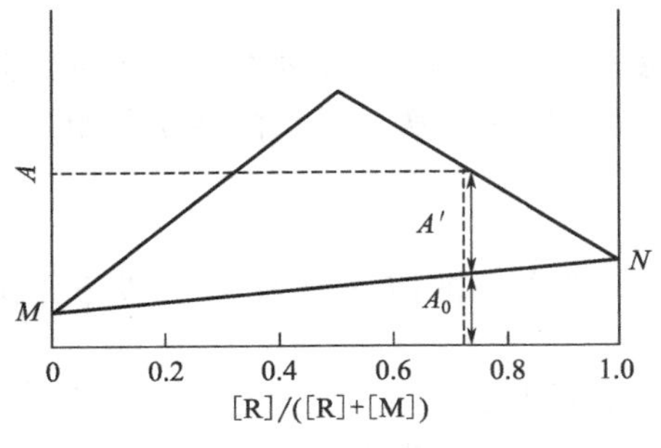

图 13-1　$A\text{-}\dfrac{[\mathrm{R}]}{[\mathrm{M}]+[\mathrm{R}]}$曲线

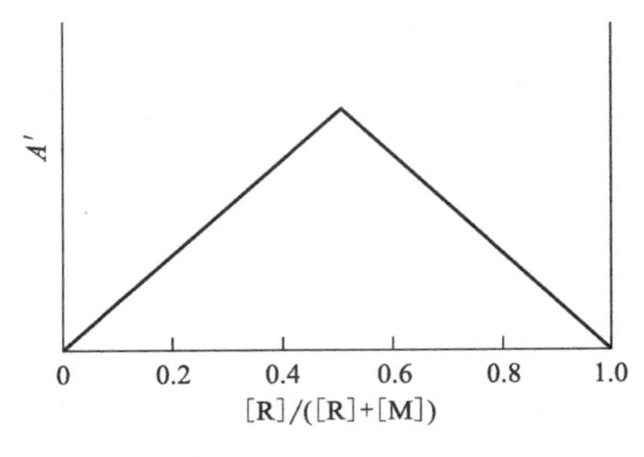

图 13-2　$A'\text{-}\dfrac{[\mathrm{R}]}{[\mathrm{M}]+[\mathrm{R}]}$曲线

$$x(\mathrm{R})=\frac{[\mathrm{R}]}{[\mathrm{M}]+[\mathrm{R}]}$$

则配合物的配位数为：

$$n=\frac{[\mathrm{R}]}{[\mathrm{M}]}=\frac{x(\mathrm{R})}{1-x(\mathrm{R})}$$

由图 13-3 可看出，最大吸光度 A 点可被认为 M 和 R 全部形成配合物时的吸光度，其值为 ε_1。由于配离子有一部分解离，其浓度要稍小一些，所以实验测得的最大吸光度在 B 点，其值为 ε_2，因此配离子的解离度 α 可表示为：

$$\alpha=\frac{\varepsilon_1-\varepsilon_2}{\varepsilon_1}$$

对于 1∶1 组成的配合物，根据下面关系式即可导出稳定常数 K：

$$\mathrm{M}+\mathrm{R}=\!=\!=\mathrm{MR}$$

平衡浓度　　$c\alpha$　　$c\alpha$　　$c-c\alpha$

$$K=\frac{[\mathrm{MR}]}{[\mathrm{M}][\mathrm{R}]}=\frac{1-\alpha}{c\alpha^2}$$

其中 c 是相应于 A 点的金属离子浓度。

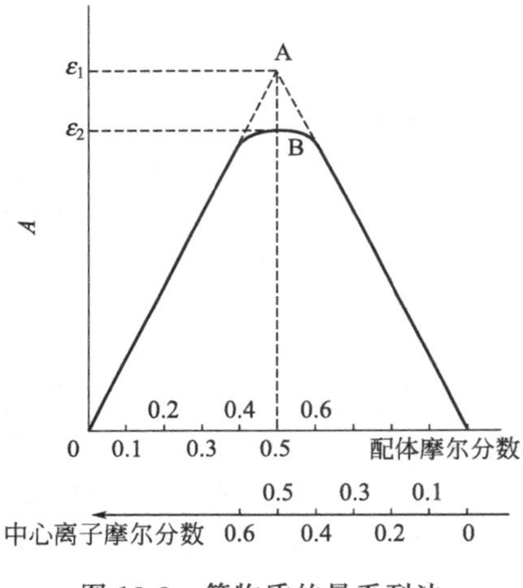

图 13-3　等物质的量系列法

三、实验仪器与试剂

（1）仪器　721 分光光度计，烧杯，容量瓶（100mL），吸量管（10mL），锥形瓶（150mL）。

（2）试剂　$HClO_4$（0.01mol/L），磺基水杨酸（0.0100mol/L），Fe^{3+}溶液（0.0100mol/L）。

四、实验步骤

1. 配制系列溶液

（1）配制 0.0010mol/L Fe^{3+} 溶液：准确吸取 10.0mL 0.0100mol/L Fe^{3+} 溶液，加入 100mL 容量瓶中，用 0.01mol/L $HClO_4$ 溶液稀释至刻度，摇匀备用。

同法配制 0.0010mol/L 磺基水杨酸溶液。

（2）用三支 10mL 吸量管按表 13-1 列出的体积，分别吸取 0.01mol/L $HClO_4$、0.0010mol/L Fe^{3+} 溶液和 0.0010mol/L 磺基水杨酸溶液。

2. 测定系列溶液的吸光度

用 721 型分光光度计（波长 500nm 的光源）测系列溶液的吸光度。将测得的数据记入表 13-1。

表 13-1　系列溶液的吸光度

序号	$HClO_4$ 溶液的体积 /mL	Fe^{3+} 溶液的体积 /mL	H_3R 溶液的体积 /mL	H_3R 的摩尔分数	吸光度
1	10.00	10.00	0.00		
2	10.00	9.00	1.00		
3	10.00	8.00	2.00		
4	10.00	7.00	3.00		
5	10.00	6.00	4.00		
6	10.00	5.00	5.00		
7	10.00	4.00	6.00		
8	10.00	3.00	7.00		
9	10.00	2.00	8.00		
10	10.00	1.00	9.00		
11	10.00	0.00	10.00		

以吸光度对磺基水杨酸的分数作图，从图中找出最大吸收峰，求出配合物的组成和稳定常数。

五、注意事项

(1) 注意溶液的配制、吸量管的使用、容量瓶的使用、分光光度计的使用等操作；

(2) 取 $HClO_4$、Fe^{3+} 溶液和磺基水杨酸溶液的移液管要专管专用；

(3) 取样过程一定要细心，不能出错。

六、思考题

(1) 在测定中为什么要加高氯酸，且高氯酸浓度比 Fe^{3+} 浓度大 10 倍？

(2) 若 Fe^{3+} 浓度和磺基水杨酸的浓度不恰好都是 0.0100mol/L，如何计算 H_3R 的摩尔分数？

(3) 用等物质的量系列法测定配合物组成时，为什么说溶液中金属离子与配位体的物质的量之比正好与配离子组成相同时，配离子的浓度为最大？

(4) 用吸光度对配体的体积分数作图是否可求得配合物的组成？

(5) 在测定吸光度时，如果温度变化较大，对测得的稳定常数有何影响？

(6) 使用分光光度计要注意哪些操作？

【附注】

1. 药品的配制

(1) 高氯酸溶液 (0.01mol/L) 的配制：将 4.4mL 70% $HClO_4$ 加入到 50mL 水中，再稀释到 5000mL。

(2) Fe^{3+} 溶液 (0.0100mol/L) 的配制：用 4.82g 分析纯硫酸铁铵 [$(NH_4)Fe(SO_4)_2 \cdot 12H_2O$] 晶体溶于 1L 0.01mol/L 高氯酸中配制而成。

(3) 磺基水杨酸 (0.0100mol/L) 的配制：用 2.54g 分析纯磺基水杨酸溶于 1L 0.01mol/L 高氯酸配制而成。

2. 说明

本实验测得的是表观稳定常数，如欲得到热力学稳定常数，还需要控制测量时的温度、溶液的离子强度以及配位体在实验条件下的存在状态等因素。

《实验 14》第一过渡系元素的性质

一、实验目的

(1) 了解某些过渡元素化合物的性质；

(2) 了解过渡元素化合物的氧化还原性以及不同氧化态的变化；

(3) 熟悉常见过渡元素形成配合物的特征；练习沙浴加热操作。

二、实验原理

元素周期表中从 s 区到 p 区的过渡区间（包括 d 区和 ds 区，广义还包括 f 区）的元素称过渡元素，由于这些元素全部为金属，因而也称过渡金属。f 区的镧系和锕系元素最后一个电子填充在 $n-2$ 层轨道上，因而称为内过渡元素。狭义的过渡元素一般指 d 区元素（不包括镧以外的镧系元素的锕系元素）和 ds 区元素的过渡元素（有的教材上过渡元素不包括 ds 区元素或ⅡB 族元素），它们分别位于第四、五、六周期的中部。这些过渡元素按周期分为 3 个系列，即位于周期表中第四周期的 Sc～Zn 称为第一过渡系元素，第五周期的 Y～Cd 为第二过渡系元素，第六周期的 La～Hg 为第三过渡系元素。

过渡元素原子的电子层结构的特点是它们都具有未充满的 d 轨道（除 ds 区和 Pd），价电子层构型为 $(n-1)d^{1\sim9}ns^{1\sim2}$，最外层仅有 1～2 个 s 电子，所以表现为金属性。同一周期的过渡元素从左到右，元素金属性的减弱极为缓慢，同一族中除钪族外，自上而下金属性减弱。第一过渡系元素比第二、三过渡系相应元素显示较强的金属活泼性。

过渡元素的价电子不仅包括最外层的 s 电子，还包括次外层的部分或全部 d 电子，所以过渡元素常呈现多种氧化态。过渡元素的氧化态有一定的规律性，即同一周期从左到右，氧化态首先逐渐升高，随后又逐渐降低，同一族从上向下高氧化态的稳定性增强。

同一过渡系元素的最高氧化态含氧酸的氧化性随原子序数的递增而增大，同族过渡元素最高氧化态含氧酸的氧化性随周期数的增加逐渐减弱，并趋向于稳定。

过渡元素离子的 $(n-1)d$、ns、np 轨道能量相差不大，其中 ns 和 np 轨道是空的，$(n-1)d$ 轨道为部分或者全部空。它们的原子也存在空的 np 轨道和部分填充的 $(n-1)d$ 轨道，过渡元素的这种电子构型都具有接受配位体孤电子对的条件，因此它们的原子或离子都有形成配合物的倾向。

此外，过渡元素的一个重要特征是它们的离子和化合物一般都具有颜色。

三、实验仪器、试剂与材料

(1) 仪器　试管，离心试管，蒸发皿，沙浴皿。

(2) 试剂　H_2SO_4（浓、6mol/L、1mol/L），NaOH(6mol/L、0.2mol/L、0.1mol/L)，HCl（浓、6mol/L、2mol/L、0.1mol/L)，$(NH_4)_2Fe(SO_4)_2$(0.1mol/L)，KI(0.5mol/L)，$K_4[Fe(CN)_6]$(0.5mol/L)，NH_4VO_3（饱和），$K_2Cr_2O_7$(0.1mol/L)，$AgNO_3$(0.1mol/L)，$BaCl_2$(0.1mol/L)，$Pb(NO_3)_2$(0.1mol/L)，$MnSO_4$(0.2mol/L、0.5mol/L)，NH_4Cl(2mol/L)，NaClO（稀），H_2S（饱和），Na_2S(0.1mol/L、0.5mol/L)，$KMnO_4$(0.1mol/L)，Na_2SO_3(0.1mol/L)，H_2O_2(3%)，$FeCl_3$(0.2mol/L)，KSCN(0.5mol/L)，氨水（浓），氯水，碘水，四氯化碳，硫酸亚铁铵（AR)，锌粒，偏钒酸铵（AR)，二氧化锰（AR)，亚硫酸钠（AR)，高锰酸钾（AR)。

(3) 材料　pH 试纸。

四、实验步骤

1. 铁化合物的重要性质

(1) 铁（Ⅱ）的还原性

① 酸性介质　往盛有 0.5mL 氯水的试管中加入 3 滴 6mol/L H_2SO_4 溶液，然后滴加 $(NH_4)_2Fe(SO_4)_2$ 溶液，观察现象，写出反应式（如现象不明显，可滴加 1 滴 KSCN 溶液，出现红色，证明有 Fe^{3+} 生成)。

② 碱性介质　在一试管中放入 2mL 蒸馏水和 3 滴 6mol/L H_2SO_4 溶液煮沸，以赶尽溶

于其中的空气，然后溶入少量硫酸亚铁铵晶体。在另一试管中加入 3mL 6mol/L NaOH 溶液煮沸，冷却后，用一长滴管吸取 NaOH 溶液，插入 $(NH_4)_2Fe(SO_4)_2$溶液（直至试管底部），慢慢挤出滴管中的 NaOH 溶液，观察产物颜色和状态。振荡后放置一段时间，观察又有何变化？写出化学反应方程式。产物留作下面实验用。

（2）铁（Ⅲ）的氧化性

① 向前面实验中保留下来的氢氧化铁（Ⅲ）沉淀中加入浓盐酸，振荡后观察各有何变化？

② 在上述制得的 $FeCl_3$溶液中加入 KI 溶液，再加入四氯化碳，振荡后观察现象，写出化学反应方程式。

（3）配合物的生成

① 往盛有 1mL 亚铁氰化钾［六氰合铁（Ⅱ）酸钾］溶液的试管中，加入约 0.5mL 的碘水，摇动试管后，滴入数滴硫酸亚铁铵溶液，观察有何现象发生？此为 Fe^{2+}的鉴定反应。

② 向盛有 1mL 新配制的 $(NH_4)_2Fe(SO_4)_2$溶液的试管中加入碘水，摇动试管后，将溶液分成两份，各滴入数滴硫氰酸钾溶液，然后向其中一支试管中注入约 0.5mL 3% H_2O_2溶液，观察现象。此为 Fe^{3+}的鉴定反应。

③ 往 $FeCl_3$溶液中加入 $K_4[Fe(CN)_6]$ 溶液，观察现象，写出化学反应方程式。这也是鉴定 Fe^{3+}的一种常用方法。

④ 往盛有 0.5mL 0.2mol/L $FeCl_3$的试管中，滴入浓氨水直至过量，观察沉淀是否溶解？

2. 钒化合物的重要性质

（1）偏钒酸铵的性质

取 0.5g 偏钒酸铵固体放入蒸发皿中，在沙浴上加热，并不断搅拌，观察并记录反应过程中固体颜色的变化，然后把产物分为四份。

在第一份固体中，加入 1mL 浓 H_2SO_4振荡，放置。观察溶液的颜色及固体是否溶解？在第二份固体中，加入 6mol/L NaOH 溶液加热，观察有何变化？在第三份固体中，加入少量蒸馏水，煮沸、静置，待其冷却后，用 pH 试纸测定溶液的 pH。在第四份固体中，加入浓盐酸，观察有何变化？微沸，检验气体产物，加入少量蒸馏水，观察溶液颜色。写出有关的化学反应方程式，总结五氧化二钒的特性。

（2）低价钒化合物的生成

在盛有 1mL 氯化氧钒溶液（在 1g 偏钒酸铵固体中，加入 20mL 6mol/L HCl 溶液和 10mL 蒸馏水）的试管中，加入 2 粒锌粒，放置片刻，观察并记录反应过程中颜色的变化，并加以解释。

（3）过氧钒阳离子的生成

在盛有 0.5mL 饱和偏钒酸铵溶液的试管中，加入 0.5mL2mol/L HCl 溶液和 2 滴 3% H_2O_2 溶液，观察并记录产物的颜色和状态。

（4）钒酸盐的缩合反应

① 取四支试管，分别加入 10mL pH 分别为 14、3、2 和 1（用 0.1mol/L NaOH 溶液和 0.1mol/L HCl 配制）的水溶液，再向每支试管中加入 0.1g 偏钒酸铵固体（约一药匙）。振荡试管使之溶解，观察现象并加以解释。

② 将 pH 为 1 的试管放入热水浴中，向试管内缓慢滴加 0.1mol/L NaOH 溶液并振荡试管。观察颜色变化，并记录该颜色下溶液的 pH。

③ 将 pH 为 14 的试管放入热水浴中，向试管内缓慢滴加 0.1mol/L HCl，并振荡试管。

观察颜色变化，并记录该颜色下溶液的 pH。

3. 铬化合物的重要性质

(1) 铬（Ⅵ）的氧化性

$Cr_2O_7^{2-}$ 转变为 Cr^{3+}。

在约 5mL 重铬酸钾溶液中，加入少量所选择的还原剂，观察溶液颜色的变化（如果现象不明显，该怎么办?)，写出化学反应方程式［保留溶液供下面实验（3）用］。

(2) 铬（Ⅵ）的缩合平衡

$Cr_2O_7^{2-}$ 与 CrO_4^{2-} 的相互转化。

(3) 氢氧化铬（Ⅲ）的两性

Cr^{3+} 转变为 $Cr(OH)_3$ 沉淀，并试验 $Cr(OH)_3$ 的两性。

在实验（1）所保留的 Cr^{3+} 溶液中，逐滴加入 6mol/L NaOH 溶液，观察沉淀物的颜色，写出化学反应方程式。

将所得沉淀物分成两份，分别试验与酸、碱的反应，观察溶液的颜色，写出化学反应方程式。

(4) 铬（Ⅲ）的还原性

CrO_2^- 转变为 CrO_4^{2-}。

在实验（3）得到的 CrO_2^- 溶液中，加入少量所选择的氧化剂，水浴加热，观察溶液颜色的变化，写出化学反应方程式。

4. 锰化合物的重要性质

(1) 氢氧化锰（Ⅱ）的生成和性质

取 10mL 0.2mol/L $MnSO_4$ 溶液分成以下四份。

第一份：滴加 0.2mol/L NaOH 溶液，观察沉淀的颜色。振荡试管，观察有何变化?

第二份：滴加 0.2mol/L NaOH 溶液，产生沉淀后加入过量的 NaOH 溶液，沉淀是否溶解?

第三份：滴加 0.2mol/L NaOH 溶液，迅速加入 2mol/L 盐酸溶液，观察有何现象发生?

第四份：滴加 0.2mol/L NaOH 溶液，迅速加入 2mol/L NH_4Cl 溶液，观察沉淀是否溶解?

写出上述有关化学反应方程式。此实验说明 $Mn(OH)_2$ 具有哪些性质?

① Mn^{2+} 的氧化：试验硫酸锰和次氯酸钠溶液在酸、碱性介质中的反应。比较 Mn^{2+} 在何介质中易氧化?

② 硫化锰的生成和性质：往硫酸锰溶液中滴加饱和硫化氢溶液，有无沉淀产生? 若用硫化钠溶液代替硫化氢溶液，又有何结果? 请用事实说明硫化锰的性质和生成沉淀的条件。

(2) 二氧化锰的生成和氧化性

① 往盛有少量 0.1mol/L $KMnO_4$ 溶液中，逐滴加入 0.5mol/L $MnSO_4$ 溶液，观察沉淀的颜色。往沉淀中加入 1mol/L H_2SO_4 溶液和 0.1mol/L Na_2SO_3 溶液，沉淀是否溶解? 写出有关化学反应方程式。

② 在盛有少量（米粒大小）二氧化锰固体的试管中加入 2mL 浓硫酸，加热，观察反应前后颜色，有何气体产生? 写出化学反应方程式。

(3) 高锰酸钾的性质

分别试验高锰酸钾溶液与亚硫酸钠溶液在酸性（1mol/L H_2SO_4 溶液)、近中性（蒸馏水)、碱性（6mol/L NaOH 溶液）介质中的反应，比较它们的产物因介质不同有何不同? 写出化学反应方程式。

五、思考题

(1) 在进行“铁（Ⅱ）的还原性”实验②时，要求整个操作都要避免空气带进溶液中，为什么？

(2) 试从配合物的生成对电极电势的改变来解释为什么 $Fe(CN)_6^{4-}$ 能把 Cr^{3+} 还原成 I^-，而 Fe^{2+} 则不能？

(3) 将“钒酸盐的缩合反应”实验中的现象加以对比，总结出钒酸盐缩合反应的一般规律。

(4) $Cr_2O_7^{2-}$ 与 CrO_4^{2-} 相互转化反应须在何种介质（酸性或碱性）中进行？为什么？

(5) $Cr_2O_7^{2-}$ 转变为 Cr^{3+}，从电势值和还原剂被氧化后产物的颜色考虑，选择哪些还原剂为宜？如果选择亚硝酸钠溶液或 3% H_2O_2 溶液可以吗？

(6) 在 $Cr_2O_7^{2-}$ 与 CrO_4^{2-} 溶液中，各加入少量的 $Pb(NO_3)_2$、$BaCl_2$ 和 $AgNO_3$，观察产物的颜色和状态，比较并解释实验结果，写出化学反应方程式。

(7) 在碱性介质中，氧能把锰（Ⅱ）氧化为锰（Ⅵ），在酸性介质中，锰（Ⅵ）又可将碘化钾氧化为碘。写出有关化学反应方程式，并解释以上现象。硫代硫酸钠标准液可滴定析出碘的含量，试由此设计一个测定溶解氧含量的方法。

实验 15 粗食盐的提纯

一、实验目的

(1) 熟悉粗食盐的提纯过程及其基本原理；

(2) 学习称量、过滤、蒸发及减压抽滤等基本操作；

(3) 定性地检查产品纯度，了解用目视比色进行含量分析的原理和方法。

二、实验原理

粗食盐中通常有 K^+、Ca^{2+}、Mg^{2+}、Fe^{3+}、SO_4^{2-}、CO_3^{2-} 等可溶性杂质的离子，还含有不溶性的杂质如泥沙。科学研究用的 NaCl 以及医用生理盐水所用的盐都需要较纯的 NaCl，因此，必须将上述杂质除去。

不溶性的杂质可用溶解、过滤方法除去。可溶性的杂质要加入适当的化学试剂除去。除去粗食盐中可溶性的杂质（Ca^{2+}、Mg^{2+}、Fe^{3+}、SO_4^{2-}、CO_3^{2-}）的方法如下。

(1) 在粗食盐溶液中加入稍过量的 $BaCl_2$ 溶液，可将 SO_4^{2-} 转化为 $BaSO_4$ 沉淀，过滤可除去 SO_4^{2-}：

$$SO_4^{2-} + Ba^{2+} = BaSO_4 \downarrow$$

(2) 向食盐溶液中加入 NaOH 和 Na_2CO_3 可将 Mg^{2+}、Ca^{2+} 和 Ba^{2+} 转化为 $Ma_2(OH)_2CO_3$、$CaCO_3$ 和 $BaCO_3$ 沉淀后过滤除去：

$$Ca^{2+} + CO_3^{2-} = CaCO_3 \downarrow$$

$$Mg^{2+} + 2OH^- = Mg(OH)_2 \downarrow$$

$$4Mg^{2+} + 4CO_3^{2-} + H_2O = Mg(OH)_2 \cdot 3MgCO_3 \downarrow + CO_2 \uparrow$$

$$2Fe^{3+} + 3CO_3^{2-} + 3H_2O = 2Fe(OH)_3 \downarrow + 3CO_2 \uparrow$$

$$Fe^{3+} + 3OH^- = Fe(OH)_3 \downarrow$$

$$Ba^{2+} + CO_3^{2-} = BaCO_3 \downarrow$$

(3) 用稀 HCl 溶液调节食盐溶液的 pH 至 2～3，可除去 OH^- 和 CO_3^{2-} 两种离子：

$$OH^- + H^+ \longrightarrow H_2O$$

$$CO_3^{2-} + 2H^+ \longrightarrow CO_2\uparrow + H_2O$$

粗食盐中的K^+与上述试剂不起作用，仍留在溶液中。由于KCl的溶解度大于NaCl的溶解度，而且含量较少，所以，在蒸发和浓缩溶液时，NaCl先结晶出来，KCl因未达到饱和而仍留在母液中，滤去母液，便可得到纯的NaCl结晶。

三、实验仪器、试剂与材料

(1) 仪器　蒸发皿，水泵，表面皿，量筒（100mL、10mL），漏斗，玻璃棒，布氏漏斗，吸滤瓶，漏斗架，烧杯（250mL、100mL），台秤，试管，试管架。

(2) 试剂　HCl(2mol/L、3mol/L)，乙醇（65%），NaOH(2mol/L)，$BaCl_2$(1mol/L)，$(NH_4)_2C_2O_4$（饱和），Na_2CO_3(1mol/L)，Na_2CO_3（饱和），KSCN(25%)，$(NH_4)_2Fe(SO_4)_2$标准溶液（含Fe^{3+} 0.01g/L），镁试剂，粗食盐。

(3) 材料　pH试纸。

四、实验步骤

1. 粗食盐的提纯

(1) 称量和溶解：在台秤上称取5.0g粗食盐放入100mL烧杯中，加25mL蒸馏水，加热搅拌使大部分固体溶解，剩余少量不溶的泥沙等杂质。

(2) 除SO_4^{2-}：将溶液加热近沸，一边搅拌一边滴加1mL 1mol/L $BaCl_2$溶液，继续加热5min使$BaSO_4$沉淀颗粒长大易于沉降。

(3) 检查SO_4^{2-}是否除尽：将烧杯从石棉网上取下，待沉淀沉降后，在上层清液中滴加1～2滴$BaCl_2$溶液，若有浑浊现象，表示SO_4^{2-}仍未除尽，还需补加适量的$BaCl_2$溶液，直到上层清液不再产生浑浊为止，减压过滤。用少量的蒸馏水洗涤沉淀2～3次，滤液收集在250mL的烧杯中。

(4) 除去Mg^{2+}、Ca^{2+}、Fe^{3+}和Ba^{2+}：在滤液中加入10滴2mol/L NaOH溶液和1.5mL 1mol/L的Na_2CO_3溶液，加热至沸。静置片刻后，在上层清液中滴加Na_2CO_3溶液，直至不再产生沉淀为止，再多加0.5mL Na_2CO_3溶液。待沉淀完全后，减压过滤，弃去沉淀，滤液收集在蒸发皿中。

(5) 除去过量的OH^-和CO_3^{2-}：在滤液中逐滴加入2mol/L HCl溶液，使pH达到2～3。

(6) 蒸发与结晶：将蒸发皿置于石棉网上小火加热（切勿大火加热以免飞溅），并不断搅拌，将溶液浓缩至糊状，停止加热。趁热减压抽滤，用少量65%乙醇溶液洗涤晶体，抽干。

(7) 烘干与称量：把NaCl晶体转移至预先称量好的表面皿中，放入烘箱内烘干。冷却后，称得表面皿与晶体的总质量，计算产率。

$$产率=\frac{精盐产量(g)}{5.0g}\times 100\%$$

2. 产品纯度的检验

取粗食盐和精盐各0.5g放入两支试管内，分别溶于6mL蒸馏水中，然后各分三等份，盛在六支试管中，分成三组，用对比法比较它们的纯度。

(1) SO_4^{2-}的检验：向第一组试管中各滴加2滴1mol/L $BaCl_2$溶液，观察现象。

(2) Ca^{2+}的检验：向第二组试管中各滴加2滴饱和$(NH_4)_2C_2O_4$溶液，观察现象。

(3) Mg^{2+}的检验：向第三组试管中各滴加2滴2mol/L NaOH溶液，再加入1滴镁试剂，观察有无蓝色沉淀生成？

(4) Fe^{3+}的限量分析：在酸性介质中，Fe^{3+}与SCN^-生成血红色配离子$Fe(NCS)_n^{(3-n)+}$ (n=1～6)，其颜色随配体数目n的增大而变深。

标准系列溶液的配制[1]：用吸管移取0.30mL、0.90mL及1.50mL 0.01g/L$(NH_4)_2Fe(SO_4)_2$标准溶液，分别加入三支25mL的比色管中，再各加入2.00mL 25% KSCN溶液和2mL 3mol/L的HCl溶液，用蒸馏水稀释至刻度，摇匀。装有0.30mL Fe^{3+}标准溶液的比色管内含0.003mg的Fe^{3+}，其溶液相当于一级试剂；装有0.90mL Fe^{3+}标准溶液的比色管内含0.009mg的Fe^{3+}，其溶液相当于二级试剂；装有1.50mL Fe^{3+}标准溶液的比色管内含0.015mg的Fe^{3+}，其溶液相当于三级试剂。

试样溶液的配制：称取3.00g NaCl产品，放入一支25mL比色管中，加10mL蒸馏水使其溶解，再加入2.0mL 25% KSCN溶液和2mL 3mol/L HCl溶液，用蒸馏水稀释至刻度，摇匀。

把试样溶液与标准溶液进行目视比色（附注），以确定所制产品的纯度等级。

五、注意事项

(1) 搅拌时手腕转动，玻璃棒不能碰到器壁。

(2) 常压过滤：注意“一角二靠三低”。

(3) 减压过滤：选择或裁剪滤纸→连接抽滤装置→润湿并抽紧滤纸→转移溶液→抽滤→洗涤沉淀。

(4) 蒸发浓缩时注意：①注入蒸发皿的液体不超过其容量的2/3；②蒸发至浓时应不停搅拌，防止暴沸；③蒸发时外壁必须擦干，防止蒸发皿骤冷破裂（放桌上要垫石棉网）。

(5) 倾注法过滤是将不溶物充分沉降后，先转移液体，后转移沉淀。

(6) 镁试剂是对硝基苯偶氮间苯二酚，它在酸性溶液中呈黄色，在碱性溶液中呈红色或紫色，当被$Mg(OH)_2$吸附后则呈天蓝色。

六、思考题

(1) 5.0g食盐溶解在25mL的水中，所配的溶液是否饱和？为什么不配制成饱和溶液？

(2) 提纯时，能否用一次过滤除去硫酸钡、碳酸盐（或氢氧化物）沉淀？

(3) 如何检验SO_4^{2-}是否沉淀完全？

(4) 在除杂质过程中，倘若加热温度高或时间长，液面上会有小晶体出现，这是什么物质？此时能否过滤除去，若不能，怎么处理？

【附注】 目视比色法是利用一套由同等材料制成的一定体系的且内径相同的比色管，将一系列不同量的标准溶液依次加入各比色管中，分别加入等量的显色剂和其他试剂，用溶剂稀释至刻度，把这些比色管溶液颜色的深浅顺序，排列在比色管架上，即为一套标准色阶。再将一定量的被测物质加入另一支相同规格的比色管中，在同样条件下显色，用溶剂稀释至刻度。把被测物质溶液的颜色与标准色阶进行对比，方法是从管口垂直向下观察，若被测溶液与色阶中某一溶液的颜色的深度相同，则被测溶液的浓度就等于该标准溶液的浓度；若被测溶液颜色的深度介于相邻两种色阶溶液之间，则被测溶液的浓度可取这两种色阶溶液浓度的平均值。

实验16 三氯化六氨合钴（Ⅲ）的制备及组成的测定

一、实验目的

(1) 了解三氯化六氨合钴的制备原理及其组成的测定方法；

[1] 标准系列溶液由实验室准备。

(2) 加深理解配合物的形成对三价钴稳定性的影响。

二、实验原理

在通常情况下，钴（Ⅱ）盐比钴（Ⅲ）盐稳定得多，而在形成配合物的情况下则相反，钴（Ⅲ）的配合物要比钴（Ⅱ）的配合物稳定得多。因此，制备钴（Ⅲ）配合物时，常用钴（Ⅱ）化合物为原料，通过氧化反应来制备。

氯化钴（Ⅲ）的氨合物有多种，主要有三氯化六氨合钴（Ⅲ）$[Co(NH_3)_6]Cl_3$（橙黄色晶体）、三氯化一水五氨合钴（Ⅲ）$[Co(NH_3)_5H_2O]Cl_3$（砖红色晶体）、二氯化一氯五氨合钴（Ⅲ）$[Co(NH_3)_5Cl]Cl_2$（紫红色晶体）等，它们的制备条件各不相同。三氯化六氨合钴（Ⅲ）的制备是以活性炭为催化剂，用过氧化氢氧化有氨及氯化铵存在的氯化钴（Ⅱ）溶液。反应式为：

$$2CoCl_2+2NH_4Cl+10NH_3+H_2O_2 \longrightarrow 2[Co(NH_3)_6]Cl_3+2H_2O$$

20℃时，氯化六氨合钴（Ⅲ）饱和溶液的浓度为 0.26mol/L，将粗产品溶于稀 HCl 溶液后，通过过滤将活性炭除去，然后在高浓度的 HCl 溶液中析出结晶：

$$[Co(NH_3)_6]^{3+}+3Cl^- \longrightarrow [Co(NH_3)_6]Cl_3$$

$[Co(NH_3)_6]Cl_3$可溶于水不溶于乙醇。在强碱作用下（冷时）或强酸作用下基本不分解，只有在沸热条件下才被强碱分解：

$$2[Co(NH_3)_6]Cl_3+6NaOH \xrightarrow{\text{煮沸}} 2Co(OH)_3+12NH_3+6NaCl$$

分解逸出的氨可用过量的盐酸标准溶液吸收，剩余的盐酸用标准氢氧化钠回滴，便可计算出组成中氨的百分含量，得出配体氨的个数（配位数）。

然后，用碘量法测定蒸氨后的样品溶液中的 Co(Ⅲ)：

$$2Co(OH)_3+2I^-+6H^+ = 2Co^{2+}+I_2+6H_2O$$

$$I_2+2S_2O_3^{2-} = S_4O_6^{2-}+2I^-$$

用沉淀滴定法（莫尔法）测定样品中氯离子的含量。

用电导率仪测定配合物溶液的电导率 κ（SI 单位为 S/m），根据公式：

$$L_m=\frac{\kappa}{c}$$

计算出溶液的摩尔电导率 Λ_m（SI 单位为 $S \cdot m^2/mol$）。在稀溶液中，电解质解离出的离子数目与溶液的摩尔电导率间存在一定的关系，如 25℃时离子数目与 Λ_m 的关系如表 16-1 所示。

表 16-1 离子数与电导率的关系

离子数	2	3	4	5
$\Lambda_m/(S \cdot m^2/mol)$	118～131	235～273	408～435	523～560

将配合物溶于水，用电导率仪测定离子个数，可确定外界 Cl^- 的个数，从而确定配合物的组成。

三、实验仪器、试剂与材料

(1) 仪器　台秤，研钵，分析天平，酸、碱式滴定管，水循环真空泵，氨的测定装置。

(2) 试剂　$CoCl_2 \cdot 6H_2O$(s)，NH_4Cl(s)，KI(s)，活性炭，HCl(6mol/L、浓)，标准 HCl 溶液（0.5mol/L），标准 NaOH 溶液（0.5mol/L），6% H_2O_2，氨水（浓），NaOH 溶液 10%（质量分数），标准 $Na_2S_2O_3$ 溶液（0.1mol/L），标准 $AgNO_3$ 溶液（0.1mol/L），

K_2CrO_4溶液 5%（质量分数），冰，1%甲基红指示剂，1%淀粉溶液。

（3）材料　火柴，滤纸，冰。

四、实验步骤

1. 三氯化六氨合钴（Ⅲ）的制备

将 6g $CoCl_2 \cdot 6H_2O$ 和 4gNH_4Cl 加入 100mL 锥形瓶中，加入 10mL 水，微热溶解，加入 0.4g 活性炭。冷却后加入 14mL 浓氨水，用水冷却至 10℃以下，慢慢滴加 14mL 6%的 H_2O_2溶液。水浴加热至 60℃，恒温 20min（适当摇动锥形瓶）。取出用流水冷却后，再用冰水浴冷却至 0℃左右，减压过滤（不能洗涤!）。将沉淀转入含有 2mL 浓 HCl 的 40mL 沸水中，趁热吸滤。滤液转入锥形瓶中，逐滴加入 8mL 浓 HCl，即有橙黄色晶体析出，用冰水浴冷却，减压过滤，用少量 2mol/L HCl 洗涤。产品在烘箱中于 105℃条件下烘干，称重，计算产率。

2. 三氯化六氨合钴（Ⅲ）组成的测定

（1）氨的测定

准确称取 0.2g 左右的试样（准至 0.1mg），放入 250mL 锥形瓶中，加 80mL 水溶解，然后加入 10mL 10% NaOH 溶液。在另一锥形瓶中准确加入 30～35mL0.5mol/L HCl 标准溶液，放在冰浴中冷却，以吸收蒸出的氨。连接装置，如图 16-1 所示。冷凝管通冷水，开始时大火加热，溶液开始沸腾时改用小火，始终保持微沸状态。蒸馏至黏稠，断开冷凝管和锥形瓶的连接处，之后去掉火源。用少量水冲洗冷凝管和下端的玻璃管，将冲洗液一并转入接收锥形瓶中。

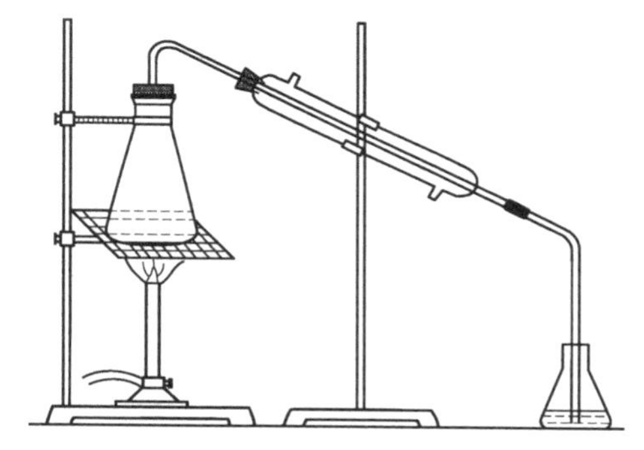

图 16-1　氨的测定装置

加 2 滴 1% 甲基红指示剂，用 0.5mol/L NaOH 标准溶液滴定剩余的盐酸，溶液变浅黄色即为终点。记录数据。

（2）钴的测定

待上面蒸出氨后的样品溶液冷却后，取下漏斗（连胶塞）及小试管，用少量蒸馏水将试管黏附的溶液冲洗回锥形瓶内，加入 1g KI 固体，振荡使其溶解，再加入 12mL 左右的 6mol/L HCl 酸化，于暗处放置约 10min。用 0.1mol/L 的标准 $Na_2S_2O_3$溶液滴定至浅黄色，加入 2mL 新配制的 0.2%淀粉溶液后，再滴至蓝色消失。记录数据。

（3）氯的测定

准确称取样品 0.2g 于锥形瓶中，用少量水溶解，加入 1mL 5% K_2CrO_4溶液，然后以 0.1mol/L $AgNO_3$标准溶液滴定至溶液呈现砖红色即为终点。记录数据。

（4）电导法测定外界离子个数

准确称取 0.04g 产品，在 100mL 容量瓶中配成溶液，在电导率仪上测定溶液的电导率 κ，根据公式求出 Λ_m，查表 16-1 确定离子总数和外界 Cl^- 的个数。根据配位个体的配位数和外界离子个数，确定配位个体的实验式。

五、注意事项

（1）注意试剂的取用，灯的使用，水浴加热，减压过滤，沉淀的洗涤，干燥箱的使用，电导率仪的使用，酸、碱式滴定管的使用，滴定等基本操作。

（2）三氯化六氨合钴（Ⅲ）的制备过程中，加入 H_2O_2要分数次加入，边加边摇动。

（3）洗涤沉淀所用的 2mol/L HCl 溶液由 6mol/L HCl 溶液稀释。

六、实验记录与处理

（1）用流程图表示三氯化六氨合钴（Ⅲ）的制备过程；

（2）写出产品的外观，计算产率；

（3）以表格形式记录有关数据；

（4）计算出样品中氨、钴、氯的百分含量；

（5）确定产品的实验式。

七、思考题

（1）在三氯化六氨合钴（Ⅲ）的制备过程中，氯化铵、活性炭、过氧化氢各起什么作用？影响产量的关键在哪里？

（2）氨的测定原理是什么？锥形瓶加热后剩下的黑色固体物质是什么？若加入 6mol/L HCl、30% H_2O_2，加热至溶液呈浅红色，又是什么化合物？

（3）氯的测定原理是什么？K_2CrO_4 的浓度和溶液的酸度对分析结果有何影响？合适的条件是什么？

（4）测定溶液的电导率时，溶液的浓度范围是否有一定的要求？为什么？

实验 17 离子的鉴定和未知物的鉴别

一、实验目的

（1）运用所学的元素及化合物的基本性质，进行常见物质的鉴定或鉴别；

（2）进一步巩固常见的阳离子和阴离子重要反应的基本知识。

二、实验原理

对未知物需要鉴别时，通常可根据以下几个方面进行判断。

（1）物态

① 观察试样在常温下的状态；

② 观察试样的颜色；

③ 嗅、闻试样的气味。

（2）溶解性

首先试验是否溶于水，在冷水和热水中均进行试验，不溶于水的再依次用盐酸、硝酸实验其溶解性。

（3）酸碱性

① 直接通过对指示剂的反应判断酸和碱；

② 借助既能溶于碱，又能溶于酸判断两性物质；

③ 可溶性盐的酸碱性可用其水溶液来判别；

④ 根据试液的酸碱性来排除某些离子存在的可能性。

（4）热稳定性

（5）鉴定或鉴别反应

在基础无机化学实验中鉴定反应大致采用以下几种方式：

①通过与某试剂反应，生成沉淀，或沉淀溶解，或放出气体进行鉴定；②必要时再对生成的沉淀和气体做性质实验；③显色反应；④焰色反应；⑤硼砂珠试验；⑥其他特征反应。

三、实验步骤

根据以下实验内容列出实验用品及分析步骤。

(1) 区别两片银白色金属：铝片和锌片（分别用 A、B 表示）。

(2) 鉴别四种黑色和近于黑色的氧化物：CuO、Co_2O_3、PbO_2、MnO_2［分别用（一）、（二）、（三）、（四）表示］。

(3) 未知混合液 1、2、3 分别含有 Cr^{3+}、Mn^{2+}、Fe^{3+}、Co^{2+}、Ni^{2+} 中的大部分或全部，设计一个实验方案以确定未知液中含有哪几种离子？

(4) 盛有以下八种硝酸盐溶液的试剂瓶标签被腐蚀，试加以鉴别。用①～⑧表示：$AgNO_3$、$Pb(NO_3)_2$、$NaNO_3$、$Cd(NO_3)_2$、$Zn(NO_3)_2$、$Al(NO_3)_3$、KNO_3、$Mn(NO_3)_2$。

(5) 盛有下列七种固体钠盐的试剂瓶标签脱落，试加以鉴别。用 1# ～7# 表示：$NaNO_3$、$Na_2S_2O_3$、Na_3PO_3、NaCl、Na_2CO_3、$NaHCO_3$、Na_2SO_4。

四、注意事项

(1) 试纸取用

把一小块试纸放在洁净的点滴板上，注意不能用湿手摸试纸，用洁净、干燥的玻璃棒沾待测溶液点于试纸的中部，比较颜色，记录 pH 值。不要将待测溶液滴在试纸上，更不要将试纸泡在溶液中。

(2) 离心分离：离心沉淀后，用左手斜持离心管，右手拿毛细吸管，小心地吸出上层清液。然后往离心试管中加 2～3 倍于沉淀的蒸馏水或其他相应的电解质溶液，用玻璃棒充分搅拌后再进行离心沉降，用毛细吸管吸出上层清液。如此反复 2～3 次即可。

(3) 焰色反应：取一支铂丝（或镍铬丝）蘸以 6mol/L 盐酸溶液在氧化焰中烧至无色。再蘸取待测溶液在氧化焰上灼烧，观察火焰颜色。

实验 18 四氧化三铅组成的测定

一、实验目的

测定 Pb_3O_4 的组成；进一步练习碘量法操作。

二、实验原理

Pb_3O_4 为红色粉末状固体，俗称铅丹或红丹。该物质为混合价态氧化物，其化学式可写成：

$$Pb_2PbO_4 = 2PbO \cdot PbO_2$$

即式中氧化数为+2 的 Pb 占 2/3，而氧化数为+4 的 Pb 占 1/3。但根据其结构，Pb_3O_4 应为铅酸 Pb_2PbO_4。

Pb_3O_4 与 HNO_3 反应时：

$$\underset{\text{(红色)}}{Pb_3O_4(s)} + 4HNO_3(\text{足量}) = \underset{\text{(棕黑色)}}{PbO_2} + 2Pb(NO_3)_2 + 2H_2O$$

由于 PbO_2 的生成，固体的颜色很快从红色变为棕黑色。

很多金属离子均能与多齿配体 EDTA 以 1∶1 的比例生成稳定的螯合物，以+2 价金属离子 M^{2+} 为例，其反应如下：

$$Pb^{2+} + H_2Y^{2-}(\text{EDTA 标准溶液}) = PbY^{2-} + 2H^+$$

因此，只要控制溶液的 pH、选用适当的指示剂，就可用 EDTA 标准溶液对溶液中的特定金属离子进行定量测定。本实验中 Pb_3O_4 经 HNO_3 作用分解后生成的 Pb^{2+}，可用六亚甲基四胺控制溶液的 pH 为 5～6，以二甲酚橙为指示剂，用 EDTA 标准溶液进行测定。定量关系为：

$$n(PbO)=n(Pb^{2+})=cV(EDTA)$$

$$M(PbO)=223.2g/mol$$

PbO_2是一种很强的氧化剂，在酸性溶液中，它能定量地氧化溶液中的I^-，从而可用碘量法来测定所生成的PbO_2的量。

$$PbO_2+4I^-(足量)+4HAc \longrightarrow PbI_2+I_2+2H_2O+4Ac^-(金黄色溶液)$$

PbI、I_2溶于KI：$PbI_2+2KI \longrightarrow K_2PbI_4$（无色溶液）

$$I_2+I^- \longrightarrow I_3^-（棕色溶液）$$

$$I_3^-+2S_2O_3^{2-}(标准溶液) \longrightarrow 3I^-+S_4O_6^{2-}$$

定量关系：$PbO_2 \longrightarrow I_2 \longrightarrow 2Na_2S_2O_3$

$$n(PbO_2)=\frac{1}{2}cV\ (Na_2S_2O_3)$$

$$M(PbO_2)=239.2g/mol$$

三、实验仪器、试剂与材料

（1）仪器　分析天平（0.1mg），台秤，称量瓶，干燥器，量筒（10mL、100mL），烧杯（50mL），锥形瓶（250mL），吸滤瓶，布氏漏斗，酸式滴定管（50mL），碱式滴定管（50mL），洗瓶，循环水式多用真空泵。

（2）试剂　EDTA标准溶液（0.01mol/L），$Na_2S_2O_3$标准溶液（0.01mol/L），HAc-NaAc(1∶1)混合液，$NH_3\cdot H_2O$(1∶1)，六亚甲基四胺（20%），淀粉（2%），四氧化三铅（AR），碘化钾（AR）。

（3）材料　滤纸，pH试纸（1～14）。

四、实验步骤

1. Pb_3O_4的分解

用差量法准确称取干燥的Pb_3O_4 0.05～0.06g置于50mL小烧杯中，同时加入2mL 6mol/L的HNO_3溶液，用玻璃棒搅拌，使之充分反应，可以看到红色的Pb_3O_4很快变为棕黑色的PbO_2。接着吸滤将反应产物进行固液分离，用蒸馏水少量多次地洗涤固体，保留滤液及固体供下面实验用。

2. PbO含量的测定

把上述滤液全部转入锥形瓶中，往其中加入4～6滴二甲酚橙指示剂，并逐滴加入1∶1的氨水，至溶液由黄色变为橙色，再加入20%的六亚甲基四胺至溶液呈稳定的紫红色（或橙红色），再过量5mL，此时溶液的pH为5～6。然后以EDTA标准溶液滴定溶液由紫红色变为亮黄色时，即为终点。记下所消耗的EDTA溶液的体积。

3. PbO_2含量的测定

将上述固体PbO_2连同滤纸一并置于另一支锥形瓶中，往其中加入30mLHAc与NaAc的混合液，再向其中加入0.8g固体KI，摇动锥形瓶，使PbO_2全部反应而溶解，此时溶液呈透明、棕色。以$Na_2S_2O_3$标准溶液滴定至溶液呈淡黄色时，加入1mL 2%淀粉溶液，继续滴定至溶液蓝色刚好褪去为止，记下所用去的$Na_2S_2O_3$溶液的体积。

五、实验记录与数据处理

记录实验数据，计算试样中+2价铅与+4价铅的摩尔比，以及Pb_3O_4在试样中的质量分数。本实验要求，+2价铅与+4铅摩尔比为2±0.05，Pb_3O_4在试样中的质量分数应大于或等于95%方为合格。

六、注意事项

（1）严格控制试剂的加入量和顺序；

（2）注意滤液与固体的处理（保留还是丢弃）；

（3）指示剂加入的时机；

（4）化学计量数的关系。

七、思考题

（1）从实验结果分析产生误差的原因。

（2）自行设计另外一个实验，以测定 Pb_3O_4 的组成。

（3）能否加其他酸如 H_2SO_4 或 HCl 溶液使 Pb_3O_4 分解？为什么？

（4）PbO_2 氧化 I^- 需在酸性介质中进行，能否加 HNO_3 或 HCl 溶液以替代 HAc？为什么？

实验19 碱式碳酸铜的制备与表征

一、实验目的

通过碱式碳酸铜制备条件的探求和生成物颜色、状态的分析，研究反应物的合理配料比，并确定制备反应适合的温度条件，以培养独立设计实验的能力。

二、实验原理

碱式碳酸铜为天然孔雀石的主要成分，呈暗绿色或淡蓝绿色，加热至 200℃ 即分解，在水中的溶解度很小，新制备的试样在沸水中很容易分解。

三、实验仪器、试剂与材料

由学生自行列出所需仪器、药品、材料之清单，经指导老师的同意，即可进行实验。

四、实验步骤

1. 反应物溶液的配制

配制 0.5mol/L $CuSO_4$ 溶液和 0.5mol/L Na_2CO_3 溶液各 50mL。

2. 制备反应条件的探求

（1）$CuSO_4$ 和 Na_2CO_3 溶液的合适配比

于四支试管内均加入 2.0mL 0.5mol/L $CuSO_4$ 溶液，再分别取 0.5mol/L Na_2CO_3 溶液 1.6mL、2.0mL、2.4mL 及 2.8mL 依次加入另外四支编号的试管中。将八支试管放在 75℃ 水浴中。几分钟后，依次将 $CuSO_4$ 溶液分别倒入其中，振荡试管，比较各试管中沉淀生成的速度、沉淀的数量及颜色，从中得出两种反应物溶液以何种比例混合为最佳。

（2）反应温度的探求

在三支试管中各加入 2.0mL 0.5mol/L $CuSO_4$ 溶液，另取三支试管，各加入由上述实验得到的合适用量的 0.5mol/L Na_2CO_3 溶液。从这两列试管中各取一支，将它们分别置于室温、50℃、100℃ 的恒温水浴中，数分钟后将 $CuSO_4$ 溶液倒入 Na_2CO_3 溶液中，振荡并观察现象，由实验结果确定制备反应的合适温度。

3. 碱式碳酸铜的准备

取 30mL 0.5mol/L $CuSO_4$ 溶液，根据上面实验确定的反应物的合适比例及适宜温度制取碱式碳酸铜。待沉淀完全后减压过滤，用蒸馏水洗涤沉淀数次，直到沉淀中不含 SO_4^{2-} 为止，吸干。将所得产品在烘箱中于 100℃ 烘干，待冷至室温后称量，并计算产物。

4. 产品质量的检验与表征

（1）检验：加热，依次加入无水硫酸铜及澄清的石灰水，观察实验现象，写出化学反应方程式。证明产品是碱式碳酸铜。

（2）表征：送交X衍射室表征。

五、注意事项

注意溶液的配制和试管的使用等基本操作，以及水浴锅、循环水式多用真空泵和干燥箱的正确使用。

六、思考题

（1）哪些铜盐适合制取碱式碳酸铜？写出硫酸铜溶液和碳酸钠溶液反应的化学反应方程式。

（2）估计反应的条件，如反应温度、反应时间、反应物浓度及反应物配料比对反应产物是否有影响？

（3）自行设计一个实验，以测定产物中铜及碳酸根的含量，从而分析所制得的碱式碳酸铜的质量。

【附注】 制备碱式碳酸铜的几种方法如下。

1. 由 $Na_2CO_3 \cdot 10H_2O$ 和 $CuSO_4 \cdot 5H_2O$ 反应制备

根据 $CuSO_4$ 跟 Na_2CO_3 反应的化学反应方程式：

$$2CuSO_4 + 2Na_2CO_3 + H_2O = Cu_2(OH)_2CO_3 \downarrow + 2Na_2SO_4 + CO_2 \uparrow$$

进行计算，称14g $CuSO_4 \cdot 5H_2O$ 及16g$Na_2CO_3 \cdot 10H_2O$，用研钵分别研细后再混合研磨，此时即发生反应，有“兹兹”的声音并产生气泡，而且混合物吸湿很厉害，很快成为“黏胶状”。将混合物迅速投入200mL沸水中，快速搅拌并撤离热源，有蓝绿色沉淀产生。抽滤，用水洗涤沉淀，至滤液中不含 SO_4^{2-} 为止，取出沉淀，风干，得到蓝绿色晶体。该方法制得的晶体的主要成分是 $Cu_2(OH)_2CO_3$，因反应产物的生成与温度、溶液的酸碱性等有关，因而同时可能有蓝色的 $2CuCO_3 \cdot Cu(OH)_2$、$2CuCO_3 \cdot 3Cu(OH)_2$ 和 $2CuCO_3 \cdot 5Cu(OH)_2$ 等生成，使晶体带有蓝色。

如果把两种反应物分别研细后再混合（不研磨），采用同样的操作方法，也可得到蓝绿色晶体。

2. 由 Na_2CO_3 溶液跟 $CuSO_4$ 溶液反应制备

分别称取12.5g$CuSO_4 \cdot 5H_2O$ 和14.3g$Na_2CO_3 \cdot 10H_2O$，各配成200mL溶液（溶液浓度为0.25mol/L）。在室温下，把 Na_2CO_3 溶液滴加到 $CuSO_4$ 溶液中，并搅拌，用红色石蕊试纸检验溶液变蓝时的主要成分为 $5CuO \cdot 2CO_2$。如果使沉淀与 Na_2CO_3 的饱和溶液接触数日，沉淀将转变为 $Cu(OH)_2$。

如果先加热 Na_2CO_3 溶液至沸腾，滴加 $CuSO_4$ 溶液时会立即产生黑色沉淀。如果加热 $CuSO_4$ 溶液至沸腾时，滴加 Na_2CO_3 溶液，产生蓝绿色沉淀，并一直滴加 Na_2CO_3 溶液直至用红色石蕊试纸检验变蓝为止，但条件若控制不好，则沉淀颜色会逐渐加深，最后变成黑色。如果先不加热溶液，向 $CuSO_4$ 溶液中滴加 Na_2CO_3 溶液，并用红色石蕊试纸检验至变蓝为止，然后加热，沉淀颜色也易逐渐加深，最后变成黑色。出现黑色沉淀的原因可能是由于产物分解成CuO的缘故。因此，当加热含有沉淀的溶液时，一定要控制好加热时间。

3. 由 $NaHCO_3$ 跟 $CuSO_4 \cdot 5H_2O$ 反应制备

称取4.2g $NaHCO_3$ 和6.2g $CuSO_4 \cdot 5H_2O$，将固体混合（不研磨）后，投入100mL沸水中，搅拌，并撤离热源，有草绿色沉淀生成。抽滤、洗涤、风干，得到草绿色晶体。该晶体的主要成分为 $CuCO_3 \cdot Cu(OH)_2 \cdot H_2O$。

4. 由 $Cu(NO_3)_2$ 跟 Na_2CO_3 反应制备

将冷的 $Cu(NO_3)_2$ 饱和溶液倒入 Na_2CO_3 的冰冷溶液（等体积等物质的量浓度）中，即有碱式碳酸铜生成，经抽滤、洗涤、风干后，得到蓝色晶体，其成分为 $2CuCO_3 \cdot Cu(OH)_2$。

由上述几种方法制得的晶体颜色各不相同。这是因为产物的组成与反应物组成、溶液酸碱度、温度等有关，从而使晶体颜色发生变化。从加热分解碱式碳酸铜实验的结果看，由第一种方法制得的晶体分解最完全，产生的气体量最大。

实验 20 电解质溶液

一、实验目的

(1) 掌握弱电解质电离的特点、同离子效应；

(2) 学习缓冲溶液的配制并验证其性质；

(3) 了解盐类的水解反应及影响水解过程的主要因素；

(4) 掌握难溶电解质的多相解离平衡的特点及其移动。

二、实验原理

1. 弱电解质在溶液中的解离平衡及其移动

例如弱酸 HA（弱碱 A^-）在水中的解离反应为：

$$HA + H_2O \longrightarrow A^- + H_3O^+ \qquad K_a^{\ominus}(HA) = \frac{[c(H_3O^+)/c^{\ominus}][c(A^-)/c^{\ominus}]}{c(HA)/c^{\ominus}}$$

$$A^- + H_2O \longrightarrow HA + OH^- \qquad K_b^{\ominus}(A^-) = \frac{[c(HA)/c^{\ominus}]\cdot[c(OH^-)/c^{\ominus}]}{c(A^-)/c^{\ominus}}$$

在弱电解质溶液中，加入含有共同离子的强电解质，可使弱电解质的解离度降低，这种效应叫同离子效应。

弱酸及其共轭碱（例如 HAc 和 NaAc）或弱碱及其共轭酸（例如 $NH_3 \cdot H_2O$ 和 NH_4Cl）所组成的溶液，能够抵抗外加少量酸、碱或稀释，pH 维持基本不变，这种溶液叫缓冲溶液。缓冲溶液的 pH 可由下式求出：

$$pH = pK_a^{\ominus} + \lg\frac{c_b}{c_a}$$

式中，c_a、c_b分别为 HA、A^-在缓冲溶液中的平衡浓度。

在选定一缓冲对后，若所配制的缓冲溶液所用的酸溶液和其共轭碱溶液的原始浓度相同，则配制时所取酸和共轭碱的体积比就等于它们的平衡浓度之比，则上式改写为：

$$pH = pK_a^{\ominus} + \lg\frac{V_b}{V_a}$$

2. 盐类水解平衡及其移动

盐类水解是由组成盐的阴、阳离子与水所电离的 H^+ 或 OH^- 作用生成弱电解质的过程。影响水解平衡的因素是温度、浓度及 pH。水解反应是吸热反应，加热能促进水解。

某些盐水解后不仅能改变溶液的 pH，还能产生沉淀或气体。例如 $BiCl_3$ 水溶液能产生难溶的 BiOCl 白色沉淀，同时使溶液的酸性增强。反应式为：

$$Bi^{3+} + Cl^- + H_2O \longrightarrow BiOCl\downarrow + 2H^+$$

在配制这些盐溶液时，要加入相应的强酸（或强碱）溶液，以防水解。

当弱酸盐溶液与弱碱盐溶液相互混合时，由于弱酸盐水解产生的 OH^- 与弱碱盐水解产生的 H^+ 反应，可以加剧两种盐的水解。如 NH_4Cl 溶液与 Na_2CO_3溶液混合，$Al_2(SO_4)_3$溶液与 Na_2CO_3溶液混合时的反应式为：

$$NH_4^+ + CO_3^{2-} + H_2O \longrightarrow NH_3 \cdot H_2O + HCO_3^-$$

$$2Al^{3+} + 3CO_3^{2-} + 3H_2O \longrightarrow 2Al(OH)_3 \downarrow + 3CO_2 \uparrow$$

3. 难溶电解质的多相解离平衡及其移动

(1) 溶度积规则：难溶电解质 A_mB_n 在水溶液中的沉淀-溶解平衡可表示为：

$$A_mB_n(s) \underset{沉淀}{\overset{溶解}{\rightleftharpoons}} mA^{n+}(aq) + nB^{m-}(aq)$$

其标准平衡常数 $K_{sp}^{\ominus}$ 表达式为：

$$K_{sp}^{\ominus}(A_mB_n) = [c(A^{n+})/c^{\ominus}]^m [c(B^{m-})/c^{\ominus}]^n$$

它是与难溶电解质本性及温度有关，而与浓度无关的常数，称为难溶电解质的溶度积常数，简称溶度积。$K_{sp}^{\ominus}$ 是判断沉淀产生和溶解与否的依据，此即溶度积规则。

当 $Q > K_{sp}^{\ominus}$ 时，溶液为过饱和溶液，产生沉淀；

当 $Q = K_{sp}^{\ominus}$ 时，溶液为饱和溶液，处于沉淀-溶解平衡状态；

当 $Q < K_{sp}^{\ominus}$ 时，溶液为不饱和溶液，或沉淀溶解。

Q 为任一状态下离子浓度幂的乘积，简称离子积。

(2) 分步沉淀的先后顺序：哪种离子与沉淀剂的离子积先达到相应难溶电解质的溶度积，哪种离子先产生沉淀。

(3) 沉淀转化的条件：在一定的条件下，加入适当的试剂，可使一种难溶电解质转化为另一种难溶电解质，则这一过程称为沉淀的转化。一般来说，溶解度较大的难溶电解质易转化为溶解度较小的难溶电解质。

三、实验仪器、试剂与材料

(1) 仪器　试管，试架，量筒（10mL），烧杯（50mL、100mL），酒精灯，试管夹，离心机。

(2) 试剂　HAc(0.1mol/L)，NaAc(0.1mol/L)，HCl(0.1mol/L、6mol/L)，NaCl(0.1mol/L、1mol/L)，$NH_3 \cdot H_2O$(0.1mol/L、2mol/L)，NH_4Cl(0.1mol/L)，NaOH(0.1mol/L)，Na_2CO_3(0.1mol/L)，$MgCl_2$(0.1mol/L)，Na_3PO_4(0.1mol/L)，Na_2HPO_4(0.1mol/L)，NaH_2PO_4(0.1mol/L)，KI(0.1mol/L)，K_2CrO_4(0.1mol/L)，$Al_2(SO_4)_3$(0.1mol/L)，$AgNO_3$(0.1mol/L)，$Fe(NO_3)_3$(0.1mol/L)，$Pb(NO_3)_2$(0.1mol/L)，0.1%酚酞，甲基橙，0.1%茜红素，NaAc(AR)，NH_4Cl(AR)，$BiCl_3$(AR)。

(3) 材料　pH 试纸（1～14）。

四、实验步骤

1. 同离子效应

(1) 在试管中加入 1mL 0.1mol/L $NH_3 \cdot H_2O$ 和 1 滴酚酞，摇匀，观察溶液的颜色。再加入少量固体 NH_4Cl，摇荡使其溶解，观察溶液颜色的变化。

(2) 在试管中加入 1mL 0.1mol/L HAc 溶液和 1 滴甲基橙指示剂，摇匀，观察溶液的颜色。再加入少量固体 NaAc，摇荡使其溶解，观察溶液颜色的变化。证明同离子效应能使 HAc 的解离度下降。

2. 缓冲溶液的配制和性质

(1) 在两支各盛有 2mL 蒸馏水的试管中，分别加 1 滴 0.1mol/L HCl 和 0.1mol/L NaOH 溶液，用 pH 试纸测定它们的 pH，并与实验前测定蒸馏水的 pH 相比较，记下 pH 的改变。

(2) 在试管中加入 2mL 0.1mol/L HAc 和 2mL 0.1mol/L NaAc，配成 HAc-NaAc 缓冲溶液。加数滴茜红素指示剂［茜红素变色范围（pH=3.7～5.2)］，混合后观察溶液的颜色。

然后把溶液分盛于四支试管中，在其中三支试管中分别加入 5 滴 0.1mol/L HCl、0.1mol/L NaOH 和水，与原配制的缓冲溶液颜色相比较，观察溶液的颜色是否变化？

（3）自拟实验：配制 15mL pH＝4.4 的缓冲溶液需要 0.1mol/L HAc 和 0.1mol/L NaAc 溶液各多少毫升？根据计算配制，然后测定 pH，再将溶液分成三份，试验其抗酸、抗碱及抗稀释性（自拟表格，填入测定的 pH）。

3. 盐类水解平衡及其移动

（1）用 pH 试纸测定浓度为 0.1mol/L 下列各溶液的 pH（自拟表格，填入测定的 pH）。

NaCl，NaAc，Na_2CO_3，Na_3PO_4，Na_2HPO_4，NaH_2PO_4

（2）在两支试管中，各加入 2mL 蒸馏水和 3 滴 0.1mol/L $Fe(NO_3)_3$，摇匀。将一支试管用小火加热，观察溶液颜色的变化，解释实验现象。

（3）取一支试管，加入 2mL0.1mol/L NaAc，滴入 1 滴酚酞，摇匀，观察溶液的颜色。将溶液分盛在两支试管中，将一支试管用小火加热至沸，比较两支试管中溶液的颜色，解释原因。

（4）取绿豆大小一粒固体 $BiCl_3$ 加到盛有 1mL 水的试管中，有什么现象？测其 pH。加入 6mol/L HCl，沉淀是否溶解？再注入水稀释又有什么现象？

（5）在装有 1mL 0.1mol/L $Al_2(SO_4)_3$ 的试管中，加入 1mL 0.1mol/L Na_2CO_3 溶液，有何现象？设法证明产物是 $Al(OH)_3$ 而不是 $Al_2(CO_3)_3$。写出化学反应方程式。

4. 沉淀-溶解平衡

（1）沉淀的生成和溶解

① 在试管中加入 1mL 0.1mol/L $Pb(NO_3)_2$，再加入 1mL 0.1mol/L KI，观察有无沉淀生成？

② 取两支试管，分别加入 5 滴 0.1mol/L K_2CrO_4 和 5 滴 0.1mol/L NaCl，然后各逐滴加入 2 滴 0.1mol/L $AgNO_3$，观察沉淀的生成和颜色。

③ 在一支试管中加入 2mL 0.1mol/L $MgCl_2$，滴入数滴 2mol/L $NH_3 \cdot H_2O$，观察沉淀的生成。再向此溶液中加入少量固体 NH_4Cl，振荡，观察沉淀是否溶解？解释现象。

（2）分步沉淀

在一支离心试管中加入 2 滴 0.1mol/L K_2CrO_4 和 2 滴 0.1mol/L NaCl，加 2mL 蒸馏水稀释。摇匀后再滴加 2 滴 0.1mol/L $AgNO_3$，摇匀，离心沉降，观察溶液和沉淀的颜色，继续滴加 0.1mol/L $AgNO_3$，观察沉淀的颜色。离心沉降，观察溶液的颜色是否变浅？根据实验确定先沉淀的是哪一种物质？与计算相符吗？

（3）沉淀的转化

取一支离心试管，加入 5 滴 0.1mol/L $Pb(NO_3)_2$ 和 1mol/L NaCl，离心分离，弃去清液，往沉淀上逐滴加入 0.1mol/L KI，剧烈振荡或搅拌，观察沉淀颜色的变化，记录并解释现象。

五、注意事项

（1）pH 试纸的使用：把一小块试纸放在洁净的点滴板上，注意不能用湿手摸试纸，用洁净、干燥的玻璃棒沾待测溶液点于试纸的中部，比较颜色，记录 pH。不要将待测溶液滴在试纸上，更不要将试纸泡在溶液中。

（2）固体物质的取用：粒状或粉状物质，在取于试管中时，应用一纸槽帮助送至试管下部，注意不要接触溶液。

（3）试管的加热：管内所盛的液体不得超过试管总容积的 1/3，试管夹夹于距管口 1/3 处，口倾斜向上，局部加热前应整个管子先预热，不要加热至沸腾使溶液溢出，不要管口对人。

(4) 液体试剂的取用：从滴管瓶中吸取液体药品时，滴管专用，不得弄乱、弄脏；滴管不能吸得太深，也不能倒置；移液时滴管不要接触接受容器的器壁；试剂瓶应及时放回原位。

(5) 电动离心机的使用：保持质量平衡，速度由慢→快→慢→停，注意位置不要弄错。

(6) 离心分离：离心沉淀后，用左手斜持离心管，右手拿毛细吸管，小心地吸出上层清液，然后往离心试管中加 2～3 倍于沉淀的蒸馏水或其他相应的电解质溶液，用玻璃棒充分搅拌后再进行离心沉降，用毛细吸管吸出上层清液。如此反复 2～3 次即可。

六、思考题

(1) 如何配制 50mL、0.1mol/L $SnCl_2$溶液？

(2) 利用平衡移动原理，判断下列物质是否可用 HNO_3溶解？

$MgCO_3$，Ag_3PO_4，AgCl，CaC_2O_4，$BaSO_4$

(3) 什么叫分步沉淀？沉淀转化的条件是什么？

实验 21 高锰酸钾法测定双氧水的含量

一、实验目的

(1) 掌握高锰酸钾标准溶液的配制和标定方法；

(2) 学习高锰酸钾法测定过氧化氢含量的方法。

二、实验原理

H_2O_2在工业、医药卫生行业、生物化学、国防等方面应用很广泛。H_2O_2既可作为氧化剂又可作为还原剂。在酸性介质中遇 $KMnO_4$时，H_2O_2作为还原剂，可发生下列反应：

$$2MnO_4^- + 5H_2O_2 + 6H^+ \longrightarrow 2Mn^{2+} + 5O_2\uparrow + 8H_2O$$

滴定在酸性溶液中进行，反应时锰的氧化数由+7 变到+2。开始时反应速率慢，滴入的 $KMnO_4$溶液退色缓慢，待 Mn^{2+}生成后，由于 Mn^{2+}的催化作用加快了反应速率，故能顺利地滴至终点，过量 1 滴，$KMnO_4$呈现微红色，且在 30s 内不褪即为滴定终点。

在生物化学领域也常利用此法间接测定过氧化氢酶的活性。在血液中加入一定量的 H_2O_2，由于过氧化氢酶能使 H_2O_2 分解，反应完后，在酸性条件下用标准 $KMnO_4$溶液滴定剩余的 H_2O_2，就可以了解酶的活性。

$KMnO_4$溶液的浓度常用基准物质 $Na_2C_2O_4$标定，在酸性介质中，其反应式为：

$$2MnO_4^- + 5C_2O_4^{2-} + 16H^+ \longrightarrow 2Mn^{2+} + 10CO_2\uparrow + 8H_2O$$

三、实验仪器与试剂

(1) 仪器　台秤 (0.1g)，分析天平 (0.1mg)，恒温水浴锅，试剂瓶（棕色），酸式滴定管（棕色、50mL），锥形瓶 (250mL)，移液管 (10mL、25mL)。

(2) 试剂　H_2SO_4 (3mol/L)，$KMnO_4$(s)，$Na_2C_2O_4$(AR)，3% H_2O_2。

四、实验步骤

1. $KMnO_4$溶液 (0.02mol/L) 的配制

称取 $KMnO_4$固体约 1.6g 溶于 500mL 水中，盖上表面皿，加热至沸并保持微沸状态 30min 后，冷却，静置过夜，用玻璃砂芯漏斗过滤，储存于棕色试剂瓶中待用。

2. $KMnO_4$溶液的标定

精确称取 0.25～0.30g 预先干燥过的 $Na_2C_2O_4$ 三份，分别置于 250mL 锥形瓶中，各加入 30mL 蒸馏水和 10mL 3mol/L H_2SO_4，水浴上加热至 75～85℃。趁热用待标定的 $KMnO_4$ 溶液进行滴定，开始时，滴定速率宜慢，在第一滴 $KMnO_4$ 溶液滴入后，不断摇动溶液，当紫红色褪去后再滴入第二滴。溶液中有 Mn^{2+} 产生后，滴定速率可适当加快，近终点时，紫红色褪去很慢，应减慢滴定速率，同时充分摇动溶液。当溶液呈现微红色并在 30s 内不褪色，即为终点。计算 $KMnO_4$ 溶液的浓度。滴定过程要保持温度不低于 60℃。

3. H_2O_2 含量的测定

用移液管吸取 10.00mL 双氧水样品（H_2O_2 含量约 3%），置于 250mL 容量瓶中，加水稀释至标线，混匀，得 H_2O_2 稀释液。

用移液管吸取 25.00mL 上述稀释液三份，分别置于三个 250mL 锥形瓶中，各加入 15mL 水、10mL 3mol/L H_2SO_4，用 $KMnO_4$ 标准溶液滴定之。平行测定三次，每次相差不超过 0.1mL。计算样品中 H_2O_2 的含量［质量浓度（g/L）］。

五、实验记录与数据处理

（1）计算公式（$KMnO_4$ 溶液的浓度）

$$c(KMnO_4)=\frac{2}{5}\times\frac{m(Na_2C_2O_4)}{V(KMnO_4)M(Na_2C_2O_4)}$$

$$M(Na_2C_2O_4)=134.00g/mol$$

$KMnO_4$ 溶液浓度的标定见表 21-1。

表 21-1 $KMnO_4$ 溶液浓度的标定

测定序号	Ⅰ	Ⅱ	Ⅲ
$m(Na_2C_2O_4)$/g			
$V(KMnO_4)$终读数/mL			
$V(KMnO_4)$初读数/mL			
$V(KMnO_4)$/mL			
$c(KMnO_4)$/(mol/L)			
$\bar{c}(KMnO_4)$/(mol/L)			
相对平均偏差			

（2）计算公式（H_2O_2 的含量）

$$\rho(H_2O_2)=\frac{5}{2}\times\frac{c(KMnO_4)V(KMnO_4)M(H_2O_2)}{10.00\times\frac{25.00}{250.0}}$$

$$M(H_2O_2)=34.01g/mol$$

相对平均偏差的计算如下。

偏差：$d=x-\bar{x}$

平均偏差：$\bar{d}=\frac{|x_1-\bar{x}|+|x_2-\bar{x}|+|x_3-\bar{x}|}{3}$

相对平均偏差：$\bar{d}_r=\frac{\bar{d}}{\bar{x}}\times100\%$

H_2O_2 含量的测定见表 21-2。

表 21-2 H_2O_2含量的测定

测定序号	Ⅰ	Ⅱ	Ⅲ
$\bar{c}(KMnO_4)/(mol/L)$			
$V(KMnO_4)$终读数/mL			
$V(KMnO_4)$初读数/mL			
$V(KMnO_4)/mL$			
$\rho(H_2O_2)/(g/L)$			
$\bar{\rho}(H_2O_2)/(g/L)$			
相对平均偏差			

六、注意事项

(1) 溶液的配制：计算（质量，体积)→称（台秤，分析天平)、量（量筒，移液管)→溶解、稀释、冷却（烧杯)→洗涤、转移→定容（烧杯，容量瓶)。

(2) 容量瓶的使用

①检漏。②洗涤：洗液洗→自来水洗→去离子水洗。③装液：(已溶解并冷却了的溶液）用玻璃棒引流（玻璃棒倾斜)。④定容：加去离子水至刻度线约差 1cm 处，改用滴管逐滴滴加至刻度线处。⑤摇匀：左手按住塞子，右手托住瓶底，倒转约 15 次。

(3) 移液管的使用

① 洗涤：洗液洗→自来水洗→去离子水洗（2～3 次)→待取液润洗（2～3 次)。

② 吸液：左手握洗耳球，右手拿移液管，吸管下端伸入液面约 1～2cm 处。

③ 放液：左手拿住接液体的容器并倾斜，右手使移液管垂直且尖嘴靠在容器壁上，松开食指，让溶液沿器壁流下。

(4) 酸式滴定管的使用：检漏→洗涤→装液→排气→初读→滴定→终读（准至 0.01mL)。

(5) 滴定操作：左手握滴定管，控制流速。右手握锥形瓶瓶颈，单方向旋转溶液。

(6) 溶液在加热及放置时，均应盖上表面皿。

(7) $KMnO_4$作为氧化剂通常是在 H_2SO_4酸性溶液中进行，不能用 HNO_3或 HCl 来控制酸度。在滴定过程中如果发现棕色浑浊，这是由酸度不足引起的，应立即加入稀 H_2SO_4，如已达到终点，应重做实验。

(8) 标定 $KMnO_4$溶液浓度时，加热可使反应加快，但不应热至沸腾，因为过热会引起草酸分解，适宜的温度为 75～85℃。在滴定到终点时溶液的温度应不低于 60℃。

(9) 开始滴定时反应速率较慢，所以要缓慢滴加，待溶液中产生了 Mn^{2+} 后，由于 Mn^{2+} 对反应的催化作用，使反应速率加快，这时滴定速率可加快；但注意不能过快，近终点时更需小心地缓慢滴入。

七、思考题

(1) 用 $KMnO_4$滴定法测定双氧水中 H_2O_2的含量，为什么要在酸性条件下进行？能否用 HNO_3或 HCl 代替 H_2SO_4调节溶液的酸度？

(2) 为什么本实验要把市售双氧水稀释后才进行滴定？

(3) 配制 $KMnO_4$溶液时为什么要把 $KMnO_4$水溶液煮沸？配好的 $KMnO_4$溶液为什么要过滤后才能使用？

(4) 如果测定工业品 H_2O_2，一般不用 $KMnO_4$法，请设计一个更合理的实验方案。

实验22 含碘食盐中含碘量的测定

一、实验目的

(1) 巩固碘量法的基本原理；

(2) 学会运用碘量法测定食盐中碘的含量。

二、实验原理

碘是人类生命活动不可缺少的元素之一。缺碘会导致人的一系列疾病的产生，如智力下降、甲状腺肿大等。因而在人们的日常生活中，每天摄入一定量的碘是很必要的。将碘加入食盐中是一个很有效的方法。食盐中加碘的方法有两种：一是加入碘化钾；二是加入碘酸钾。1994年，国家规定在食盐中加入碘酸钾。目前市售加碘酸钾食盐中碘的含量一般为(35±15)mg/kg(或μg/g)。

食盐中碘含量的测定原理为：首先将食盐中所含的KIO_3在酸性条件下加入过量的KI，使IO_3^-将其氧化析出I_2，然后用$Na_2S_2O_3$标准溶液滴定，测定食盐中碘的含量。其反应式如下：

$$IO_3^- + 5I^- + 6H^+ \longrightarrow 3I_2 + 3H_2O$$

$$I_2 + 2S_2O_3^{2-} \longrightarrow 2I^- + S_4O_6^{2-}$$

三、实验仪器与试剂

(1) 仪器　碱式滴定管 (50mL)，碘量瓶 (250mL)，量筒 (10mL)，容量瓶 (1000mL)，移液管 (10mL)。

(2) 试剂　KIO_3(0.0003mol/L标准溶液)，KI(5%，新配)，淀粉 (0.5%，新配)，HCl (1mol/L)，Na_2CO_3(AR)，$Na_2S_2O_3 \cdot 5H_2O$(AR)，加碘食盐。

四、实验步骤

1. 0.002mol/L $Na_2S_2O_3$标准溶液的配制与标定

(1) 配制：称取2.5g $Na_2S_2O_3 \cdot 5H_2O$溶解在500mL新煮沸并冷却了的蒸馏水 (去CO_2的水) 中，加入0.1g Na_2CO_3溶解后，储于棕色瓶中，放置一周后取上层清液40mL于棕色瓶中，用无CO_2的蒸馏水稀释至400mL。

(2) 标定：取10.00mL、0.0003mol/L KIO_3标准溶液于250mL碘量瓶中，加90mL水2mL、1mol/L HCl，摇匀后加5mL 5% KI，立即用$Na_2S_2O_3$标准溶液滴定，至溶液呈浅黄色时，加5mL 0.5%淀粉溶液，继续滴定至蓝色恰好消失为止，记录消耗$Na_2S_2O_3$的体积V(mL)。平行滴定3次。

2. 食盐中含碘量的测定

称取10g (准确至0.01g) 均匀加碘食盐，置于250mL碘量瓶中，加100mL蒸馏水溶解，加2mL 1mol/L HCl，混匀后加5mL 5% KI溶液，静置约10min，用$Na_2S_2O_3$标准溶液滴定，至溶液呈浅黄色时，加5mL 0.5%淀粉溶液，继续滴定至蓝色恰好消失为止，记录消耗$Na_2S_2O_3$的体积V(mL)。平行滴定3次。

五、数据处理

1. $Na_2S_2O_3$浓度的计算公式

$$c(Na_2S_2O_3) = \frac{6c(KIO_3)V(KIO_3)}{V(Na_2S_2O_3)}$$

$Na_2S_2O_3$浓度的测定见表22-1。

表 22-1　$Na_2S_2O_3$浓度的测定

测定序号	Ⅰ	Ⅱ	Ⅲ
$c(KIO_3)/(mol/L)$			
$V(KIO_3)/mL$			
$Na_2S_2O_3$终读数/mL			
$Na_2S_2O_3$初读数/mL			
$V(Na_2S_2O_3)/mL$			
$c(Na_2S_2O_3)/(mol/L)$			
$\bar{c}(Na_2S_2O_3)/(mol/L)$			
相对平均偏差			

2. 食盐样品中碘的含量的计算公式：

$$w(I^-)=\frac{1}{6}\times\frac{c(Na_2S_2O_3)V(Na_2S_2O_3)M(I^-)}{m_s}$$

偏差应小于 2×10^{-6}。

食盐样品中碘的含量的测定见表 22-2。

表 22-2　食盐样品中碘的含量的测定

测定序号	Ⅰ	Ⅱ	Ⅲ
$\bar{c}(Na_2S_2O_3)/(mol/L)$			
$Na_2S_2O_3$终读数/mL			
$Na_2S_2O_3$初读数/mL			
$V(Na_2S_2O_3)/mL$			
$\omega(I^-)/(\mu g/g)$			
$\bar{\omega}(I^-)/(\mu g/g)$			
相对平均偏差			

六、注意事项

（1）溶液的配制：计算（质量，体积）→称（台秤，分析天平）、量（量筒，移液管）→溶解、稀释、冷却（烧杯）→洗涤、转移→定容（烧杯，容量瓶）。

（2）碱式滴定管的使用：检漏→洗涤→装液→排气→初读→滴定→终读（准至0.01mL）。

（3）滴定操作：左手握滴定管，控制流速。右手握锥形瓶的瓶颈，单方向旋转溶液。

七、思考题

（1）本实验滴定为何要使用碘量瓶？使用碘量瓶应注意些什么？

（2）配制 $Na_2S_2O_3$溶液时为何要用新煮沸的蒸馏水？

【附注】 0.0003mol/L KIO_3标准溶液的配制：准确称取 1.4g（准确至 0.0002g）于(110±2)℃烘至恒重的 KIO_3，加水溶解，于 1000mL 容量瓶中定容，再用水稀释 20 倍得浓度为 0.0003mol/L 的 KIO_3标准溶液。其准确浓度为：

$$c(KIO_3)=\frac{m(KIO_3)}{M(KIO_3)V}\times\frac{1}{20}$$

实验23 水的总硬度的测定

一、实验目的

(1) 学习配位滴定法测定水的总硬度的原理和方法；

(2) 学习EDTA标准溶液的配制和标定方法；

(3) 熟悉金属指示剂变色原理及滴定终点的判断。

二、实验原理

含有较多的钙、镁离子的水叫硬水。测定水的总硬度就是测定水中的钙、镁离子的总含量。各个国家表示水的硬度的方法和单位都不同，我国常采用德国硬度单位制，即水的总硬度以水中钙、镁离子的总量折算成CaO来计算，折算后以每升水中含10mg CaO为1度(°d)。

一般把水的硬度分为五种类型：0～4°d的水为很软的水；4～8°d为软水；8～16°d为中等硬水；16～32°d为硬水；大于32°d为很硬水。生活用水的总硬度要求不超过25°d。各种工业用水对硬度有不同的要求。

用EDTA滴定钙、镁离子时，加$NH_3 \cdot H_2O$-NH_4Cl缓冲溶液调节pH=10，以铬黑T为指示剂，用EDTA标准溶液滴定。铬黑T和EDTA都能与Ca^{2+}、Mg^{2+}形成配合物，其稳定性为$CaY^{2-}>MgY^{2-}>MgIn^{-}>CaIn^{-}$。化学计量点前，$Ca^{2+}$、$Mg^{2+}$与铬黑T形成酒红色配合物，当EDTA滴定液滴定至化学计量点时，游离出指示剂，溶液呈蓝色。

三、实验仪器与试剂

(1) 仪器　酸式滴定管(50mL)，烧杯(100mL、250mL)，表面皿，移液管(25mL、50mL)，容量瓶(250mL)，分析天平(0.1mg)，量筒(10mL、50mL)，锥形瓶(250mL)。

(2) 试剂　EDTA(0.01mol/L)，$NH_3 \cdot H_2O$-NH_4Cl(pH=10)缓冲溶液，金属Zn(AR)，铬黑T指示剂，$NH_3 \cdot H_2O$(1∶1)，HCl(6mol/L)。

四、实验步骤

1. EDTA溶液的标定

用分析天平准确称取0.15～0.20g处理过的金属Zn，置于100mL烧杯中，加入10mL HCl溶液(6mol/L)。盖上表面皿，让Zn完全溶解，以少量蒸馏水冲洗表面皿后，将溶液定量转入250mL容量瓶中，加蒸馏水稀释至刻度，摇匀。

用移液管吸取25.00mL的Zn溶液于250mL锥形瓶中，逐滴加入1∶1 $NH_3 \cdot H_2O$至开始出现$Zn(OH)_2$白色沉淀为止。再依次加入10mL pH=10的缓冲溶液、20mL蒸馏水及少许(约0.1g)铬黑T指示剂，摇匀。然后用待标定的EDTA滴定至溶液由酒红色变为纯蓝色，记下所消耗的EDTA溶液的体积。平行测定3次，计算EDTA溶液的物质的量浓度。

2. 水的总硬度的测定

用移液管移取水样100.00mL于250mL锥形瓶中，加入10mL pH=10的缓冲溶液，加少许(约0.1g)铬黑T指示剂摇匀。用EDTA标准溶液滴定至溶液由酒红色变为纯蓝色，记录消耗EDTA溶液的体积V，平行测定3次。

五、实验记录与数据处理

1. 计算EDTA的浓度

$$c(EDTA)=\frac{m(Zn)\times\frac{25.00}{250.0}}{M(Zn)V(EDTA)}$$

$M(Zn)=65.39g/mol$

EDTA溶液浓度的标定见表23-1。

表23-1 EDTA溶液浓度的标定

测定序号	Ⅰ	Ⅱ	Ⅲ
$m(Zn)/g$			
EDTA的终读数/mL			
EDTA的初读数/mL			
$V(EDTA)/mL$			
$c(EDTA)/(mol/L)$			
$\bar{c}(EDTA)/(mol/L)$			
相对平均偏差			

2．计算水的总硬度

$$水的总硬度(°d)=\frac{c(EDTA)V(EDTA)M(CaO)}{10V_{水样}}\times1000$$

$M(CaO)=56.08g/mol$

水的总硬度的测定见表23-2。

表23-2 水的总硬度的测定

测定序号	Ⅰ	Ⅱ	Ⅲ
EDTA的终读数/mL			
EDTA的初读数/mL			
$V(EDTA)/mL$			
$c(EDTA)/(mol/L)$			
水样的体积/mL	100.00	100.00	100.00
水的总硬度			
水的平均总硬度			
相对平均偏差			

六、注意事项

（1）EDTA的标定除了用Zn标定外，还可用ZnO、$CaCO_3$等标定，其方法查阅相关资料。

（2）配位反应进行较慢，因此滴定速率不宜太快，尤其临近终点时更宜缓慢滴定，并充分摇动。

（3）测定水的硬度时，少量Fe^{3+}、Cr^{3+}、Mn^{2+}等离子有干扰，可加1～3mL 1∶2的三乙醇胺水溶液以掩蔽。

（4）若水样中含有微量Cu^{2+}，指示剂终点变色不清楚，应先在水样中加0.5～4.5mL 2% Na_2S溶液，使之生成CuS沉淀加以掩蔽。

（5）若水样的硬度过低或过高，可适当改变EDTA的浓度。

(6) 铬黑T指示剂可配成溶液：0.5g铬黑T加0.5g盐酸羟胺溶于100mL 95%乙醇中。此指示剂仅可保存数天。

(7) 移液管的使用如下。

① 洗涤：洗液洗→自来水洗→去离子水洗（2～3次）→待取液润洗（2～3次）。

② 吸液：左手握洗耳球，右手拿移液管，吸管下端伸入液面约1～2cm处。

③ 放液：左手拿住接液体的容器并倾斜，右手使移液管垂直且尖嘴靠在容器壁上，松开食指，让溶液沿器壁流下。

(8) 酸式滴定管的使用：检漏→洗涤→装液→排气→初读→滴定→终读（准确至0.01mL）。

(9) 滴定操作的要点：指示剂加入的时机和用量；缓冲溶液控制的pH；试剂加入的顺序；准确判断终点。

七、思考题

(1) 测定水的总硬度时，为何要控制溶液的pH=10?

(2) 从CaY^{2-}、MgY^{2-}的$\lg K_f$值比较它们的稳定性，如何用EDTA分别测定Ca^{2+}、Mg^{2+}混合溶液中的Ca^{2+}、Mg^{2+}的含量?

(3) 分析误差的来源。

实验24 软锰矿制取高锰酸钾

一、实验目的

(1) 了解高锰酸钾制备的原理和方法；

(2) 学习碱熔法操作及学会在过滤操作中使用石棉纤维和玻璃砂芯漏斗；

(3) 试验和了解锰的各种价态的化合物的性质和它们之间转化的条件。

二、实验原理

高锰酸钾是深紫色的针状晶体，是最重要也是最常用的氧化剂。本实验以软锰矿（主要成分为MnO_2）为原料制备高锰酸钾。将软锰矿和氧化剂如$KClO_3$在碱性介质中强热可制得绿色的锰酸钾：

$$3MnO_2+KClO_3+6KOH \xlongequal{\text{熔融}} 3K_2MnO_4+KCl+3H_2O$$

熔块由水浸取后随着溶液碱性的降低，水溶液中MnO_4^-不稳定，发生歧化反应。一般在弱碱性或近中性介质中，歧化反应趋势较小，反应速率也较慢。但在此溶液中加酸降低锰酸钾溶液的pH时，MnO_4^-易发生歧化反应，得到紫红色$KMnO_4$溶液，在锰酸钾溶液中通入CO_2气体：

$$3K_2MnO_4+2CO_2 = 2KMnO_4+MnO_2\downarrow+2K_2CO_3$$

减压过滤除去MnO_2固体，溶液蒸发浓缩，就会析出暗紫色的高锰酸钾晶体。

三、实验仪器、试剂与材料

(1) 仪器　砂芯漏斗，台秤，铁坩埚，坩埚钳，烘箱，铁搅拌棒，钢瓶。

(2) 试剂　二氧化锰（工业用），氢氧化钾，氯酸钾，亚硫酸钠，二氧化碳气体。

(3) 材料　8号铁丝，pH试纸。

四、实验步骤

1. 二氧化锰的熔融、氧化

称取 7g 固体 KOH 和 5.2g 固体 $KClO_3$，放入铁坩埚内，铁坩埚置于泥三角上，小火加热，并用洁净铁丝搅拌。待混合物熔融后，一边搅拌一边分多次缓慢加入 3g 二氧化锰，防止火星外溅。随着反应的进行，熔融物的黏度逐渐增大，此时应用力加快继续搅拌，以防结块或粘在坩埚壁上。待反应物干涸后，加大火焰，强热 5～10min，得到墨绿色的锰酸钾熔融体。用铁棒尽量捣碎。

2. 锰酸钾的制备

产物冷却后，将其转移到 250mL 烧杯中，留在坩埚中的残余部分以约 10mL 蒸馏水加热浸洗，溶液倾入盛产物的烧杯中。如浸洗一次未浸完，可反复用水浸数次，直至完全浸出残余物。浸出液合并，最后使总体积为 90mL（不要超过 100mL），加热烧杯并搅拌，使熔融体全部溶解。

3. 高锰酸钾的制备

趁热向浸取液中通入二氧化碳气体（约 5min），直到锰酸钾全部歧化为高锰酸钾和二氧化锰为止，可用玻璃棒蘸一些溶液滴在滤纸上，如果滤纸上显紫红色而无绿色痕迹，即可认为锰酸钾全部歧化完全，pH 在 10～11 之间，然后静置片刻，将上层清液转移至玻璃砂芯漏斗上过滤，可将滤得的 MnO_2(s) 回收。玻璃砂芯漏斗用酸化的亚硫酸钠溶液洗涤干净后，再用水冲洗干净。

4. 滤液的蒸发结晶

滤液倒入蒸发皿中，在水浴上加热浓缩至表面析出高锰酸钾晶膜为止。溶液放置片刻，令其结晶，用砂芯漏斗把高锰酸钾晶体抽干。

5. 高锰酸钾的干燥

将晶体转移到已知质量的表面皿中，用玻璃棒将其分开，放入烘箱中（80℃为宜）干燥 0.5h，称量。

6. 实验结果

（1）描述得到的高锰酸钾晶体的颜色和形状。

（2）计算高锰酸钾的得率。

五、注意事项

（1）注意灯的使用，加热，加压过滤，结晶，固、液体试剂的取用，台秤的使用，钢瓶的使用，干燥箱的使用等基本操作。

（2）通二氧化碳过多，溶液的 pH 会太低，溶液中会产生大量的 $KHCO_3$，而 $KHCO_3$ 的溶解度比 K_2CO_3 小得多，在溶液浓缩时会和高锰酸钾一起析出。

六、思考题

（1）为什么由二氧化锰制备高锰酸钾时要用铁坩埚，而不用瓷坩埚？

（2）能不能用加盐酸来代替往锰酸钾溶液中通入二氧化碳气体？为什么？用氯气来代替二氧化碳，是否可以？为什么？

（3）过滤 $KMnO_4$ 晶体为什么要用玻璃砂芯漏斗？是否可用滤纸或石棉纤维代替？

《实验 25》 用铜、镉渣回收硫酸锌

一、实验目的

（1）学习由炼锌铜、镉渣回收锌制备硫酸锌及其纯度检验的方法；

(2) 练习溶解、过滤、蒸发、结晶等基本操作；

(3) 了解用容量法和分光光度法进行含量分析的原理和方法。

二、实验原理

回收再利用固体废弃物，特别是含金属、有色金属及其化合物的固体废弃物，高效利用现有资源，是当今环保的一大主题。

在电解锌的生产工艺中，硫酸锌粗液在加锌净化时将会产生大量的铜、镉渣，渣中一般含Cu1.5%～5%、Cd3%～10%、Zn25%～40%及少量的Fe、Sb、As、Co、Ni杂质等，这部分渣如得不到利用，将会造成很大的资源浪费和环境污染。

本实验只对铜、镉渣中的锌进行回收。

铜、镉渣中的锌主要以Zn、ZnO、$Zn(OH)_2$、$ZnSO_4$等形式存在，而铜、镉、铁等金属主要是以单质及氧化物形式存在。在中等酸度的硫酸溶液中，锌的化合物和杂质都溶于溶液中：

$$Me+2H^+ \xlongequal{} Me^{2+}+H_2\uparrow$$

$$MeO+2H^+ \xlongequal{} Me^{2+}+H_2O$$

$$Me(OH)_2+2H^+ \xlongequal{} Me^{2+}+2H_2O$$

浸出液中的Fe^{2+}在酸性条件下采用MnO_2氧化成Fe^{3+}，Fe^{3+}在溶液的pH为5.2～5.4时水解生成絮状氢氧化铁沉淀。同时，随着铁的水解沉淀，砷和锑的硫酸盐在中性条件下也发生水解反应生成沉淀而除去。Cu^{2+}和Cd^{2+}可利用锌粉置换法除去。用锌粉置换法除去Cu^{2+}、Cd^{2+}、Co^{2+}和Ni^{2+}等杂质。将净化后的溶液蒸发浓缩，冷却结晶即制得$ZnSO_4 \cdot 7H_2O$晶体。产品中锌的含量用EDTA容量法滴定，杂质铁的含量用KSCN分光光度法测定。

三、实验仪器、试剂与材料

(1) 仪器　烧杯，量筒，吸滤瓶，布氏漏斗，移液管，容量瓶（100mL），锥形瓶，电炉，恒温磁力搅拌器，循环水式多用真空泵，分光光度计，原子吸收光谱仪，分析天平，台秤。

(2) 试剂　H_2SO_4（浓、25%、1.6mol/L），NaOH(2mol/L)，H_2O_2(30%)、甲基橙指示剂，六亚甲基四胺（20%、pH=5.8），EDTA(0.01mol/L)，KSCN(20%)，铁标准溶液（100μg/mL），锌片，铜、镉渣。

(3) 材料　滤纸，pH试纸，冰。

四、实验步骤

1. 酸浸溶解

称取20.0g铜、镉渣，充分研磨后，加入浓度为25%的硫酸溶液，控制铜、镉渣与硫酸的固液比为1∶3.5，搅拌下反应60～90min。过滤，分离滤渣。用原子吸收光谱仪测定滤液中锌、镉和铜的含量。

2. 除杂

加热上述滤液至70℃，从烧杯底部加入H_2O_2，加入量为理论用量（Fe^{2+}的物质的量）的1.5倍，在不断搅拌的条件下，反应90min，过滤。

滤液中加入锌片，锌片用量等于理论用量（镉和铜离子的物质的量之和）的1.8倍，锌片大小为$1.0cm^2$左右，搅拌反应约60min，过滤。

3. 浓缩结晶

将滤液蒸发浓缩至液面出现晶膜，冷却片刻，用冰水浴充分冷却并搅拌，抽干、称量。

4. 产品质量检验

产品中锌与铁含量的测定：准确称取产品约 5g，加入 10mL 水和 10mL 1.6mol/L H_2SO_4、2 滴 30% H_2O_2，加热溶解试样并除去过量的 H_2O_2，冷却后定量转移至 100mL 容量瓶中，定容后得溶液 A。

(1) 锌含量的测定：用移液管吸取 10.00mL 溶液 A 于 100mL 容量瓶中，加入 2mL 1.6mol/L H_2SO_4，定容后得溶液 B。吸取 10.00mL 溶液 B 于锥形瓶中，加入约 50mL 水和 1 滴甲基橙指示剂，滴加 pH 为 5.8 的 20%六亚甲基四胺溶液，用 0.01mol/L EDTA 标准溶液滴定至溶液由紫红色变为黄色，即为终点。计算样品中 $ZnSO_4 \cdot 7H_2O$ 的含量。

(2) 杂质铁含量的测定：吸取 10.00mL 溶液 A 于 50mL 容量瓶中，用吸量管分别依次加入 7.00mL (1+4)H_2SO_4、5.00mL 20%KSCN，定容，放置 10min，然后于 475nm 处测定吸光度值。

(3) 标准曲线的绘制：依次吸取 100μg/mL 铁标准溶液 0、10.00mL、20.00mL、30.00mL、40.00mL、50.00mL 于 5 个 50mL 容量瓶中，按上述操作作标准曲线。

根据标准曲线计算样品中杂质铁的质量分数。

五、注意事项

用硫酸溶解铜、镉渣时，应严格控制硫酸的用量，保证锌最大程度的浸出。但硫酸用量越多，镉和铜等杂质浸出也越多。

六、思考题

(1) 产品中的铁是以 Fe^{2+} 还是 Fe^{3+} 形式存在？如何定性鉴定硫酸锌溶液中是否存在 Fe^{2+}（或 Fe^{3+}）？

(2) 用锌粉置换法除去硫酸锌溶液中的 Cu^{2+}、Cd^{2+}、Co^{2+} 和 Ni^{2+} 等杂质时，如果检验 Ni^{2+} 已除尽，是否可以认为 Cu^{2+}、Cd^{2+} 和 Co^{2+} 也已除尽？

实验 26 沉淀法制备超细氧化锌

一、实验目的

(1) 了解酸浸法从锌焙砂中获得纯净硫酸锌溶液的原理和方法；

(2) 学习 EDTA 容量法测定锌含量的原理和方法；

(3) 了解直接沉淀法制备超细氧化锌的方法；

(4) 熟悉超细氧化锌产品的分析方法。

二、实验原理

氧化锌，又称锌白、锌氧粉。超细氧化锌是一种新型高功能精细无机粉料，其粒径介于 1～100nm 之间。由于颗粒尺寸微细化，使超细氧化锌产生了氧化锌块状材料所不具备的表面效应、小尺寸效应、量子效应和宏观量子隧道效应等，因而使超细氧化锌在磁、光、电、敏感等方面具有一些特殊的性能，主要用于制造气体传感器、荧光体、紫外线遮蔽材料（在 200～400nm 紫外光区有很强的吸光能力）、变阻器、图像记录材料、压电材料、高效催化剂、磁性材料和塑料薄膜等，也可用作天然橡胶、合成橡胶及胶乳的硫化活化剂和补强剂。此外，还广泛用于涂料、医药、油墨、造纸、搪瓷、玻璃和化妆品等行业。

本实验以铅锌矿锌焙砂为原料，通过硫酸浸取、浸取液净化除杂，再以纯碱为沉淀剂，采用直接沉淀法合成超细 ZnO 粉体。

锌焙砂原料中除含约 65%的 ZnO 外，还含有铁、铜、镉、钴、砷、锑、镍和硅等杂质。在用稀硫酸浸取过程中，锌的化合物和杂质都溶于溶液中。在微酸性条件下，用 H_2O_2 将

Fe^{2+}氧化为Fe^{3+}，其中As^{3+}和Sb^{3+}随同Fe^{3+}的水解而被除去。用锌粉置换法除去Cu^{2+}、Cd^{2+}、Co^{2+}和Ni^{2+}等杂质得到纯净的硫酸锌溶液。

以浸出净化所得硫酸锌溶液为原料，纯碱作为沉淀剂，采用直接沉淀法制备得到超细ZnO，制备过程的反应方程式为：

$$5ZnSO_4 + 5Na_2CO_3 = Zn_5(CO_3)_2(OH)_6\downarrow + 5Na_2SO_4$$

$$Zn_5(CO_3)_2(OH)_6 = 5ZnO + 2CO_2\uparrow + 3H_2O\uparrow$$

其工艺流程如下：

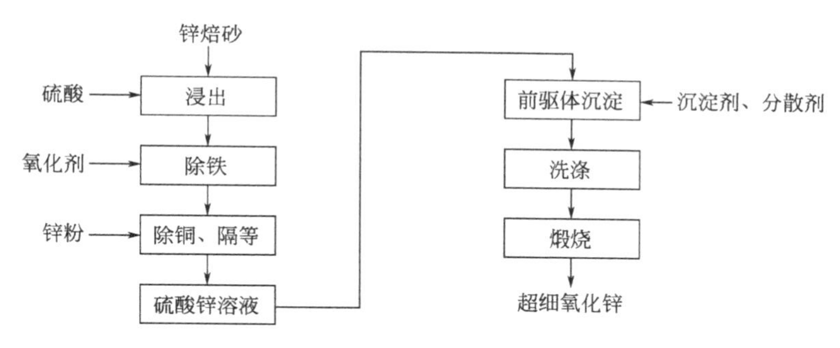

三、实验仪器、试剂与材料

(1) 仪器　集热式恒温磁力搅拌器，台秤，电子天平，电热干燥箱，减压过滤装置，马弗炉，X射线衍射仪，扫描电子显微镜，烧杯（250mL、100mL、50mL），锥形瓶(250mL)，酸式滴定管（50mL），量筒（100mL、10mL），移液管（25mL、10mL），容量瓶（250mL），表面皿。

(2) 试剂　硫酸（2mol/L），无水乙醇（AR），过氧化氢（30%），HCl(1∶1)，$NH_3 \cdot H_2O$ (1∶1)，NH_3-NH_4Cl缓冲溶液（pH＝10），铬黑T指示剂（0.5%），EDTA标准溶液(0.05mol/L)，锌焙砂，锌粉，氧化锌（AR），无水碳酸钠（AR），聚乙二醇1000(AR)。

(3) 材料　精密pH试纸。

四、实验步骤

1. 浸出

在10.0g锌焙砂中加入50mL 2mol/L H_2SO_4，加热至沸后继续反应15min，过滤分离除去不溶物。

2. 除杂

加热上述滤液至近沸，用少量ZnO调节溶液的酸度到应控制的pH 5～6（用精密pH试纸检查）。停止加热，滴加30%（质量分数）H_2O_2数滴、煮沸。取清液检验Fe^{2+}除尽后，再煮沸溶液数分钟，过滤。将滤液加热至约70℃，加入少量锌粉，搅拌8～10min，取清液检验Ni^{2+}除尽后，再取清液检查Cd^{2+}是否除尽。等Cd^{2+}除尽后，过滤。

3. 前驱体的合成

将除杂后的硫酸锌溶液浓缩或稀释为含锌离子为1mol/L的溶液，取50mL硫酸锌溶液置于烧杯中，将烧杯置于恒温磁力搅拌器中，向混合液中滴加50mL已配好的1mol/L Na_2CO_3溶液，于常压、室温条件下进行反应，反应过程中不停搅拌，经过一定时间的反应后，即得到ZnO前驱体沉淀产物。将反应得到的沉淀进行抽滤、用去离子水洗涤数次，至滴出的滤液用$BaCl_2$溶液检验无沉淀析出，再用无水乙醇洗涤两次，将洗涤后的ZnO前驱体放入坩埚，然后置于干燥箱中于110℃左右干燥2h，得到超细ZnO前驱体碱式碳酸锌粉体。

4. 超细ZnO的制备

将干燥好的ZnO前驱体置于坩埚中盖上盖，然后将坩埚放入马弗炉中，在600℃下焙烧1h，得到白色（或淡黄色）超细氧化锌粉体。

5. 产品质量检验

（1）定性检验：取1g产品溶于5mL蒸馏水中，分别检验Fe^{2+}、Cd^{2+}、Co^{2+}和Ni^{2+}是否存在。

（2）氧化锌含量的测定：准确称取约0.12～0.14g产品，精确至0.0002g，置于250mL锥形瓶中，加少量水润湿，加3mL盐酸溶液，加热使试样全部溶解。冷却后加50mL水，用氨水中和至沉淀析出并再溶解，加10mLNH_3-NH_4Cl缓冲溶液，加5滴铬黑T指示剂，摇匀。用EDTA标准滴定溶液滴定至溶液由葡萄紫色变为正蓝色即为终点。记录V_{EDTA}。平行滴定3次。

氧化锌的含量以氧化锌质量分数w计，按下式计算：

$$w=(VcM\times10^{-3})/m$$

式中，V、c分别为EDTA标准溶液的体积（mL）和浓度；M、m分别为氧化锌的相对分子质量和质量。

（3）产品中杂质含量的测定：用火焰原子吸收法测定金属杂质离子的含量。

（4）粒径的测定：用透射电镜进行观测，确定粒径、粒径分布等数据。

（5）晶体结构的测定：利用X射线衍射仪检测粒子的晶形。

五、注意事项

（1）注意实验过程中移液管和容量瓶的使用，溶液的配制，减压过滤和滴定等操作。

（2）除Fe^{2+}过程中一定要注意保持溶液pH在5～6之间。

（3）加热除杂时要注意补水，防止把溶液蒸干。

（4）煅烧后所得超细氧化锌产品要放在干燥器中冷却及保存，防止产品团聚。

六、思考题

（1）用H_2O_2氧化Fe^{2+}为Fe^{3+}时，在酸性和微酸性条件下，反应产物是否相同？写出反应式。氧化后为什么要将溶液煮沸数分钟？

（2）产品中的铁是以Fe^{2+}还是Fe^{3+}形式存在？如何定性鉴定硫酸锌溶液中是否存在Fe^{2+}（或Fe^{3+}）？

（3）用锌粉置换法除去硫酸锌溶液中的Cu^{2+}、Cd^{2+}、Co^{2+}和Ni^{2+}时，如果检验Ni^{2+}已除尽，是否可以认为Cu^{2+}、Cd^{2+}和Co^{2+}也已除尽？

实验27 由白云石制备超细碳酸钙

一、实验目的

（1）学习以白云石为原料制备超细碳酸钙的原理和方法；

（2）学习高温电炉及气体钢瓶的使用；

（3）了解超细碳酸钙比表面积的测定及XRD的表征。

二、实验原理

白云石的化学成分主要是碳酸镁和碳酸钙。白云石在900～1100℃下煅烧时失去CO_2，生成氧化镁及氧化钙的混合物。以白云石为主要原料，先将白云石在900～1100℃下煅烧成白云石灰，再加水将白云石灰消化成白云石灰乳，最后通入二氧化碳气体，将白云石灰乳碳化，得到碳酸钙沉淀和碳酸氢镁（轻质碳酸镁）溶液，从而使两者分离。主要化学反应过程如下：

煅烧：$CaMg(CO_3)_2 \longrightarrow MgO \cdot CaO + 2CO_2$

消化：$MgO \cdot CaO + 2H_2O \longrightarrow Mg(OH)_2 + Ca(OH)_2$

碳化：$Mg(OH)_2 + Ca(OH)_2 + 3CO_2 \longrightarrow CaCO_3 + Mg(HCO_3)_2$

在碳化过程中，加入少量分散剂可控制碳酸钙沉淀时的团聚，而得到超细碳酸钙沉淀。

三、实验仪器、试剂与材料

(1) 仪器　马弗炉，磁力加热恒温搅拌器，CO_2钢瓶，真空泵，磨粉机，干燥箱，台秤，X衍射仪，比表面仪。

(2) 试剂　白云石（矿粉，湘西地区），聚丙烯酸钠。

(3) 材料　滤纸，pH试纸。

四、实验步骤

(1) 白云石的煅烧：称取50g白云石粉末于坩埚中，放入马弗炉内高温（950℃）煅烧2h，关掉电源，于马弗炉内冷却至室温。

(2) 消化：称取5g煅烧好的白云石灰于250mL的烧杯中，加入150mL煮沸过的去离子水，在70～90℃水浴中恒温搅拌消化0.5h后室温陈化1h。减压过滤，保留滤液。

(3) 碳化：在滤液中加入0.1%～0.5%聚丙烯酸钠，通入二氧化碳气体，并不断搅拌，同时控制溶液的pH在7左右。过滤，于105℃烘干1h后得到产品。

(4) 检测：由X衍射仪鉴定产品的结构，用BET法测定产品的比表面。

五、注意事项

(1) 注意马弗炉的使用、磁力加热恒温搅拌器的使用、气体钢瓶的使用、减压过滤、台秤的使用和试纸的使用等基本操作。

(2) 碳化时的温度要低，最好在10℃以下。

(3) 二氧化碳气体要从反应器的底部通入。

六、思考题

(1) 在消化时为什么要用煮沸过的去离子水？

(2) 碳化时加入聚丙烯酸钠的作用是什么？

参考文献

[1] 刘治国，池顺都，朱建东．白云石矿系列产品开发及应用[J]．矿产综合利用，2003，(2)：27-30.

[2] 姚超．超细碳酸钙制备的研究[J]．无机盐工业，2000，(1)：3-5.

实验28 硫酸亚铁铵的制备与表征

一、实验目的

(1) 根据有关原理及数据设计并制备复盐硫酸亚铁铵；

(2) 熟练掌握水浴加热、蒸发、结晶、减压过滤的基本操作；

(3) 学习用分光光度法测定产品中杂质的含量；

(4) 了解X射线粉末衍射法鉴定物相。

二、实验原理

铁溶于稀硫酸中生成硫酸亚铁，它与等物质的量的硫酸铵在水溶液中相互作用，即生成溶解度较小的浅蓝绿色硫酸亚铁铵复盐晶体，反应式如下：

$$Fe + H_2SO_4 \longrightarrow FeSO_4 + H_2\uparrow$$

$$FeSO_4 + (NH_4)_2SO_4 + 6H_2O = FeSO_4 \cdot (NH_4)_2SO_4 \cdot 6H_2O$$

在空气中亚铁盐通常容易被氧化，但形成的复盐比较稳定，不易被氧化。在制备过程中，为了使 Fe^{2+} 不被氧化和水解，溶液须保持足够的酸度。

在酸性介质中，硫氰酸根(SCN^-)与铁（Ⅲ）可生成红色配合物：

$$Fe^{3+} + nSCN^- = [Fe(SCN)_n]^{3-n} \quad (n=1\sim6)$$

根据以上性质，可采用分光光度法测定复盐中 Fe^{3+} 杂质的含量。复盐晶体的物相可以用 X 射线粉末衍射仪进行表征。

三、实验步骤

(1) 根据上述原理和实验室提供的仪器、药品，设计出制备复盐硫酸亚铁铵的方法，制备硫酸亚铁铵晶体。

(2) 设计并用分光光度法检测复盐硫酸亚铁铵中 Fe^{3+} 杂质的含量。

(3) 用 X 射线粉末衍射仪对复盐硫酸亚铁铵进行表征。

(4) 完成实验报告。

四、实验仪器、试剂与材料

(1) 仪器　台秤，分析天平，恒温水浴，721 型分光光度计，循环水式真空泵。

(2) 试剂　H_2SO_4 (3mol/L)，$(NH_4)_2SO_4$ (s)，Fe^{3+} 标准溶液 (0.0100mol/L)，KSCN(1mol/L)，HCl(2mol/L)，NaOH(2mol/L)。

(3) 材料　pH 试纸，火柴。

五、注意事项

(1) 注意台秤的使用，水浴加热，试剂取用，试纸使用，蒸发、结晶，减压过滤，721 型分光光度计的使用等基本操作。

(2) 用洗涤剂溶液清洗铁屑油污的过程中，一定要不断地搅拌以免暴沸烫伤，并一定要将泡沫清洗干净。

(3) 反应时若水分蒸发量过大，有硫酸亚铁晶体析出时，应随时补加少量蒸馏水。硫酸亚铁溶液要趁热过滤，以免出现结晶。

(4) 停止反应后，立即进行热减压抽滤。若滤纸上有晶体析出，可用少量热蒸馏水溶解，滤液用少量 3mol/L H_2SO_4 酸化。为什么？

(5) 所制得的硫酸亚铁溶液和硫酸亚铁铵溶液均应保持较强的酸性（pH 为 1～2）。

六、思考题

(1) 硫酸亚铁铵的理论产量和产率应该如何计算？

(2) 制备硫酸亚铁铵的过程中，溶液的酸碱性对实验的成败有何影响？

(3) 在制备硫酸亚铁铵的过程中，如何操作才能尽量降低产品中杂质 Fe^{3+} 的含量？

(4) 在浓缩溶液时，应如何防止 Fe^{2+} 被氧化？若有多量 Fe^{2+} 被氧化至 Fe^{3+}，有何补救措施？

(5) 制备硫酸亚铁铵时，为什么采用水浴加热法？

(6) 硫酸亚铁铵制备的蒸发浓缩过程为什么不宜搅动？

实验 29　常见阳离子的分离与鉴定

一、实验目的

(1) 巩固和进一步掌握一些金属元素及其化合物的性质；

(2) 了解常见阳离子混合液的分离和检出的方法以及巩固检出离子的操作。

二、实验原理

离子的分离和鉴定是以各离子对试剂的不同反应为依据的。这种反应常伴随有特殊的现象，如沉淀的生成或溶解、特殊颜色的出现、气体的产生等。各离子对试剂作用的相似性和差异性都是构成离子分离与检出方法的基础。也就是说，离子的基本性质是进行分离检出的基础。因而要想掌握分离检出的方法就要熟悉离子的基本性质。离子的分离和检出只有在一定条件下才能进行。所谓一定的条件主要是指溶液的酸度、反应物的浓度、反应温度、促进或妨碍此反应的物质是否存在等。为使反应向期望的方向进行，就必须选择适当的反应条件。因此，除了要熟悉离子的有关性质外，还要学会运用离子（酸碱、沉淀、氧化还原、络合等）平衡的规律控制反应条件，这对于进一步了解离子分离条件和检出条件的选择将有很大帮助。用于常见阳离子分离的性质是指常见阳离子与常用试剂的反应及其差异，重点在于应用这种差异性将离子分离。

三、实验仪器、试剂与材料

(1) 仪器　试管（10mL），烧杯（250mL），离心机，离心试管。

(2) 试剂　HCl(2mol/L、6mol/L、浓)，H_2SO_4(2mol/L)，HNO_3(6mol/L)，HAc(2mol/L、6mol/L)，NaOH(2mol/L、6mol/L)，$NH_3 \cdot H_2O$(6mol/L)，KOH(2mol/L)，NaCl(1mol/L)，KCl(1mol/L)，$MgCl_2$(0.5mol/L)，$CaCl_2$(0.5mol/L)，$BaCl_2$(0.5mol/L)，$AlCl_3$(0.5mol/L)，$SnCl_2$(0.5mol/L)，$Pb(NO_3)_2$(0.5mol/L)，$SbCl_3$(0.1mol/L)，$HgCl_2$(0.2mol/L)，$Bi(NO_3)_3$(0.1mol/L)，$CuCl_2$(0.5mol/L)，$AgNO_3$(0.1mol/L)，$ZnSO_4$(0.2mol/L)，$Cd(AlO_3)_2$(0.2mol/L)，$Al(NO_3)_3$(0.5mol/L)，$NaNO_3$(0.5mol/L)，$Ba(NO_3)_2$(0.5mol/L)，Na_2S(0.5mol/L)，$KSb(OH)_6$（饱和），$NaHC_4H_4O_6$（饱和），$(NH_4)_2C_2O_4$（饱和），NaAc(2mol/L)，K_2CrO_4(1mol/L)，Na_2CO_3（饱和），NH_4Ac(2mol/L)，$K_4[Fe(CN)_6]$(0.5mol/L)，镁，0.1%铝试剂，罗丹明 B，苯，2.5%硫脲，$(NH_4)_2[Hg(SCN)_4]$ 试剂，亚硝酸钠。

(3) 材料　pH 试纸，镍丝。

四、实验步骤

1. 碱金属和碱土金属离子的鉴定

(1) Na^+的鉴定　在盛有 0.5mL 1mol/L NaCl 溶液的试管中，加入 0.5mL 饱和六羟基锑（Ⅴ）酸钾 $KSb(OH)_6$溶液，观察白色结晶状沉淀的产生。如无沉淀产生，可以用玻璃棒摩擦试管内壁，放置片刻，再观察。写出反应方程式。

(2) K^+的鉴定　在盛有 0.5mL 1mol/L KCl 溶液的试管中，加入 0.5mL 饱和酒石酸氢钠 $NaHC_4H_4O_6$溶液，如有白色结晶状沉淀产生，示有 K^+存在。如无沉淀产生，可用玻璃棒摩擦试管内壁，再观察。写出反应方程式。

(3) Mg^{2+}的鉴定　在试管中加入 2 滴 0.5mol/L $MgCl_2$溶液，再滴加 6mol/L NaOH 溶液，直到生成絮状的 $Mg(OH)_2$沉淀为止；然后加入 1 滴镁试剂，搅拌之，生成蓝色沉淀，示有 Mg^{2+}存在。

(4) Ca^{2+}的鉴定　取 0.5mL 0.5mol/L $CaCl_2$溶液于离心试管中，再加 10 滴饱和草酸铵溶液，有白色沉淀产生。离心分离，弃去清液。若白色沉淀不溶于 6mol/L HAc 溶液而溶于 2mol/L 盐酸，示有 Ca^{2+}存在。写出反应方程式。

(5) Ba^{2+}的鉴定　取 2 滴 0.5mol/L $BaCl_2$于试管中，加入 2mol/L HAc 和 2mol/L NaAc 各 2 滴，然后滴加 2 滴 1mol/L K_2CrO_4，有黄色沉淀生成，示有 Ba^{2+}存在。写出反应方程式。

2. p区和ds区部分金属离子的鉴定

(1) Al^{3+}的鉴定　取2滴0.5mol/L $AlCl_3$溶液于小试管中，加2～3滴水、2滴2mol/L HAc及2滴0.1%铝试剂，搅拌后，置于水浴上加热片刻，再加入1～2滴6mol/L氨水，有红色絮状沉淀产生，示有Al^{3+}存在。

(2) Sn^{2+}的鉴定　取5滴0.5mol/L $SnCl_2$于试管中，逐滴加入0.2mol/L $HgCl_2$溶液，边加边振荡，若产生的沉淀由白色变为灰色，然后变为黑色，示有Sn^{2+}存在。

(3) Pb^{2+}的鉴定　取5滴0.5mol/L $Pb(NO_3)_2$试液于离心试管中，加入2滴1mol/L K_2CrO_4溶液，如有黄色沉淀生成，在沉淀上滴加数滴2mol/L NaOH溶液，沉淀溶解，示有Pb^{2+}存在。

(4) Sb^{3+}的鉴定　取5滴0.1mol/L $SbCl_3$试液于离心试管中，加入3滴浓盐酸及数粒亚硝酸钠，将Sb(Ⅲ)氧化为Sb(Ⅴ)，当无气体放出时，加数滴苯及2滴罗丹明B溶液，苯层显紫色，示有Sb^{3+}存在。

(5) Bi^{3+}的鉴定　取1滴0.5mol/L $Bi(NO_3)_3$试液于试管中，加入1滴2.5%的硫脲，生成鲜黄色配合物，示有Bi^{3+}存在。

(6) Cu^{2+}的鉴定　取1滴0.5mol/L $CuCl_2$试液于试管中，加入1滴6mol/L HAc溶液酸化，再加入1滴0.5mol/L亚铁氰化钾$K_4[Fe(CN)_6]$溶液，生成红棕色$Cu_2[Fe(CN)_6]$沉淀，示有Cu^{2+}存在。

(7) Ag^+的鉴定　取5滴0.1mol/L $AgNO_3$试液于试管中，加入5滴2mol/L盐酸，产生白色沉淀。在沉淀中加入6mol/L氨水至沉淀完全溶解。此溶液再用6mol/L HNO_3溶液酸化，生成白色沉淀，示有Ag^+存在。

(8) Zn^{2+}的鉴定　取3滴0.2mol/L $ZnSO_4$试液于试管中，加入2滴2mol/L HAc溶液酸化，再加入等体积的硫氰酸汞铵$(NH_4)_2[Hg(SCN)_4]$溶液，摩擦试管内壁，生成白色沉淀，示有Zn^{2+}存在。

(9) Cd^{2+}的鉴定　取3滴0.2mol/L $Cd(NO_3)_2$试液于小试管中，加入2滴0.5mol/L Na_2S溶液，生成亮黄色沉淀，示有Cd^{2+}存在。

(10) Hg^{2+}的鉴定　取2滴0.2mol/L $HgCl_2$试液于小试管中，逐滴加入0.5mol/L $SnCl_2$溶液，边加边振荡，观察沉淀颜色的变化过程，最后变为灰色，示有Hg^{2+}存在（该反应可作为Hg^{2+}或Sn^{2+}的定性鉴定）。

3. 部分混合离子的分离和鉴定　取Ag^+试液2滴和Cd^{2+}、Al^{3+}、Ba^{2+}、Na^+试液各5滴，加到离心试管中，混合均匀后，按图29-1所示进行分离和鉴定。

(1) Ag^+的分离和鉴定　在混合试液中加入1滴6mol/L的盐酸，剧烈搅拌，在沉淀生成时再加入1滴6mol/L盐酸至沉淀完全，搅拌片刻，离心分离，把清液转移到另一支离心试管中，按本部分(2)处理。沉淀用1滴6mol/L盐酸和10滴蒸馏水洗涤，离心分离，洗涤液并入上面的清液中。在沉淀中加入2～3滴6mol/L氨水，搅拌，使它溶解，在所得清液中加入1～2滴6mol/L HNO_3溶液酸化，有白色沉淀析出，示有Ag^+存在。

(2) Al^{3+}的分离和鉴定　往本部分(1)的清液中滴加6mol/L氨水至显碱性，搅拌片刻，离心分离，把清液转移到另一支离心试管中，按本部分(3)处理。沉淀中加入2mol/L HAc各2滴，再加入2滴铝试剂，搅拌后微热之，产生红色沉淀，示有Al^{3+}存在。

(3) Ba^{2+}的分离和鉴定　在本部分(2)的清液中滴加6mol/L H_2SO_4溶液至产生白色沉淀，再过量2滴，搅拌片刻，离心分离，把清液转移到另一支试管中，按本部分(4)处理。沉淀用热蒸馏水10滴洗涤，离心分离，清液并入上面的清液中。在沉淀中加入饱和Na_2CO_3溶液3～4滴，搅拌片刻，再加入2mol/L HAc溶液和2mol/L NaAc溶液各3滴，

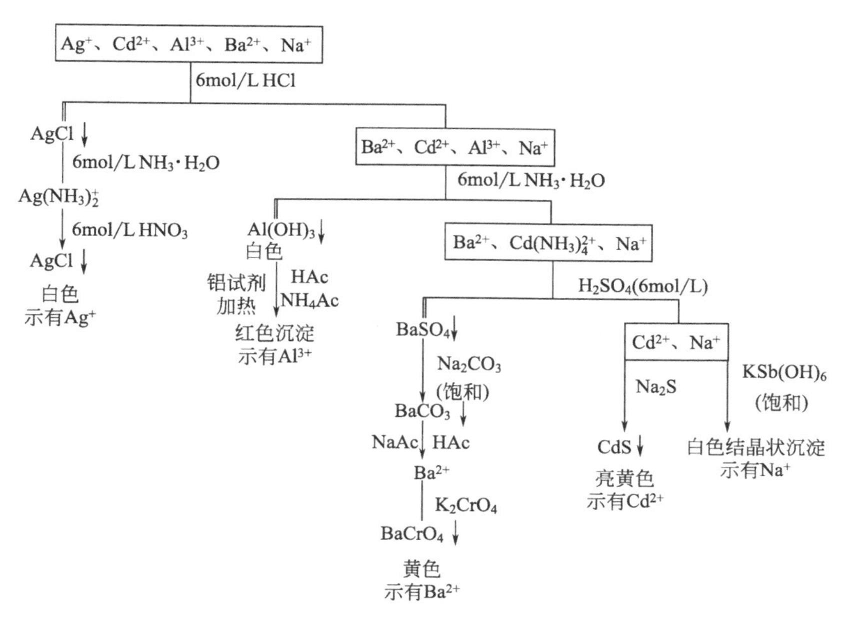

图 29-1 部分混合离子的分离和鉴定方案

注："‖"表示固相（沉淀或残渣），"|"表示液相（溶液），下同

搅拌片刻，然后加入 1～2 滴 1mol/L K_2CrO_4溶液，产生黄色沉淀，示有 Ba^{2+} 存在。

(4) Cd^{2+}、Na^+ 的分离和鉴定

取少量本部分 (3) 的清液于一支试管中，加入 2～3 滴 0.5mol/L Na_2S 溶液，产生黄色沉淀，示有 Cd^{2+} 存在。另取本部分 (3) 的清液于另一支试管中，加入几滴饱和六羟基锑酸钾溶液，产生白色结晶状沉淀，示有 Na^+ 存在。

五、注意事项

(1) 注意固、液试剂的取用，试管使用，水浴加热，离心分离等基本操作。

(2) Sb^{2+} 的鉴定，硝酸铅加入 1～2 滴即可。

(3) Sb^{3+} 的鉴定，亚硝酸钠不要太多，否则产生大量二氧化氮气体，所有试剂加完后，加水稀释，现象明显。

(4) Cu^{2+} 的鉴定可以在点滴板上进行。

六、思考题

(1) 溶解 $CaCO_3$、$BaCO_3$ 沉淀时，为什么用 HAc 而不用 HCl 溶液？

(2) 用 $K_4[Fe(CN)_6]$检出 Cu^{2+} 时，为什么要用 HAc 酸化溶液？

(3) 在未知溶液分析中，当由碳酸盐制取铬酸盐沉淀时，为什么必须用醋酸溶液去溶解碳酸盐沉淀，而不用强酸如盐酸去溶解？

实验 30 常见非金属阴离子的分离与鉴定

一、实验目的

学习和掌握常见阴离子的分离和鉴定的方法，以及离子检出的基本操作。

二、实验原理

以ⅢA 到ⅦA 族的 22 种非金属元素在形成化合物时常常生成阴离子。形成阴离子的元

素虽然不多，但是同一元素常常不止形成一种阴离子。阴离子多数是由两种和两种以上元素构成的酸根或配离子，同一元素的中心原子能形成多种阴离子，例如，由 S 可以构成 S^{2-}、SO_3^{2-}、SO_4^{2-}、$S_2O_3^{2-}$、$S_2O_8^{2-}$ 等常见的阴离子。

在非金属阴离子中，有的与酸作用生成挥发性的物质，有的与试剂作用生成沉淀，也有的呈现氧化还原性质。利用这一特点，根据溶液中离子共存情况，应先通过初步试验或进行分组试验，以排除不可能存在的离子，然后鉴定可能存在的离子。

初步性质检验一般包括试液的酸碱性试验，与酸反应生成气体的试验，各种阴离子的沉淀性质、氧化还原性质。预先做初步检验，可以排除某些离子存在的可能性，从而简化分析步骤。

三、实验仪器、试剂与材料

(1) 仪器　试管（离心），点滴板，离心机。

(2) 试剂　Na_2S(0.1mol/L)，Na_2SO_3(0.1mol/L)，　[Fe](0.1mol/L)，Na_3PO_3(0.1mol/L)，NaCl(0.1mol/L)，NaBr(0.1mol/L)，NaI(0.1mol/L)，$NaNO_3$(0.1mol/L)，Na_2CO_3(0.1mol/L)，$NaNO_2$(0.1mol/L)，$(NH_4)_2MoO_4$(0.1mol/L)，$BaCl_2$(0.1mol/L)，$KMnO_4$(0.1mol/L)，$ZnSO_4$（饱和），$K_4[Fe(CN)_6]$ (0.5mol/L)，$AgNO_3$(0.1mol/L)，H_2SO_4（浓、1mol/L)，HNO_3 (6mol/L)，HCl(6mol/L)，NaOH(2mol/L)，$Ba(OH)_2$（饱和），新配制的石灰水，氨水（6mol/L），H_2O_2(3%)，氯水，CCl_4，对氨基苯磺酸(1%)，*α*-萘胺（4%），亚硝酰铁氰化钠（9%），硫酸亚铁（s），碳酸镉（s）。

(3) 材料　$Pb(Ac)_2$试纸。

四、实验步骤

1. 常见阴离子的鉴定

(1) CO_3^{2-} 的鉴定　取 10 滴 CO_3^{2-} 试液于离心试管中，用 pH 试纸测定其 pH，然后加 10 滴 6mol/L HCl 溶液，并立即将事先蘸有一滴新配置的石灰水或 $Ba(OH)_2$ 溶液的玻璃棒置于试管口上，仔细观察，如玻璃棒上的溶液立刻变为浑浊（白色），结合溶液的 pH，可以判断有 CO_3^{2-} 存在。

(2) NO_3^- 的鉴定　取 2 滴 NO_3^- 试液于点滴板上，在溶液的中央放一小粒 $FeSO_4$ 晶体，然后在晶体上加 1 滴浓硫酸。如结晶周围有棕色出现，示有 NO_3^- 存在。

(3) NO_2^- 的鉴定　取 2 滴 NO_3^- 试液于点滴板上，加入 1 滴 2mol/L HAc 溶液酸化，再加入 1 滴对氨基苯磺酸和 1 滴 *α*-萘胺。如有玫瑰红色出现，示有 NO_2^- 存在。

(4) SO_4^{2-} 的鉴定　取 5 滴 SO_4^{2-} 试液于试管中，加入 2 滴 6mol/L HCl 溶液和 1 滴 0.1mol/L Ba^{2+} 溶液，如有白色沉淀，示有 SO_4^{2-} 存在。

(5) SO_3^{2-} 的鉴定　在盛有 5 滴 SO_3^{2-} 试液的试管中，加入 2 滴 1mol/L 硫酸，迅速加入 1 滴 0.01mol/L $KMnO_4$溶液，如紫色褪去，示有 SO_3^{2-} 存在。

(6) $S_2O_3^{2-}$ 的鉴定　取 $S_2O_3^{2-}$ 试液 3 滴于试管中，加入 10 滴 0.1mol/L $AgNO_3$ 溶液，摇动，如有白色沉淀迅速变棕变黑，示有 $S_2O_3^{2-}$ 存在。

(7) PO_4^{3-} 的鉴定　取 3 滴 PO_4^{3-} 试液于离心试管中，加入 5 滴 6mol/L HNO_3溶液，再加入 8～10 滴 $(NH_4)_2MoO_4$试剂，温热之，如有黄色沉淀生成，示有 PO_4^{3-} 存在。

(8) S^{2-} 的鉴定　取 1 滴 S^{2-} 试液于离心试管中，加入 1 滴 2mol/L NaOH 溶液碱化，再加入 1 滴亚硝酰铁氰化钠试剂，如溶液变成紫色，示有 S^{2-} 存在。

(9) Cl^- 的鉴定　取 3 滴 Cl^- 试液于离心试管中，加入 1 滴 6mol/L HNO_3 溶液酸化，再加入 0.1mol/L $AgNO_3$ 溶液。如有白色沉淀产生，初步说明可能试液中有 Cl^- 存在。将离心试管置于水浴上微热，离心分离，弃去清液，于沉淀上加入 3～5 滴 6mol/L 氨水，用细玻璃棒搅拌，沉淀立即溶解，再加入 5 滴 6mol/L HNO_3酸化，如重新生产白色沉淀，示有 Cl^- 存在。

（10）I^- 的鉴定　取 1 滴 I^- 试液于离心试管中，加入 2 滴 2mol/L H_2SO_4 及 3 滴 CCl_4，然后逐渐加入氯水，并不断振荡试管，如 CCl_4层呈现紫红色（I_2），然后褪至无色（IO_3^-），示有 I^- 存在。

（11）Br^- 的鉴定　取 5 滴 Br^- 试液于离心试管中，加入 3 滴 2mol/L H_2SO_4溶液及 2 滴 CCl_4，然后逐滴加入 5 滴氯水并振荡试管，如 CCl_4层呈现黄色或橙红色，示有 Br^- 存在。

2. 混合离子的鉴定

（1）Cl^-、Br^-、I^- 混合离子的分离和鉴定

常用方法是将卤素离子转化为卤化银 AgX，然后用氨水或 $(NH_4)_2CO_3$将 AgCl 溶解而与 AgBr、AgI 分离。在余下的 AgBr、AgI 混合物中加入稀硫酸酸化，再加入少许锌粉或镁粉，并加热将 Br^-、I^- 转入溶液。酸化后，根据 Br^-、I^- 的还原能力不同，用氨水分离和鉴定。

试按图 30-1 的分析方案对含有 Cl^-、Br^-、I^- 的混合溶液进行分离和鉴定。

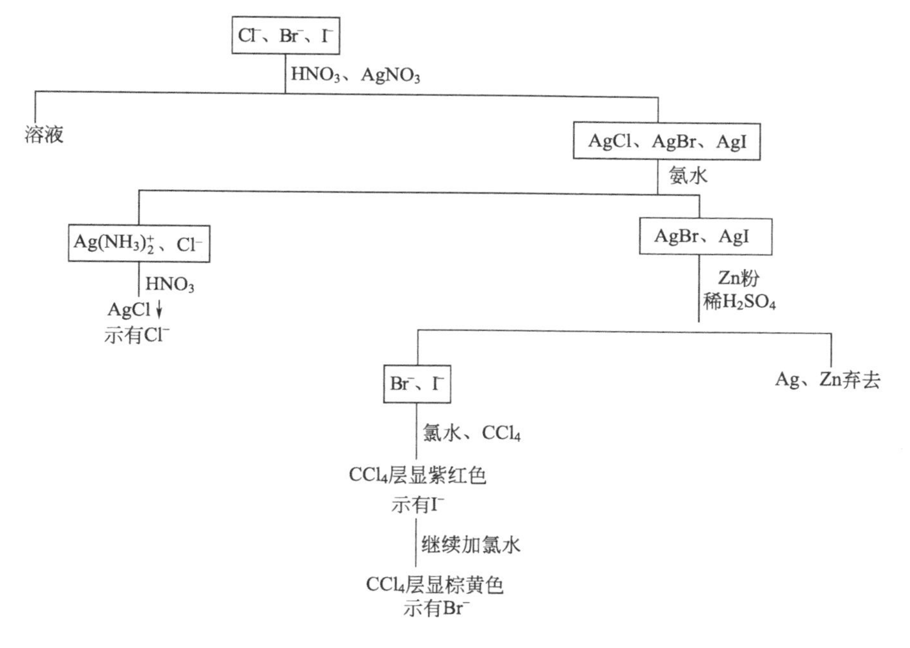

图 30-1　Cl^-、Br^-、I^- 混合离子的分离和鉴定方案

（2）S^{2-}、SO_3^{2-}、$S_2O_3^{2-}$ 混合离子的分离和鉴定

通常的方法是取少量试液，加入 NaOH 碱化，再加亚硝酰铁氰化钠，若有特殊红紫色产生，示有 S^{2-} 存在。可用碳酸镉固体除去 S^{2-}，再进行其他离子的分离和鉴定。

将滤液分成两份，一份鉴定 SO_3^{2-}，另一份鉴定 $S_2O_3^{2-}$。若在其中一份中加入亚硝酰铁氰化钠、过量饱和的 $ZnSO_4$ 溶液及 $K_4[Fe(CN)_6]$ 溶液，产生红色沉淀，示有SO_3^{2-} 存在。在另一份中滴加过量的 $AgNO_3$ 溶液，若有沉淀发生由白色→棕色→黑色的变化，示有 $S_2O_3^{2-}$ 存在。

实验方案如图 30-2 所示。

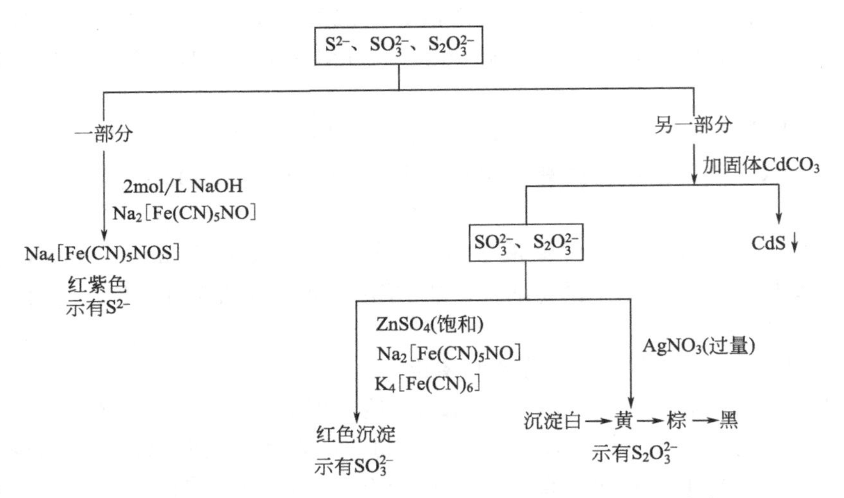

图 30-2 S^{2-}、SO_3^{2-}、$S_2O_3^{2-}$ 混合离子的分离和鉴定方案

五、思考题

(1) 取下列盐中之两种混合，加水溶解时有沉淀产生。将沉淀分成两份，一份溶于 HCl 溶液，另一份溶于 HNO_3 溶液。试指出下列哪两种盐混合时可能有此现象？

$BaCl_2$，$AgNO_3$，Na_2SO_4，$(NH_4)_2CO_3$，KCl

(2) 在酸性溶液中能使 I_2-淀粉溶液退色的阴离子有哪些？

(3) 加稀硫酸或稀盐酸于固体试样中，如观察到有气泡产生，则该固体试样可能存在哪些阴离子？

《实验 31》 配合物的生成和性质

一、实验目的

(1) 了解配离子的形成及其与简单离子的区别；

(2) 从配离子解离平衡的移动，进一步了解稳定常数的意义；

(3) 理解配位平衡的移动；

(4) 了解螯合物的形成及特点。

二、实验原理

配离子在水溶液中存在配位平衡，例如 $[Cu(NH_3)_4]^{2+}$ 在水溶液中存在以下平衡：

$$Cu^{2+}+4NH_3 \rightleftharpoons [Cu(NH_3)_4]^{2+}$$

$$K_f^{\ominus}=\frac{c\{[Cu(NH_3)_4]^{2+}\}/c^{\ominus}}{[c(Cu^{2+})/c^{\ominus}][c(NH_3)/c^{\ominus}]^4}$$

配离子在水溶液中或多或少地解离成简单离子，$K_f^{\ominus}$ 越大，配离子越稳定，解离的趋势越小。在配离子溶液中加入某种沉淀剂或某种能与中心原子配位形成更稳定的配离子的配位剂时，配位平衡将发生移动，生成沉淀或更稳定的配离子。当溶液的酸度增大时，若配离子是由易得质子的配位体组成，则使配位平衡发生移动，配离子解离。

中心原子与配位体形成的稳定的具有环状结构的配合物，称为螯合物。很多金属离子的螯合物具有特征的颜色，并且难溶于水，易溶于有机溶剂，因此常用于实验化学中鉴定金属离子，如 Ni^{2+} 的鉴定反应就是利用 Ni^{2+} 与丁二酮肟在弱碱性条件下反应，生成玫瑰红色螯合物：

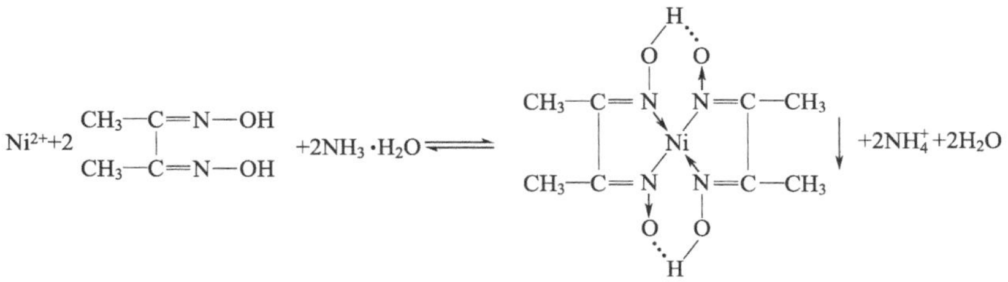

$$Ni^{2+}+2\begin{array}{l}CH_3-C=N-OH\\ \qquad\ \ |\\ CH_3-C=N-OH\end{array}+2NH_3\cdot H_2O \rightleftharpoons \begin{array}{ccccc} & & H & & \\ & O & & O & \\ & | & & \uparrow & \\ CH_3-C=N & & & & N=C-CH_3\\ | & \searrow & Ni & \swarrow & |\\ CH_3-C=N & \nearrow & & \nwarrow & N=C-CH_3\\ & \downarrow & & | & \\ & O & & O & \\ & & H & & \end{array}\downarrow +2NH_4^{+}+2H_2O$$

三、实验仪器、试剂与材料

（1）仪器　试管，漏斗，漏斗架。

（2）试剂　H_2SO_4（1mol/L、1∶1），NaOH（2mol/L、0.1mol/L），$NH_3 \cdot H_2O$（6mol/L、2mol/L），$AgNO_3$（0.1mol/L），$CuSO_4$（0.1mol/L），$HgCl_2$（0.1mol/L），$K_3[Fe(CN)_6]$（0.1mol/L），KSCN（0.1mol/L），NaF（0.1mol/L），NH_4F（4mol/L），饱和$(NH_4)_2C_2O_4$，NaCl（0.1mol/L），$FeCl_3$（0.1mol/L），$Na_2S_2O_3$（1mol/L），饱和$Na_2S_2O_3$，Na_2S（0.1mol/L），EDTA（0.1mol/L），$Ni(NO_3)_2$（0.1mol/L），KBr（0.1mol/L），KI（0.1mol/L），95%乙醇，Na_2CO_3（0.1mol/L），丁二酮肟，CCl_4（AR）。

（3）材料　滤纸。

四、实验步骤

1. 配合物的制备

（1）含配阳离子配合物的制备　往试管中加入约 2mL 0.1mol/L $CuSO_4$，逐滴加入 2mol/L $NH_3 \cdot H_2O$，直至最初生成的沉淀溶解。注意沉淀和溶液的颜色。写出反应方程式。

向上面的溶液中加入约 4mL 乙醇（以降低配合物在溶液中的溶解度），观察深蓝色$[Cu(NH_3)_4]SO_4$结晶的析出。过滤，弃去滤液。在漏斗颈下面接一支试管，然后慢慢逐滴加入 2mol/L $NH_3 \cdot H_2O$ 于晶体上，使之溶解（约需 2mL $NH_3 \cdot H_2O$，太多会使制得的溶液太稀）。保留此溶液供下面的实验使用。

（2）含配阴离子配合物的制备　往试管中加入 3 滴 $HgCl_2$（0.1mol/L，有毒!），逐滴加入 KI（0.1mol/L），边加边振摇，直到最初生成的沉淀完全溶解。观察沉淀及溶液的颜色。写出反应方程式。

2. 配位平衡及其移动

（1）往试管中加入 2 滴 $FeCl_3$（0.1mol/L），加水稀释成近无色，加入 2 滴 KSCN（0.1mol/L），观察溶液的颜色。逐滴加入 0.1mol/L NaF，观察又有何变化？写出离子方程式。

（2）取一支试管加入 20 滴 $AgNO_3$（0.1mol/L），然后逐滴加入 2mol/L $NH_3 \cdot H_2O$，直至最初生成的沉淀溶解，再多加 3～5 滴（以稳定$[Ag(NH_3)_2]^+$）。写出反应方程式。

将上面所得的溶液分盛在两支试管中，分别加入 3 滴 2mol/L NaOH 和 KI（0.1mol/L），观察有何不同变化？写出反应方程式。

（3）把“实验步骤 1（1）”所得的$[Cu(NH_3)_4]SO_4$溶液分装在四支试管中，加入 2 滴 Na_2S（0.1mol/L）、2 滴 0.1mol/L NaOH、3～5 滴 EDTA（0.1mol/L）及数滴 1mol/L H_2SO_4。观察沉淀的形成和溶液的颜色。写出反应方程式。

（4）在一支试管中加入 1 滴 $FeCl_3$（0.1mol/L）与 10 滴饱和$(NH_4)_2C_2O_4$，然后加入 1 滴 KSCN（0.1mol/L），再逐滴加入（1∶1）H_2SO_4。观察现象，写出反应方程式。

（5）向一支试管中加入 5 滴 $AgNO_3$（0.1mol/L），然后按下列次序进行实验。（要求：凡是生成沉淀的步骤，刚生成沉淀即可；凡是沉淀溶解的步骤，沉淀刚溶解即可。因此，试剂必须逐滴加入，边滴边振摇。）

① 滴加 Na_2CO_3(0.1mol/L) 溶液，至沉淀生成；

② 滴加 2mol/L $NH_3 \cdot H_2O$ 至沉淀溶解；

③ 加入 1 滴 0.1mol/L NaCl 溶液，观察沉淀的生成；

④ 滴加 6mol/L $NH_3 \cdot H_2O$ 至沉淀溶解；

⑤ 加入 1 滴 0.1mol/L KBr，观察沉淀的生成；

⑥ 滴加 1mol/L $Na_2S_2O_3$ 溶液至沉淀溶解；

⑦ 加入 1 滴 0.1mol/L KI 溶液，观察沉淀的生成；

⑧ 滴加饱和的 $Na_2S_2O_3$ 溶液至沉淀溶解；

⑨ 滴加 0.1mol/L Na_2S 溶液至沉淀生成。

观察实验现象，写出反应方程式。

3. 简单离子与配离子的区别

(1) 取两支试管各加入 10 滴 0.1mol/L $FeCl_3$，然后向第一支试管中加入 10 滴 0.1mol/L Na_2S，边滴边振摇。向第二支试管中加入 3 滴 2mol/L NaOH，振荡。观察现象，写出反应方程式。

分取两支试管，用 0.1mol/L $K_3[Fe(CN)_6]$ 代替 $FeCl_3$ 进行实验。观察与前面的实验有何不同现象？写出离子反应方程式。

(2) 在试管中加入 5 滴 0.1mol/L $FeCl_3$，再滴加 0.1mol/L KI 至出现红棕色，然后加入 20 滴 CCl_4 振荡。观察 CCl_4 层的颜色。写出反应的离子方程式。

另取一支试管，加入 5 滴 0.1mol/L $FeCl_3$，再加入 4mol/L NH_4F 至溶液变为近无色，然后加入 3 滴 0.1mol/L KI，摇匀，观察溶液的颜色。再加入 20 滴 CCl_4 振荡，CCl_4 层为何颜色？为什么？写出相应的离子方程式。

4. 螯合物的形成

在一支试管中加入 5 滴 0.1mol/L $Ni(NO_3)_2$ 溶液，观察溶液的颜色。逐滴加入 2mol/L $NH_3 \cdot H_2O$，每加 1 滴都要充分振荡，并嗅其氨味，如果嗅不出氨味，再加入第 2 滴，直至出现氨味。并注意观察溶液的颜色。然后滴加 5 滴丁二酮肟溶液，摇动，观察玫瑰红色结晶的生成。

五、注意事项

(1) 向试管中滴加液体试剂时，滴管不要接触管壁。

(2) 固体试剂的取用要避免试剂洒落，及时盖好瓶盖，放回原位。

(3) 常压过滤必须注意滤纸的正确选择及折叠，正确掌握溶液过滤及沉淀的转移和洗涤。

六、思考题

(1) 配离子与简单离子有何区别？如何证明？

(2) 向 $Ni(NO_3)_2$ 溶液中滴加 $NH_3 \cdot H_2O$，为什么会发生颜色变化？加入丁二酮肟又有何变化？说明了什么？

基础化学实验Ⅱ

工业纯碱总碱度的测定

一、实验目的

(1) 了解基准物质碳酸钠及硼砂的分子式和化学性质；

（2）掌握 HCl 标准溶液的配制和标定过程；

（3）掌握强酸滴定二元弱碱的滴定过程、突跃范围及指示剂的选择；

（4）掌握定量转移操作的基本要点。

二、实验原理

工业纯碱的主要成分为碳酸钠，商品名为苏打，其中可能还含有少量 NaCl、Na_2SO_4、NaOH 及 $NaHCO_3$ 等成分。常以 HCl 标准溶液为滴定剂测定总碱度来衡量产品的质量。滴定反应式为：

$$Na_2CO_3 + 2HCl \rightleftharpoons 2NaCl + H_2CO_3$$

$$H_2CO_3 \rightleftharpoons CO_2 \uparrow + H_2O$$

反应产物 H_2CO_3 易形成过饱和溶液并分解为 CO_2 逸出。化学计量点时溶液 pH 为 3.8～3.9，可选用甲基橙为指示剂，用 HCl 标准溶液滴定，溶液由黄色转变为橙色即为终点。试样中的 $NaHCO_3$ 同时被滴定，工业纯碱的总碱度通常以 $w_{Na_2CO_3}$ 或 w_{Na_2O} 表示。

三、实验仪器与试剂

（1）仪器　分析天平，酸式滴定管，容量瓶等。

（2）试剂　1g/L 甲基橙指示剂，2g/L 甲基红指示剂（60%乙醇溶液）。

0.1mol/L HCl 溶液：配制时应在通风橱中操作。用量杯量取原装浓盐酸约 4.5mL，倒入试剂瓶中加水稀释至 500mL，充分摇匀。

无水 Na_2CO_3（AR）：于 180℃ 干燥 2～3h，也可将 $NaHCO_3$ 置于瓷坩埚内，在 270～300℃ 的烘箱内干燥 1h，使之转变为 Na_2CO_3。然后放入干燥器内冷却后备用。

四、实验步骤

1. 0.1mol/L HCl 溶液的标定

用无水 Na_2CO_3 基准物质标定：用称量瓶准确称取 0.15～0.20g 无水 Na_2CO_3 三份，分别倒入 250mL 锥形瓶中。称量瓶称样时一定要带盖，以免吸湿。然后加入 20～30mL 水使之溶解，再加入 1～2 滴甲基橙指示剂，用待标定的 HCl 溶液滴定至溶液由黄色恰变为橙色即为终点。计算 HCl 溶液的浓度。

2. 总碱度的测定

准确称取试样约 2g 倾入烧杯中，加少量水使其溶解，必要时可稍加热促进溶解。冷却后，将溶液定量转入 250mL 容量瓶中，加水稀释至刻度，充分摇匀。平行移取工业纯碱试液 25.00mL 三份分别放入 250mL 锥形瓶中，加水 20mL，加入 1～2 滴甲基橙指示剂，用 HCl 标准溶液滴定溶液由黄色恰变为橙色即为终点。计算试样中 Na_2O 或 Na_2CO_3 的含量，即为总碱度。测定的各次相对偏差应在±0.5%以内。

五、注意事项

（1）由于试样易吸收水分和 CO_2，故应在 270～300℃将试样烘干 2h，以除去吸附水并使 $NaHCO_3$ 全部转化为 Na_2CO_3。

（2）由于试样均匀性较差，应称取较多试样，使其更具代表性。测量的允许误差可适当放宽。

（3）亦可用硼砂 $Na_2B_4O_7 \cdot 10H_2O$ 标定 HCl 溶液。

六、实验记录与数据处理

将上述测量数据规范记录，并计算 HCl 溶液的浓度和试样总碱度。

七、思考题

（1）为什么配制 0.1mol/L 溶液 1L 需要量取浓 HCl 溶液 9mL？写出计算式。

（2）无水 Na_2CO_3 保存不当，吸收了 1%的水分，用此基准物质标定 HCl 溶液的浓度时，对其结果产生何种影响？

(3) 甲基橙、甲基红及甲基红-溴甲酚绿混合指示剂的变色范围各为多少？混合指示剂的优点是什么？

(4) 标定 HCl 的两种基准物质 Na_2CO_3 和 $Na_2B_4O_7 \cdot 10H_2O$ 各有哪些优缺点？

(5) 在以 HCl 溶液滴定时，怎样使用甲基橙及酚酞两种指示剂来判别试样是由 $NaOH-Na_2CO_3$ 或 $Na_2CO_3-NaHCO_3$ 组成的？

实验 33 铁矿石全铁含量的测定（无汞定铁法）

一、实验目的

(1) 掌握 $K_2Cr_2O_7$ 标准溶液的配制及使用；

(2) 学习矿石试样的酸溶法；

(3) 学习 $K_2Cr_2O_7$ 法测定铁的原理及方法；

(4) 对无汞定铁有所了解，增强环保意识；

(5) 了解二苯胺磺酸钠指示剂的作用原理。

二、实验原理

用 HCl 溶液分解铁矿石后，在热 HCl 溶液中，以甲基橙为指示剂，用 $SnCl_2$ 将 Fe^{3+} 还原至 Fe^{2+}，并过量 1～2 滴。经典方法是用 $HgCl_2$ 氧化过量的 $SnCl_2$，除去 Sn^{2+} 的干扰，但 $HgCl_2$ 可造成环境的污染，本实验采用无汞定铁法。还原反应为：

$$FeCl_4^- + SnCl_4^{2-} + 2Cl^- \rightleftharpoons FeCl_4^{2-} + SnCl_6^{2-}$$

使用甲基橙指示剂 $SnCl_2$ 还原 Fe^{3+} 的原理是：Sn^{2+} 将 Fe^{3+} 还原后，过量的 Sn^{2+} 可将甲基橙还原为氢化甲基橙而褪色，不仅指示了还原的终点，Sn^{2+} 还能继续使氢化甲基橙还原成 *N*,*N*-二甲基对苯二胺和对氨基苯磺酸，过量的 Sn^{2+} 则可以消除。反应为：

$$(CH_3)_2NC_6H_4N{=\!=}NC_6H_4SO_3Na + 2H^+ \longrightarrow (CH_3)_2NC_6H_4NH{-}NHC_6H_4SO_3Na$$

$$(CH_3)_2NC_6H_4NH{-}NHC_6H_4SO_3Na + 2H^+ \longrightarrow (CH_3)_2NC_6H_4H_2N + NH_2C_6H_4SO_3Na$$

以上反应为不可逆的，因而甲基橙的还原产物不消耗 $K_2Cr_2O_7$。

滴定反应为：

$$6Fe^{2+} + Cr_2O_7^{2-} + 14H^+ \rightleftharpoons 6Fe^{3+} + 2Cr^{3+} + 7H_2O$$

滴定突跃范围为 0.93～1.34V，使用二苯胺磺酸钠为指示剂时，由于它的条件电位为 0.85V，因而需加入 H_3PO_4 使滴定生成的 Fe^{3+} 生成 $Fe(HPO_4)_2^-$ 而降低 Fe^{3+}/Fe^{2+} 电对的电位，使突跃范围变成 0.71～1.34V，指示剂可以在此范围内变色，同时消除了 $FeCl_4^-$ 黄色对终点观察的干扰，Sb(Ⅴ) 和 Sb(Ⅲ) 干扰本实验，不应存在。

三、实验仪器与试剂

(1) 仪器　分析天平，电热板，酸式滴定管，容量瓶等。

(2) 试剂　1g/L 甲基橙，2g/L 二苯胺磺酸钠。

100g/L $SnCl_2$ 溶液：10g $SnCl_2 \cdot 2H_2O$ 溶于 40mL 浓盐酸溶液中，加水稀释至 100mL。

$H_2SO_4-H_3PO_4$ 混酸：将 15mL 浓 H_2SO_4 缓慢加至 70mL 水中，冷却后加入 15mL 浓 H_3PO_4 混匀。

$c(1/6K_2CrO_7)=0.0500mol/L$ $K_2Cr_2O_7$ 标准溶液：将 $K_2Cr_2O_7$(AR) 在 150～180℃干燥 2h，置于干燥器中冷却至室温。用指定质量称量法准确称取 0.6129g $K_2Cr_2O_7$ 于小烧杯中，加水溶解，定量转移至 250mL 容量瓶中，加水稀释至刻度，摇匀。

四、实验步骤

准确称取铁矿石粉 1.8～2.2g 于 250mL 烧杯中，用少量水润湿，加入 20mL 浓 HCl 溶液，盖上表面皿，在通风橱中低温加热分解试样，若有带色不溶残渣，可滴加 20～30 滴 100g/L $SnCl_2$ 助溶。试样分解完全时，残渣应接近白色（SiO_2），用少量水吹洗表面皿及烧杯壁，冷却后转移至 250mL 容量瓶中，稀释至刻度并摇匀。

移取试样溶液 25.00mL 于锥形瓶中，加 8mL 浓 HCl 溶液，加热近沸，加入 6 滴甲基橙，趁热边摇动锥形瓶边逐滴加入 100g/L $SnCl_2$ 还原 Fe^{3+}。溶液由橙变红，再慢慢滴加 50g/L $SnCl_2$ 至溶液变为淡粉色，再摇匀直至粉色褪去。立即用流水冷却，加 50mL 蒸馏水、20mL 硫酸磷酸的混合酸及 4 滴二苯胺磺酸钠，立即用 $K_2Cr_2O_7$ 标准溶液滴定至稳定的紫红色为终点，平行测定 3 次，计算矿石中铁的含量（质量分数）。

五、注意事项

（1）HCl 溶液的浓度应控制在 4mol/L，若大于 6mol/L，Sn^{2+} 会先将甲基橙还原为无色，无法指示 Fe^{3+} 的还原反应；盐酸溶液的浓度低于 2mol/L，则甲基橙褪色缓慢。

（2）若硫酸盐试样难以分解时，可加入少许氟化物助溶，但此时不能用玻璃器皿分解试样。

六、实验记录与数据处理

将上述测量数据规范记录，并计算铁矿石中铁的含量。

七、思考题

（1）$K_2Cr_2O_7$ 为什么可以直接称量配制准确浓度的溶液？

（2）分解铁矿石时，为什么要在低温下进行？如果加热至沸会对结果产生什么影响？

（3）$SnCl_2$ 还原 Fe^{3+} 的条件是什么？怎样控制 $SnCl_2$ 不过量？

（4）$K_2Cr_2O_7$ 溶液滴定 Fe^{2+} 时，加入 H_3PO_4 的作用是什么？

（5）本实验中甲基橙起什么作用？

实验 34 氯化物中氯含量的测定（莫尔法）

一、实验目的

（1）掌握莫尔法测定氯离子的方法、原理和实验操作；

（2）掌握铬酸钾指示剂的正确使用。

二、实验原理

某些可溶性氯化物中氯含量的测定常采用莫尔法。此法是在中性或弱碱性溶液中，以 K_2CrO_4 为指示剂，用 $AgNO_3$ 标准溶液进行滴定。由于 AgCl 的溶解度比 Ag_2CrO_4 的小，因此溶液中首先析出 AgCl 沉淀，当 AgCl 定量析出后，过量 1 滴 $AgNO_3$ 溶液即与 CrO_4^{2-} 生成砖红色 Ag_2CrO_4 沉淀，表示达到终点。主要反应式如下：

$$Ag^+ + Cl^- \longrightarrow AgCl\downarrow（白色） \qquad K_{sp}=1.8\times10^{-10}$$

$$Ag^+ + CrO_4^{2-} \longrightarrow Ag_2CrO_4\downarrow（砖红色） \qquad K_{sp}=2.0\times10^{-12}$$

三、实验仪器与试剂

（1）仪器　分析天平，酸式滴定管，容量瓶等。

（2）试剂　5%K_2CrO_4 溶液。

NaCl 基准试剂：在 500～600℃ 高温炉中灼烧 0.5h 后，置于干燥器中冷却。也可将 NaCl 置于带盖的瓷坩埚中，加热，并不断搅拌，待爆炸声停止后，继续加热 15min，将坩埚放入干燥器中冷却后使用。

0.1mol/L $AgNO_3$ 溶液：称取 8.5g $AgNO_3$ 溶解于 500mL 不含 Cl^- 的蒸馏水中，将溶液转入棕色试剂瓶中，置于暗处保存，以防光照分解。

四、实验步骤

1. 0.1mol/L $AgNO_3$ 溶液的标定

准确称取 0.5～0.65g NaCl 基准试剂，置于小烧杯中，用蒸馏水溶解后，转入 100mL 容量瓶中，加水稀释至刻度，摇匀。准确移取 25.00mL NaCl 标准溶液注入 250mL 锥形瓶中，加入 25mL 水，加入 1mL 5% K_2CrO_4 溶液，在不断摇动下，用 $AgNO_3$ 溶液滴定至呈现砖红色即为终点。平行标定 3 份。根据所消耗的 $AgNO_3$ 的体积和 NaCl 的质量，计算 $AgNO_3$ 的浓度。

2. 试样分析

准确称取 1.3g NaCl 试样置于烧杯中，加水溶解后，定量转入 250mL 容量瓶中，用水稀释至刻度，摇匀。准确移取 25.00mL NaCl 试液注入锥形瓶中，加入 25mL 水，加入 1mL 5% K_2CrO_4 溶液，在不断摇动下，用 $AgNO_3$ 溶液滴定至呈现砖红色即为终点，平行测定 3 份。计算试样中氯的含量。

五、注意事项

(1) 滴定必须在中性或在弱碱性溶液中进行，最适宜 pH 范围为 6.5～10.5，如有铵盐存在，溶液的 pH 范围最好控制在 6.5～7.2。

(2) 指示剂的用量对滴定有影响，一般以 5.0×10^{-3}mol/L 为宜，凡是能与 Ag^+ 生成难溶化合物或配合物的阴离子都干扰测定。如 PO_4^{3-}、AsO_4^{3-}、S^{2-}、CO_3^{2-}、$Cr_2O_4^{2-}$ 等，其中 H_2S 可加热煮沸除去，将 SO_3^{2-} 氧化成 SO_4^{2-} 后不再干扰测定。大量 Cu^{2+}、Ni^{2+}、Co^{2+} 等有色离子将影响终点的观察。凡是能与 CrO_4^{2-} 指示剂生成难溶化合物的阳离子也干扰测定，如 Ba^{2+}、Pb^{2+} 能与 CrO_4^{2-} 分别生成 $BaCrO_4$ 和 $PbCrO_4$ 沉淀。Ba^{2+} 的干扰可加入过量 Na_2SO_4 消除。

(3) Al^{3+}、Fe^{3+}、Bi^{3+}、Sn^{4+} 等高价金属离子在中性或弱碱性溶液中易水解产生沉淀，也不应存在。

六、实验记录与数据处理

根据试样的质量和滴定中消耗 $AgNO_3$ 标准溶液的体积计算试样中 Cl^- 的含量，计算出算术平均偏差及相对平均偏差。

七、思考题

(1) 莫尔法测氯时，为什么溶液的 pH 必须控制在 6.5～10.5?

(2) 能否用莫尔法以 NaCl 标准溶液直接滴定 Ag^+？为什么?

(3) 配制好的 $AgNO_3$ 溶液要储于棕色瓶中，并置于暗处，为什么?

实验 35 白云石矿中钙、镁含量的测定

一、实验目的

(1) 练习酸溶法的溶样方法；

(2) 掌握络合滴法测定混合离子的方法；

(3) 了解沉淀分离法在络合滴定法中的应用。

二、实验原理

白云石是一种碳酸盐岩石，主要成分为 $CaCO_3$ 和 $MgCO_3$，还含有少量 Fe^{3+}、Al^{3+} 等杂质，成分较简单，通常用酸溶解后，可不经分离直接测定。

试样用盐酸溶解后，钙、镁以 Ca^{2+}、Mg^{2+} 等离子形式进入溶液。取一份试液，调 pH=10，以铬黑 T 为指示剂，用 EDTA 标准溶液测定 Ca^{2+}、Mg^{2+} 的总量；另取一份试液，调溶液 pH=12，此时 Mg^{2+} 生成 $Mg(OH)_2$ 沉淀，加入钙指示剂，用 EDTA 标准溶液测定 Ca^{2+} 的量，然后用差减法求出 Mg^{2+} 的量。

主要反应如下。

滴定前：　　　$Mg^{2+} + HIn^{2-}$（蓝）$\longrightarrow$ $MgIn^{-}$（酒红）$+ H^{+}$

滴定开始至计量点前：　$Ca^{2+} + H_2Y^{2-} \longrightarrow CaY^{2-} + 2H^{+}$

$$Mg^{2+} + H_2Y^{2-} \longrightarrow MgY^{2-} + 2H^{+}$$

计量点：　$MgIn^{-}$（酒红）$+ H_2Y^{2-} \longrightarrow MgY^{2-} + HIn^{2-}$（纯蓝）

三、实验仪器与试剂

（1）仪器　分析天平，酸式滴定管，容量瓶等。

（2）试剂　1∶2（体积比）三乙醇胺，6mol/L HCl，20% NaOH。

0.02mol/L EDTA 标准溶液：称取 4g $Na_2H_2Y_2 \cdot 2H_2O$ 溶于 100mL 去离子水中，加热溶解，稀释至 500mL，摇匀（长期放置时应置于硬质玻璃瓶或聚乙烯瓶中）。

铬黑 T：称取 1g 铬黑 T，溶解后加入三乙醇胺 20mL，再用水稀释至 100mL。

钙指示剂：称取 1g 钙指示剂，加入烘干的 99g NaCl，研磨均匀，保存于磨口瓶内。

基准 $CaCO_3$：将 $CaCO_3$ 置于 120℃烘箱中干燥 2h，稍冷后置于干燥器中冷却至室温备用。

pH=10 的氨性缓冲溶液：取 20g NH_4Cl 溶于少量水中，加入 100mL 浓氨水，用水稀释至 1L。

5%糊精溶液：将 5g 糊精溶于 100mL 沸水中，冷却后加入 5mL 10% NaOH 溶液、0.1g 钙指示剂，在搅拌下用 EDTA 标准溶液滴定至蓝色（临用时配制）。

四、实验步骤

1. 0.02mol/L EDTA 的标定

准确称取 0.5～0.6g 基准 $CaCO_3$ 于 250mL 烧杯中，用少量水润湿，盖上表面皿，从烧杯嘴小心地逐滴加入 6mol/L HCl 至完全溶解，并将可能溅到表面皿上的溶液淋洗入烧杯，加少量水稀释，定量转移至 250mL 容量瓶中，稀释至刻度，摇匀。移取 25.00mL 此溶液两份，分别置于 250mL 锥形瓶中，加水 25mL、0.2～0.3g 钙指示剂，滴加 20% NaOH 溶液至酒红色，再过量 5mL，摇匀后用 EDTA 标准溶液滴定至蓝色。计算 EDTA 的准确度。平行测定 2～3 次。

2. 白云石中钙、镁含量的测定

准确称取 0.5～0.6g 试样于烧杯中，加少量水润湿，盖上表面皿，从烧杯嘴徐徐加入 6mol/L HCl 至不再有气泡冒出，用水吹洗表面皿后，定量转移至 250mL 容量瓶中，稀释至刻度并摇匀。

准确移取上述试液 25.00mL 于锥形瓶中，加去离子水 20～30mL 和 1∶2 三乙醇胺 5mL，摇匀，再加入 pH=10 的缓冲溶液 10mL、铬黑 T 指示剂 2～3 滴，用 EDTA 标准溶液滴定至纯蓝色即为终点。平行测定 2～3 次，计算 Ca^{2+}、Mg^{2+} 的总量。

准确移取上述试液 25.00mL 于锥形瓶中，加去离子水 20～30mL，再加入 5%糊精溶液 10mL、1∶2 三乙醇胺 5mL 及钙指示剂 0.2～0.3g，滴加 20% NaOH 至溶液呈酒红色，再过量 5mL，立即用EDTA标准溶液滴定至纯蓝色，即为终点。平行测定2～3次，计算Ca^{2+}的含量。

五、注意事项

(1) 由于$Mg(OH)_2$沉淀会吸附Ca^{2+}，使Ca^{2+}的结果偏低，Mg^{2+}的结果偏高，同时，$Mg(OH)_2$对指示剂的吸附也会使终点拖长，变色不敏锐。如果在溶液中加入糊精，可将沉淀包住，基本消除吸附现象。

(2) 试样中的Fe^{3+}、Al^{3+}等可在酸性条件下加入三乙醇胺加以掩蔽；Cu^{2+}、Zn^{2+}等可在碱性条件下用KCN掩蔽；Cd^{2+}、Ti^{4+}、Bi^{3+}等可用铜试剂掩蔽。

六、实验记录与数据处理

根据试样的质量和滴定中消耗EDTA标准溶液的体积计算试样中钙、镁的含量，计算出算术平均偏差及相对平均偏差。

七、思考题

(1) 在测定白云石中Ca^{2+}、Mg^{2+}的总量时，为什么要加入pH=10的缓冲溶液？

(2) 用三乙醇胺掩蔽溶液中的Fe^{3+}、Al^{3+}时，为什么要在酸性条件下加入？

(3) 在用EDTA标准溶液滴定Ca^{2+}时，滴加20% NaOH至溶液呈酒红色后，为什么要再过量5mL？

实验36 铅锌矿中锌、镉含量的测定

一、实验目的

(1) 掌握混合铅锌精矿中铅量与锌量的测定方法；

(2) 本法适用于混合铅锌精矿中铅量与锌量的测定。

二、实验原理

试料用盐酸、硝酸、硫酸溶解，在硫酸介质中铅形成硫酸铅沉淀，过滤，与共存元素分离。

滤液中加氟化铁、三乙醇胺、硫脲等掩蔽剂掩蔽铁、铝、铜等元素，以二甲酚橙为指示剂，在pH为5.0～6.0时，用乙二胺四乙酸二钠（EDTA）标准溶液滴定至溶液由紫红色变为亮黄色为终点。根据消耗EDTA标准滴定溶液的体积计算锌、镉的含量。扣除镉量，即为锌量。

三、实验仪器与试剂

(1) 仪器　台秤，电子分析天平，酸式滴定管，容量瓶，锥形瓶等。

(2) 试剂　硝酸（4mol/L），浓硫酸（9mol/L、4mol/L、0.4mol/L），盐酸（6mol/L），氨水（7mol/L），氟化铵溶液（250g/L、储存于塑料瓶中），抗坏血酸，1∶1（体积比）三乙醇胺溶液，饱和硫脲溶液，对硝基苯酚指示剂（10g/L），1g/L二甲酚橙指示剂（限两周内使用）。

乙酸-乙酸钠缓冲溶液（pH=5.5）：将375g无水乙酸钠溶于水中，加入50mL冰乙酸，用水稀释至2000mL，混匀。

乙二胺四乙酸二钠标准溶液：称取5.3g乙二胺四乙酸二钠于400mL烧杯中，加水微热溶解，冷却至室温，移入1000mL容量瓶中，用水稀释至刻度，混匀。放置三天后标定。

四、实验步骤

1. 试样称量

称取0.30g试样，精确至0.0001g。

2. 空白试验

随同试样做空白试验。

3. 测定

将试样置于50mL烧杯中，用少量水润湿，加入15mL盐酸，盖上表面皿，低温加热溶解3min，加入5mL硝酸，继续加热（若试料含硅高，加3mL氟化氨溶液至试样溶解完全），加入5mL硫酸，加热至冒浓白烟（若试料含锑高，加2mL氢溴酸；若试料含碳高，加2滴硝酸），继续加热至冒浓白烟，并蒸至体积约2mL，取下冷却至室温。

用水吹洗表面皿及杯壁，加水至50mL，加热微沸10min，冷却至室温，放置1h。用慢速定量滤纸过滤，滤液用锥形瓶承接，用0.4mol/L硫酸洗涤烧杯及沉淀各5次，水洗烧杯及沉淀各1次，保留滤液。

向滤液中加入25mL氟化铵溶液及10mL三乙醇胺溶液，加2滴对硝基苯酚指示剂，用浓氨水调至黄色出现，再用9mol/L硫酸调至无色，加入4mol/L硫酸1mL，流水冷却至室温，加入25mL乙酸-乙酸钠缓冲溶液，放置10min，加入5mL硫脲饱和溶液及0.1g抗坏血酸，摇匀，再加入1滴二甲酚橙指示剂，用EDTA标准滴定溶液滴定至溶液由紫红色变为亮黄色即为终点，滴定体积为V_1，空白试验体积为V_2，计算锌、镉的含量。

4. 镉量的测定

按《混合铅锌精矿化学分析方法 火焰原子吸收光谱法镉量的测定》（YS/T 461.1—2003）进行。

五、注意事项

（1）必须做空白试验。

（2）本方法为测定锌、镉的含量，省去了测铅部分。

六、实验记录与数据处理

依据上述测定结果，计算铅锌矿中锌、镉的百分含量。

七、思考题

（1）三乙醇胺及硫脲的作用是什么？能不能不加？

（2）如果要测铅，应该怎样进行？

实验37 软锰矿中MnO_2含量的测定

一、实验目的

（1）掌握用氧化还原滴定法测定软锰矿中MnO_2含量的原理和方法；

（2）掌握$KMnO_4$溶液的标定方法。

二、实验原理

软锰矿的主要成分是MnO_2，它是一种强的氧化剂。软锰矿中的MnO_2含量的多少，即显示其氧化能力的大小。因此，测定软锰矿的氧化能力实际上是测定MnO_2的含量。

测定软锰矿中MnO_2的含量是利用MnO_2的氧化性，让试样与过量的还原剂$Na_2C_2O_4$作用，剩余的还原剂用$KMnO_4$标准溶液返滴，反应式如下：

$$MnO_2+C_2O_4^{2-}+4H^+ = Mn^{2+}+2H_2O+2CO_2\uparrow$$

$$2MnO_4^-+5C_2O_4^{2-}+16H^+ = 2Mn^{2+}+10CO_2\uparrow+8H_2O$$

由$Na_2C_2O_4$的总量和返滴定所消耗$KMnO_4$标准溶液总量的化学计量之差，可计算MnO_2的含量。

三、实验仪器与试剂

（1）仪器　台秤，电子分析天平，酸式滴定管，容量瓶，锥形瓶等。

（2）试剂　9mol/L H_2SO_4。

0.05mol/L $Na_2C_2O_4$ 标准溶液：准确称取经105℃烘干2h的 $Na_2C_2O_4$ 基准物质1.6～1.7g于烧杯中，加入约50mL水使之溶解，转移到250mL容量瓶中，加水稀释至刻度，摇匀。计算其准确浓度。

0.02mol/L $KMnO_4$ 溶液：称取 $KMnO_4$ 固体试剂1.6g于烧杯中，加水500mL，加热至沸并保持微沸状态1h，不时加以搅拌。冷却后，用3号或4号微孔玻璃漏斗（或在玻璃漏斗上塞入一小团玻璃纤维）过滤。滤液储存于棕色瓶中，并于室温下静置2～3天后，再次过滤备用。

四、实验步骤

1. $KMnO_4$ 溶液的标定

移取25.00mL $Na_2C_2O_4$ 标准溶液于锥形瓶中，加入7～8mL 9mol/L H_2SO_4 及50mL水，加热至75～85℃，趁热用高锰酸钾溶液滴定。滴定刚开始时滴定速率应很慢，待溶液中产生 Mn^{2+} 而使反应速率加快时，滴定速率才逐渐加快，直至正常的滴定速率。当滴定至溶液呈现微红色并于30s内不褪色时，即为终点。平行标定三份，计算 $KMnO_4$ 溶液的准确浓度。

2. 软锰矿的测定

准确称取、研细并在102℃烘干的试样0.15～0.20g于锥形瓶中，准确加入50.00mL 0.10mol/L的 $Na_2C_2O_4$ 标准溶液及10mL 9mol/L H_2SO_4，加40mL水，然后置于75～85℃的水浴上加热。不断摇动锥形瓶，当黑色或棕黑色的颗粒试样几乎完全溶解且 CO_2 全部逸出后，稍冷却，用蒸馏水冲洗锥形瓶内壁，用 $KMnO_4$ 标准溶液滴定剩余的 $Na_2C_2O_4$。当溶液呈现微红色且30s内不褪色时即为终点。平行测定三份，计算试样中 MnO_2 的百分含量。

五、注意事项

（1）Mn^{2+} 对 $KMnO_4$ 氧化 $Na_2C_2O_4$ 的反应起催化作用，标定 $KMnO_4$ 的滴定刚开始时，由于无 Mn^{2+} 存在，故反应速率很慢。因此，滴定速率也一定要很慢，先滴下1滴 $KMnO_4$，摇荡，待色褪以后才能再滴下第2滴。以后随着 Mn^{2+} 的生成，反应速率逐渐加快，滴定速率可逐渐加快。

（2）溶解样品时也可以用酒精灯加热，以只能看到反应生成的 CO_2 细小气泡逸出为宜，不能煮沸冒大气泡。如果溶解样品的温度太高，会使部分 $Na_2C_2O_4$ 分解。

六、实验记录与数据处理

依据上述测定结果，计算样品中二氧化锰的百分含量。

七、思考题

(1) 用 $Na_2C_2O_4$ 标定 $KMnO_4$ 时，应注意掌握哪些条件？能否用 HCl 或 HNO_3 控制酸度？为什么？

（2）能否用固体 $KMnO_4$ 试剂直接配制 $KMnO_4$ 标准溶液？配制 $KMnO_4$ 溶液时应注意哪些问题？

（3）为什么在标定刚开始时，滴下1滴 $KMnO_4$ 后红色很难褪去，而在测定开始时滴定没有这样的现象？

实验38 补钙制剂中钙含量的测定

一、实验目的

（1）了解沉淀分离的基本要求及操作；

（2）掌握氧化还原法间接测定钙含量的原理及方法。

二、实验原理

利用某些金属离子（如碱土金属、Pb^{2+}、Cd^{2+}等）与草酸根能形成难溶的草酸盐沉淀的反应，可以用高锰酸钾法间接测定它们的含量。反应式如下：

$$Ca^{2+}+C_2O_4^{2-} = CaC_2O_4\downarrow$$

$$CaC_2O_4+H_2SO_4 = CaSO_4+H_2C_2O_4$$

$$5H_2C_2O_4+2MnO_4^{2-}+6H^+ = 2Mn^{2+}+10CO_2\uparrow+8H_2O$$

三、实验仪器与试剂

（1）仪器　台秤，分析天平，酸式滴定管，容量瓶，锥形瓶等。

（2）试剂　H_2SO_4(1mol/L)，$KMnO_4$溶液（0.02mol/L)，10%氨水，HCl(6mol/L)，甲基橙（2g/L)，$(NH_4)_2C_2O_4$(5g/L)，$AgNO_3$(0.1mol/L)。

四、实验步骤

准确称取补钙制剂三份（每份含钙约0.05g)，分别置于250mL烧杯中，加入适量蒸馏水及HCl溶液，加热促使其溶解。于溶液中加入2～3滴甲基橙，以氨水中和溶液由红色转变为黄色，趁热逐滴加入约50mL $(NH_4)_2C_2O_4$，在低温电热板（或水浴）上陈化30min。冷却后过滤（先将上层清液倾入漏斗中），将烧杯中的沉淀洗涤数次后转入漏斗中，继续洗涤沉淀至无Cl^-（承接洗液在HNO_3介质中以$AgNO_3$检查），将带有沉淀的滤纸铺在原烧杯的内壁上，用50mL 1mol/L H_2SO_4把沉淀由滤纸上洗入烧杯中，再用洗瓶洗2次，加入蒸馏水使总体积约100mL，加热至70～80℃，用$KMnO_4$标准溶液滴定至溶液呈淡红色，再将滤纸搅入溶液中，若溶液退色，则继续滴定，直至出现的淡红色30s内不消失即为终点。

五、注意事项

（1）加入$(NH_4)_2C_2O_4$溶液必须缓慢，并陈化30min，否则，沉淀颗粒小，易穿滤。

（2）洗涤沉淀时必须洗至没有氯离子，否则，会导致较大误差。

六、实验记录与数据处理

依据上述测定结果，计算钙制剂中钙的含量。

七、思考题

（1）以$(NH_4)_2C_2O_4$沉淀钙时，pH控制为多少，为什么选择这个pH？

（2）加入$(NH_4)_2C_2O_4$时，为什么要在热溶液中逐滴加入？

（3）洗涤CaC_2O_4沉淀时，为什么要洗至无Cl^-？若没洗净会导致正误差还是负误差？

（4）试比较$KMnO_4$法测定Ca^{2+}和络合滴定法测Ca^{2+}的优缺点。

实验39 水样中化学耗氧量（COD）的测定

一、实验目的

（1）对水中化学耗氧量（COD）与水体污染的关系有所了解；

（2）掌握高锰酸钾法测定水中 COD 的原理及方法。

二、实验原理

化学耗氧量是指在一定条件下，1L 水样中易被强氧化剂氧化的还原性物质所消耗的氧化剂的量，换算成氧的含量（以 mg/L 计）。水中还原性物质包括有机物、亚硝酸盐、硫化物、亚铁盐等，化学耗氧量反映了水中受还原性物质污染的程度，所以 COD 也作为水体有机物相对含量的综合指标之一。

对水中 COD 的测定，我国规定用重铬酸钾法、库仑滴定法和高锰酸钾法。我国新的环境水质标准中，把 $KMnO_4$ 为氧化剂测得的化学耗氧量称为高锰酸盐指数。按照测定溶液的介质不同，分为酸性高锰酸钾法和碱性高锰酸钾法，本实验采用酸性高锰酸钾法，并采用返滴定的方法。

三、实验仪器与试剂

（1）仪器　台秤，电子分析天平，酸式滴定管，容量瓶，锥形瓶等。

（2）试剂　0.02mol/L $KMnO_4$ 溶液，4mol/LH_2SO_4。

0.005mol/L $Na_2C_2O_4$ 标准溶液：准确称取经 105℃烘干 2h 的 $Na_2C_2O_4$ 基准物质 0.17g 左右于烧杯中，加入约 50mL 水使之溶解，定量转移到 250mL 容量瓶中，加水稀释至刻度，摇匀。计算其准确浓度。

四、实验步骤

1. 溶液的配制

分别配制 150mL 0.02mol/L $KMnO_4$ 溶液（A 液）、250mL 0.002mol/L $KMnO_4$ 溶液（B 液）及 500mL 0.005mol/L $Na_2C_2O_4$ 标准溶液。

2. 测定水中的 COD

取 100mL 水样加入 250mL 锥形瓶中，加 4mol/L H_2SO_4 5mL，并准确加入0.002mol/L $KMnO_4$ 溶液 10mL，立即加热至沸。煮沸 5min 溶液应为浅红色。趁热立即用吸管加入 0.005mol/L $Na_2C_2O_4$ 标准溶液 10.00mL，溶液应为无色。用 0.002mol/L $KMnO_4$ 标准溶液滴定，由无色变为稳定的淡红色即为终点。

另取蒸馏水 100mL，同上述操作，求空白试验值。

水中耗氧量的计算如下：

$$\text{COD}(O_2\,\text{mg/L})=(5/4CV_{KMnO_4}-1/2CV_{Na_2C_2O_4})\times 32\times 1000/V_{样}$$

五、注意事项

（1）煮沸时，控制温度不能太高，防止溶液溅出。

（2）严格控制煮沸时间，也即氧化还原反应进行的时间，才能得到较好的重现性。

（3）由于含量较低，使用的 $KMnO_4$ 溶液浓度也低（0.002mol/L），终点的颜色很浅（淡淡的微红色），注意不要过量。

（4）本次实验配制 0.005mol/L $Na_2C_2O_4$ 和稀释都要用到容量瓶，所以要注意容量瓶的操作。

（5）标准溶液用自己配制的稀释，准确移取 25.00mL 到 250mL 容量瓶中。

六、实验记录与数据处理

依据上述测定结果，计算水样的 COD。

七、思考题

（1）水样的采集与保存应当注意哪些事项？

（2）水样加入 $KMnO_4$ 煮沸后，若红色消失说明什么？应采取什么措施？

实验40 市售盐酸中微量铁的测定

一、实验目的

(1) 掌握吸光光度法测定铁的原理及方法；

(2) 掌握分光光度计的使用方法。

二、实验原理

市售盐酸中含有微量铁（小于 0.02%）而显浅黄色。在酸性条件下，以抗坏血酸或盐酸羟胺还原 Fe^{3+} 为 Fe^{2+}，其反应为：

$$2Fe^{3+} + C_6H_8O_6 \rightleftharpoons 2Fe^{2+} + C_6H_6O_6 + 2H^+$$

在 pH＝4.5 条件下，Fe^{2+} 与 1，10-菲咯啉生成橙红色配合物：

Fe^{2+} +3 N N ⇌ [(N N Fe)$_3$]$^{2+}$

Fe^{2+} 配合物在可见光 510nm 处有最大吸收，其 $\varepsilon_{508} = 1.1 \times 10^4 L/(mol \cdot cm)$，根据朗伯-比尔定律，在一定实验条件下，铁浓度 $c_{Fe^{2+}}$ 与吸光度 A 成正比，因此，测定其吸光度 A 值，即可求得铁的含量。

三、实验仪器与试剂

(1) 仪器　台秤，分析天平，723 型分光光度计，容量瓶等。

(2) 试剂　0.2% 1,10-菲咯啉溶液，10%盐酸羟胺溶液，盐酸（6mol/L），乙酸-乙酸钠缓冲溶液（pH≈4.5），(1∶1) 氨水溶液，铁标准溶液（每毫升含有 0.01mg Fe）。

四、实验步骤

1. 标准曲线的绘制

在 6 个 50mL 容量瓶中依次加入 0.00、2.00、4.00、6.00、8.00、10.00mL 铁标准溶液（相当于 0.00、0.02、0.04、0.06、0.08、0.10mgFe），在每个容量瓶中分别加入 1mL 10%盐酸羟胺溶液。然后分别加 5mL 乙酸-乙酸钠缓冲溶液（pH≈4.5）和 2mL 0.2% 1，10-菲咯啉溶液，用水稀释至刻度，摇匀放置 15min；以试剂空白作参比，在 508nm 波长下用 1cm 的比色皿进行吸光度测定。以铁含量为横坐标，对应的吸光度为纵坐标，绘制标准曲线。

2. 样品的测定

吸取 8.6mL 样品称量并置于内盛有 50mL 水的 100mL 容量瓶中，加水稀释至刻度，混匀（溶液甲）。吸取 10mL 溶液甲，置于 50mL 容量瓶中，加（1∶1）氨水溶液调节溶液 pH 为 2～3，加 1mL 10%盐酸羟胺溶液，以下操作步骤与“标准曲线绘制”中后半部分相同。从标准曲线上查得相应铁的含量。

3. 计算

$$Fe\ 含量 = \frac{m_1}{m_2 \times \frac{10}{100} \times 1000} \times 100\%$$

式中，m_1 为在标准曲线上查得的铁含量，mg；m_2 为样品的质量，g。

实验41 猕猴桃根中微量金属元素的测定

一、实验目的

(1) 掌握马弗炉的用法；

(2) 掌握原子吸收分光光度计的原理和使用方法。

二、实验原理

原子吸收光谱法是依据处于气态的被测元素基态原子对该元素的原子共振辐射有强烈的吸收作用而建立的。每种金属元素对不同波长的光都有一定的吸收，但是吸收程度随波长的不同而不同。其中吸收最强的光对应的波长就是该种原子的特征谱线。不同的元素特种谱线的波长一般是不同的。

在吸收过程中，进样方式等实验条件固定时，样品产生的待测元素相基态原子对该元素的空心阴极灯所辐射的单色光产生吸收，其吸光度（A）与样品中该元素的浓度（c）成正比，即 $A=Kc$，式中，K 为常数。据此，通过测量标准溶液及未知溶液的吸光度，又已知标准溶液浓度，可作标准曲线，求得未知液中待测元素的浓度。该法具有检出限低、准确度高、选择性好、分析速度快等优点，主要适用于样品中微量及痕量组分的分析。

三、实验仪器与试剂

(1) 仪器　分析天平，马弗炉，AA-6500 型火焰原子吸收分光光度计，Ca、Mg、Fe 和 Zn 空芯阴极灯等。

(2) 试剂　猕猴桃根（湘西产），浓硝酸（AR），超纯水，Ca、Mg、Fe 和 Zn 等金属元素的标准溶液（0.50、1.00、1.50、2.00 和 2.50μg/L 等）。

四、实验步骤

将猕猴桃根用蒸馏水清洗后于烘箱中 100℃烘干，准确称取 3.0g 猕猴桃根放入用硝酸清洗过的并已干燥的坩埚中，将坩埚放入马弗炉中，在 800℃的高温下灼烧 2.5h，样品完全灰化冷却后，灰化的残渣用 3mL 浓硝酸加热溶解定量移入 50mL 容量瓶中，制成分析试液。同样方法制备空白溶液，以扣除空白值。

用浓硝酸溶解残渣，定容于 50mL 容量瓶中，用 AA-6500 型火焰原子吸收分光光度计采用优化的条件测定四种元素的吸光度 A，根据标准曲线方程计算各元素的浓度和含量。仪器工作优化的条件见表 41-1。

表 41-1　猕猴桃根中钙、镁、铁和锌的检测条件

元素	波长/nm	狭缝/nm	灯电流/mA	PMT 电压/V	空气流量/(L/min)	乙炔流量/(L/min)
Ca	422.7	0.4	3.0	290	5.0	1.0
Mg	285.2	0.4	2.0	256	5.0	1.0
Fe	248.3	0.2	3.0	413	5.0	1.0
Zn	213.9	0.4	3.0	494	5.0	1.0

五、实验记录与数据处理

$$\text{M 含量}=\frac{m}{3.0\times 1000}\times 100\%$$

式中，M 代表任意金属元素；m 为分析试液中根据标准曲线求得的金属样品的质量，mg。

六、思考题

(1) 试述原子吸收分光光度计操作的注意事项。

（2）样品测定时数据误差的来源是什么？如何分析处理和避免？

参 考 文 献

［1］ 辛海量，吴迎春，徐燕丰等．对萼猕猴桃根与茎的比较研究［J］．第二军医大学学报，2008，29（3）：298-303.

［2］ 刘亚非．火焰原子吸收法测定全血中铁、锌、钙［J］．中国卫生检验杂志，2009，19（5）：1050-1051.

［3］ 许春萱，吕艳阳，马稳．火焰原子吸收法测定桂圆中微量元素的含量［J］．信阳师范学院学报，2005，18（1）：78-82.

［4］ 周考文，马艳玲，王飞旭．火焰原子吸收法测定人参中的微量镁［J］．生命科学仪器，2009，7（1）：35-37.

实验 42 电解锰废液中重金属元素的测定

一、实验目的

（1）了解电解锰废液中重金属元素测定的预处理；

（2）了解原子吸收分光光度计的原理和操作步骤；

（3）掌握工业分析中实验数据分析处理的方法。

二、实验原理

金属锰可采用硫酸锰水溶液电解法，由于生产工艺和菱锰矿成分的独特性，铁、钴、镍三种杂质元素含量较高，预处理过程中难以完全消除干净，而这三种元素对电解金属锰的质量和电解过程影响较大，电解液中它们的含量必须控制在小于 10μg/mL。采用高灵敏度、高选择性的原子吸收光谱仪，通过在标准溶液中加入匹配的硫酸铵和硫酸锰溶液，并用氨水调节 pH 至中性（可以长期使用），直接测定电解液中钴和镍的含量。

原子吸收光谱法的原理参见实验 41。

三、实验仪器与试剂

（1）仪器　电子分析天平，AA-6500 型火焰原子吸收分光光度计，Co 和 Ni 空心阴极灯等。

（2）试剂　锰电解废液（湘西某电解锰厂），Co、Ni 标准溶液 1mg/mL（硫酸介质），硫酸铵（AR），超纯水。

四、实验步骤

1．标准曲线的绘制

选择最佳的工作条件（最佳条件见表 42-1），利用 Co 和 Ni 的标准溶液测出吸光度 A 与浓度 c 相关的线性方程。

2．样品的分析

取清亮的锰电解废液于烧杯中，简单过滤，直接喷雾，测定钴和镍的吸光度 A，重复测定三次，根据标准曲线方程计算含量。

表 42-1　仪器的最佳工作条件

元素	波长/nm	狭缝/nm	灯电流/mA	PMT 电压/V	空气流量/(L/min)	乙炔流量/(L/min)
Co	240.7	0.05	4.0	280	7.8	2.0
Ni	231.0	0.1	4.0	310	7.8	2.0

五、实验记录与数据处理

利用标准曲线方程计算出重金属元素的浓度，根据以下公式：

$$\text{RSD 含量}=\frac{S}{X}\times 100\%$$

$$S=\frac{\sqrt{\sum\ (X_n-X)}}{N-1}$$

式中，S 为标准偏差；X_n 为样品浓度测量值；X 为样品浓度测量值的平均值。求出实验三次测定浓度的相对标准偏差。

六、思考题

(1) 试述电解锰废液中存在哪些常见的重金属元素？

(2) 简述实验误差的来源，对实验误差分析的讨论有哪些建议和想法？

参 考 文 献

[1] 聂凤莲，艾晓军，逯艳军．Z-5000 原子吸收分光光度计测定金 [J]. 黄金，2006，27 (10)：52-53.

[2] 姚俊，吴文学，杨小端等．电解锰中重金属元素与流域污染 [J]. 吉首大学学报，1999，20 (3)：74-78.

[3] 姚俊，陈上，肖卓炳等．火焰原子吸收光谱法测定电解锰电解液中铁钴镍 [J]. 理化检验——化学分册，2000，36 (11)：502-503.

[4] 陈运芳．原子吸收分光光度计的调零误差对测量精度的影响分析 [J]. 水文，2004，24 (3)：56-57.

实验 43 铝合金中铝含量的测定

一、实验目的

(1) 了解返滴定；

(2) 掌握置换滴定；

(3) 接触复杂试样，以提高分析问题、解决问题的能力。

二、实验原理

由于 Al^{3+} 易形成一系列多核羟基络合物与 EDTA 络合缓慢，故通常采用返滴定法测定铝。加入定量且过量的 EDTA 标准溶液，在 pH≈3.5 煮沸几分钟，使 Al^{3+} 与 EDTA 络合完全，即在 pH 为 5～6 的六亚甲基四胺缓冲溶液中，以二甲酚橙为指示剂，用 Zn^{2+} 盐标准溶液返滴定过量的 EDTA 而得铝的含量。

但是，采用返滴定法测定铝时缺乏选择性，所有能与 EDTA 形成稳定络合物的离子都干扰。对于像合金、硅酸盐、水泥和炉渣等复杂试样中的铝，往往采用置换滴定法以提高选择性，即在用 Zn^{2+} 返滴定过量的 EDTA 后，加入过量的 NH_4F，加热至沸，使 AlY^- 与 F^- 之间发生置换反应，释放出与 Al^{3+} 物质的量相等的 H_2Y^{2-} (EDTA)：

$$AlY^- + 6F^- + 2H^+ \rightleftharpoons AlF_6^{3-} + H_2Y^{2-}$$

再用 Zn^{2+} 盐标准溶液滴定释放出来的 EDTA 而得铝的含量。

用置换滴定法测定铝，若试样中含 Ti^{4+}、Zr^{4+}、Sn^{4+} 等离子时，亦会发生与 Al^{3+} 相同的置换反应而干扰 Al^{3+} 的测定。这时，就要采用掩蔽的方法，把上述干扰离子掩蔽掉，例如，用苦杏仁酸掩蔽 Ti^{4+} 等。

铝合金所含杂质主要有 Si、Mg、Cu、Mn、Fe、Zn，个别还含有 Ti、Ni、Ca 等，通常用 HNO_3-HCl 混合酸溶解，亦可在银坩埚或塑料烧杯中以 NaOH-H_2O 分解后再用 HNO_3 酸化。

三、实验仪器与试剂

(1) 仪器　台秤，电子分析天平，容量瓶，酸式滴定管等。

(2) 试剂　NaOH(200g/L)，HCl(6mol/L)，HCl(3mol/L)，EDTA(0.02mol/L)，二甲酚橙指示剂 (2g/L)，氨水 (7mol/L)，六亚甲基四胺 (200g/L)，Zn^{2+} 标准溶液

(0.02mol/L)，NH_4F(200g/L)，铝合金试样。

四、实验步骤

准确称取0.01～0.11g铝合金于50mL塑料烧杯中，加10mL NaOH，在沸水浴中使其完全溶解。稍冷后，加入6mol/L HCl溶液至有絮状沉淀产生，再多加10mL 6mol/L HCl溶液。定量转移试液于250mL容量瓶中，加水溶解至刻度，摇匀。

准确移取上述试液25.00mL于250mL锥形瓶中，加入30mL EDTA及2滴二甲酚橙指示剂，此时试液为黄色，加氨水至溶液呈紫红色，再加入3mol/L HCl溶液，使溶液呈现黄色。煮沸3min，冷却。加20mL六亚甲基四胺，此时溶液应为黄色，如果溶液呈红色，还须滴加3mol/L HCl溶液，使其变黄。把Zn^{2+}滴加入锥形瓶中，用来与多余的EDTA络合，当溶液恰由黄色转变为紫红色时停止滴定（①这次滴定是否需要准确操作，即多滴几滴或少滴几滴，可否？是否需要记录所耗Zn^{2+}标准溶液的体积？②不用Zn^{2+}标准溶液而用浓度不准确的Zn^{2+}溶液滴定行吗?）。

于上述溶液中加入10mL NH_4F，加热至微沸，流水冷却，再补加2滴二甲酚橙指示剂，此时溶液应为黄色，若为红色，应滴加3mol/L HCl溶液使其变为黄色。再用Zn^{2+}标准溶液滴定，当溶液由黄色恰转变为紫红色时即为终点，根据这次Zn^{2+}标准溶液所耗体积计算Al的含量。

五、思考题

(1) 试述返滴定和置换滴定各适用于哪些含Al的试样?

(2) 对于复杂的铝合金试样，不用置换滴定，而用返滴定，所得结果是偏高还是偏低?

(3) 返滴定中与置换滴定中所用的EDTA有什么不同?

六、实验记录与数据处理

依据上述测定结果，计算铝合金中的铝的百分含量。

实验44 钼矿中钼的测定

一、实验目的

(1) 掌握分光光度计的使用；

(2) 了解矿石的碱溶方法；

(3) 了解消除干扰的方法。

二、实验原理

样品用过氧化钠熔融后，用水提取，钼呈钼酸盐进入溶液中，钼酸盐在酸性溶液中用抗坏血酸还原为五价，钼（Ⅴ）与过量硫氰酸盐生成可溶性琥珀色配合物，借此进行光度法分析。反应式如下：

$$MoS_2+9Na_2O_2+6H_2O =\!=\!= Na_2MoO_4+2Na_2SO_4+12NaOH$$

$$Na_2MoO_4+H_2SO_4 =\!=\!= H_2MoO_4+Na_2SO_4$$

$$2Mo^{6+}+C_6H_8O_6 =\!=\!= 2Mo^{5+}+C_6H_6O_6+2H^+$$

$$Mo^{5+}+5SCN^- =\!=\!= Mo(SCN)_5$$

其中抗坏血酸的半反应式为：

$$C_6H_8O_6 =\!=\!= C_6H_6O_6+2H^++2e^-$$

样品中的Fe(Ⅲ）也与硫氰酸盐产生血红色配合物干扰测定，用抗坏血酸还原为Fe(Ⅱ)，干扰消除。

三、实验仪器与试剂

（1）仪器　台秤，电子分析天平，高温炉，723型分光光度计。

（2）试剂

钼标准溶液：称取0.1500g三氧化钼（AR）（预先在550℃灼烧2h）置于500mL烧杯中，加入5mL 200g/L NaOH溶解，再加入9mol/L H_2SO_4中和至酸性，并过量20mL，移入1L容量瓶中，用水稀释至刻度，移入试剂瓶备用。此溶液$\rho(Mo)=100mg/L$。

NaOH溶液：称取50g NaOH置于500mL烧杯中，加入250mL去离子水溶解，移入试剂瓶备用。此溶液浓度为200g/L。

硫酸铜溶液：称取0.0500g硫酸铜置于500mL烧杯中，加入250mL去离子水溶解，移入试剂瓶备用。此溶液浓度为0.20g/L。

抗坏血酸溶液：称取12.50g抗坏血酸置于500mL烧杯中，加入250mL去离子水溶解，移入试剂瓶备用。此溶液浓度为50g/L。

十二烷基磺酸钠溶液：称取2.5g十二烷基磺酸钠置于500mL烧杯中，加入250mL去离子水溶解，移入试剂瓶备用。此溶液浓度为10g/L，用时热水溶解。

硫氰酸钾溶液：分别称取50g、100g硫氰酸钾置于500mL烧杯中，加入250mL去离子水溶解，移入试剂瓶备用。此溶液浓度分别为200g/L、400g/L。

四、实验步骤

1. 标准曲线的绘制

分别移取0、1.00、2.00、3.00、4.00mL的钼标准溶液于50mL容量瓶中，加酚酞1滴，用4.5mol/L H_2SO_4中和至酸性（由红色变无色），并过量6mL，加入2mL 0.20g/L $CuSO_4$溶液、6mL 50g/L抗坏血酸、6mL 200g/L硫氰酸钾溶液及2mL 10g/L十二烷基磺酸钠（每加一种溶液应充分摇匀），稀释至刻度，摇匀，放置10min，用1cm比色皿以试剂空白为参比，于723型分光光度计上在波长460nm处测量其吸光度。

2. 试样分解及钼的测定

称取0.2000g事先烘干的钼矿石粉置于镍坩埚中，再称取5g过氧化钠置于坩埚中并混匀，放入马弗炉中于750℃下灼烧30min，冷却后将坩埚放入500mL烧杯中，用50mL热水提取，置于电炉上煮沸并洗净坩埚。待冷却后移入100mL容量瓶中，用去离子水定容、摇匀、静置、备用。

取5mL上述澄清液于50mL容量瓶中，加酚酞1滴，用4.5mol/L H_2SO_4中和至酸性（由红色变无色）并过量2mL，加入2mL 0.20g/L $CuSO_4$溶液、6mL 50g/L抗坏血酸、6mL 400g/L硫氰酸钾溶液及2mL 10g/L十二烷基磺酸钠（每加一种溶液应充分摇匀），稀释至刻度，摇匀，放置10min，用1cm比色皿以蒸馏水为参比，于723型分光光度计上在波长460nm处测量其吸光度。

记录此时样品的吸光度值A，根据标准曲线计算钼的含量。

五、注意事项

（1）熔融处理矿样时，在马弗炉中于750℃下必须灼烧足半小时。

（2）琥珀色$Mo(SCN)_5$配合物的最大吸收波长因仪器不同会稍有偏差，可选用标准溶液系列的中间浓度自行绘制，以便确定所用仪器对该配合物的最大吸收波长。

六、实验记录与数据处理

依据上述测定结果，计算矿样中钼的百分含量。

七、思考题

（1）钼矿除了用过氧化钠熔融外，是否可用其他方法溶解？

（2）若矿石中含有Co、Ni元素，利用本方法测定时是否构成干扰？如何消除？

（3）抗坏血酸溶液配制好后是否可长期存放？为什么？

参考文献

蒋碧仙，周正．硫氰酸钾-十二烷基磺酸钠分光光度法测定矿石中钼［J］．盐矿测试，2007，26（6）：500-502.

实验45 食用白醋中HAc浓度的测定

一、实验目的

（1）了解基准物质邻苯二甲酸氢钾（$KHC_8H_4O_4$）的性质及其应用；

（2）掌握NaOH标准溶液的配制、标定及保存要点；

（3）掌握强碱滴定弱酸的滴定过程、突跃范围及指示剂选择的原理。

二、实验原理

醋酸为有机弱酸（$K_a=1.8\times10^{-5}$），与NaOH的反应式为：

$$HAc+NaOH \longrightarrow NaAc+H_2O$$

反应产物为弱酸强碱盐，滴定突跃在碱性范围内，可选用酚酞等碱性范围变色的指示剂。食用白醋中醋酸含量大约在30～50mg/mL。

三、实验仪器与试剂

（1）仪器　台秤，电子分析天平，干燥箱。

（2）试剂　2g/L酚酞指示剂（乙醇溶液）。

0.1mol/L NaOH溶液：用烧杯在天平上称取4g固体NaOH，加入新鲜的或煮沸除去CO_2的蒸馏水，溶解完全后，转入带橡皮塞的试剂瓶中，加水稀释至1L，充分摇匀。

邻苯二甲酸氢钾（$KHC_8H_4O_4$）基准物质：在100～125℃干燥1h后，置于干燥器中备用。

四、实验步骤

1. 0.1mol/L NaOH标准溶液的标定

在称量瓶中以差减法称量$KHC_8H_4O_4$ 3份，每份0.4～0.6g，分别倒入250mL锥形瓶中，加入40～50mL蒸馏水，待试剂完全溶解后，加入2～3滴酚酞指示剂，用待标定的NaOH溶液滴定至微红色并保持30s即为终点，计算NaOH溶液的浓度和各次测定结果的相对偏差。

2. 食用白醋含量的测定

准确移取食用白醋25.00mL置于250mL容量瓶中，用蒸馏水稀释至刻度，摇匀。用50mL移液管分取3份上述溶液，分别置于250mL锥形瓶中，加入酚酞指示剂2～3滴，用NaOH标准溶液滴定至微红色在30s内不褪色即为终点。计算每100mL食用白醋中含醋酸的质量。

五、注意事项

为了除去NaOH吸收CO_2形成的Na_2CO_3，称取5～6g固体NaOH，置于250mL烧杯中，用煮沸并冷却后的蒸馏水5～10mL迅速洗涤2～3次，以除去NaOH表面上少量的Na_2CO_3。余下的固体NaOH，用水溶解后，加水稀释至1L。

六、实验记录与数据处理

依据上述测定结果，计算NaOH溶液的浓度及相对偏差；计算每100mL白醋中含醋酸的质量。

七、思考题

(1) 标定 NaOH 标准溶液的基准物质常用的有哪几种？本实验选用的基准物质是什么？与其他基准物质比较，它有什么显著的优点？

(2) 称取 NaOH 及 $KHC_8H_4O_4$ 各用什么天平？为什么？

(3) 已标定的 NaOH 标准溶液在保存时吸收了空气中的 CO_2，以它测定 HCl 溶液的浓度，若用酚酞为指示剂，对测定结果产生何种影响？改用甲基橙为指示剂，结果如何？

(4) 测定食用白醋的含量时，为什么选用酚酞为指示剂？能否选用甲基橙或甲基红为指示剂？

(5) 酚酞指示剂由无色变为微红色时，溶液的 pH 为多少？变红的溶液在空气中放置后又会变为无色的原因是什么？

实验46 石煤中钒含量的测定

一、实验目的

(1) 掌握高锰酸钾、硫酸亚铁铵溶液的制备方法；

(2) 了解矿石的酸解方法；

(3) 了解消除干扰的方法。

二、实验原理

石煤经磷酸、盐酸和高氯酸于电热板上加热分解至高氯酸沸腾出现小气泡，钒被氧化至钒酸盐 VO_2^+，然后与硫酸亚铁铵标准溶液反应：

$$VO_2^+ + Fe^{2+} + 2H^+ \longrightarrow VO^{2+} + Fe^{3+} + H_2O$$

由于石煤中可能存在 Mn 等金属，经混酸溶解后转变成高锰酸盐、钒酸盐，故先用过量硫酸亚铁铵把高锰酸盐、钒酸盐还原，用高锰酸钾氧化过量的硫酸亚铁铵后，再利用亚硝酸钠把 VO^{2+} 氧化至 VO_2^+，这时溶液中仅有钒酸盐，最后用标准硫酸亚铁铵溶液进行测定。

三、实验仪器、试剂与材料

(1) 仪器　台秤，电子分析天平，高温炉等。

(2) 试剂　重铬酸钾基准溶液（4.000mmol/L），五氧化二钒基准溶液（1.0mg/mL），硫酸亚铁铵标准滴定溶液（4.0mmol/L），*N*-苯代邻氨基苯甲酸指示剂（2g/L），硫酸亚铁铵溶液（20g/L），高锰酸钾溶液（30g/L），亚硝酸钠溶液（10g/L），尿素溶液（100g/L）。

四、实验步骤

1. 试样的分解

称取 0.5000g 试样 2 份，分别置于 250mL 锥形瓶中，用少量水吹洗瓶壁并润湿试样，加 15mL 磷酸、5mL 盐酸和 5mL 高氯酸，置于电热板上加热分解，至高氯酸沸腾出现小气泡时停止加热，此时试液呈微沸状态，取下，冷却至 70℃，缓慢加入 50mL 水，充分摇动使之溶解，冷却至室温。

2. 钒质量分数的测定

取其中 1 份试液，加硫酸亚铁铵溶液 3mL，搅匀，滴加高锰酸钾溶液至粉红色，在 5～10min 内不退色，稍后，加入 10mL 尿素溶液，再滴加亚硝酸钠溶液至红色刚退去并过量 1～2 滴，充分搅拌并放置 1min，加 2 滴 *N*-苯代邻氨基苯甲酸作指示剂，立即用硫酸亚铁铵标准溶液滴定至紫色刚变成亮黄绿色为终点，记录所消耗的硫酸亚铁铵标准溶液的体积 V_1。

五氧化二钒质量分数的计算公式为：

$$w(V_2O_5)=\frac{c[(NH_4)_2Fe(SO_4)_2\cdot 6H_2O]\times 0.09094V_1}{0.5000}\times 100\%$$

五、注意事项

(1) 混酸处理矿样时，温度不能过高也不能过低，否则，测定结果不准确。

(2) 滴加高锰酸钾至粉红色在5～10min内不退色，否则，过量的硫酸亚铁铵未反应完全。

(3) 以上方法仅供参考，学生应自己设计方案，经指导老师审核后实施。

六、实验记录与数据处理

依据上述测定结果，计算石煤矿中钒的百分含量。

基础化学实验Ⅲ

 蒸馏和沸点的测定

一、实验目的

(1) 了解沸点测定的意义；

(2) 掌握蒸馏法测定沸点的原理和方法；

(3) 掌握蒸馏操作。

二、实验原理

液态物质受热时，由于分子运动使其从液体表面逃逸出来，形成蒸气压，并随温度的升高，蒸气压增大。液体在液面上的蒸气压和外界大气压或所给压力相等时，液体沸腾，此时的温度称为该液体的沸点。纯液态有机化合物在一定压力下都有固定的沸点。利用蒸馏可将沸点相差较大（如相差30℃）的液态混合物分开。

蒸馏是将液态物质加热到沸腾变为蒸气，蒸气经冷凝变为液态的操作。蒸馏沸点差别较大的混合液体时，沸点低的物质先蒸出，沸点高的物质后蒸出，不挥发性物质留在蒸馏器内，从而达到分离和提纯的目的。因此，蒸馏是分离和提纯液态有机化合物常用的方法之一，是一种重要的化学基本操作。在蒸馏沸点比较接近的混合物时，由于各种物质的蒸气同时蒸出，难以达到分离和提纯的目的，这种液体混合物不能用蒸馏来分离纯化。纯液态有机化合物在蒸馏过程中沸点范围很小（0.5～1℃），所以，可以利用蒸馏来测定沸点，用蒸馏法测定沸点叫常量法，此法用量较大，样品不多时，可采用微量法。

为了消除在蒸馏过程中过热现象和保证沸腾的平稳状态，常加入素烧瓷片或沸石，或一段封口的毛细管，因为它们都能防止加热时的暴沸现象，故把它们叫做止暴剂。

在加热蒸馏前就应加入止暴剂。当加热后发觉未加入止暴剂或原有止暴剂失效时，不能匆忙地加入止暴剂。因为当液体在沸腾时投入止暴剂，将会引起猛烈的暴沸，液体易冲出瓶口，若是易燃液体，将会引起火灾，故应该在沸腾的液体冷却至沸点以下后才能加入止暴剂。如蒸馏中途停止，而后来又需要继续蒸馏，也必须在加热前补加新的止暴剂，以免出现暴沸。

蒸馏操作是有机化学实验中常用的实验操作技术，可用于下列几方面：①分离各组分沸点有较大差别的液体混合物；②测定化合物的沸点；③提纯，除去不挥发性杂质；④回收溶

剂或浓缩溶液。

三、实验仪器、试剂与材料

（1）仪器　蒸馏烧瓶，温度计，直形冷凝管，尾接管，锥形瓶，橡胶管，电炉，铁架台。

（2）试剂与材料　工业酒精，沸石。

四、实验步骤

1. 蒸馏装置的安装

实验室的蒸馏装置主要包括以下三个部分。

（1）蒸馏烧瓶　液体在瓶内受热汽化，蒸气经蒸馏烧瓶支管进入冷凝管。支管与冷凝管以单孔塞子相连，支管伸出塞子外约2～3cm。如果采用磨口仪器，蒸馏烧瓶用圆底烧瓶和蒸馏头代替，蒸馏头与直形冷凝管连接（见图47-1）。

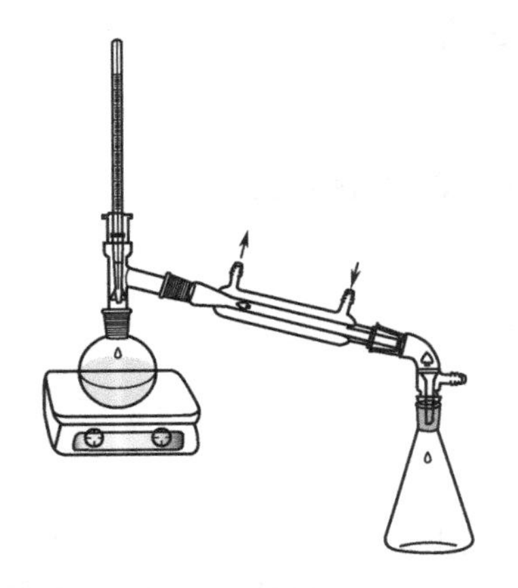

图47-1　蒸馏装置

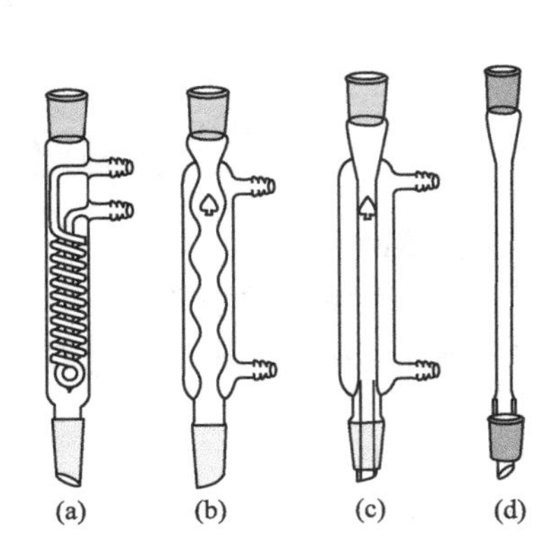

图47-2　冷凝管

(a) 蛇形冷凝管；(b) 球形冷凝管；
(c) 直形冷凝管；(d) 空气冷凝管

（2）冷凝管　常用的冷凝管有四种，即蛇形冷凝管、球形冷凝管、直形冷凝管和空气冷凝管（见图47-2）。回流采用蛇形冷凝管和球形冷凝管，蒸馏用直形冷凝管和空气冷凝管。蒸馏时，蒸气在冷凝管中冷凝成液体。液体的沸点高于130℃时用空气冷凝管，低于130℃时用直形冷凝管。水冷却采用逆流方式通水，冷凝管下口为进水，上口为出水。

（3）接受器：常用尾接管和三角烧瓶或圆底烧瓶作为接受器，接受器应与外界大气相通，一般采用具支尾接管连接。

2. 蒸馏操作

（1）加料　把长颈漏斗放在蒸馏烧瓶瓶口，经漏斗加入待蒸馏的液体（本实验用30mL工业乙醇），或者沿着面对支管的瓶颈壁少量地加入，否则，液体会从支管流出。加入数粒止暴剂，然后在蒸馏烧瓶口塞上带有温度计的塞子，再仔细检测一遍装置是否正确，各仪器之间的连接是否紧密，有没有漏气。

（2）加热　加热前，先向冷凝管缓缓通入冷水，把上口流出的水引入水槽中。接着加热，最初易用小火，以免蒸馏烧瓶因局部受热而破裂；慢慢增大火力使之沸腾，进行蒸馏。调剂火焰或加热电炉的电压，使蒸馏速度以每秒1～2滴馏出液滴下为宜。在蒸馏过程中，应使温度计水银球常有被冷凝的液滴润湿，此时温度计的读数就是温度计的沸点。收集所需温度范围的馏出液。

如果维持原来的加热程度，不再有馏出液蒸出而温度又突然下降时，就应停止蒸馏，即使杂质量很少，也不能蒸干。否则，可能会发生意外事故。

蒸馏完毕，先停止加热，后停止通水，拆卸仪器，其程序与装配时相反，即按顺序取下接受器、尾接管、冷凝管和蒸馏烧瓶。

五、注意事项

(1) 实验装置不能漏气，以免在蒸馏过程中有蒸气渗漏而造成产物的损失，以至发生火灾。

(2) 冷却水采用逆流通水，下口进水，上口出水，流速以保证蒸气充分冷凝为宜，通常只需保持缓缓水流即可。

(3) 蒸馏易挥发、易燃、易吸潮或有毒、有刺激性气味的气体时，不能用明火加热，接受器应采取相应的措施妥善解决有毒气体的污染。

六、思考题

(1) 在蒸馏装置中，把温度计水银球插至液面上或者插在蒸馏烧瓶支管口上，是否正确？为什么？

(2) 将待蒸馏的液体倾入蒸馏烧瓶中时，不使用漏斗行吗？如果不用漏斗，应该怎样操作？

(3) 蒸馏时，放入止暴剂为什么能防止暴沸？如果加热后才发觉未加止暴剂时，应该怎样处理才安全？

(4) 当加热后有馏出液出来时，才发现冷凝管未通水，请问能否马上通水？如果不行，应怎么办？

(5) 把橡皮管套进冷凝管侧管时，怎样才能防止折断其侧管？

【附注】 微量法测定沸点

取一根内径 3～4mm、长 8～9cm 的玻璃管，用小火封闭其一端，作为沸点管的外管，放入欲测定沸点的样品 4～5 滴，在此管中放入一根长 7～8cm、内径约 1mm、上端封闭的毛细管，即其开口处浸入样品中。把这一微量沸点管贴于温度计水银球旁，并浸入液体中，像测定熔点那样把沸点测定管附在温度计旁，加热，由于气体膨胀，内管中有断断续续的小气泡冒出来，到达样品的沸点时将出现一连串的小气泡，此时应停止加热，最后一个气泡出现而刚欲缩回到内管的瞬间温度即表示毛细管内液体的蒸气压与大气压平衡时的温度，亦即该液体的沸点。

实验 48 重结晶提纯法

一、实验目的

(1) 学习重结晶法提纯固态有机化合物的原理和方法；

(2) 掌握重结晶的基本操作；

(3) 学习常压过滤和减压过滤的操作技术以及滤纸折叠的方法。

二、实验原理

从有机化学反应分离出来的固体粗产物往往含有未反应的原料、中间产物、副产物及杂质，必须加以分离纯化。提纯固体有机物最常用的方法之一就是重结晶，其原理是利用混合物中各组分在某种溶剂中的溶解度不同，或在同一溶剂中不同温度时的溶解度差异，使它们相互分离。

三、实验仪器与试剂

(1) 仪器　布氏漏斗，抽滤瓶，循环水式真空泵，锥形瓶，电炉。

(2) 试剂　粗乙酰苯胺，活性炭。

四、实验步骤

称取 5g 乙酰苯胺，放在 250mL 三角烧瓶中，加入适量纯水，加热至沸腾，直至乙酰苯胺溶解，若不溶解，可适量添加少量热水，搅拌并热至接近沸腾使乙酰苯胺溶解。如果有颜色，待稍稍冷却后，加入适量（约 0.5～1g）活性炭于溶液中，煮沸 5～10min，趁热用放有折叠式滤纸的热水漏斗过滤，用三角烧瓶收集滤液。在过滤过程中，热水漏斗和溶液均用小火加热保温以免冷却。滤液放置冷却后，有乙酰苯胺结晶析出，抽滤，抽干后，用玻璃钉压挤晶体，继续抽滤，尽量除去母液，然后进行晶体的洗涤工作。取出晶体，放在表面皿上晾干，或在 100℃以下烘干，称量。乙酰苯胺的熔点为 114℃。

乙酰苯胺在水中的溶解度为：5.5g/100mL（100℃）；0.53g/100mL（25℃）。

五、注意事项

(1) 溶剂的用量要适中，从减少溶解损失的角度考虑，溶剂应尽可能避免过量，但这样在抽滤时会引起结晶析出，因而一般可比需要量多加 20%左右的溶剂；

(2) 活性炭脱色时，不能把活性炭加到正在沸腾的溶液中；

(3) 在气温较高时，可以用抽滤代替热过滤。抽滤时要防止倒吸。

六、思考题

(1) 用活性炭脱色为什么不能在溶液沸腾中添加活性炭？

(2) 使用有机溶剂重结晶时，哪些操作容易着火？怎样才能避免？

(3) 用抽滤代替热过滤时要使用布氏漏斗，如果滤纸大于布氏漏斗瓷孔面时，有什么不好？

(4) 停止抽滤时，如不先打开安全瓶就关闭水泵，会有什么现象产生？为什么？

【附注】

1. 溶剂的选择

选择适宜的溶剂是重结晶的关键之一。适宜的溶剂应符合下述条件。

(1) 与被提纯的有机物不起化学反应。

(2) 对被提纯的有机物应易溶于热溶剂中，而在冷溶剂中几乎不溶。

(3) 对杂质的溶解度应很大（杂质留在母液不随被提纯物的晶体析出，以便分离）或很小（趁热过滤除去杂质)。

(4) 能得到较好的晶体。

(5) 溶剂的沸点适中：沸点过低，溶解度改变不大，难分离，且操作也较难；沸点过高，附着于晶体表面的溶剂不易除去。

(6) 价廉易得，毒性低，回收率高，操作安全。

在选择溶剂时应根据“相似相溶”原理，溶质易溶于结构与其相似的溶剂中。一般来说，极性的溶剂易溶解极性的固体，非极性溶剂易溶解非极性固体，可查阅相关手册来确定不同温度下某化合物在各种溶剂中的溶解度。

如果难以找到一种合用的溶剂时，则可采用混合溶剂。混合溶剂一般由两种能以任何比例互溶的溶剂组成，其中一种对被提纯物的溶解度较大，而另一种则对被提纯物质的溶解度较小。一般常用的混合溶剂有乙醇-水、乙醇-乙醚、乙醇-丙酮、乙醚-石油醚、苯-石油醚等。常见的重结晶溶剂如表 48-1 所示。

表 48-1 常见的重结晶溶剂

溶剂名称	沸点/℃	相对密度	极性	溶剂名称	沸点/℃	相对密度	极性
水	100	1.000	很大	环己烷	80.8	0.78	小
甲醇	64.7	0.792	很大	苯	80.1	0.88	小
乙醇	78.3	0.804	大	甲苯	110.6	0.867	小
丙酮	56.2	0.791	中	二氯甲烷	40.8	1.325	中
乙醚	34.5	0.714	小～中	四氯化碳	76.5	1.594	小
石油醚	30～60	0.68～0.72	小	乙酸乙酯	77.1	0.901	中

2. 固体物质的溶解

将待重结晶的粗产物放入锥形瓶中（因为它的瓶口较窄，溶剂不易挥发，又便于振荡，促进固体物质的溶解），加入比计算量略少的溶剂，加热到沸腾，若仍有固体未溶解，则在保持沸腾下逐渐添加溶剂到固体恰好溶解，最后再多加 20%溶剂将溶液稀释，否则在热过滤时，由于溶剂的挥发和温度的下降导致溶解度降低而析出结晶，但如果溶剂过量太多，则难以析出结晶，需将溶剂蒸出。

在溶解过程中，有时会出现油珠状物，这对物质的纯化很不利。因为杂质会伴随析出，并夹待少量的溶剂，故应尽量避免这种现象的发生。可从下列两方面考虑：①所选用的溶剂的沸点应低于溶质的熔点；②低熔点物质进行重结晶，如不能选出沸点较低的溶剂时，则应在比熔点低的温度下溶解固体。

如用低沸点、易燃有机溶剂重结晶时，必须按照安全操作规程进行，不可粗心大意！有机溶剂往往不是易燃就是具有一定的毒性，或两者兼有。因此，容器应选用锥形瓶或圆底烧瓶，装上回流冷凝管。严禁在石棉网上加热，根据溶剂沸点的高低，选用热浴。

用混合溶剂重结晶时，一般先用适量、溶解度较大的溶剂，加热时样品溶解，溶液若有颜色则用活性炭脱色，趁热过滤除去不溶杂质，将滤液加热至接近沸点的情况下，慢慢滴加溶解度较小的热溶剂至刚好出现浑浊，加热浑浊不消失时，再小心滴加溶解度较大的溶剂直至溶液变清，放置晶体。若已知两种溶剂的某一定比例适用于重结晶，可事先配好溶剂，按单一溶剂重结晶的方法进行。

3. 杂质的除去

(1) 趁热过滤

溶液中如有不溶性杂质时，应趁热过滤，在过滤过程中，由于温度降低而在滤纸上析出结晶。为了保持滤液的温度使过滤操作尽快完成，一是选用短颈径粗的玻璃漏斗；二是使用折叠滤纸（菊花形滤纸）；三是使用热水漏斗。

把短颈玻璃漏斗置于热水漏斗套里，套的两壁间充注水，若溶剂是水，可预先加热热水漏斗的侧管或边加热边过滤，如果是易燃有机溶剂则务必在过滤时熄灭火焰。然后在漏斗上放入折叠滤纸，用少量溶剂润湿滤纸，避免干滤纸在过滤时因吸附溶剂而使结晶析出。滤液用三角烧瓶接收（用水作溶剂时方可用烧杯），漏斗颈紧贴瓶壁，待过滤的溶液沿玻璃棒小心倒入漏斗中，并用表面皿盖在漏斗上，以减少溶剂的挥发。过滤完毕，用少量热溶剂冲洗滤纸，若滤纸上析出的结晶较多，可小心地将结晶刮回三角烧瓶中，用少量溶剂溶解后再过滤。

(2) 活性炭处理

若溶液有颜色或存在某些树脂状物质和悬浮状微粒，用一般的过滤方法很难过滤时，则要用活性炭处理。活性炭对水溶液脱色较好，对非极性溶液脱色效果较差。

使用活性炭时，不能向正在沸腾的溶液中加入活性炭，以免溶液暴沸而溅出。一般来说，应使溶液稍冷后加入活性炭。活性炭的用量视杂质的多少和颜色的深浅而定。由于它也会吸附部分产物，故用量不宜太大，一般用量为固体粗产物的1%～5%。加入活性炭后，在不断搅拌下煮沸5～10min，然后趁热过滤；如一次脱色不好，可再用少量活性炭处理一次。过滤后如发现滤液中有活性炭时，应予以重滤，必要时使用双层滤纸。

4. 晶体的析出

结晶过程中，如晶体颗粒太小，虽然晶体包含的杂质少，但却由于表面积大而吸收杂质多；而颗粒太大，则在晶体中会夹杂母液，难以干燥。因此应将滤液静置使其缓慢冷却，不要急冷和剧烈搅动，以免晶体过细；当发现大晶体正在形成时，应轻轻摇动使之形成均匀的小晶体。为使结晶更完全，可使用冰水冷却。

如果溶液冷却后仍不结晶，可投"晶种"或用玻璃棒摩擦器壁引发晶体形成。

如果被纯化的物质不析出晶体而析出油状物，其原因之一是热的饱和溶液的温度比被提纯物质的熔点高或接近。油状物中含杂质较多，可重新加热溶液至澄清，让其自然冷却至有油状物出现时，立即剧烈搅拌，使油状物分散，也可搅拌至油状物消失。如果结晶不成功，通常必须用其他方法（色谱法、离子交换树脂法）提纯。

5. 晶体的收集和洗涤

把结晶从母液中分离出来，通常用抽气过滤（或称减压过滤）。使用瓷质的布氏漏斗，布氏漏斗以橡皮塞与抽滤瓶相连，漏斗下端斜口正对抽滤瓶支管，抽滤瓶的支管套上橡皮管，与安全瓶连接，再与水泵相连。在布氏漏斗中铺一张比漏斗底部略小的圆形滤纸，过滤前先用溶剂润湿滤纸，打开水泵，关闭安全瓶活塞，抽气，使滤纸紧紧贴在漏斗上，将要过滤的混合物倒入布氏漏斗中，使固体物质均匀分布在整个滤纸面上，用少量滤液将黏附在容器壁上的结晶洗出，继续抽气，并用玻璃钉挤压晶体，尽量除去母液。当布氏漏斗下端不再滴出溶剂时，慢慢旋开安全瓶活塞，关闭水泵，滤得的固体（称滤饼）为了除去结晶表面的母液，应进行洗涤。用少量干净溶剂均匀洒在滤饼上，并用玻璃棒或刮刀轻轻翻动晶体，使全部结晶刚好被溶剂浸润（注意不要使滤纸松动），打开水泵，关闭安全活塞，抽去溶剂，重复操作两次，就可以把滤饼洗净。

6. 晶体的干燥

用重结晶法纯化后的晶体，其表面还吸附有少量溶剂，应根据所用溶剂及晶体的性质选择恰当的方法进行干燥。

《实验49》水蒸气蒸馏

一、实验目的

(1) 学习水蒸气蒸馏的原理及其应用；

(2) 掌握水蒸气蒸馏的装置及其操作方法。

二、实验原理

水蒸气蒸馏操作是将水蒸气通入不溶或难溶于水但有一定挥发性的有机物（近100℃时其蒸气压至少为1333.2Pa）中，使该有机物在低于100℃的温度下，随着水蒸气一起蒸馏出来。水蒸气蒸馏是用以分离和提纯有机化合物的重要方法之一，常用于下列各种情况：

(1) 从大量树脂状杂质或不挥发性杂质中分离有机化合物；

(2) 除去不挥发性的有机杂质；

(3) 从固体多的反应混合物中分离被吸附的液体产物；

（4）在常压下蒸馏会发生分解的高沸点有机化合物。

两种互不相溶的液体混合物的蒸气压等于两液体单独存在时的蒸气压之和。当组成混合物的两液体的蒸气压之和等于大气压时，混合物就开始沸腾。互不相溶的液体混合物的沸点，要比每一物质单独存在时的沸点低。因此，在不溶于水的有机化合物中，通入水蒸气进行水蒸气蒸馏时，在比该有机化合物的沸点低得多的温度，且比 100℃ 还要低的温度就可以使该有机化合物蒸馏出来。

三、实验仪器与试剂

（1）仪器　电炉，水蒸气发生器，安全管，T 形管，水蒸气导入管，100mL 三颈烧瓶，水蒸气导出管，直形冷凝管，尾接管，锥形瓶，橡皮管。

（2）试剂　苯胺（AR）。

四、实验步骤

1. 蒸馏装置的安装

水蒸气蒸馏装置如图 49-1 所示，包括水蒸气发生器、蒸馏部分、冷凝部分和接收部分。水蒸气发生器一般使用金属制成，也可用短颈圆底烧瓶代替。导出管与一 T 形管相连，T 形管的支管套一短橡皮管，管上用螺旋夹夹住，T 形管另一端与蒸馏部分的水蒸气导入管相连。这段水蒸气导管应尽可能短些，以减少水蒸气的冷凝。T 形管用来除去冷凝下来的水，有时在出现不正常情况时，使水蒸气发生器与大气相通。

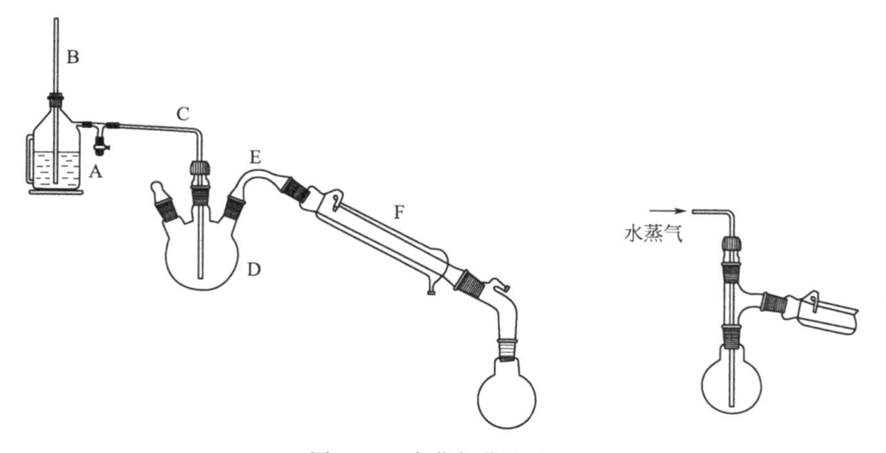

图 49-1　水蒸气蒸馏装置

A—水蒸气发生器；B—安全管；C—水蒸气导管；D—三口圆底烧瓶；E—馏出液导管；F—冷凝管

蒸馏部分常采用长颈圆底烧瓶，被蒸馏的液体分量不能超过其容积的 1/3，斜放与桌面呈 45°，这样可以避免由于蒸馏时液体跳动十分剧烈使液体从导出管冲出，沾污馏出液。瓶上配双孔软木塞，一孔插入水蒸气导入管，管的末端应接近烧瓶底部，以便水蒸气与蒸馏物充分接触起搅拌作用。另一孔插入馏出液导管与冷凝管相连。此管在靠近烧瓶的这一段应尽可能短些，以减少蒸气冷凝回烧瓶，而另一段可稍长，以起到冷凝作用。

少量物质进行水蒸气蒸馏时，可采用图 49-2 所示的装置。

2. 水蒸气蒸馏操作

把要蒸馏的物质倒入三颈烧瓶中，其量约为烧瓶容量的 1/3。操作前，水蒸气装置应经过检查，必须严密不漏气。

开始蒸馏时，先把 T 形管上的夹子打开，电炉加热发生器里的水至沸腾。当有水蒸气从 T 形管的支管冲出时，再旋紧夹子，让水蒸气通入烧瓶中，这时可以看到瓶中的混合物

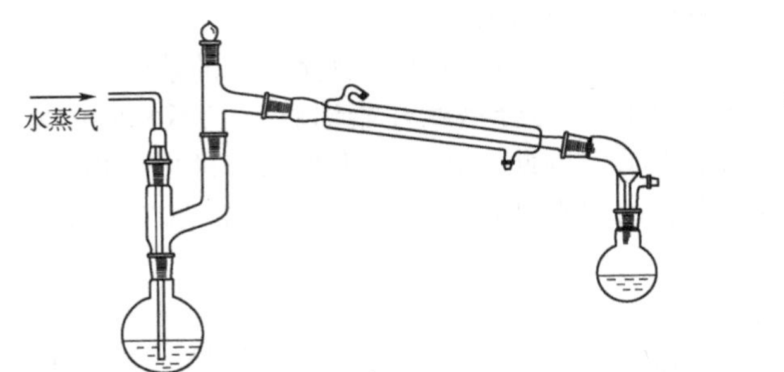

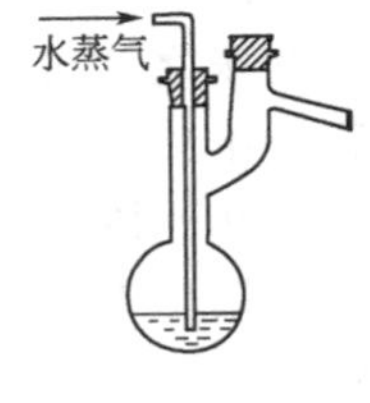

图 49-2　少量物质的水蒸气蒸馏

翻腾不息，不久在冷凝管中就出现有机物质和水的混合物。调节电炉，使瓶内的混合物不至飞溅得太厉害，并控制馏出液的速度约为每秒钟 2～3 滴。在蒸馏过程中，如果由于水蒸气的冷凝而使烧瓶内的液体量增加超过烧瓶容积的 2/3 时，可用小火将烧瓶加热。

在操作时，要随时注意安全管中的水柱是否发生不正常的上升现象，以及烧瓶中的液体是否发生倒吸现象。一旦发生这种现象，应立刻打开夹子，移去热源，找出发生故障的原因，必须把故障排除后，方可继续蒸馏。

当馏出液澄清透明不再含有有机物质的油滴时，一般可停止蒸馏。这时应首先打开夹子，然后移去火焰。

五、注意事项

(1) 明确水蒸气蒸馏应用于分离和纯化时其分离对象的适用范围；

(2) 水蒸气蒸馏的设备多为磨口玻璃，易破碎，故安装时应小心，并尽量呈一直线；

(3) 要控制加热的速度，不应太剧烈，实验过程中注意故障的判断及排除；

(4) 实验完毕，应先开螺旋夹，将里面小段热水放出，注意不要烫伤。

六、思考题

(1) 水蒸气蒸馏用于分离和纯化有机物时，被提纯物质应该具备什么条件？水蒸气发生器里通常的盛水量为多少？

(2) 进行水蒸气蒸馏时，水蒸气导入管的末端为什么要插入到接近于容器的底部？

(3) 在水蒸气蒸馏过程中，经常要检查什么事项？若安全管中水位上升很高时，说明什么问题，应如何处理？

(4) 蒸馏瓶所装液体的体积应为瓶容积的多少？蒸馏中需停止蒸馏或蒸馏完毕后的操作步骤是什么？

【附表】

附表　苯胺的物理常数（文献值）

名称	相对分子质量	性状	折射率	相对密度	熔点/℃	沸点/℃	溶解度		
							水	醇	醚
苯胺	93.13	无色油状液	1.5860	1.022	－6	184	微溶	∞	∞

实验 50　无水乙醇的制备

一、实验目的

(1) 学会用分子筛制取无水乙醇的原理和方法；

(2) 掌握无水乙醇的检验和干燥管、色谱柱的使用方法；

(3) 学习红外光谱的检测方法。

二、实验原理

在实验室中，制备无水乙醇有氧化钙法、分子筛法和阳离子交换树脂脱水法等。分子筛法制取无水乙醇不仅操作简便，而且制得的乙醇含水量低。这种方法就是利用某种分子筛选择性吸附像水那样的小分子，而不吸附乙醇、乙醚、丙酮等较大的分子，用来干燥乙醇、乙醚、丙酮、苯、四氯化碳、环己烷等液体，干燥后的液体中含水量一般小于0.01%。

应用最广的分子筛是沸石分子筛。它是一种含铝硅酸盐的结晶，具有快速、高效及选择性吸附的能力。这种分子筛种类很多，有A型、X型、Y型，常用的A型分子筛有3A型、4A型和5A型三种。本实验采用的是3A型分子筛，其化学组成是 $K_9Na_3[(AlO_3)_{12}(SiO_2)_{12}]\cdot 27H_2O$，吸水量约为25%。

分子筛的高度选择的吸附性能，是由于其结构形成许多与外部相同的均一微孔，凡是比此孔径小的分子均可以进入孔道内，而较大分子则留在孔外，借此以筛分各种分子大小不同的混合物。3A型分子筛的孔径是0.3nm，它只吸附水、氮气、氧气等分子，不吸附乙烯、乙炔、二氧化碳、氨和更大的分子。水由于水化而被牢牢地吸附在分子筛中，所以，用3A型分子筛能制取无水乙醇。新的分子筛在使用前应先活化脱水，在温度为150～300℃之间烘2～5h，然后放入干燥器中备用。

钾型阳离子交换树脂具有较强的脱水能力，因此，用它脱水也是制备无水乙醇常用的方法之一。

三、实验仪器与试剂

(1) 仪器　长30cm、内径为1.5cm的干燥色谱柱，DF-101S型磁力搅拌器，铁架台，漏斗，125mL三角烧瓶，干燥管，125mL圆底烧瓶，蒸馏头，温度计，直形冷凝管，接液管，橡皮管，电炉，美国Nicolet公司生产的MAGNA-IR760型傅里叶变换红外光谱仪(FTIR)。

(2) 试剂　3A型分子筛，95%乙醇，脱脂棉，无水氯化钙(AR)，无水硫酸铜(AR)。

四、实验步骤

取一根长30cm、内径1.5cm的干燥色谱柱，慢慢地加入已活化了的3A型分子筛，轻轻敲打玻璃柱，使其装得均匀、紧密，分子筛的高度一般为柱高的1/3，按图50-1装配实验装置。从色谱柱上端加入30mL约95%的乙醇，装上干燥管，静置干燥1h，打开下端活塞弃去3mL乙醇，接着将柱中的乙醇全部放入干燥的蒸馏烧瓶中，按图50-2装配蒸馏装置。水浴加热，蒸去前馏分后，用干燥的烧瓶作为接受器，蒸出无水乙醇。无水乙醇的沸点为78.5℃，n_D^{20} 1.3611。按下式计算回收率：

$$\text{回收率}=\frac{V_{乙醇}}{(V_{总}-x)}\times 100\%(x\ \text{为放出的乙醇})$$

式中，$V_{乙醇}$表示无水乙醇的体积，mL；$V_{总}$表示加入95%的乙醇的体积，mL；x为放出的乙醇的体积，mL。

产品用红外光谱作定性检验，具体实验操作简述如下。

(1) 制样

① 液体池法　沸点较低、挥发性较大的试样，可注入封闭液体池中，液层厚度一般为0.01～1mm。

② 液膜法　沸点较高的试样，直接滴在两片盐片之间，形成液膜。

③ 将样品直接涂层在KBr压片上。

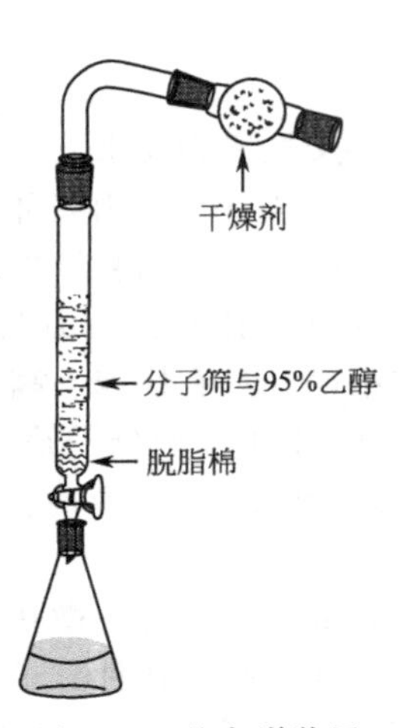

图 50-1　柱色谱装置

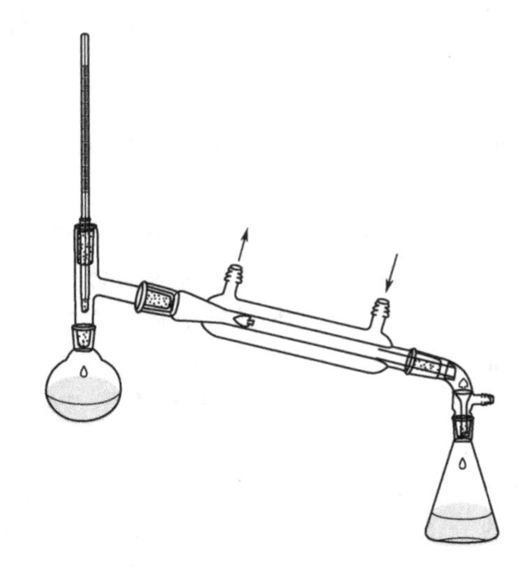
图 50-2　蒸馏装置

(2) 样品测试

① 将制好的样品用夹具夹好，放入仪器内的固定支架上进行测定。

② 测试操作和谱图处理按美国 Nicolet 公司生产的 MAGNA-IR760 型傅里叶变换红外光谱仪（FTIR）操作说明书进行，主要包括输入样品编号、测量、基线校正、谱峰标定、谱图打印等几个命令。

无水乙醇的红外光谱特征吸收峰如下：游离羟基伸缩振动峰 ν_{O-H} 为 3640～3610cm^{-1}，缔合羟基伸缩振动峰 ν_{O-H} 为 3600～3200cm^{-1}，伯醇 ν_{C-O} 伸缩振动峰为 1060～1030cm^{-1}，C—H 伸缩振动峰 ν_{C-H} 为 2924cm^{-1}，2994cm^{-1}。

检验乙醇是否有水分，常用的办法是取一支干净的试管，加入制得的无水乙醇 2mL，随即加入少量的无水硫酸铜粉末，如果乙醇中含水分，则无水硫酸铜变为蓝色。另一种方法是将酒精计放入产品中，直接测量其酒精度。

五、思考题

(1) 本实验所有仪器为什么均需彻底干燥？

(2) 简述分子筛的作用。

(3) 如果蒸馏开始加热后发现未加入沸石应该怎么办？

【附图】 乙醇的红外光谱图

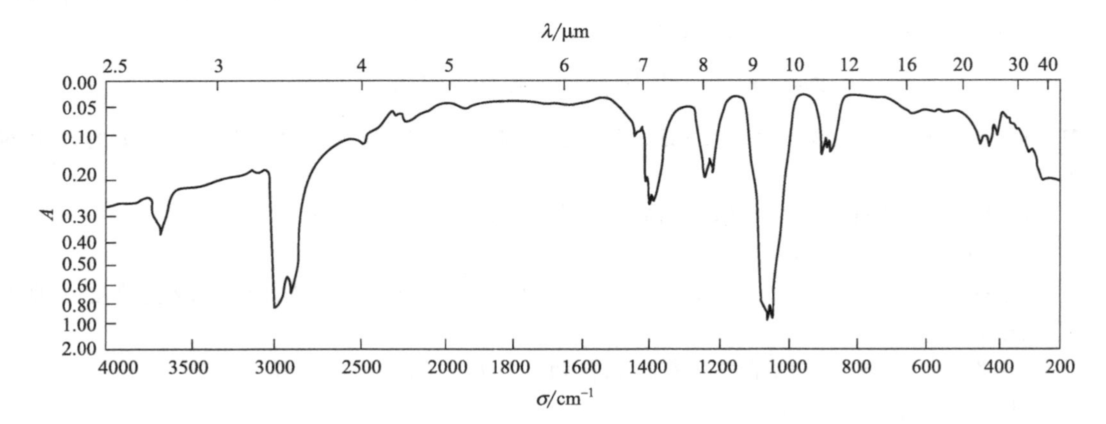

实验51 正丁醚的制备及其气相色谱分析

一、实验目的

（1）学会酸催化正丁醇分子间脱水制备正丁醚的原理和方法；

（2）掌握水分离器的使用方法；

（3）学习气相色谱仪的使用方法，用气相色谱法对正丁醚进行定性分析。

二、实验原理

醇分子间脱水生成醚是制备单醚的常用方法。反应必须在催化剂存在的情况下进行，所用催化剂可以是硫酸、氧化铝、苯磺酸等，本实验用硫酸作为催化剂。醇在酸存在下脱水可生成醚和烯烃等，温度对其影响很大，所以，必须严格控制反应温度。反应式如下。

主反应：

$$2CH_3CH_2CH_2CH_2OH \xrightleftharpoons{H_2SO_4,\ 134\sim135℃} CH_3CH_2CH_2CH_2OCH_2CH_2CH_2CH_3 + H_2O$$

副反应：

$$CH_3CH_2CH_2CH_2OH \xrightarrow[>135℃]{H_2SO_4} CH_3CH_2CH{=}CH_2$$

生成醚的反应是可逆反应，可以不断将反应产物（水或醚）蒸出，使可逆反应朝有利于生成醚的方向进行。

三、实验仪器与试剂

（1）仪器 GC112A气相色谱仪，分水器，回流冷凝管，100mL三颈烧瓶，电炉，分液漏斗，干燥管，100mL圆底烧瓶，蒸馏头，温度计，球形冷凝管，空气冷凝管，接液管，橡皮管。

（2）试剂 正丁醇（AR），浓硫酸（AR），50%硫酸，无水氯化钙（AR）。

四、实验步骤

在干燥的100mL三颈烧瓶中，放入12.5g（15.5mL）正丁醇和4g（2.2mL）浓硫酸，摇动使其混合均匀，加入几粒沸石后，按图51-1所示安装装置，在一瓶口装上温度计，温度计的水银球必须浸入液面以下。另一瓶口装上油水分离器，分水器上端接一回流冷凝管。

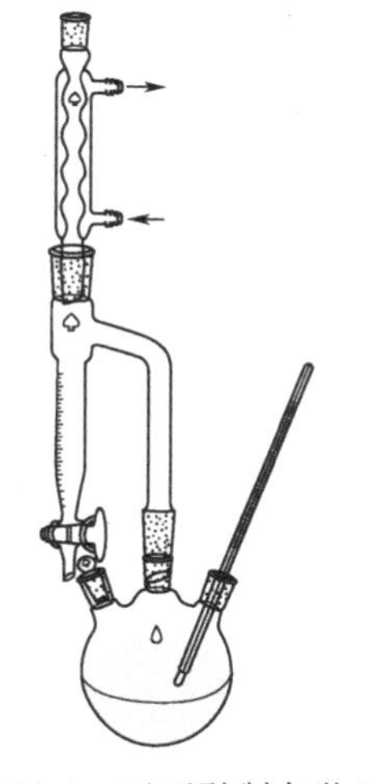

图51-1 正丁醚制备装置

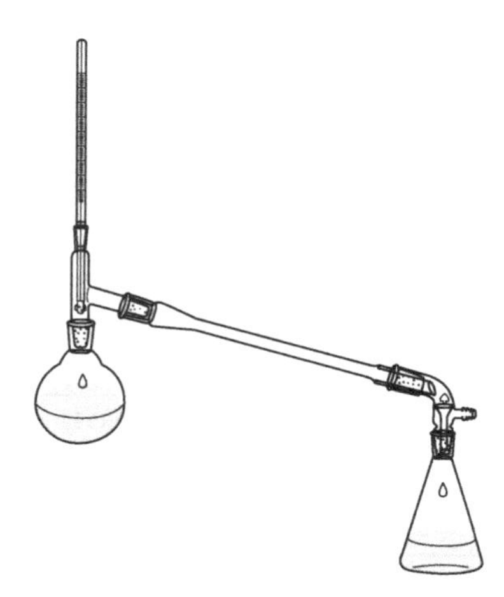

图51-2 空气冷凝蒸馏装置

在分水器中加入（V－2mL）饱和食盐水后，开始在石棉网上小火加热，使瓶内液体微沸，开始回流。

随着反应的进行，分水器中液面增高，这是由于反应生成的水以及未反应的正丁醇，经冷凝管冷凝后聚集于分水器内，由于相对密度的不同，水在下层，而上层较水轻的有机相流至分水器支管时即可返回反应瓶中。继续加热到瓶中反应温度升高到135℃左右，分水器已全部被水充满时，表示反应已基本完成，约需1h。如继续加热，则溶液变黑，并有大量副产物丁烯生成。

反应物冷却后，把混合物连同分水器里的水一起倒入盛有25mL水的分液漏斗中，充分振摇，静止后分出粗正丁醚。用16mL 50%硫酸分2次洗涤，再用10mL水洗涤，然后用无水氯化钙干燥。将干燥后的产物小心地注入蒸馏烧瓶中，蒸馏，收集139～142℃的馏分（见图51-2），产量约5～6g（产率约50%）。

将制备的产品作气相色谱分析。具体实验操作简述如下。

（1）气相色谱条件：①中极性毛细色谱柱，30m×0.25mm；②检测器：氢火焰检测器；③检测器温度：150℃；④进样器温度：180℃；⑤柱箱温度：150℃；⑥载气 N_2 流速：50mL/min。

（2）在教师指导下，开启GC112A气相色谱仪。根据实验条件，将色谱仪按操作步骤调至可进样状态，待仪器上电路和气路系统达到平衡、记录仪上基线平直时，即可进样。

（3）进1.0μL已配制好的标准溶液2～3次，记录色谱图及各峰的保留时间。

（4）在相同的条件下，每次进1.0μL待测试样2～3次，调节仪器参数，得到合适的色谱图，打印色谱图及各峰的保留时间 t_R。

五、注意事项

（1）正确安装和使用分水器。

（2）实验中控制温度在130～140℃，但开始回流时，这个温度很难达到，因为正丁醚可与水形成共沸物（沸点94.1℃，含水33.4%）。另外，正丁醚与水及正丁醇形成三元共沸物（沸点90.6℃，含水29.9%、正丁醇34.6%），正丁醇也可与水形成共沸物（沸点93℃，含水44.5%），所以，应在100～115℃之间反应0.5h之后可达到130℃以上。

（3）正丁醇能溶于50%硫酸溶液中，而正丁醚微溶。

六、思考题

（1）反应物冷却后为什么要倒入水中？各步的洗涤目的何在？

（2）制备乙醚和正丁醚在反应原理和实验操作上有何不同？

【附表】

附表 主要试剂及产品的物理常数（文献值）

名称	相对分子质量	性状	折射率	相对密度	熔点/℃	沸点/℃	溶解度		
							水	乙醇	乙醚
正丁醇	74.12	无色液体	1.3993	0.89	－89.8	118	溶	溶	溶
正丁醚	130.23	无色液体	1.3992	0.76	－98	142.4	微溶	溶	溶
浓 H_2SO_4	98.08	无色液体	—	1.83	10.38	340			

【附图】 正丁醚的气相色谱图

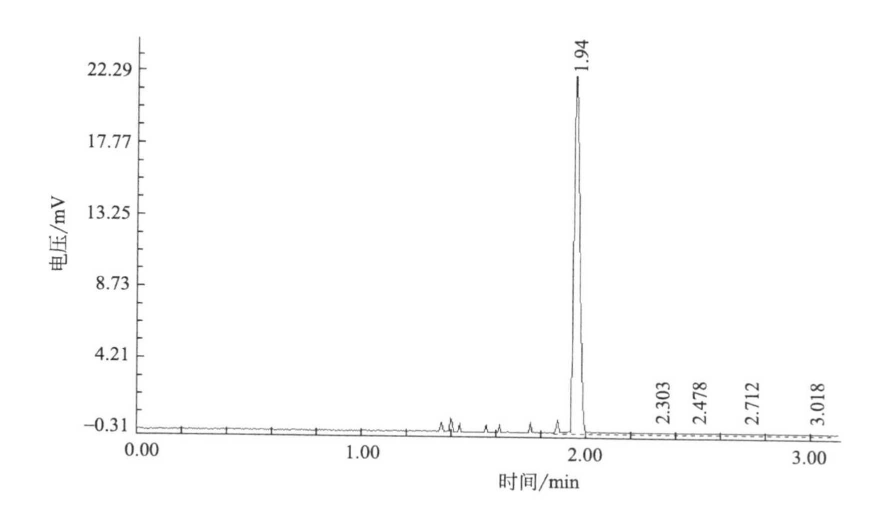

实验52 酸催化合成环己烯及其表征

一、实验目的

(1) 学习用浓磷酸催化环己醇制备环己烯的原理和方法；

(2) 初步掌握分馏、蒸馏、盐析及萃取、干燥剂的选择与使用等基本操作技能；

(3) 掌握有机化合物制备产物产率的计算方法；

(4) 巩固红外光谱的使用方法，学习环己烯产品的红外光谱分析。

二、实验原理

本实验以环己醇为原料，以磷酸为催化剂，加热后，环己醇发生分子内脱水生成环己烯，经简单蒸馏，产物从反应体系中蒸出，反应式如下。

主反应：

$$\text{环己醇(OH)} \xrightarrow[\triangle]{H_3PO_4} \text{环己烯} + H_2O$$

副反应：

$$\text{环己醇(OH)} \xrightarrow[\triangle]{H_3PO_4} \text{环己基}-O-\text{环己基}$$

三、实验仪器与试剂

(1) 仪器　美国 Nicolet 公司生产的 MAGNA-IR760 型傅里叶变换红外谱仪 (FTIR)，KBr 压片，50mL 圆底烧瓶，短分馏柱，50mL 三角烧瓶，50mL 蒸馏烧瓶，蒸馏头，温度计，直形冷凝管，接液管，50mL 分液漏斗，电炉，橡皮管。

(2) 试剂　环己醇 (AR)，浓磷酸 (AR)，浓硫酸 (AR)，精盐，无水氯化钙 (AR)，碳酸钠 (AR)。

四、实验步骤

在 50mL 干燥的圆底烧瓶中加入 10g (10.4mL，约 0.1mol) 环己醇、4mL 浓磷酸和几粒沸石，充分振荡使之混合均匀，如图 52-1 安装简单分馏装置，用 50mL 三角烧瓶作为接

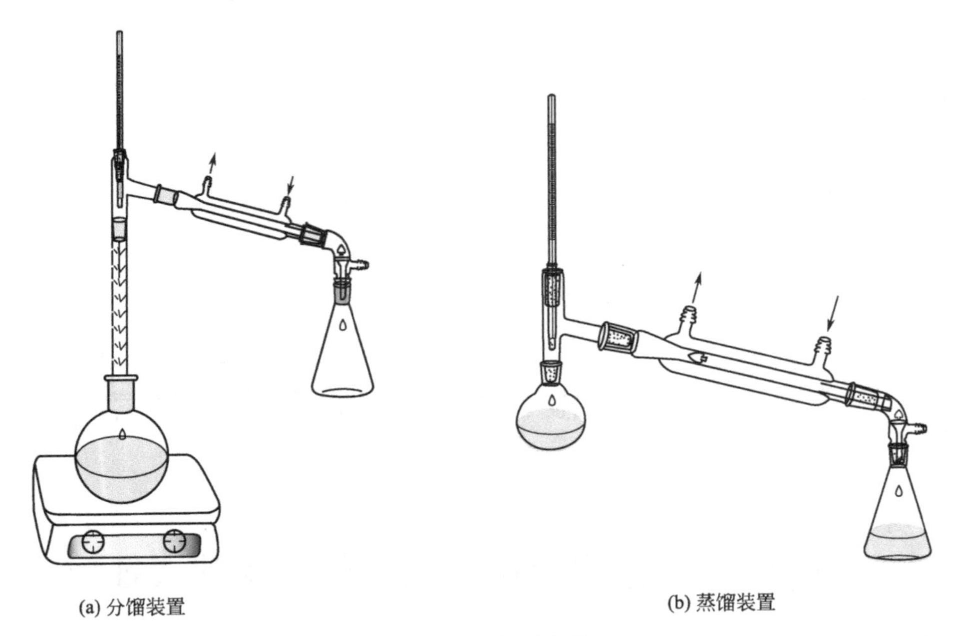

(a) 分馏装置　　(b) 蒸馏装置

图 52-1　环己烯制备装置

受器，置于冰水浴中。

将圆底烧瓶在石棉网上用小火慢慢加热，控制加热速度使分馏柱上端的温度不要超过 90℃，慢慢地蒸出生成的环己烯和水（浑浊液体），若无液体蒸出时，可把火加大。当圆底烧瓶中只剩下很少量的残渣并出现阵阵白雾时，即可停止加热。全部蒸馏时间约需 1h。

将馏出液用约 1g 精盐饱和，然后加入 3～4mL 5%碳酸钠溶液中和微量的酸（或用约 0.5mL 20%氢氧化钠溶液）。将此液体倒入 50mL 分液漏斗中，振摇后静置分层。将下层水溶液自漏斗下端活塞放出，上层的粗产物自漏斗上口倒入干燥的 50mL 三角烧瓶中，加入 1～2g 无水氯化钙干燥。

将干燥后的粗环己烯（溶液应清亮透明）滤入干燥的 50mL 蒸馏烧瓶中，加入沸石后用水浴加热蒸馏，用一个已称量的干燥的三角烧瓶收集 80～85℃的馏分，产量 3.8～4.6g，（产率 46%～56%）。产品作红外光谱分析。

环己烯红外光谱的特征吸收峰如下：C—H 伸缩振动峰 ν_{C-H} 为 $2900cm^{-1}$，C—H 面内弯曲振动峰 δ_{C-H} 为 $1430cm^{-1}$，双键的 C—H 面外弯曲振动峰 δ_{C-H} 为 $990cm^{-1}$、$970cm^{-1}$ 和 $890cm^{-1}$。

五、注意事项

（1）环己醇在常温下是黏稠状液体，若用量筒量取应注意转移中的损失，可用称量法直接称量。

（2）最好用油浴，使蒸馏时受热均匀。加热温度不宜过高，速度不宜过快，以减少未反应的环己醇蒸出。

（3）水层应尽可能地分离完全，否则将增加无水氯化钙的用量，使产物被干燥剂吸收而造成损失。这里用无水氯化钙比较合适，因为它还可以除去少量的环己醇。

（4）在蒸馏已干燥的产物时，蒸馏所用仪器均需充分干燥。

六、思考题

(1) 在制备过程中为什么要控制分馏柱顶的温度？

(2) 与硫酸比较，选择磷酸作脱水剂有什么优点？

(3) 在粗制的环己烯中，加入精盐使水层饱和的目的何在？

(4) 在蒸馏终止前，出现的阵阵白雾是什么？

【附注】

本实验主要试剂及产品的物理常数见附表。

附表　主要试剂及产品的物理常数（文献值）

名称	相对分子质量	性状	熔点/℃	沸点/℃	密度/(g/cm³)	折射率	溶解度/(g/100mL溶剂)		
							水	乙醇	乙醚
环己烯	82.15	无色液体	−103.50	82.98	0.8102	1.4465^{20}	不溶	混溶	混溶
环己醇	100.16	黏稠液体	25.15	161.1	0.9624	1.4641^{20}	3.6^{20}	溶解	溶解
磷酸	98.00	黏稠液体	42.35	261.0	1.88	—	易溶	溶解	溶解

产率的计算式如下：

$$产率=\frac{实际产量}{理论产量}\times100\%$$

理论产量是指根据反应方程式，原料全部转变为产物的数量（即假定在分离、纯化过程中没有损失）。实际产量简称为产量，它是指实验中得到的纯品的数量。例如，用20g环己醇，获得12g环己烯，试计算产率。

1. 理论产率

化学反应方程式如下：

$$\text{环己醇(OH)} \xrightarrow[\triangle]{H_3PO_4} \text{环己烯} + H_2O$$

相对分子质量　　100　　82

(1) 20g环己醇相当于0.2mol。

$$\frac{20g}{100g/mol}=0.2mol$$

(2) 1mol环己醇能生成1mol环己烯，本实验理论上生成0.2mol环己烯，理论产量为0.2mol×82g/mol=16.4g。

2. 实际产量

一般情况下，本实验产品的实际产量可以达12g。

3. 产率

$$\frac{12g}{16.4g}\times100\%=73\%$$

为了提高产率，往往增加某些反应物的用量，这时应用量少的反应物为基准来计算产率。

【附图】　环己烯的红外光谱图

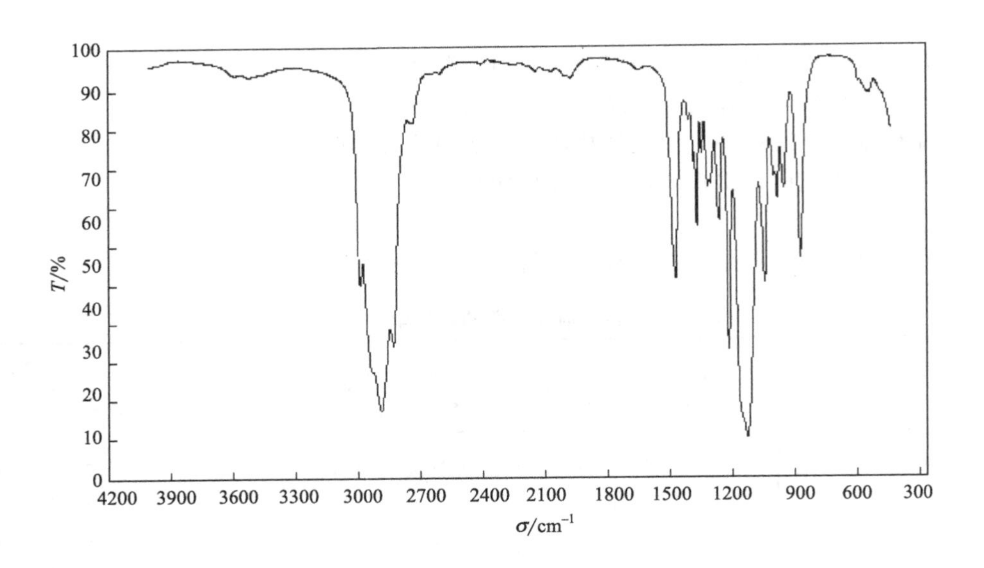

实验53 1-溴丁烷的制备

一、实验目的

（1）学习以溴化钠、浓硫酸和正丁醇制备1-溴丁烷的原理和方法；

（2）学会有害气体吸收装置的设计和分液漏斗的使用。

二、实验原理

1-溴丁烷是由正丁醇与溴化钠、浓硫酸共热而制得：

$$NaBr + H_2SO_4 \longrightarrow HBr + NaHSO_4$$

$$n\text{-}C_4H_9OH + HBr \rightleftharpoons n\text{-}C_4H_9Br + H_2O$$

可能产生的副反应有：

$$CH_3CH_2CH_2CH_2OH \xrightarrow[\triangle]{\text{浓 } H_2SO_4} CH_3CH_2CH{=}CH_2 + H_2O$$

$$2CH_3CH_2CH_2CH_2OH \xrightarrow[\triangle]{\text{浓 } H_2SO_4} CH_3CH_2CH_2CH_2OCH_2CH_2CH_2CH_3 + H_2O$$

$$2HBr + H_2SO_4 \longrightarrow Br_2 + SO_2\uparrow + 2H_2O$$

三、实验仪器与试剂

（1）仪器　DF-101S型磁力搅拌器，铁架台，漏斗，125mL三角烧瓶，干燥管，100mL圆底烧瓶，蒸馏头，温度计，球形冷凝管，接液管，橡皮管，美国Nicolet公司生产的MAGNA-IR760型傅里叶变换红外谱仪（FTIR），KBr涂层。

（2）试剂　正丁醇（AR），溴化钠（AR），浓硫酸（AR），5%氢氧化钠溶液，饱和碳酸氢钠溶液，无水氯化钙（AR）。

四、实验步骤

在100mL圆底烧瓶中加入10mL水，再慢慢加入12mL（0.22mol）浓硫酸，混合均匀并冷至室温后，再依次加入7.5mL（0.08mol）正丁醇和10g（0.10mol）研细的溴化钠，充分振荡后加入几粒沸石，装上回流冷凝管，在冷凝管上端接一吸收溴化氢气体的装置（见图53-1），用5%的氢氧化钠溶液作吸收剂。

在石棉网上用小火加热回流 0.5h（在此过程中，要经常摇动）。冷却后，改作蒸馏装置（见图 53-2），在石棉网上加热蒸出所有溴丁烷（注意判断粗产物是否蒸完）。

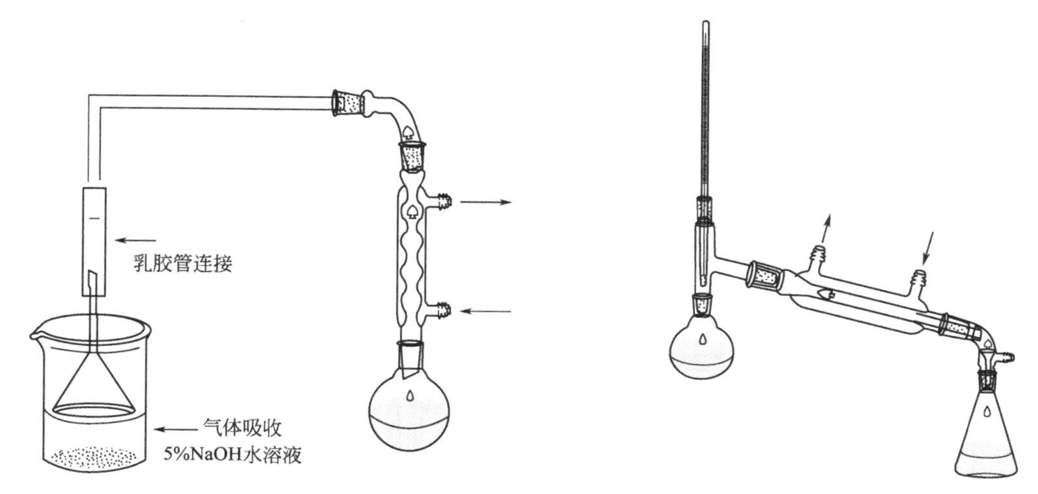

图 53-1　加热回流装置　　　　图 53-2　蒸馏装置

将馏出液移至分液漏斗中，用 10mL 水洗涤（产物在下层），静置分层后，将产物转入另一干燥的分液漏斗中，用 5mL 浓硫酸洗涤，尽量分去硫酸层（下层）。有机相依次分别用水（除硫酸）、饱和碳酸氢钠溶液（中和未除尽的硫酸）和水（除残留的碱）各 10mL 洗涤后，转入干燥的锥形瓶中，加入无水氯化钙干燥，间歇摇动锥形瓶，直到液体透明为止。

将干燥好的产物移至小蒸馏瓶中，在石棉网上加热蒸馏，收集 99～103℃ 的馏分，产量约 6～7g（产率约 52%）。产品作红外光谱分析。

1-溴丁烷的红外光谱特征吸收峰如下：甲基、亚甲基伸缩振动吸收峰 ν_{C-H} 为 3000～2700cm^{-1}，面内弯曲振动峰 δ_{C-H} 为 1475～1300cm^{-1}，C—Br 伸缩振动峰 ν_{C-Br} 为 600～500cm^{-1}。

五、注意事项

（1）正确安装和使用气体吸收装置。

（2）投料顺序应严格按实验要求进行，浓硫酸要分批加入，混合均匀。

（3）反应过程中要经常摇动圆底烧瓶，促使反应完全。

（4）1-溴丁烷是否蒸完，可以从下列几方面判断：①蒸出液是否由浑浊变为澄清；②蒸馏瓶中的上层油状物是否消失；③取一试管收集几滴馏出液；加水摇动观察无油珠出现。若无则表示馏出液中已无有机物，蒸馏已完成。

（5）用水洗涤后馏出液若呈红色，可用少量的饱和亚硫酸氢钠水溶液洗涤以除去由于浓硫酸的氧化作用而生成的游离溴。

六、思考题

（1）在本实验中，浓硫酸起何作用？其用量及浓度对实验有何影响？

（2）反应后的粗产物中含有哪些杂质？各步洗涤的目的何在？

（3）为什么用饱和碳酸氢钠溶液洗涤前要先用水洗一次？

【附表】

附表　主要试剂及产品的物理常数（文献值）

名称	相对分子质量	性状	折射率	相对密度	熔点/℃	沸点/℃	溶解度/(g/100mL溶剂)		
							水	醇	醚
正丁醇	74.12	无色透明液体	1.3993	0.81	−89.12	117.7	7.920	∞	∞
1-溴丁烷	137.0	无色透明液体	1.4398	1.29	−112.4	101.6	不溶	∞	∞
浓 H_2SO_4	98.08	无色透明液体		1.83	10.38	340			

【附图】 1-溴丁烷的红外光谱图

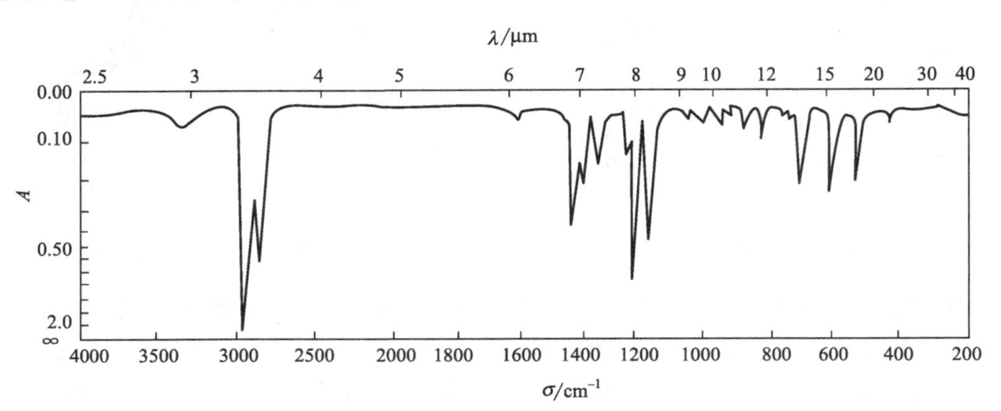

实验 54　环已酮的制备与表征

一、实验目的

（1）学习铬酸氧化法制备环己酮的原理和方法；

（2）了解醇与酮的区别与联系；

（3）巩固萃取、分离和干燥等实验操作及空气冷凝管的应用；

（4）进行环己酮的红外光谱分析。

二、实验原理

醇的氧化是制备醛、酮的重要方法之一。六价铬是将伯醇、仲醇氧化成相应的醛、酮的最重要和最常用的试剂，氧化反应可在酸性、碱性或中性条件下进行。

在酸性条件下进行氧化，可用水、丙酮、醋酸、二甲基亚砜（DMSO）、*N*,*N*-二甲基甲酰胺（DMF）等作溶剂，或由它们组成的混合溶剂。如仲醇溶于醚，可用铬酸在醚-水两相中将仲醇（如薄荷醇、2-辛醇）氧化成酮。仲醇与铬酸形成铬酸酯，然后被萃取到水相，酮生成后又被萃取到有机相，从而避免了酮的进一步氧化。

铬酸长期存放不稳定，因此，需要时可将重铬酸钾（或钾）或三氧化铬与过量的酸（硫酸或乙酸）制得。铬酸与硫酸的水溶液叫 Jones 试剂。

$$3R_2CHOH+Na_2Cr_2O_7+4H_2SO_4 \longrightarrow 3R_2CO+Na_2SO_4+Cr_2(SO_4)_3+7H_2O$$

用铬酸氧化伯醇，得到的醛容易进一步氧化成酸和酯：

$$RCHO \xrightarrow[H_2SO_4]{2H_2CrO_4} 3RCOOH$$

$$RCHO \underset{H^+}{\overset{RCH_2OH}{\rightleftharpoons}} RCH(OH)OCH_2R \xrightarrow{H_2CrO_4} RCOOCH_2R$$

若将铬酸加到伯醇中（以避免氧化剂过量）或将反应生成的醛通过分馏柱及时从反应体系中蒸馏出来，则产率将提高。本实验用铬酸作氧化剂将环己醇氧化成环己酮。反应式为：

$$\text{C}_6\text{H}_{11}\text{—OH} \xrightarrow{[O]} \text{C}_6\text{H}_{10}\text{=O}$$

三、实验仪器与试剂

(1) 仪器　DF-101S 型磁力搅拌器，250mL 三颈烧瓶，250mL 分液漏斗，50mL 滴液漏斗，125mL 圆底烧瓶，蒸馏头，温度计，回流冷凝管，空气冷凝管，直形冷凝管，接液管，橡皮管，美国 Nicolet 公司生产的 MAGNA-IR760 型傅里叶变换红外谱仪（FTIR），KBr 涂层。

(2) 试剂　$Na_2Cr_2O_7 \cdot 2H_2O$，环己醇（AR），浓 H_2SO_4（AR），乙醚（AR），无水硫酸钠（AR），5%碳酸钠溶液。

四、实验步骤

1. 铬酸溶液的配制

将 10g $Na_2Cr_2O_7 \cdot 2H_2O$ 溶于 30mL 水中，在搅拌条件下，慢慢地加入 13mL 浓 H_2SO_4，稀释到 50mL 得橙红色铬酸溶液，冷至室温备用。

2. 环己酮的制备

向一个装有 50mL 滴液漏斗、搅拌装置和回流冷凝管的 250mL 三颈烧瓶中依次加入 5.3mL（5g、0.05mol）环己醇和 25mL 乙醚，摇匀，冷却到 0℃（见图 54-1）。将已冷至 0℃的 50mL 铬酸溶液分两次倒入滴液漏斗中，在剧烈搅拌下，在 10min 中内将铬酸溶液滴入反应瓶中，继续搅拌 20min，使反应液呈墨绿色为止。

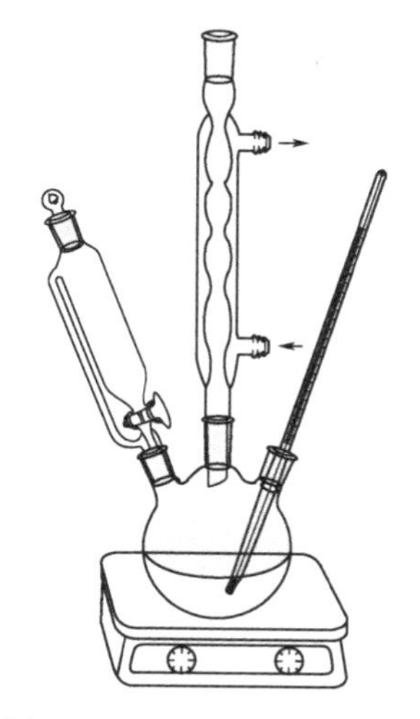

图 54-1　环己酮的制备装置

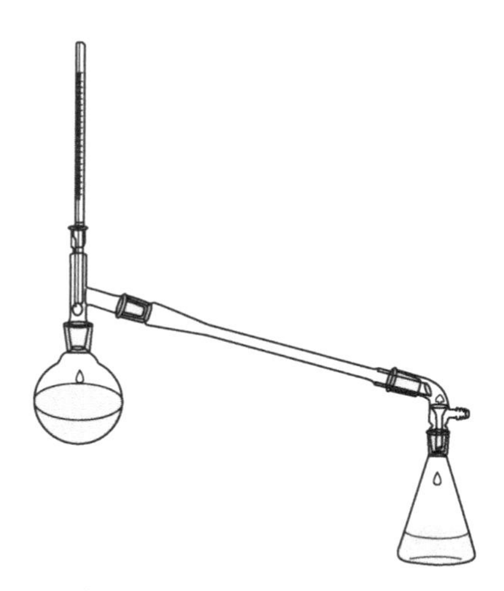

图 54-2　空气冷凝蒸馏装置

用分液漏斗分出有机相。水相用 30mL 乙醚分 2 次萃取（每次 15mL），合并醚溶液，用 15mL 5%碳酸钠溶液洗涤 1 次，然后用 4×15mL 水洗涤，经无水硫酸钠干燥后过滤，先用水浴蒸馏回收乙醚，再用空气冷凝管蒸馏（见图 54-2），收集 151～155℃的馏分，产量约为 3.2～3.6g（产率 66%～72%）。产品作红外光谱分析。

环己酮红外光谱特征吸收峰：羰基伸缩振动吸收峰 $\nu_{C=O}$ 为 1715～1700cm^{-1}，C—H 伸缩振动吸收峰 ν_{C-H} 为 3000～2700cm^{-1}，亚甲基面外弯曲振动吸收峰 δ_{C-H} 为1380～1470cm^{-1}。

五、注意事项

（1）浓 H_2SO_4 的滴加速率要缓慢，分批滴加。

（2）铬酸氧化醇是一个放热反应，实验中必须严格控制反应温度以防反应过于剧烈。反应中应控制好温度，温度过低反应困难，过高则副反应增多。

（3）回收乙醚用水浴蒸馏，不能有明火。在精制环己酮时，用空气冷凝管。

六、思考题

（1）环己醇用铬酸氧化得到环己酮，而用硝酸或高锰酸钾氧化则得到己二酸，为什么？

（2）利用伯醇氧化制备醛时，为什么要将铬酸溶液加入醇中而不是反之？

【附表】

附表　主要试剂及产品的物理常数（文献值）

名称	相对分子质量	性状	折射率	相对密度	熔点/℃	沸点/℃	溶解度/(g/100mL 溶剂)		
							水	醇	醚
环己醇	100.16	无色液体	1.4650	0.962	25.5	161.1	3.6^{21}	溶	溶
环己酮	98.14	无色液体	1.4507	0.947	−31.2	155.7	溶	溶	溶

【附图】　环己酮的红外光谱图

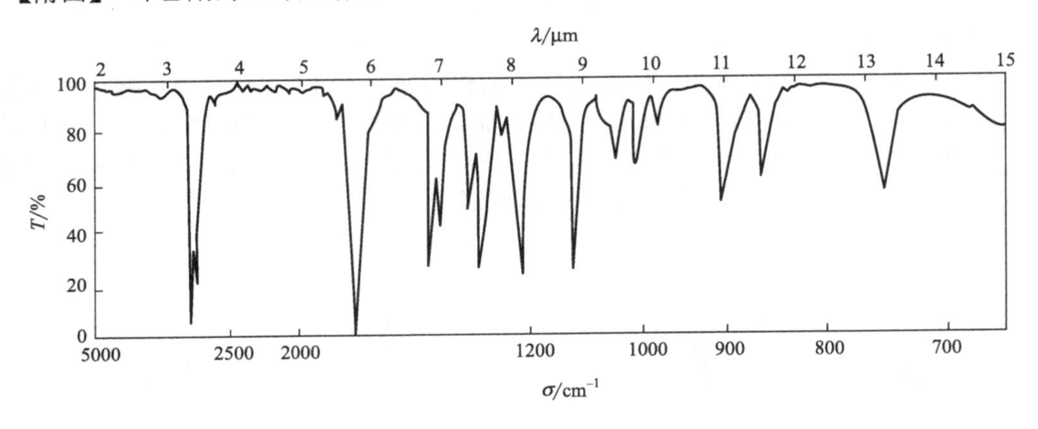

《实验 55》2-甲基-2-丁醇的制备与结构分析

一、实验目的

（1）学习格氏试剂的制备、应用和进行格氏反应的条件；

（2）熟练掌握搅拌、回流、蒸馏、液态有机物的洗涤、干燥等操作；

（3）学习用气相色谱仪对 2-甲基-2-丁醇产物的组成进行分析。

二、实验原理

在无水乙醚的存在下，脂肪烃或芳香烃的一卤代衍生物都可与金属镁起反应，生成烃基卤化镁，即格利雅（Grignard）试剂：

$$RX+Mg \xrightarrow{\text{无水乙醚}} R{-}Mg{-}X$$

烃基卤化镁能溶于醚中，在应用时不必分离出来，可直接用其醚溶液进行下一步反应。

格利雅试剂的化学性质非常活泼，能与含活泼氢的化合物（如水）、醛、酮、酯和二氧化碳等起反应，尤其非常容易与含活泼氢的化合物起反应，生成烃类。因此，在实验中，所用的仪器必须是经过仔细干燥的，所用的原料也都必须经过严格的干燥处理，仪器装置与大气相通的地方应连接氯化钙干燥管，以防止空气中的湿气侵入：

$$RMgX + H_2O \longrightarrow RH + Mg(OH)X$$

格利雅试剂在空气中还会慢慢地吸收氧气，生成氧化物：

$$2RMgX + O_2 \longrightarrow ROMgX$$

氧化物水解得到相应结构的醇。

因格利雅反应通常是在无水乙醚溶液中进行的，反应时乙醚的蒸气可以把格利雅试剂和空气隔绝开来，所以反应时不必用惰性气体保护。但如要把格利雅试剂保存一段时间，则应用惰性气体保护。

在用格利雅试剂和醛、酮等起反应制备仲醇和叔醇时，实验上包括加成和水解两步反应，即：

$$R'R''(H)C{=}O + R{-}Mg{-}X \longrightarrow R'R''(H)C(R)(OMgX) \xrightarrow{H_2O} R'R''(H)C(R)(OH) + Mg(OH)X$$

因格利雅试剂的生成以及加成和水解反应，都是放热反应，所以，在实验中必须注意控制加料速度和反应温度等条件。

本实验用溴乙烷制备 Grignard 试剂，再与丙酮反应制备 2-甲基-2-丁醇。

主反应：$CH_3CH_2Br \xrightarrow[\text{无水乙醚}]{Mg} CH_3CH_2MgBr \xrightarrow[\text{无水乙醚}]{CH_3COCH_3} CH_3CH_2{-}C(CH_3)(OMgBr){-}CH_3 \xrightarrow[H_2O]{H^+} CH_3CH_2{-}C(CH_3)(OH){-}CH_3$

副反应：

$$2CH_3CH_2Br + Mg \longrightarrow CH_3CH_2CH_2CH_3 + MgBr_2$$

$$CH_3CH_2Br + CH_3CH_2MgBr \longrightarrow CH_3CH_2CH_2CH_3 + MgBr_2$$

三、实验仪器与试剂

（1）仪器　三颈烧瓶，球形冷凝管，恒压滴液漏斗，干燥管，分液漏斗，圆底烧瓶，蒸馏头，温度计，温度计套管，直形冷凝管，真空接引管，锥形瓶，量筒，烧杯，电动或磁力搅拌器，GC112A 型气相色谱仪。

（2）试剂　镁屑（AR），碘（AR），溴乙烷（AR），乙醚（AR），无水氯化钙（AR），无水丙酮（AR），20%硫酸溶液，5%碳酸钠溶液，无水碳酸钾（AR）。

四、实验步骤

1. 乙基溴化镁的制备

在 250mL 三颈烧瓶上分别装置搅拌器、球形冷凝管和恒压滴液漏斗，在冷凝管的上口装置氯化钙干燥管。烧瓶内放入沸石、3.4g(0.14mol) 镁屑及一小粒碘。在恒压滴液漏斗中加入 13mL 溴乙烷（19g、0.17mol）和 30mL 无水乙醚，混匀。从恒压滴液漏斗中滴入约 5mL 混合液于三颈烧瓶中，数分钟后即可见溶液呈微沸，颜色变成灰色浑浊（若 10min 还没有明显的开始现象，可用手掌将烧瓶温热或用温水浴温热），表明反应已经开始。然后开动搅拌器，继续滴加其余的混合液，控制滴加速率，维持反应液呈微沸状态。滴加完毕，用温水浴回流搅拌 30min，使镁屑几乎作用完全，实验装置如图 55-1 所示。

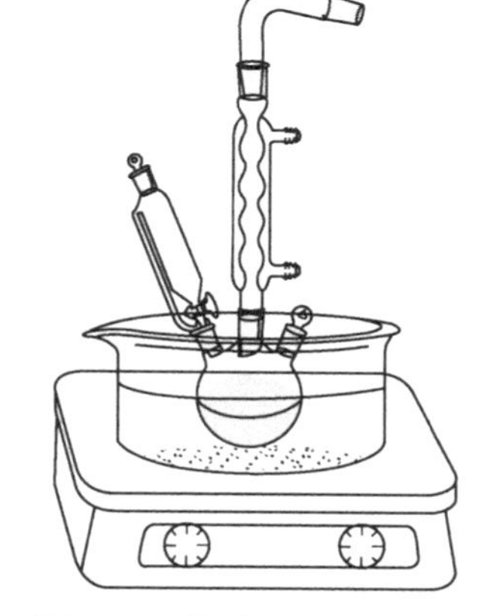

图 55-1　格氏试剂制备装置

2. 2-甲基-2-丁醇的制备

将反应瓶用冰水浴冷却，在搅拌下从恒压滴液漏斗中缓慢滴入 10mL 无水丙酮（7.9g、0.14mol）及 10mL 无水乙醚的混合液，滴加完毕后，在室温下搅拌 15min，瓶中有灰白色黏稠加成产物固体析出。

将反应瓶在冰水浴冷却和搅拌下，自恒压滴液漏斗滴入约 60mL 20%的硫酸溶液（预先配好，置于冰水浴中冷却）分解加成产物。将反应混合物移入分液漏斗中分离出醚层，水层用乙醚萃取两次，每次 20mL。合并醚层，用 15mL 5%碳酸钠溶液洗涤，再用无水碳酸钾干燥。

用热水浴蒸去乙醚，然后在石棉网上加热蒸馏，收集 95～105℃的馏分。

用气相色谱仪对 2-甲基-2-丁醇产物的组成进行分析。气相色谱条件为：①中极性毛细色谱柱，30m×0.25mm；②氢火焰检测器；③检测器温度 120℃；④进样器温度 150℃；⑤柱箱温度 120℃；⑥载气 N_2 的流速 50mL/min。

纯 2-甲基-2-丁醇为无色液体，沸点 102.5℃，d_4^{15} 0.813，n_D^{20} 1.4025。

五、注意事项

(1) 在制备格氏试剂和进行亲核加成反应时，所用仪器和药品必须经过严格干燥处理，否则，反应很难进行，并可使生成的 Grignard 试剂分解。

(2) 加入一小粒碘起催化作用。碘催化过程可用下列方程式表示：

$$Mg + I_2 \longrightarrow MgI_2 \xrightarrow{Mg} 2Mg \cdot I$$
$$Mg \cdot I + RX \longrightarrow R^{\cdot} + MgXI$$
$$MgXI + Mg \longrightarrow Mg \cdot X + Mg \cdot I$$
$$R^{\cdot} + Mg \cdot X \longrightarrow RMgX$$

(3) 严格控制溴乙烷的滴加速率。因滴加速率太快，反应过于剧烈不易控制，并会增加副产物正丁烷的生成。

(4) 格利雅试剂与空气中的氧、水分、二氧化碳都能作用，所以，制成的乙基溴化镁溶液不宜久放，应紧接着做下面的加成反应。

(5) 若反应物中含杂质较多，白色的固体加成物就不易生成，混合物只变成有色的黏稠物质。

(6) 分解加成产物时，反应很剧烈，首先生成白色絮状沉淀，然后，随着稀硫酸的继续加入，沉淀又溶解。如沉淀未溶解，表明稀硫酸用量不够。

(7) 2-甲基-2-丁醇能与水形成恒沸混合物（沸点为 87.4℃，含水 27.5%），如果干燥不彻底，前馏分将大大增加，需要对其重新干燥和蒸馏。

六、思考题

(1) 本实验成败的关键何在？为什么？为此应采取什么措施？

(2) 为什么本实验得到的粗产物不能用氯化钙干燥？

【附图】 2-甲基-2-丁醇的气相色谱图

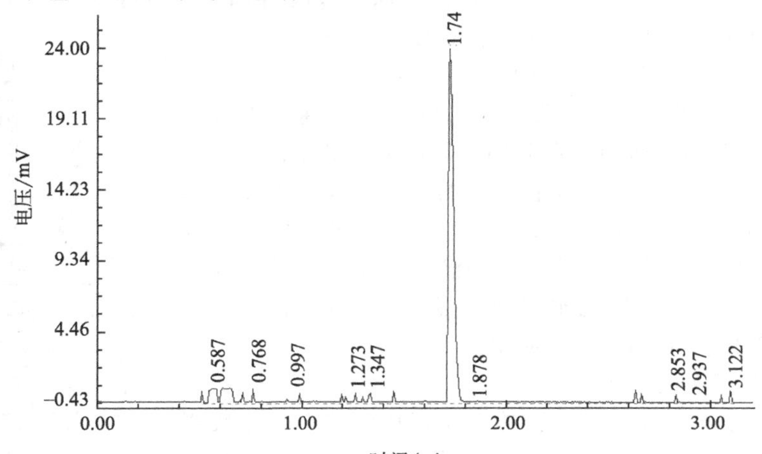

实验56 咖啡因的提取及其紫外光谱分析

一、实验目的

（1）学习从茶叶中提取咖啡因的原理和方法；

（2）学习索氏提取器的原理和操作方法；

（3）学习用升华法提纯固体有机物的操作；

（4）学习用紫外吸收光谱研究有机化合物，并对物质进行表征的方法，学会紫外光谱的使用方法。

二、实验原理

咖啡碱（咖啡因）具有刺激心脏、兴奋大脑神经和利尿等作用，因此，可以用作中枢神经兴奋药，它也是复方阿司匹林（A.P.C）等药物的组分之一。现代制药工业多用合成方法来制得咖啡碱。

咖啡因属于杂环化合物嘌呤的衍生物，其化学名称为1,3,7-三甲基-2,6-二氧嘌呤，结构式如下：

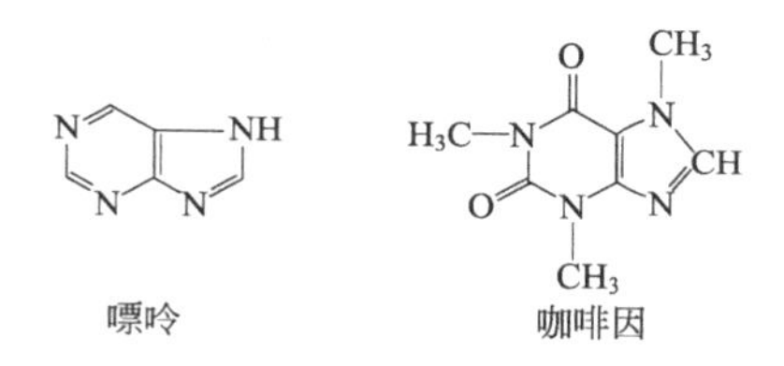

嘌呤　　咖啡因

茶叶中含有多种生物碱，其中咖啡碱的含量约为1%～5%，单宁酸（鞣酸）约占11%～12%，色素、纤维素、蛋白质等约占0.6%。咖啡因是弱碱性化合物，易溶于氯仿、水、乙醇等，单宁酸易溶于水和乙醇。含结晶水的咖啡因为白色针状结晶，在100℃时失去结晶水并开始升华，120℃时升华显著，在178℃时升华很快，无水咖啡因的熔点为234.5℃。

本实验采用提取法从茶叶中提取咖啡因。利用咖啡因易溶于乙醇、易升华等特点，以95%乙醇作溶剂，通过索氏提取器进行连续抽提，然后浓缩、焙烘得到粗品咖啡因，再通过升华提取得到纯品咖啡因。

三、实验仪器与试剂

（1）仪器　索氏提取器，量筒，圆底烧瓶，蒸馏弯头，直形冷凝管，真空接引管，锥形瓶，表面皿，蒸发皿，不锈钢刮铲，玻璃漏斗，烧杯，酒精灯，紫外分光光度计。

（2）试剂　茶叶末，95%乙醇，生石灰。

四、实验步骤

取10.0g茶叶末放入150mL索氏提取器的滤纸筒中，在烧瓶中加入80～100mL 95%的乙醇及沸石，水浴加热，回流提取，直到提取液颜色较浅时为止，约用2.5h，待冷凝液刚刚虹吸下去时停止加热。稍冷后，补加沸石，改为蒸馏装置，对提取液进行蒸馏。待瓶内残液量约为5～10mL时，停止蒸馏，把残余液趁热倒入盛有4g生石灰粉的蒸发皿中（可用少量蒸出的乙醇洗蒸馏瓶，洗涤液一并倒入蒸发皿中）。

搅拌成糊状，放在蒸气浴上蒸干，除去水分，使呈粉状（不断搅拌，压碎块状物，注意着火!），然后移至石棉网上用酒精灯小心加热，焙炒片刻，除去水分。在蒸发皿上盖一张刺有许多小孔且孔刺向上的滤纸，再在滤纸上罩一个大小合适的玻璃漏斗，漏斗颈部塞一小团疏松的棉花。用酒精灯隔着石棉网小心加热，适当控制温度，尽可能使升华速度放慢（如果温度太高，会使产物冒烟炭化），当发现有棕色烟雾时，即升华完毕，停止加热。冷却后，取下漏斗，轻轻揭开滤纸，用刮刀将附在滤纸上下两面的咖啡因刮下。如果残渣仍为绿色可搅拌后再次升华，直到变为棕色为止。合并几次升华的咖啡因。

对产物进行紫外光谱分析。

索氏提取器装置及常压升华装置见图 56-1 和图 56-2。

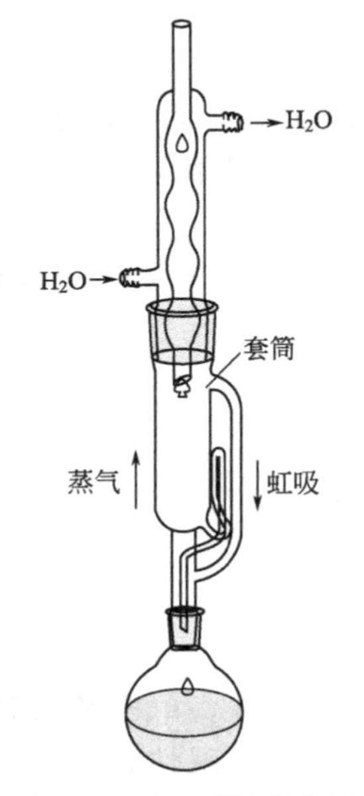

图 56-1 索氏提取器装置

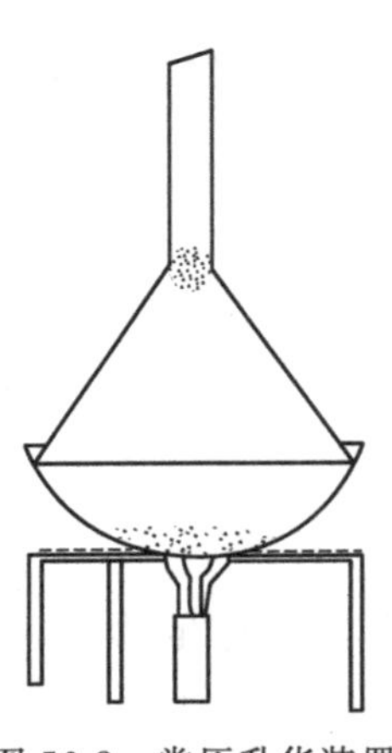

图 56-2 常压升华装置

五、注意事项

（1）滤纸套筒大小要合适，以既能紧贴器壁，又能方便取放为宜，其高度不得超过索氏提取器的虹吸管；要注意茶叶末不能掉出滤纸套筒，以免堵塞虹吸管；纸套上面折成凹形，以保证回流液均匀浸润被萃取物。

（2）生石灰起吸水和中和作用，以除去单宁酸等酸性物质。

（3）瓶中乙醇不可蒸得太干，否则残液很黏，转移时损失较大。

（4）若残留少量水分，则会在下一步升华开始时漏斗壁上呈现水珠。如有此现象，则应撤去火源，迅速擦去水珠，然后继续升华。

（5）在萃取回流充分的情况下，升华操作是实验成败的关键。升华操作直接影响到产物的质量与产量，升华的关键是控制温度。温度过高，将导致被烘物冒烟炭化，或产物变黄，造成损失。

六、思考题

（1）除了升华还可以用何种方法提纯咖啡因？

（2）提取咖啡因中用到生石灰，其作用是什么？

（3）索氏提取器包括哪三个部分？与浸提法或直接用溶剂回流提取比较，用索氏提取器提取有什么优越性？为什么？

【附注】 咖啡因标准曲线的绘制

1. 咖啡因标准溶液的配制

准确称取咖啡因 0.0400g 置于 100mL 容量瓶中，加入蒸馏水溶解并定容至刻度，得 0.4mg/mL 咖啡因标准溶液。

2. 标准曲线的绘制

精确吸取 10.00mg/mL 的咖啡因母液 1.00、2.00、3.00、4.00、5.00、6.00、7.00、8.00mL 分别置于 50mL 容量瓶中，加蒸馏水定容至刻度，摇匀，即得咖啡因浓度分别为 0.008、0.016、0.024、0.032、0.048、0.056、0.064mg/mL 的标准溶液。

以蒸馏水作为空白对照，用分光光度计于波长 287nm 处测定吸光度，以浓度为横坐标、吸光度为纵坐标作图，结果如图 56-3 所示。

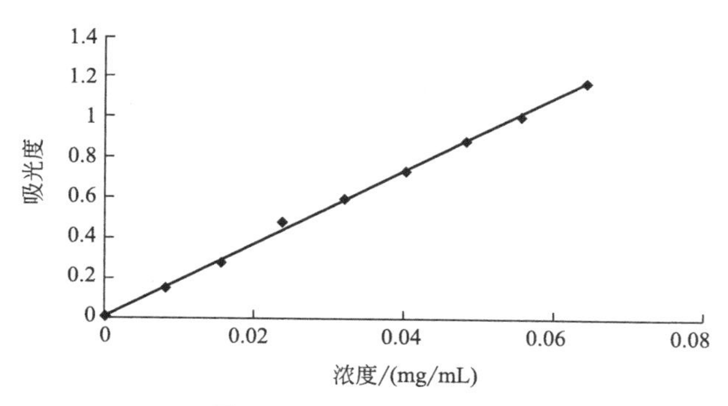

图 56-3 咖啡因标准曲线

实验结果用计算机进行线性回归，得回归方程和相关系数为：

$$A=18.27c，R^2=0.9968$$

式中，c 为咖啡因浓度，mg/mL；A 为吸光度。

3. 茶叶中咖啡因的纯度测定

称取约 0.0055g 经升华得到的咖啡因产物，用蒸馏水溶解后定容至 100mL，测定其在 287nm 处的吸光度，用回归方程求出其浓度，经计算得到茶叶中咖啡因的纯度。

【附图】 咖啡因样品的紫外光谱图

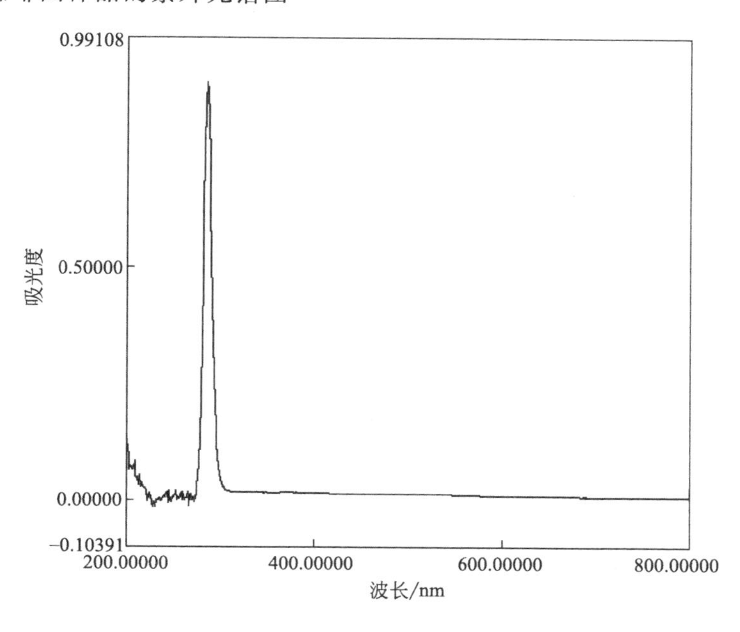

实验57 安息香缩合反应

一、实验目的

(1) 学习安息香缩合反应的原理和应用维生素 B_1 为催化剂合成安息香的实验方法；

(2) 巩固抽滤、析晶等基本操作。

二、实验原理

苯甲醛在氰化钠（或氰化钾）催化下，于乙醇中加热回流，可发生两分子苯甲醛间的缩合反应，生成二苯羟乙酮（也称安息香），有机化学中将芳香醛进行的这一类反应都称为安息香缩合。

氰化物是剧毒品，易对人体产生危害，且“三废”处理困难。20世纪70年代后，开始采用具有生物活性的辅酶维生素 B_1 代替氰化物作催化剂进行缩合反应。以维生素 B_1 作催化剂具有操作简单、节省原料、耗时短及污染轻等特点。

本实验采用维生素 B_1 作催化剂的反应式如下：

$$2\ C_6H_5CHO \xrightarrow[C_2H_5OH,\ H_2O]{维生素B_1,\ \triangle} C_6H_5CHOH—COC_6H_5$$

三、实验仪器与试剂

(1) 仪器　二颈烧瓶或三颈烧瓶，试管，烧杯，球形冷凝管，温度计，滴管，布氏漏斗，抽滤瓶。

(2) 试剂　维生素 B_1（AR），蒸馏水，95%乙醇，10%氢氧化钠溶液，苯甲醛（AR），活性炭（AR）。

四、实验步骤

在50mL二颈烧瓶或三颈烧瓶中，加入1.75g（0.005mol）维生素 B_1、3.5mL蒸馏水和15mL 95%的乙醇，摇匀溶解后将烧瓶置于冰水浴中冷却，同时，取5mL 10%氢氧化钠溶液于一支试管中，也置于冰水中冷却。在冰水浴冷却下，将冷透的氢氧化钠溶液逐滴加入反应瓶中，然后加入10mL（10.5g、0.1mol）新蒸的苯甲醛，充分摇匀，调节反应液的pH为9～10。去掉冰水浴，加入几粒沸石，装上回流冷凝管，将混合物置于60～75℃水浴中温热1.5h（反应后期可将水浴温度升高到80～90℃），其间注意摇动反应瓶且保持反应液的pH为9～10（必要时可滴加10% NaOH溶液），等反应混合物冷至室温后将烧瓶置于冰水中使结晶析出完全。抽滤并用2×20mL冷水洗涤结晶，干燥，称重。

粗产物可用95%乙醇重结晶（每克安息香用95%的乙醇7～8.5mL），必要时可加入少量活性炭脱色，产量约6g（产率约60%）。纯安息香为白色针状结晶，熔点为137℃。

五、注意事项

(1) 维生素 B_1 的质量对本实验影响很大，应使用新开瓶或原密封、保管良好的维生素 B_1；用不完的应尽快密封保存在阴凉处。

(2) 维生素 B_1 在酸性条件下较稳定，但易吸水；在水溶液中维生素 B_1 易被空气氧化而失效，遇光或Cu、Fe、Mn等金属离子均可加速氧化；在NaOH溶液中，维生素 B_1 的噻唑环易分解开环。因此维生素 B_1 溶液、NaOH溶液在反应前必须用冰水充分冷却，否则维生素 B_1 会分解，这是本实验成败的关键。

(3) 结晶时若冷却太快，产物易呈油状析出，可重新加热溶解后再慢慢冷却重新结晶，必要时可用玻璃棒摩擦瓶壁诱发结晶。

(4) 安息香在沸腾的95%乙醇中的溶解度为12～14g/100mL。

六、思考题

(1) 安息香缩合、羟醛缩合与歧化反应有何不同?

(2) 本实验为什么要使用新蒸馏出的苯甲醛？为什么加入苯甲醛后，反应混合物的pH要保持在9～10？溶液的pH过低或过高有什么不好？

实验58 己二酸的制备、纯化与表征

一、实验目的

(1) 学习用环己醇氧化制备己二酸的原理和方法；

(2) 熟练掌握搅拌器的使用、重结晶等基本操作。

二、实验原理

己二酸是合成尼龙-66的主要原料之一，它可以用硝酸或高锰酸钾氧化环己醇或环己酮制得。氧化剧烈时会产生一些碳数较少的二元羧酸，所以控制反应条件是非常重要的。如果反应失控，不但要破坏产物，使产率降低，有时还会发生爆炸。

反应式如下：

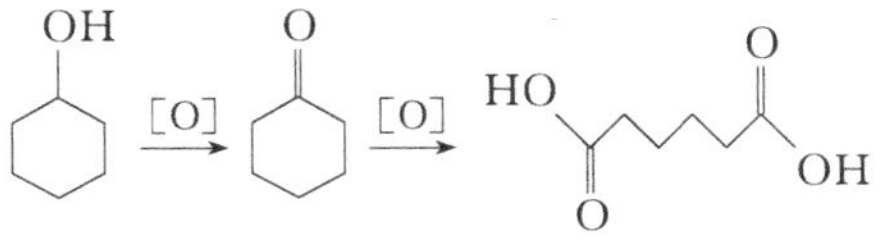

三、实验仪器与试剂

(1) 仪器　三颈烧瓶，球形冷凝管，温度计，烧杯，滴管，吸滤瓶，布氏漏斗，磁力搅拌器，熔点测定仪。

(2) 试剂　环己醇(AR)，碳酸钠(AR)，高锰酸钾(AR)，10%碳酸钠溶液，浓硫酸(AR)。

四、实验步骤

在250mL三颈烧瓶中加入2.6mL(0.027mol)环己醇和碳酸钠水溶液(3.8g碳酸钠溶于35mL温水)。在磁力搅拌下，分四批加入研细的11g(0.070mol)高锰酸钾，时间约需2.5h。加入时，控制瓶内反应温度大于30℃。加完后继续搅拌，直至反应温度不再上升为止，然后在50℃水浴中搅拌加热0.5h。反应过程中有大量的二氧化锰沉淀产生。

将反应混合物抽滤，用10mL 10%的碳酸钠溶液洗涤滤渣。搅拌，慢慢滴加浓硫酸，直到溶液呈强酸性，己二酸沉淀析出，冷却，抽滤，干燥。粗制的己二酸可用水为溶剂重结晶，干燥后用熔点仪测定产品的熔点。

纯己二酸为白色棱状晶体，熔点为153℃。

五、注意事项

(1) 高锰酸钾要研细，以利于高锰酸钾充分反应。

(2) 此反应属强烈的放热反应，要控制好滴加速率和搅拌速率，以免反应过于剧烈，引起飞溅或爆炸。

(3) 加入高锰酸钾后，反应可能不立即开始，可用水浴温热，当温度升到30℃时，必须立即撤开温水浴，该放热反应自动进行。

(4) 在二氧化锰残渣中易夹杂己二酸钾盐，故须用碳酸钠溶液把它洗下来。

(5) 用浓硫酸酸化时，要慢慢滴加，酸化至 pH＝1～2。

六、思考题

(1) 搅拌有哪几种方式？如何选用？

(2) 为什么必须严格控制氧化反应的温度？

(3) 反应体系中加入碳酸钠有何用途？

《实验 59》肉桂酸的制备与纯化

一、实验目的

(1) 了解肉桂酸的制备原理和方法；

(2) 初步掌握水蒸气蒸馏操作；

(3) 熟练掌握回流、抽滤等基本操作。

二、实验原理

利用 Perkin 反应，将苯甲醛与酸酸酐混合后在相应的羧酸盐存在下加热，可制取 α,β-不饱和酸。因用碳酸钾代替羧酸盐可提高产率、缩短反应时间，故本实验采用了改进的方法。

反应式如下：

$$C_6H_5CHO + (H_3C{-}CO)_2O \xrightarrow[140\sim180℃]{K_2CO_3} C_6H_5CH{=}CHCOOH + CH_3COOH$$

三、实验仪器与试剂

(1) 仪器　三颈烧瓶，球形冷凝管，1000mL 圆底烧瓶，直形冷凝管，弹簧夹，弯头，真空接引管，三角瓶，抽滤瓶，布氏漏斗，烧杯，表面皿，刮刀，量筒。

(2) 试剂　苯甲醛（AR），乙酸酐（AR），无水碳酸钾（AR），10% NaOH，浓盐酸（AR），刚果红试纸，无水乙醇（AR），活性炭（AR）。

四、实验步骤

在 100mL 三颈烧瓶中放入 1.5mL（0.015mol）新蒸馏过的苯甲醛、4mL（0.036mol）新蒸馏过的乙酸酐、研细的 2.2g（0.016mol）无水碳酸钾以及几粒沸石，装上球形冷凝管，在石棉网上小火加热回流 40min，如图 59-1 所示。

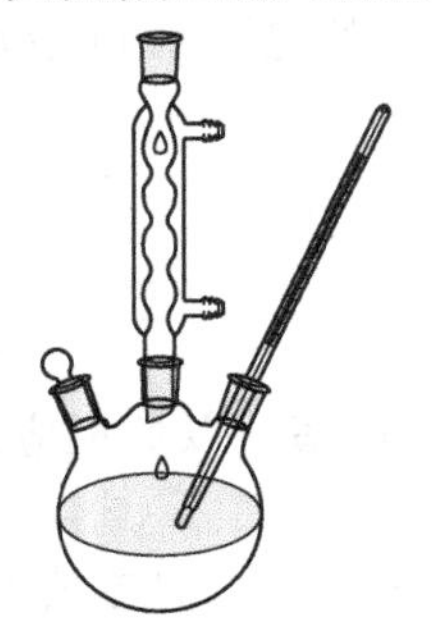

图 59-1　制备装置

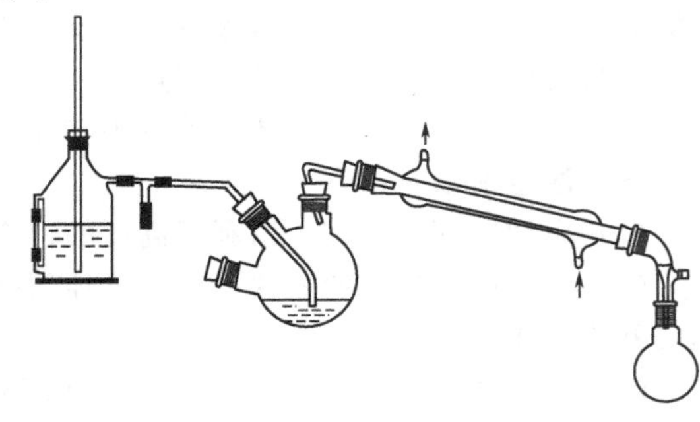

图 59-2　水蒸气蒸馏装置

待反应物冷却后，往瓶内加入 10mL 温水溶解瓶内固体，改为水蒸气蒸馏装置（见图 59-2）蒸馏出未反应完的苯甲醛。再将烧瓶冷却至室温，加入约 10mL 10% NaOH 溶液，以保证所有的肉桂酸成钠盐而溶解。抽滤，将滤液倾入 250mL 烧杯中，冷却至室温，在搅拌下用浓盐酸酸化至刚果红试纸变蓝色。冷却，抽滤，粗产品在空气中晾干或在烘箱中用 80℃左右温度烘干。粗产品可用热水或 30% 乙醇进行重结晶。纯肉桂酸的熔点为135～136℃。

五、注意事项

（1）Perkin 反应是指芳香醛和具有 α-氢原子的脂肪酸酐，在相应的无水脂肪酸钾盐或钠盐的催化作用下共热，发生缩合反应，生成 α,β-不饱和芳香酸的反应。

（2）所用仪器、药品均需无水干燥，否则产率降低。

（3）苯甲醛放久后，由于自动氧化而生成较多量的苯甲酸，这不但影响反应的进行，而且苯甲酸混在产品中不易除干净，将影响产品的质量。故本反应所需的苯甲醛要事先蒸馏，截取 170～180℃馏分供使用。

（4）乙酸酐放久了因吸潮和水解将转变为乙酸，故本实验所需的乙酸酐必须在实验前进行重新蒸馏。

（5）加料迅速，防止醋酸酐吸潮。

（6）由于有二氧化碳放出，反应初期有泡沫产生。控制火焰的大小至刚好回流，以防止产生的泡沫冲至冷凝管。

（7）肉桂酸有顺反异构体，通常制得的是其反式异构体。

六、思考题

（1）具有何种结构的醛能进行 Perkin 反应？若用苯甲醛与丙酸酐发生 Perkin 反应，其产物是什么？

（2）在实验中，如果原料苯甲醛中含有少量的苯甲酸，这对实验结果会产生什么影响？应采取什么样的措施？

（3）用水蒸气蒸馏可除去什么？用酸酸化时，能否用浓硫酸？

实验 60 D-72 磺酸树脂催化合成苯甲酸乙酯及其表征

一、实验目的

（1）学习用 D-72 磺酸树脂催化合成苯甲酸乙酯的制备原理及操作方法；

（2）学习分水器的使用及液体有机化合物的精制方法；

（3）学习苯甲酸乙酯的红外光谱分析。

二、实验原理

苯甲酸乙酯又称安息香酸乙酯，毒性低，常用作重要的有机溶剂。合成苯甲酸乙酯的经典方法是利用硫酸为催化剂，苯为带水剂，将苯甲酸和乙醇进行回流分水酯化而成。虽然硫酸是价廉的催化剂，其催化工艺成熟，然而它存在严重腐蚀反应设备、易发生副反应（如氧化、炭化）的缺点，同时易引起环境污染。

磺酸树脂是一种催化活性高、选择性好、对设备腐蚀性小的固体酸催化剂，在合成反应中有广泛的应用。本实验以 D-72 磺酸树脂为催化剂，环己烷为带水剂，合成苯甲酸乙酯：

$$C_6H_5COOH + CH_3CH_2OH \xrightarrow{\text{D-72/环己烷}} C_6H_5COOC_2H_5 + H_2O$$

三、实验仪器与试剂

(1) 仪器

圆底烧瓶（100mL），球形冷凝管，分水器，分液漏斗，锥形瓶，烧杯，水浴锅，玻璃棒，蒸馏头，螺帽接头，温度计，直形冷凝管，空气冷凝管，真空接引管，电炉，升降台，傅里叶红外光谱仪。

(2) 试剂

苯甲酸（AR），无水乙醇（AR），环己烷（AR），D-72 磺酸树脂，碳酸钠（AR），无水氯化钙（AR），乙醚（AR）。

四、实验步骤

1. 磺酸树脂的预处理

将 Na 型树脂放入 $\varphi(H_2SO_4)$ 为 10%的溶液中浸泡过夜，用蒸馏水洗涤至无硫酸根离子为止，经过常规交换洗涤后干燥，其酸中心数为 0.40mmol/g，使用前在 60℃下干燥24h，置于干燥器中备用。

2. 苯甲酸乙酯的制备

于 100mL 圆底烧瓶中，加入 6.1g（0.05mol）苯甲酸、10.5mL（0.18mol）无水乙醇、10mL 环己烷及 0.4g D-72 磺酸树脂，微热，使苯甲酸和磺酸树脂溶解，摇匀后加入沸石。再装上分水器，从分水器上端小心地加环己烷至分水器支管处，再在分水器上端接一回流冷凝管（见图 60-1）。

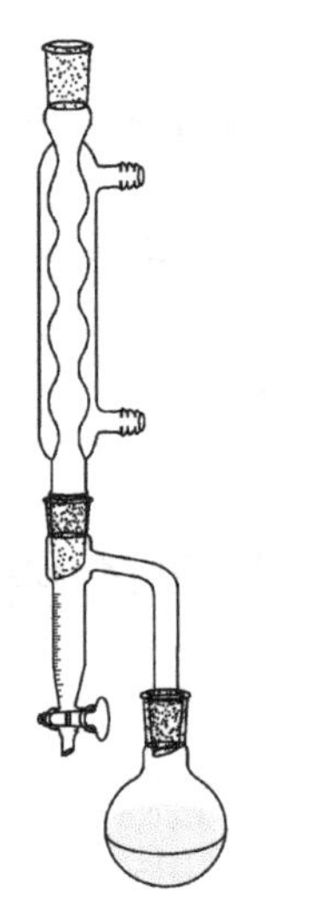

图 60-1　分水回流装置

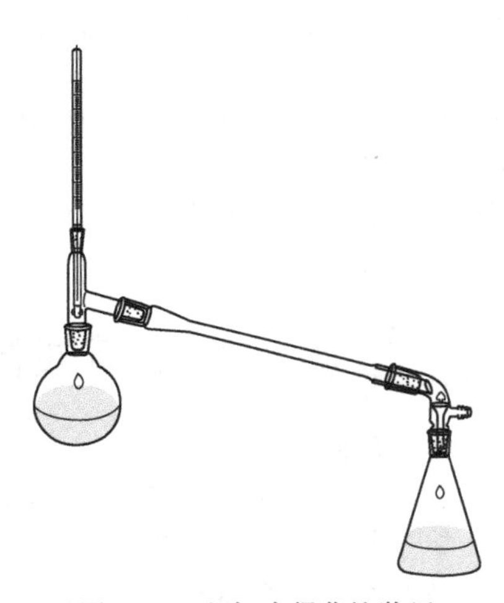

图 60-2　空气冷凝蒸馏装置

于水浴中开始加热回流，随反应的进行将生成的水不断分出，至几乎无水分出时反应结束。继续水浴加热蒸出多余的环己烷和乙醇。

将瓶中残留液倒入盛有 30mL 冷水的烧杯中，在搅拌下分批加入固体碳酸钠粉末中和至中性。用分液漏斗分出粗产物，水层用 10mL 乙醚萃取（见图 60-2）。合并醚层和粗产物，用无水氯化钙干燥。先水浴回收乙醚，再在石棉网上加热精馏，收集 210～213℃的馏分。称量，计算产率。

3. 苯甲酸乙酯的红外光谱分析

纯苯甲酸乙酯的沸点为 211～213℃。苯甲酸乙酯红外光谱的特征吸收峰：3063、2980、1751、1449、1273、1107、708cm^{-1}。

五、注意事项

（1）回流时温度和时间的控制，反应初期小火加热，正确判断反应终点。

（2）当多余的环己烷和乙醇充满分水器时，可由活塞放出，注意放时要移去火源。

（3）加碳酸钠的目的是为了除去硫酸和未作用的苯甲酸，苯甲酸为有机酸，与盐的反应较慢，所以碳酸钠要研细后分批加入，直至没有二氧化碳逸出，溶液呈碱性，再将混合物转入分液漏斗分液。

（4）水浴蒸去乙醚。在通风良好的环境中进行操作。

（5）产品沸点较高，最好减压蒸馏。

六、思考题

（1）本实验采用何种措施提高酯的产率？

（2）为什么采用分水器除水？

（3）在萃取和分液时，两相之间有时出现絮状物或乳浊液，难以分层，如何解决？

【附图】 苯甲酸乙酯的红外光谱图

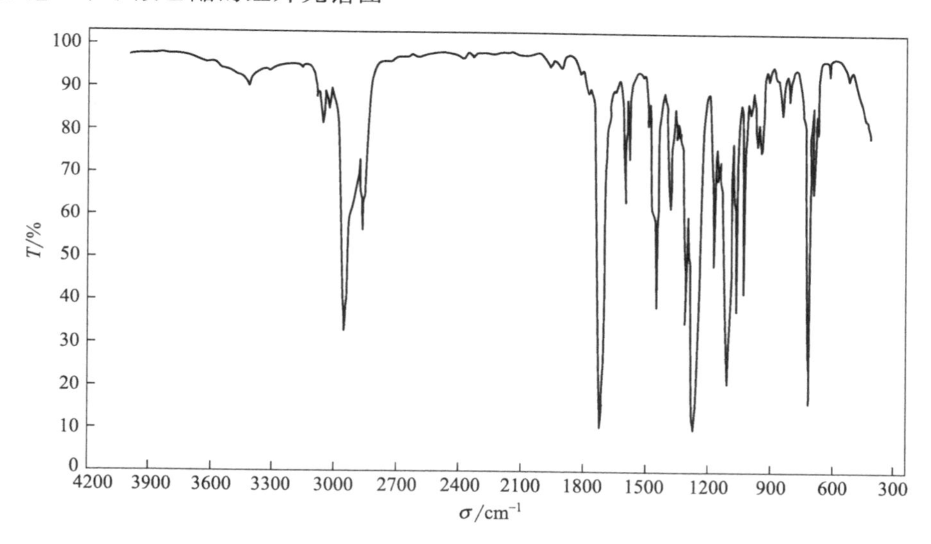

参 考 文 献

欧阳玉祝，李佑稷，刘辉林．磺酸树脂对柠檬醛环化的催化作用及其动力学特征研究［J］．林产化学与工业，2009，29（5）：87-90.

实验61 乙酰苯胺的制备与纯化

一、实验目的

（1）熟悉乙酰化反应的原理及实验操作技术；

（2）进一步熟悉重结晶提纯的操作技术。

二、实验原理

胺的酰化在有机合成中有着重要的作用。作为一种保护措施，一级和二级芳胺在合成中通常被转化为它们的乙酰基衍生物以降低胺对氧化降解的敏感性，使其不被反应试剂破坏；同时氨基酰化后降低了氨基在亲电取代反应中的活化能力，使其由很强的第Ⅰ类定位基变为中等强度的第Ⅰ类定位基，使反应由多元取代变为有用的一元取代。反应完成后，再将其水解，除去乙酰基。

芳胺可用酰氯、酸酐或与冰醋酸加热来进行酰化，其中苯胺与乙酰氯反应最激烈，乙酸酐次之，而冰乙酸最慢。但冰醋酸试剂易得，价格便宜，操作方便。本实验用冰醋酸为酰化剂制备乙酰苯胺。反应式为：

$$C_6H_5NH_2 + CH_3COOH \longrightarrow C_6H_5NHCOCH_3 + H_2O$$

三、实验仪器与试剂

(1) 仪器　圆底烧瓶（100mL），刺形分馏柱，温度计（200℃），接液管，锥形瓶，量筒，烧杯（250mL），布氏漏斗，抽滤瓶，安全瓶，水泵，热水漏斗，表面皿，电炉，升降台，熔点测定仪。

(2) 试剂　苯胺（AR），冰醋酸（AR），锌粉

四、实验步骤

在 50mL 圆底烧瓶中加入 5mL 新蒸馏的苯胺、7.5mL 冰醋酸以及少许锌粉（约 0.1g），按图 61-1 所示组装仪器，小火加热至微沸，保持回流 15min 后升温，控制温度计读数在 105℃左右约 1h，反应生成的水和部分乙酸被蒸出，当温度下降时表示反应已经完成，停止加热。趁热将反应混合物倒入盛有 100mL 冷水的烧杯中，充分搅拌冷却，使乙酰苯胺结晶呈细颗粒析出，抽滤，用 5～10mL 冷水洗涤，得粗产品。将粗产品移入盛有 60mL 热水的烧杯中，加热煮沸，使之完全溶解。稍冷后加入少量活性炭，再次加热煮沸 5～10min，进行热过滤。滤液冷却至室温，得到白色片状晶体。抽滤，洗涤，将产品转移至一个预先称量好的洁净的表面皿中，晾干或在 100℃以下烘干，称量，计算产率，测定熔点。

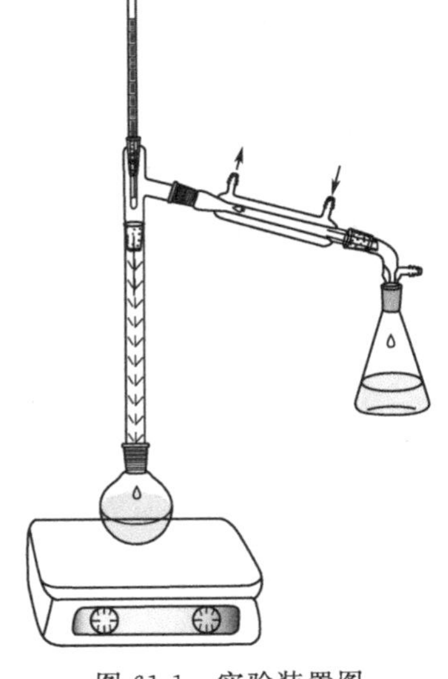
图 61-1　实验装置图

纯乙酰苯胺的熔点为 114.3℃。

五、注意事项

(1) 冰醋酸具有强烈的刺激性，要在通风橱内取用。

(2) 久置的苯胺因为氧化而颜色较深，使用前要重新蒸馏。因为苯胺的沸点较高，蒸馏时选用空气冷凝管冷凝，或采用减压蒸馏。

(3) 锌粉的作用是防止苯胺氧化，只要少量即可。加得过多，会出现不溶于水的氢氧化锌。

(4) 反应完成后，趁热将反应混合物倒出，若冷却反应液，则乙酰苯胺固体析出，沾在烧瓶壁上不易倒出。

(5) 趁热过滤时，也可采用抽滤装置。但布氏漏斗和吸滤瓶一定要预热。滤纸大小要合适，抽滤过程要快，避免产品在布氏漏斗中结晶。

(6) 加活性炭脱色时，不能加入沸腾的液体中，以免引起暴沸。

(7) 本实验的关键是：控制分馏柱柱顶温度在 100～110℃；重结晶操作的效果。

六、思考题

(1) 实验中，为什么要控制分馏柱上端的温度在 105℃左右？温度过低或过高对实验有什么影响？

(2) 在本实验中，采取什么措施可以提高乙酰苯胺的产量？

（3）在重结晶的溶解粗产物的操作中，烧杯中有油珠出现，试解释原因，应如何处理？

实验62 1-苯乙醇的制备

一、实验目的

（1）学习硼氢化还原制备醇的原理和方法；

（2）掌握低沸点物蒸馏和减压蒸馏等基本操作。

二、实验原理

金属氢化物是还原醛、酮制备醇的重要还原剂。常用的金属氢化物有氢化铝锂和硼氢化钠（钾）。硼氢化钠的还原性较氢化铝锂温和，对水、醇稳定，故能在水或醇溶液中进行。本实验采用硼氢化钠为还原剂制备1-苯乙醇，该反应为放热反应，需控制反应温度。

反应式：

$$4\,C_6H_5COCH_3 + NaBH_4 \xrightarrow{CH_3CH_2OH} [C_6H_5CH(CH_3)-O]_4B^-Na^+ \xrightarrow{H_2O/HCl} 4\,C_6H_5CH(OH)CH_3 + H_3BO_3$$

三、实验仪器与试剂

（1）仪器　三颈烧瓶（100mL），烧杯（100mL），恒压滴液漏斗，电炉，水浴锅，滴管，玻璃棒，分液漏斗，蒸馏头，螺帽接头，温度计（100℃、200℃），直形冷凝管，真空接引管，锥形瓶，螺旋夹，减压毛细管，圆底烧瓶，克氏蒸馏头。

（2）试剂　苯乙酮（AR），硼氢化钠（AR），95％乙醇，3mol/L盐酸，乙醚（AR），无水碳酸钾（AR），无水硫酸镁（AR）。

四、实验步骤

于100mL三颈烧瓶中加入15mL 95％乙醇和0.1g硼氢化钠，在搅拌下滴加8mL苯乙酮，温度应控制在50℃以下，滴加完毕，反应物在室温下放置15min。搅拌下再慢慢滴加6mL 3mol/L盐酸，大部分固体溶解，水浴蒸出大部分乙醇，浓缩溶液至分为两层。冷却后加入10mL乙醚，将混合液转入分液漏斗中，分出醚层，水层用10mL乙醚萃取，合并醚层，用无水硫酸镁干燥。

在除去干燥剂的粗产品中，加入0.6g无水碳酸钾，用水浴蒸出乙醚后，然后进行减压蒸馏，收集102～103℃/2533 Pa（19mmHg）的馏分。

纯1-苯乙醇的沸点为203.4℃。

纯乙醚的蒸馏装置和减压蒸馏装置如图62-1和图62-2所示。

五、注意事项

（1）滴加苯乙酮时控制一定的滴加速率，保证反应温度在48～50℃之间。

（2）滴加盐酸是在低温下进行，要慢慢加入，过程中会放出氢气，严禁明火。

（3）低沸物蒸馏时选择水浴加热，不能有明火，且接收部分要冰水冷却，注意尾气吸收。碳酸钾的加入可防止蒸馏过程中发生脱水反应。

（4）减压蒸馏装置的仪器一定要干燥，使用前一定要检查气密性，整个体系不能封闭，要求控制较高的真空度，不能太低（>0.09MPa，纯1-苯乙醇的沸点为203.4℃），然后记录此压力下收集馏分对应的温度范围。

（5）拆除减压装置时一定要注意操作顺序，防止倒吸。

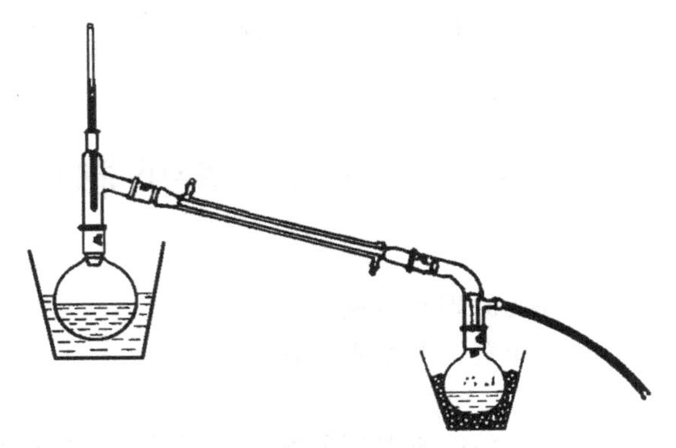

图 62-1　乙醚的蒸馏装置

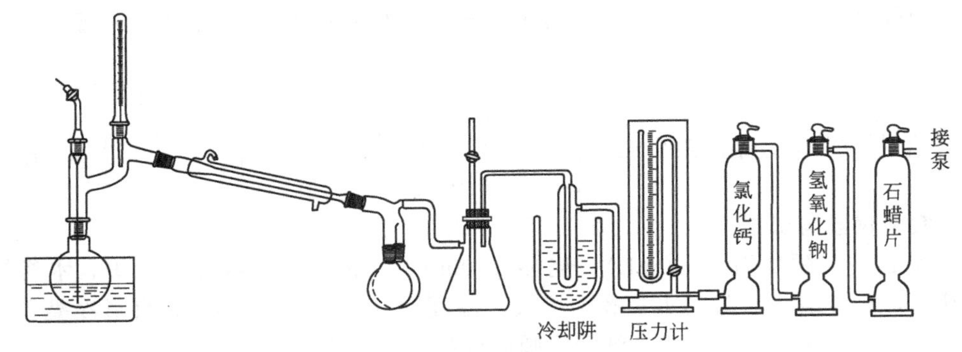

图 62-2　减压蒸馏装置

六、思考题

(1) 滴加苯乙酮时，为什么要控制体系的温度在 50℃以下？

(2) 盐酸溶液分解反应物时，为什么要慢慢地加入？作用是什么？

(3) 实验中加入碳酸钾的作用是什么？

《实验 63》呋喃甲醇与呋喃甲酸的制备与表征

一、实验目的

(1) 学习呋喃甲醛在浓碱条件下进行坎尼扎罗（Cannizzaro）反应制得相应的醇和酸的原理和方法；

(2) 进一步熟悉巩固洗涤、萃取、简单蒸馏、减压过滤和重结晶的操作；

(3) 学习用气相色谱仪对呋喃甲醇产物的组成进行分析。

二、实验原理

在浓的强碱作用下，不含 α-活泼氢的醛类可以发生分子间自身氧化还原反应，一分子醛被氧化成酸，而另一分子醛则被还原为醇，此反应称为坎尼查罗反应。本实验以呋喃甲醛（又称糠醛）和氢氧化钠相互作用，从而制备呋喃甲醇和呋喃甲酸。反应式如下：

$$2\ \text{(呋喃环)}\text{—CHO} \xrightarrow{\text{浓NaOH}} \text{(呋喃环)}\text{—CH}_2\text{OH} + \text{(呋喃环)}\text{—COONa}$$

$$\text{(呋喃环)}\text{—COONa} \xrightarrow{\text{H}^+} \text{(呋喃环)}\text{—COOH}$$

三、实验仪器与试剂

(1) 仪器　三颈烧瓶，球形冷凝管，恒压漏斗，电磁搅拌器，磁子，滴管，烧杯，温度计、温度计套管，分液漏斗，布氏漏斗、抽滤瓶，安全瓶，水泵，水浴锅，表面皿，玻璃棒，圆底烧瓶，蒸馏头，真空接引管，空气锥形瓶，冷凝管，电炉，升降台，熔点测定仪，GC112A 型气相色谱仪。

(2) 试剂　呋喃甲醛（AR、新蒸），氢氧化钠（AR），乙醚（AR），浓盐酸，无水硫酸镁（AR），刚果红试纸。

四、实验步骤

在 50mL 三颈烧瓶中将 3.2g 氢氧化钠溶于 4.8mL 水中，并用冰水冷却。在搅拌下滴加 6.6mL（7.6g，0.08mol）新蒸呋喃甲醛于氢氧化钠水溶液中。滴加过程必须保持反应混合物温度在 8～12℃之间，加完后，保持此温度继续搅拌 30min。

在搅拌下向反应混合物中加入约 10mL 水使其恰好完全溶解得暗红色溶液，将溶液转入分液漏斗中，用乙醚萃取（10mL×3），合并乙醚萃取液，用无水硫酸镁干燥后，水浴蒸馏乙醚，然后在石棉网上加热蒸馏呋喃甲醇，收集 169～172℃馏分，称重。测定红外光谱。

乙醚萃取过的水溶液，用浓盐酸酸化，直到刚果红试纸变蓝，冷却，使呋喃甲酸完全析出，抽滤，产物用少量冷水洗涤，抽干后，收集粗产物，然后用水重结晶，得白色针状晶体，干燥，测定熔点。

纯呋喃甲酸为白色针状晶体，熔点为 133～134℃。

用 GC112A 型气相色谱仪对呋喃甲醇产物的组成进行分析。气相色谱条件为：①中极性毛细色谱柱，30m×0.25mm；②氢火焰检测器；③检测器温度 180℃；④进样器温度 200℃；⑤柱箱温度 180℃；⑥载气 N_2 流速 50mL/min。

五、注意事项

(1) 反应温度若高于 12℃，则反应难以控制，致使反应物变成深红色；若温度过低，则反应过慢，可能积累一些氢氧化钠。一旦发生反应，则过于猛烈，增加副反应，影响产量及纯度。由于氧化还原是在两相间进行的，因此必须充分搅拌。

(2) 酸要加够，使呋喃甲酸充分游离出来，这是影响呋喃甲酸收率的关键。

(3) 蒸馏回收乙醚，注意安全。

【附图】 呋喃甲醇的气相色谱图

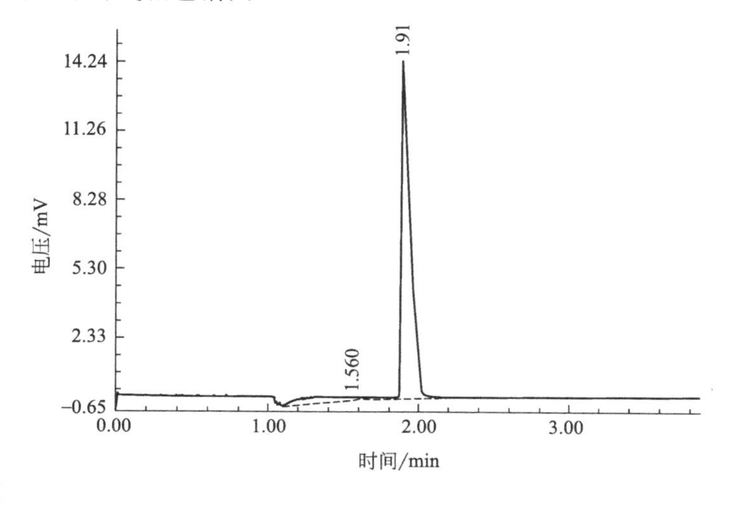

六、思考题

(1) 试比较 Cannizzaro 反应与羟醛缩合反应的醛的结构有何差异？

(2) 在制备过程中为什么要把反应温度保持在 8～12℃？

(3) 乙醚萃取后的水溶液用盐酸酸化，为什么要用刚果红试纸？如不用刚果红试纸，怎样知道酸化是否恰当？

(4) 本实验根据什么原理来分离呋喃甲酸和呋喃甲醇？

《实验 64》 甲基橙的制备

一、实验目的

(1) 通过甲基橙的制备掌握重氮化反应和偶合反应的操作；

(2) 巩固盐析和重结晶的原理和操作。

二、实验原理

甲基橙是酸碱指示剂，它是由对氨基苯磺酸重氮盐与 *N*,*N*-二甲基苯胺的醋酸盐，在弱酸性介质中偶合得到的。偶合首先得到的是亮红色的酸式甲基橙，称为酸性黄，在碱中酸性黄转变为橙黄色的钠盐，即甲基橙。

重氮盐的制备：

$$HO_3S-C_6H_4-NH_2 \xrightarrow{NaOH} {}^-O_3S-C_6H_4-NH_2 \xrightarrow[0\sim5℃]{NaNO_2/HCl} {}^-O_3S-C_6H_4-\overset{+}{N}\equiv N$$

偶合反应：

$${}^-O_3S-C_6H_4-\overset{+}{N}\equiv N \xrightarrow[HOAc]{C_6H_5N(CH_3)_2} {}^-O_3S-C_6H_4-\ddot{N}=N-C_6H_4-\overset{+}{N}H(CH_3)_2 \xrightleftharpoons{质子迁移}$$

$${}^-O_3S-C_6H_4-\overset{+}{N}H=N-C_6H_4-N(CH_3)_2 \xrightarrow{NaOH} NaO_3S-C_6H_4-N=N-C_6H_4-N(CH_3)_2$$

酸性黄(红色)　　　　甲基橙

三、实验仪器与试剂

(1) 仪器　锥形瓶，烧杯，滴管，试管，玻璃棒，电炉，布氏漏斗，抽滤瓶，安全瓶，水泵。

(2) 试剂　对氨基苯磺酸（AR），5%氢氧化钠溶液，亚硝酸钠（AR），浓盐酸（AR），冰醋酸（AR），*N*,*N*-二甲基苯胺（AR），乙醇（AR），乙醚（AR），淀粉-碘化钾试纸。

四、实验步骤

1. 对氨基苯磺酸重氮盐的制备

在锥形瓶中加入 10mL 冰水及 3.0mL 浓盐酸，锥形瓶置于冰水中备用。在 100mL 烧杯中加入 2.1g 对氨基苯磺酸及 10mL 5%氢氧化钠溶液，温热溶解后冷至室温。加入 0.8g 亚硝酸钠溶于 6mL 水中形成的溶液，用冰浴冷至 0～5℃。在不断搅拌下，滴加已配制的盐酸溶液，控制温度在 5℃以下，滴加完后，继续于冰浴中搅拌 10min 以上。用淀粉-碘化钾试纸检验。

2. 偶合

在试管中加入 1.3mL *N*,*N*-二甲基苯胺和 1mL 冰醋酸，混匀，在搅拌下将此溶液慢慢滴加到上述冷却的对氨基苯磺酸重氮盐溶液中，加完后，室温搅拌 10～20min。此时有红色的酸性黄沉淀，然后在冷却下搅拌，慢慢加入 15mL 10%氢氧化钠溶液，直至反应物变为橙色。这时反应液呈碱性，粗制的甲基橙为细粒状沉淀析出。

将反应液加热至沸，自然冷却至室温后在冰水浴中冷却，使甲基橙完全析出。抽滤，依次用少量水、乙醇、乙醚洗涤，得到橙色的小叶片状甲基橙结晶。干燥后称量，计算产率。

溶解少许甲基橙于水中，加几滴稀盐酸溶液，接着用稀的氢氧化钠溶液中和，观察颜色变化。

五、注意事项

(1) 重氮化反应过程中，控制温度很重要，反应温度若高于5℃，则生成的重氮盐易水解成酚类，降低产率。

(2) 粗产品呈碱性，温度稍高时易使产物变质，颜色变深，湿的甲基橙受日光照射亦会颜色变深，通常在65～75℃烘干。

(3) 重结晶操作应迅速，用乙醇、乙醚洗涤的目的是使其迅速干燥。

六、思考题

(1) 在重氮盐制备前为什么还要加入氢氧化钠？如果直接将对氨基苯磺酸与盐酸混合后，再加入亚硝酸钠溶液进行重氮化操作行吗？为什么？

(2) 本实验中重氮盐的制备为什么要控制在0～5℃中进行？偶合反应为什么要在弱酸介质中进行？

(3) 甲基橙在酸碱介质中变色的原因是什么，请用反应式表示之。

实验65 单宁酸沉淀法提取烟碱及其GC/MS分析

一、实验目的

(1) 理解单宁酸沉淀法提取烟碱的实验原理；

(2) 掌握超声提取烟碱和单宁酸沉淀烟碱的实验方法；

(3) 学会气相色谱/质谱法分析烟碱的操作过程；

(4) 掌握超声提取、沉淀、过滤、萃取、分液等基本操作。

二、实验原理

烟碱是烟草中最主要的一种生物碱，富存于烟草的茎和叶中，常以柠檬酸和苹果酸的化合物形式存在。纯的烟碱为无色或淡黄色的油状液体，吸湿性强。在空气或阳光下易氧化成氧化烟碱而呈黑褐色。由于烟碱结构中两个含氮杂环（吡啶环和吡咯环）官能团均属于叔胺型，所以，易被质子化，碱性较强。烟碱溶液pH＝10.12，几乎能与任何酸作用生成盐，而该盐遇碱时，又会游离出烟碱。

单宁，又名单宁酸、鞣酸，淡黄色至浅棕色无定形粉末或松散有光泽的鳞片状或海绵状固体，暴露于空气中能变黑。无臭，有强烈的涩味，溶于水、乙醇、丙酮，几乎不溶于苯、氯仿、乙醚及石油醚。单宁酸属于典型的葡萄糖酰基化合物，其多酚羟基的结构使得它能与蛋白质、生物碱、多糖结合。单宁酸是一种有机酸，分子量较大，能够给出质子与烟碱生成难溶于水的盐，这种盐遇碱时，又会游离出烟碱。

烟碱的结构式：

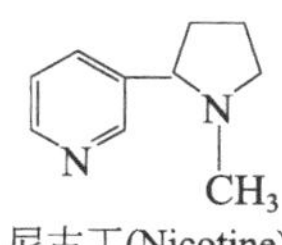

尼古丁(Nicotine)

三、实验仪器、试剂与材料

(1) 仪器　气相色谱质谱联用仪，电子天平，恒温磁力搅拌器，超声波清洗器，循环水式多用真空泵，半微量制备仪，锥形瓶，烧杯，抽滤瓶，布氏漏斗，圆底烧瓶，电热套。

(2) 试剂与材料　废次烟叶，单宁酸（AR），石油醚（CP），NaOH（AR）。

四、实验步骤

1．烟碱提取与沉淀的方法

取20g经粉碎过的干燥烟丝于500mL锥形瓶中，加200mL水浸泡，置于超声波清洗器中，60℃温度下，超声提取60min，抽滤，弃残渣；滤液中加入1.0g单宁酸，充分搅拌，生成单宁酸烟碱沉淀后，抽滤，滤渣置于100mL锥形瓶中，加入50mL水溶解，用0.04g/mL氢氧化钠溶液调pH至11，分别用10mL石油醚萃取三次，合并醚层，定容到50mL，溶液作烟碱的气相色谱分析。

2．烟碱的GC/MS分析

色谱条件：气化室温度为250℃，程序升温，柱初始温度为100℃，100℃保留1min，以10℃/min升温速率将温度升到250℃，保留2min；分流比为20%；压力为69.8kPa；总流量为25.2mL/min；柱流量为0.96mL/min。

质谱条件：RTX-5MS型柱子，长度30.0m，直径0.25mm，厚度0.25μm；离子源温度为200℃；接口温度为230℃。

五、注意事项

（1）单宁酸可以用少量水溶解配成浓溶液，加到提取液中进行沉淀；

（2）石油醚是沸程为60～90℃的分析纯试剂；

（3）色谱分析时可通过改变程序升温条件取得较好的结果。

六、思考题

（1）超声波辅助提取法为什么能够提高烟碱的提取率？

（2）写出单宁酸沉淀法分离烟碱的反应式。

【附图】 烟碱的气质联用总离子流色谱图和质谱图

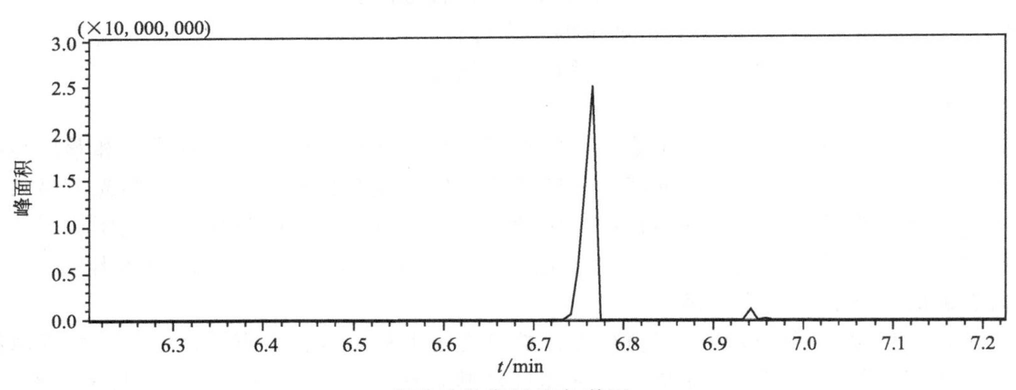

烟碱的总离子流色谱图

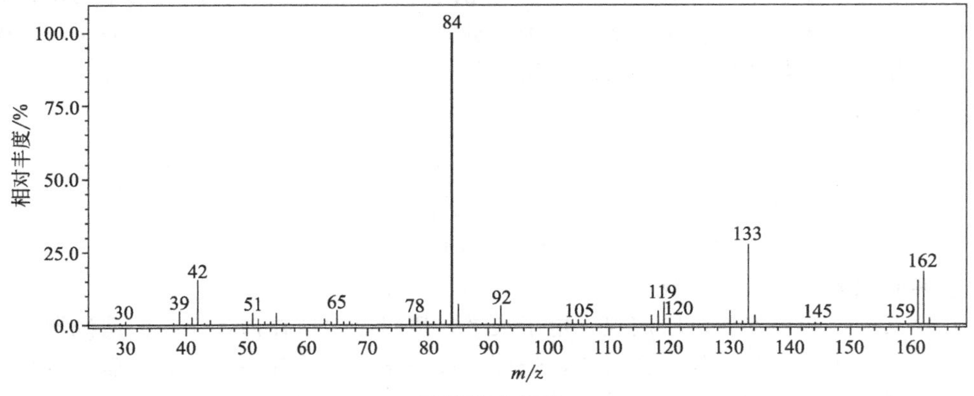

烟碱的质谱图

参 考 文 献

[1] 许燕娟，白长敏，钟科军等．气相色谱/质谱分析烟草中的主要生物碱 [J]．分析化学，2006 (3).
[2] 王守庆．烟碱的应用及提取 [J]．天津化工，1999，(2).
[3] 邵惠芳，焦桂珍，刘金霞等．烟碱含量的影响因素及其调控技术 [J]．中国农学通报，2007，23 (2).
[4] 徐晓沐，高科达，黄倪丽．烟碱的提取 [J]．化学与粘合，2006，8 (1).
[5] 黎妍妍，许自成，王金平等．湖南烟区气候因素分析及对烟叶化学成分的影响 [J]．中国农业气象，2007，28 (3).
[6] 黄志强，周民杰，毛明现等．正交试验法优选废次烟叶烟碱的超声波提取工艺 [J]．化学工程师，2006，(10).
[7] 申明乐．五倍子加压提取单宁的工艺研究 [J]．山东化工，2007，(12).
[8] 马志红，陆忠兵，石碧．单宁酸的化学性质及应用 [J]．天然产物研究与开发，2003，15 (1).

实验 66 路边青总多酚的超声提取及紫外光谱分析

一、实验目的

(1) 理解超声辅助提取天然产物中总多酚的实验原理；

(2) 学会总多酚的紫外光谱分析和大孔树脂分离多酚的方法；

(3) 掌握超声提取、抽滤、过滤、吸附和解吸等基本操作；

(4) 学会标准溶液配制和标准曲线的绘制以及用计算机线性回归得到回归方程的方法。

二、实验原理

路边青为蔷薇科多年生草本植物柔毛路边青的干燥全株，又名大青、大青木、山大青、羊咪青等，具有清热解毒、补虚益肾、活血解毒等功能，主要用于治疗感冒咳嗽、虚寒腹痛、月经不调、疮肿骨折等症。路边青广泛分布于我国南北各地，陕西、甘肃、新疆、山东、河南、江苏、安徽、浙江、江西、福建、湖北、湖南、广东、广西、四川、贵州、云南等省均产，生于海拔 200～2300m 的山坡草地、田边、河边、灌丛及疏林下。

植物多酚是一种新型的天然高效抗氧化剂，具有抗衰老、抗肿瘤和抗辐射、降低血糖血脂、预防肝脏及冠状动脉粥样硬化、捕集体内自由基等多方面的药理功能。研究表明，路边青中含有丰富的多酚和黄酮等天然还原性物质，其中含丁子香酚高达 15.82%，具有良好的抗氧化作用。

超声提取技术是 20 世纪发展起来的高新技术。该项技术是利用超声波特殊的强纵向振动、高速冲击破碎、空化效应、搅拌及加热等物理性能，促进溶剂渗入细胞内部，提高有机物的提取率。空化效应分为稳态空化和瞬态空化，稳态空化是指在声强度较低时产生的空化泡，其大小在其平衡尺寸附近振荡，振荡可以延续多个声波周期，在振荡过程中气泡自身共振频率与超声波频率相等时，发生声场与气泡的最大能量耦合，产生明显的空化效应；瞬态空化指声强度大于 $10W/cm^2$ 时产生的生存周期较短的空化泡。瞬态空化泡只能在较大声强作用下才可发生，发生在 1 个声波周期内。瞬态空化泡崩溃时，形成局部热点，可达 5000K 以上（相当于太阳表面的温度），压力可达数百乃至上千个大气压（相当大洋深海处的压力）。用超声提取有机物具有被浸提的活性物质活性不被破坏、提取时间短、产率高及条件温和等优点，是目前最为先进的提取技术，广泛用于化工、食品、生物、医药等学科的研究，特别是在天然产物活性成分提取中显示出了明显的优势。

三、实验仪器、试剂与材料

(1) 仪器　紫外可见分光光度计，超声波清洗器，循环水式多用真空泵，恒温磁力搅拌器，分析天平，微型植物粉碎机，调速多用振荡器。

(2) 试剂与材料　路边青粉末，无水乙醇（AR），石油醚（AR），NaOH（AR），D-101 型大孔吸附树脂，浓盐酸（AR），磷酸氢二钠（AR），没食子酸（AR），酒石酸钾钠

(AR)，硫酸亚铁（AR)，磷酸二氢钠（AR)。

四、实验步骤

1. D-101 型大孔树脂的预处理

将新购的 D-101 型大孔吸附树脂用水浸泡 24h，使之充分溶胀，用蒸馏水反复冲洗至水无白色浑浊，然后加入 4%氢氧化钠溶液浸泡 12h，用蒸馏水洗至中性，接着再用 4%的盐酸溶液浸泡 12h，同样用蒸馏水洗至中性，最后再用 95%的乙醇浸泡 2～4h。

2. 超声提取

称取干燥的路边青粉末 5.0g 于 250mL 圆底烧瓶中，加入 40mL 石油醚，回流提取 1h，抽滤（回收石油醚)，滤渣加 50mL 60%（体积分数）乙醇溶液，于 60℃下超声提取 60min，抽滤，滤液定容到 100mL 作为待测液。

3. 路边青中总多酚的分离

取待测液 20mL 于 100mL 锥形瓶中，加入 5.0g 经预处理的 D-101 型大孔吸附树脂，置于振荡器上振荡 120min，抽滤，树脂用 60%（体积分数）乙醇洗脱，收集洗脱液于 50mL 的容量瓶中，定容至刻度，测定溶液的吸光度，结合回归方程计算总多酚的质量，按下式计算提取率：

$$总多酚提取率=\frac{提取液中总多酚的质量(g)}{路边青样品的质量(g)}\times 100\%$$

五、注意事项

(1) 实验用的大孔吸附树脂在使用前必须进行预处理；

(2) 石油醚的沸程为 60～90℃化学纯试剂；

(3) 实验采用酒石酸亚铁显色法和紫外分光光度法分析总多酚的含量。

六、思考题

(1) 为什么 D-101 型大孔树脂要经过预处理？

(2) 石油醚在提取过程中起什么作用？

【附注】 没食子酸标准曲线的绘制

1. 没食子酸标准溶液的配制

准确称取没食子酸 1.00g 置于 100mL 容量瓶中，加入蒸馏水溶解并定容至刻度，得 10.00mg/mL 没食子酸标准溶液。

2. 标准曲线的绘制

精确吸取 10.00mg/mL 的没食子酸母液 1.00、2.00、3.00、4.00、5.00、6.00、7.00、8.00、9.00、10.00mL 分别置于 100mL 容量瓶中，加蒸馏水定容至刻度，摇匀，即得没食子酸浓度分别为 0.10、0.20、0.30、0.40、0.50、0.60、0.70、0.80、0.90、1.00mg/mL 的标准溶液。

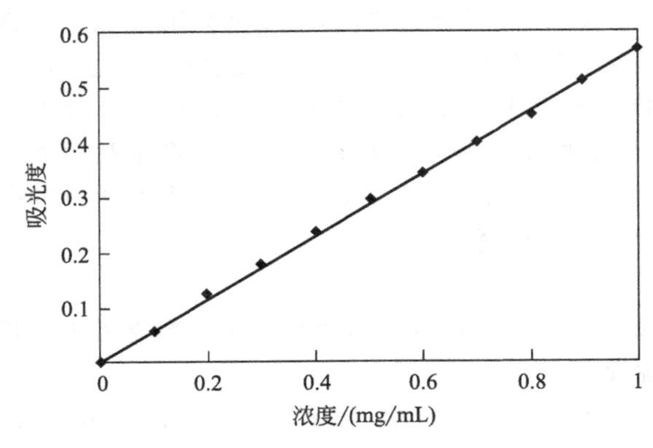

图 66-1 没食子酸的标准曲线

取 1mL 标准溶液于 25mL 容量瓶中，加 4mL 蒸馏水和 5mL 酒石酸亚铁溶液，混匀后用 pH=7.5 的磷酸盐缓冲溶液定容至刻度，以蒸馏水代替待测水样作为空白对照，用分光光度计于波长 543nm 处测定吸光度，以浓度为横坐标，吸光度为纵坐标作图，结果如图 66-1 所示。

实验结果用计算机进行线性回归，得

回归方程和相关系数为：

$$A=0.5718c,\ R^2=0.9973$$

式中，c 为没食子酸的浓度，mg/mL；A 为吸光度。

【附图】 显色前后总多酚提取物和没食子酸溶液的紫外光谱图

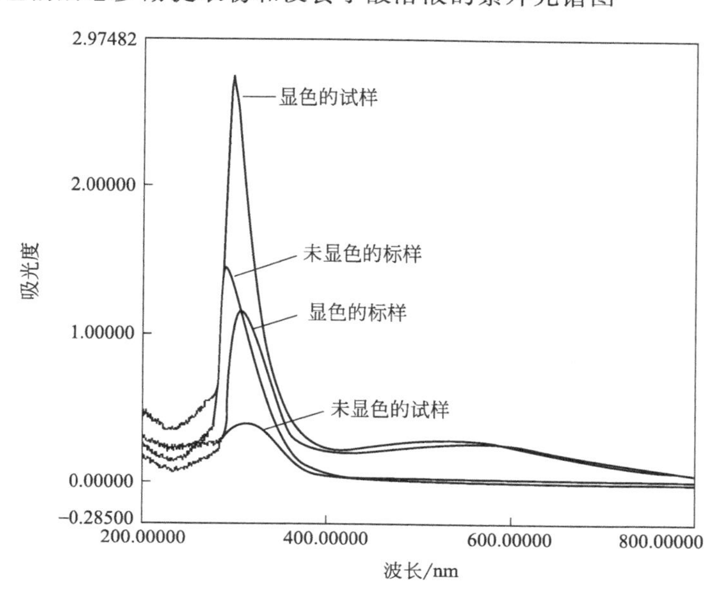

参考文献

[1] 刘塔斯，裔秀琴．四种大青叶的生药研究 [J]．中药材，1986，(4).

[2] 蔡文涛，韩凤梅．RP-HPLC 测定穿心莲、路边青配伍药液中脱水穿心莲内酯在小鼠血浆中的浓度 [J]．湖北大学学报，2005，27 (1).

[3] 薛漓，饶伟文．路边青的鉴别研究 [J]．中草药，2004，35 (4).

[4] 杨秀兰，文正洪．路边青质量标准探讨 [J]．中国民族民间医药杂志，2004，(总 66).

[5] 高玉琼，王恩源，赵德刚等．柔毛路边青挥发性成分研究 [J]．生物技术，2005，15 (2).

[6] 王秋芬，宋湛谦，赵淑英等．超声波用于强化有机溶剂提取印楝素 [J]．林产化学与工业，2004，24 (1).

实验 67 环糊精对高碳醇的分子识别与表征

一、实验目的

（1）理解 β-CD 对十六醇的包络原理；

（2）掌握环糊精的重结晶和对十六醇包络的实验方法；

（3）学会紫外光谱、红外光谱以及差热分析的使用方法；

（4）掌握恒重称量、重结晶、溶解、沉淀、过滤等基本操作。

二、实验原理

环糊精（cyclodextrin），简称 CD。它是由 D-葡萄糖以 1,4-苷键连接成的环状低聚糖，根据聚合度的不同可分为 α-CD、β-CD 和 γ-CD。β-CD 在各领域中应用最广。经 X 射线及 NMR 测定，CD 孔穴内侧是由—CH—基及葡萄糖苷键的氧原子组成，呈疏水性；而孔穴一端的开口处是 C2，C3 位羟基，另一端是 C6 位羟基，因而 CD 外侧呈亲水性。此外，CD 的上、中、下层原子都不同，没有对称元素，即具有手性。β-环糊精是由七个 α-1,4-D-吡喃葡萄糖形成的一类筒状化合物，该类化合物具有一定的疏水性空腔和亲水性外沿，这个奇特的

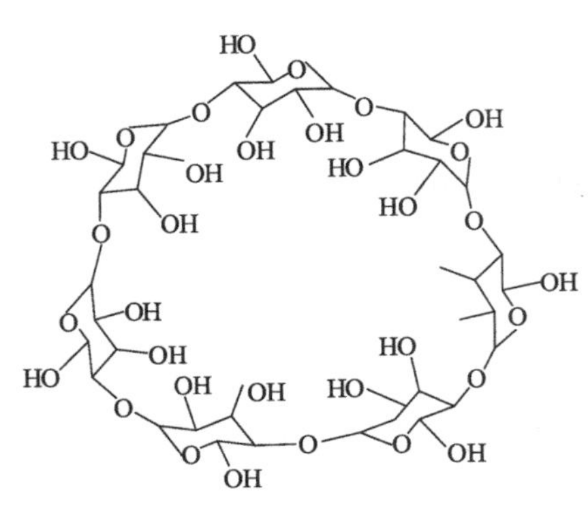

图 67-1 β-CD 的结构图

圆筒被称之为“超微囊”（见图 67-1），可以选择性地包合多类客体分子如有机物、无机离子、金属配合物甚至惰性气体分子化合物。β-CD 与一些极性、大小、形状及性质相匹配的客体分子或客体分子的疏水性基团有形成包络物的能力，并形成稳定的超分子化合物。这种包络物可以改变被包络分子的某些理化性质，使它们能在一些特殊领域得到应用，特别是当它们面对光、热、氧、碱等不稳定因素的时候，这种包络往往能弥补客体物质稳定性的不足。由于 β-CD 的这些特殊结构，能有目的地用来包络一些化合物，实现一些特殊的需要。一般情况下，β-CD 与客体分子可形成 1∶1 包络物，被包络分子的某些物理化学性质如溶解性、稳定性、化学反应性、电化学以及光谱性质等都可能发生较大的变化，客体分子经过包络后，其稳定性和应用范围大大提高。

十六醇是一种高级脂肪醇，广泛用于食品和化妆品中。其结构中含有长链烃基，容易进入 β-CD 的疏水空腔而发生包络，形成稳定的包络物。这种包络物对温度、光、热、氧化剂等影响因素均能体现出良好的稳定性。

三、实验仪器与试剂

实验仪器与试剂由学生根据自己设计的实验方案，拟订仪器设备、实验材料和化学试剂使用计划，交实验管理人员准备。

四、实验内容

（1）对环糊精进行重结晶处理。

（2）用 β-环糊精对十六醇进行包络，制备 β-环糊精-十六醇包络物。

（3）产物恒温干燥。

（4）包络物的结构表征。

五、实验要求

（1）实验为设计性实验，总学时为 10 课时；

（2）教师对学生的实验方案要进行认真审核，考查方案的可行性和可操作性。

由于本实验为设计性实验，要求学生在课余时间查阅资料，自行设计实验方案。实验方案应包括实验题目、实验目的、实验原理、实验仪器与试剂、实验步骤等环节；实验采用开放式教学，实验计划的制订、产物的结构表征都可以在课外完成；产物的结构表征采用网上预约或书面预约，在相应表征仪器室完成，时间由学生自行安排。

参考文献

[1] 李伟刚，陈超球，缪森．环糊精及其应用 [J]. 广西师范学院学报：自然科学版，1994，10 (2).

[2] 欧阳玉祝，麻成金，石爱华等．维生素 E-β-环糊精包络物的抗氧化及动力学研究 [J]. 食品科学，2007，28 (4).

[3] 郑瑛，翁家宝，周流芳等．甲基橙与环糊精包络物的制备与表征 [J]. 福建师范大学学报：自然科学版，1995，11 (4).

[4] 徐珍霞，陶玲，钟玲等．柠檬烯-β-环糊精包络物的研究 [J]. 中药材，2004，27 (6).

[5] 乔秀文，但建明，赵文斌等．α-亚麻酸-β-环糊精制备工艺的研究 [J]. 石河子大学学报：自然科学版，2004，22 (3).

实验 68 八角茴香油的提取及检测

一、实验目的

（1）掌握挥发油的水蒸气蒸馏的提取方法；

（2）学习挥发油的一般知识及挥发油中固体成分的分离方法；

（3）掌握挥发油中化学成分的薄层点滴定性检测；

（4）了解挥发油单向二次薄层色谱分离法。

二、实验原理

八角茴香为木兰科植物八角茴香的干燥成熟果实，内含挥发油约5%，主要成分是茴香脑，约为总挥发油的80%～90%。此外尚有少量甲基胡椒酚、茴香醛、茴香酸等。

本实验是根据挥发油具有挥发性，能随水蒸气一同蒸出的性质而进行水蒸气蒸馏法提取的。

挥发油的组成成分较复杂，常含有烷烃、烯烃、醇、酚、醛、酮、酸、醚等。由于各类化合物都具有其特征官能团，因此可以用一些检出试剂在薄层板上进行点滴试验，从而了解挥发油各组分化合物的类型。挥发油各组分的极性互不相同，一般结构中不含氧的烃类和萜类化合物，极性较小，在薄层色谱分离时可以被石油醚较好地展开；而含氧的烃类和萜类化合物极性较大，不易被石油醚展开，但可被石油醚-乙酸乙酯的混合溶剂较好地展开。为了使挥发油中的组分能在一块薄层板上进行分离，可采用单向二次展开色谱分离法或双向色谱分离法。单向二次展开，是先用极性稍大的展开剂进行第一次展开，当展开剂展至薄层板中部时，取出，立即挥去展开剂。此时挥发油中极性小的成分被推至展开剂前沿，极性较大的成分已被展开分离。将原来的薄层板改换成极性小的展开剂作第二次展开，直至展开剂展开至薄层板的顶端，此时可使极性小的成分在较小极性的展开剂中得到很好的分离，从而达到在一块薄层板上完成极性大小不同的多种成分分离的目的。双向展开的方法是用一块方形薄层板进行色谱分离，第一次展开和第二次展开的方向互为90°，用第二种展开剂再展开一次，可使挥发油中的各成分得到分离。

三、实验仪器与试剂

（1）仪器　水蒸气蒸馏装置，冰箱，硅胶CMC-Na薄层板。

（2）试剂　八角茴香，桂皮油，丁香油，薄荷油，桉叶油，松节油，樟脑油，乙醇（AR），丙酮（AR），石油醚（AR）（30～60℃），1%香草醛-60%硫酸试剂，荧光素-溴试剂，2,4-二硝基苯肼试剂，乙酸乙酯（AR）。

四、实验步骤

1. 八角茴香油的水蒸气蒸馏法

取八角茴香50g，捣碎，置于500mL烧瓶中，加适量水浸泡湿润，按一般水蒸气蒸馏法进行蒸馏；也可将捣碎的八角茴香置于挥发油测定器的烧瓶中，加蒸馏水500mL与玻璃珠数粒，振摇混合后，连接挥发油测定器与回流冷凝管。自冷凝管上端加水使充满挥发油测定器的刻度部分，并使溢流入烧瓶时为止。缓缓加热至沸，至测定器中油量不再增加，停止加热，放冷，分取油层。

2. 分离固体成分

将所得的八角茴香油置于冰箱中冷却1h，即有白色结晶析出，趁冷过滤，压干。结晶主要为茴香脑，滤液为析出茴香脑后的八角茴香油。

3. 八角茴香油的检测

（1）油斑试验

将八角茴香油1滴滴于滤纸片上，加热烘烤，观察油斑是否消失。

（2）薄层点滴反应

取硅胶CMC-Na薄层板1块，用铅笔画线。将挥发油样品用5～10倍量的乙醇稀释后，用毛细管分别滴加于每排小方格中，再将各种试剂用滴管分别滴于各挥发油样品斑点上，观察颜色变化。所用挥发油除本次实验所提取的八角茴香油外，可同时用桂皮油、丁香油、薄荷油、桉叶油、松节油、樟脑油等进行观察。

（3）挥发油的单向二次展开薄层检测

取1块长约15cm的硅胶CMC-Na薄层板，在距底边1.5cm及8cm处分别用铅笔画起始线和中线。将八角茴香油溶于丙酮，用毛细管点于起始线上，用石油醚（30～60℃）：乙酸乙酯（85：15）为展开剂展开至薄层板的中线处，取出，挥去展开剂后，再放入石油醚（30～60℃）中展开，至接近薄层板顶端取出，挥去溶剂后立即显色。

分别用下列几种显色剂喷雾显色。

① 1%香草醛-60%硫酸试剂：可与挥发油产生紫色、红色等多种颜色。

② 荧光素-溴试剂：如产生黄色斑点，表明含有不饱和化合物。

③ 2,4-二硝基苯肼试剂：如产生黄色斑点，表明含有酸性化合物。

（4）挥发油的双向展开

取10cm×10cm硅胶CMC-Na薄层板1块，沿起始线的右侧1.5cm处点样（只点1个原点）。先在石油醚中作第一方向展开，待展开至接近薄层板的终端，取出薄层板，挥去溶剂。再将薄层板调转90°，置于石油醚（30～60℃）：乙酸乙酯（85：15）展开剂中作第二方向展开至接近薄层板终端，取出薄层板，挥去展开剂，同上法显色，根据结果分析挥发油的组成情况。

五、注意事项

（1）采用挥发油含量测定装置提取挥发油，可以初步了解该试材中挥发油的含量，但所用的试材量应使蒸出的挥发油量不少于0.5mL为宜。

（2）挥发油含量测定装置一般分两种：一种为适用于相对密度小于1.0的挥发油；另一种适用于测定相对密度大于1.0的挥发油。《中华人民共和国药典一部》规定，测定相对密度大于1.0的挥发油，也在相对密度小于1.0的测定器中进行，可在加热前预先加入1mL二甲苯于测定器内，然后进行水蒸气蒸馏，使蒸出的相对密度大于1.0的挥发油溶于二甲苯中。由于二甲苯的相对密度为0.8969，一般能使挥发油与二甲苯的混合溶液浮于水面。在计算挥发油的含量时，扣除加入二甲苯的体积即可。

（3）提取完毕，须待油水完全分层后，再将油放出，注意尽量避免带出水分。

（4）进行挥发油单向二次展开色谱分离时，一般先用极性较大的展开剂展开，然后再用极性较小的展开剂展开，所得的分离效果较好。在第一次展开后，应将展开剂完全挥去，再进行第二次展开，否则将影响第二次展开剂的极性，从而影响分离效果。

（5）挥发油易挥发逸失，因此进行色谱分离检测时，操作应及时，不宜久放。

（6）溴甲酚绿试剂显色时，应避免在酸性条件下进行。

六、思考题

（1）水蒸气蒸馏适用于蒸馏什么样的物质？

（2）挥发油单向二次展开薄层检测的操作要领是什么？

【附注】（1）茴香脑：$C_{10}H_{12}O$，为白色结晶，熔点21.4℃，沸点235℃。溶于苯、乙酸乙酯、丙酮、二硫化碳及石油醚，与乙醚、氯仿混溶，几乎不溶于水。

（2）甲基胡椒酚：$C_{10}H_{12}O$，为无色液体，沸点215～216℃。

（3）茴香醛：$C_8H_8O_2$。

① 棱晶：熔点36.3℃，沸点248℃；②液体：熔点0℃，沸点248℃。

（4）茴香酸：$C_8H_8O_3$，为针状或棱柱状体，熔点184℃，沸点275～280℃。

参考文献

[1] 刘昭明．八角挥发油成分分析与抑菌活性研究［J]．中国调味品，2009，34（10）．

[2] 彭程．八角茴香的加工及开发利用表征 [J]. 农业工程技术与农产品加工，2007.

实验 69 茵陈总黄酮的提取及其紫外光谱分析

一、实验目的

(1) 掌握黄酮类化合物提取的一般原理和方法；

(2) 掌握铝离子显色-紫外可见分光光度法测定总黄酮含量的原理和操作方法。

二、实验原理

黄酮类化合物是广泛存在于天然植物中的一大类化合物，多具有颜色，在植物体内多为次生代谢产物，少部分以游离形式存在，大部分与糖结合以苷的形式存在。有机溶剂提取法提取黄酮类物质是国内外使用最广泛的方法，它是根据植物不同成分在某种溶剂中的溶解性能不同进行提取的。有机溶剂常用乙醇、甲醇、乙酸乙酯、乙醚等，主要用于提取脂溶性基团占优势的黄酮类物质，对设备要求简单，产品得率高。按其提取方式又可分为三种方法：冷浸法、渗漉法、回流法。本实验采用有机溶剂回流法提茵陈总黄酮。

黄酮类化合物定量分析的方法很多，如高效毛细管电泳法、高效液相色谱法、薄层扫描法、极谱法等，但测定黄酮类化合物含量使用最多的方法为紫外-可见分光光度法。本实验以 $NaNO_2$-$Al(NO_3)_3$-NaOH 为显色剂，用紫外-可见分光光度法在 510nm 处进行总黄酮含量的测定。

三、实验仪器与试剂

(1) 仪器　UV-1800 型分光光度计（北京瑞丽分析仪器公司），电热恒温干燥箱，旋转蒸发器，真空干燥箱，调速多用振荡器，电子天平，索氏提取器，植物粉碎机。

(2) 试剂　茵陈，芦丁，乙醚（AR），无水乙醇（AR），亚硝酸钠（AR），氢氧化钠（AR），硝酸铝（AR）。

四、实验步骤

1. 茵陈总黄酮的提取

取茵陈若干在 70℃烘至 8 成干，然后剪成 2～3mm 的碎段，再在 103℃下烘干后，用粉碎机粉碎。准确称取 25.0g 茵陈干粉装入索氏提取器中，首先用乙醚为抽提剂，45℃水浴加热，至乙醚抽提液无色。挥尽茵陈粉中的乙醚，再用体积分数为 70%的乙醇回流提取茵陈总黄酮，抽提约 3h，直到乙醇抽提液基本无色。抽提液适当浓缩，定容至一定体积，按体积比 1：1 加入石油醚脱脂，将石油醚层蒸馏回收，下层乙醇抽提液定容至茵陈干粉质量与乙醇体积比为 1：20，得茵陈总黄酮粗提取液。实验装置如图 69-1 所示。

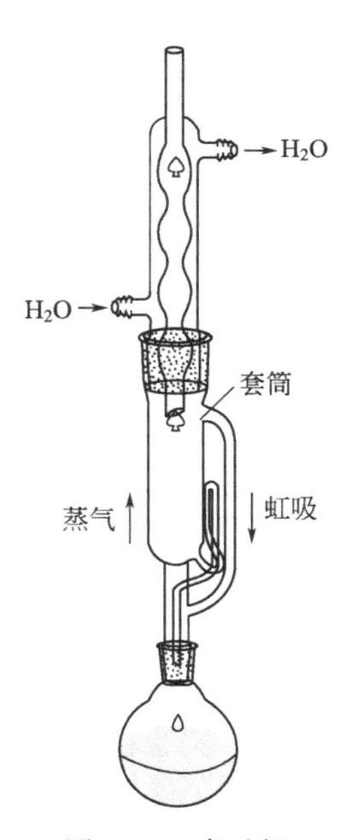

图 69-1　索氏提取器装置

2. 标准曲线的绘制

精确称取芦丁标准样品 50.0mg，置于 50mL 烧杯中，加少量 70%乙醇使之完全溶解，转入 50mL 容量瓶中，再用 70%乙醇定容至刻度，摇匀，得 1.0mg/mL 的芦丁标准溶液，再分别吸取 0.0、0.5、1.0、1.5、2.0、2.5mL 芦丁标准溶液分别置于 50mL 容量瓶中，按照下述方法配制显色溶液：各加 70%乙醇使成 25mL，然后分别加入 5% $NaNO_2$ 溶液 1.5mL，摇匀，放置 6min 后，再加 10% $Al(NO_3)_3$溶液 1.5mL，摇匀，放置 6min 后，加 4% NaOH 溶液

20mL，最后用蒸馏水稀释至刻度（50mL），摇匀，放置15min后，以不加芦丁的试剂为空白，用紫外可见分光光度计测定510.0nm处的吸光度。以浓度 c 为横坐标，吸光度 A 为纵坐标，绘制标准曲线（见图69-2），得回归方程。以浓度 X(mg/mL) 和吸收度 Y 进行回归分析，得到回归方程 $Y=0.00504+12.04018X$。

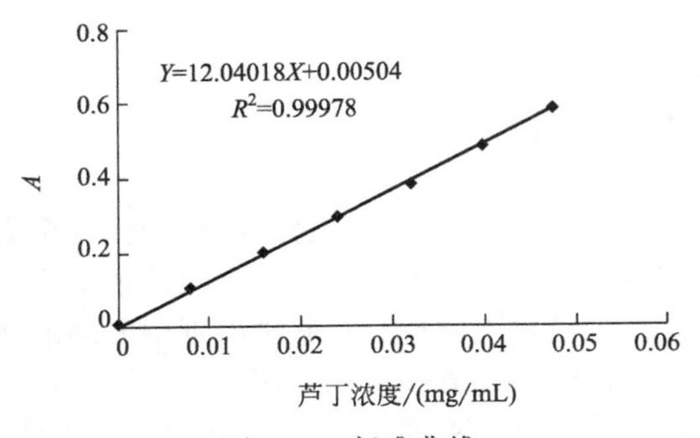

图 69-2 标准曲线

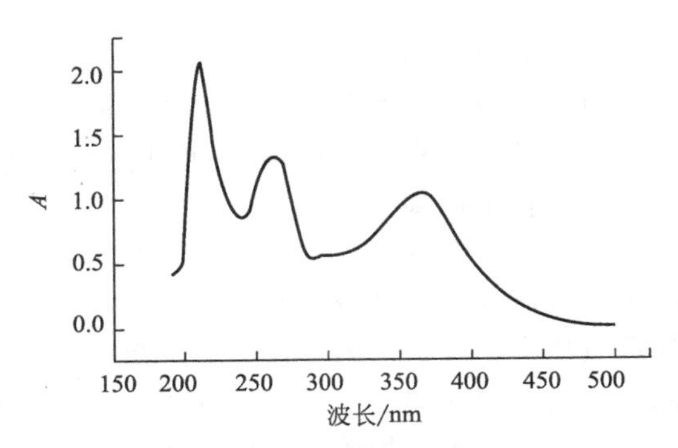

图 69-3 芦丁标准品的紫外光谱特征图

3. 总黄酮含量的测定

准确量取2.0mL粗黄酮液于50mL容量瓶中，按照绘制标准曲线的显色方法配制显色溶液，用紫外可见分光光度计测定510.0nm处的吸光度，利用标准曲线回归方程计算粗黄酮液中总黄酮的含量和原料总黄酮的得率。芦丁标准品的紫外光谱特征图见图69-3。

五、注意事项

（1）乙醚抽提茵陈至抽提液无色的目的是去除原料中的脂溶性杂质。

（2）样品或标准品溶液显色后必须及时测定。

（3）样品显色溶液的吸光度应该在标准曲线吸光度的范围内。

六、思考题

（1）黄酮类化合物有什么结构特点？

（2）为什么样品显色溶液的吸光度应该在标准曲线吸光度的范围内？

（3）通过文献查阅，回答黄酮的提取方法有哪些？

参 考 文 献

[1] Michael G L, Hertog etc. Content of Potentially Anticarcinogenic-Flavonoids of 28 vegetables and 9 Fruits Commonly Consumed in the Nethlands [J]. J. Agric. Food. Chem. , 1992, (40).

[2] 张睿，徐雅琴，时阳．黄酮类化合物提取工艺研究［J］．食品与机械，2003，(1).

[3] 徐雅琴．穗醋栗叶片中黄酮物质的研究［J］．天然产物研究与开发．2001，13（2).

基础化学实验Ⅳ

实验70 恒温水浴组装及性能测试

一、实验目的

（1）了解恒温水浴的构造及恒温原理，初步掌握其装配和调试技术；

（2）绘制恒温水浴的灵敏度曲线，学会分析恒温水浴的性能；

（3）掌握数字式贝克曼温度计的调节及使用方法。

二、实验原理

物质的物理性质，如黏度、密度、蒸气压、表面张力、折射率、电导、电导率、旋光度等都随温度而改变，要测定这些性质必须在恒温条件下进行。一些物理化学常数，如平衡常数、化学反应速率常数等也与温度有关，这些常数的测定需恒温条件。因此，掌握恒温技术非常必要。

恒温控制可分为两类：一类是利用物质的相变点温度来获得恒温，但温度选择受到很大限制；另一类是利用电子调节系统进行温度控制，此方法控温范围宽，可以任意调节设定温度。本实验讨论的恒温水浴就是一种常用的控温装置，它通过电子继电器对加热器自动调节来实现恒温的目的。当恒温水浴因热量向外扩散等原因使体系温度低于设定值时，继电器迫使加热器工作，到体系再次达到设定温度时，又自动停止加热。这样周而复始，就可以使体系的温度在一定范围内保持恒定。

恒温水浴由浴槽、加热器、搅拌器、温度计、感温元件和温度控制器等组成，其装置示意见图 70-1。现将恒温水浴主要部件简述如下。

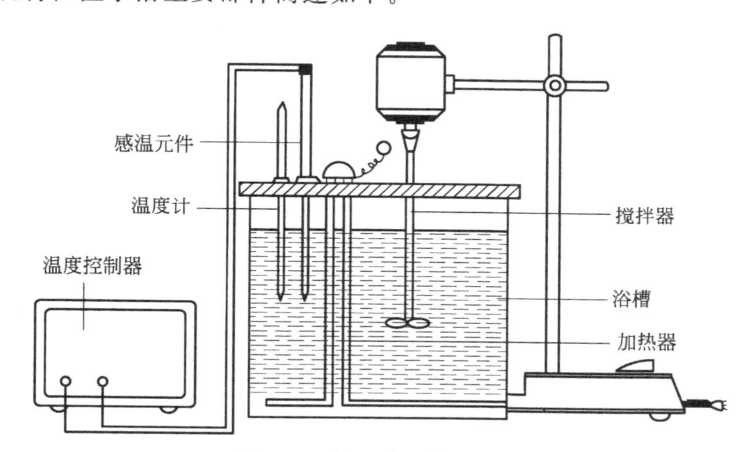

图 70-1 恒温水浴装置示意

(1) 浴槽　浴槽包括容器和液体介质。如果控制的温度同室温相差不是太大，用敞口大玻璃缸作为槽体是比较满意的。对于较高温度，则应考虑保温问题。具有循环泵的超级恒温槽，有时仅作供给恒温液体之用，而实验则在另一工作槽中进行。恒温水浴以蒸馏水为工作介质，其优点是热容量大和导热性好，从而使温度控制的稳定性和灵敏度大为提高。

(2) 加热器　在要求恒定的温度高于室温时，必须不断向水浴供给热量以补偿其向环境散失的热量。对于恒温用的加热器要求热容量小、导热性好、功率适当。加热器功率的大小是根据恒温槽的大小和需要温度的高低来选择的，最好能使加热和停止的时间约各占一半。

(3) 搅拌器　一般采用电动搅拌器，用变速器来调节搅拌速度。搅拌器一般安装在加热器附近，使热量迅速传递，槽内各部位温度均匀。

(4) 温度计　恒温水浴中常以一支 1/10℃ 的温度计测量恒温水浴的温度。若为了测量恒温水浴的灵敏度，则需要选用更精确灵敏的温度计，如精密电子温差测试仪、数字贝克曼温度计等。

(5) 感温元件　感温元件的作用是感知恒温水浴温度，并把温度信号变为电信号发给温度控制器。它是恒温水浴的感觉中枢，是提高恒温水浴性能的关键所在。感温元件的种类很多，如电接点水银温度计（又称为水银定温计、导电表、接触温度计），热敏电阻感温元件等。

（6）温度控制器　温度控制器包括温度调节装置、继电器和控制电路。当恒温水浴的温度被加热或冷却到指定值时，感温元件发出信号，经控制电路放大后，推动继电器去开关加热器。

由上可见，水浴的恒温状态是通过一系列部件的作用，相互配合而获得的，因此不可避免地存在着不少滞后现象，如温度传递、感温元件、温度控制器、加热器等的滞后。由此可知，恒温水浴控制的温度有一个波动范围，并不是控制在某一固定不变的温度，并且恒温水浴内各处的温度也会因搅拌效果的优劣而不同。其工作质量由两方面考核：①平均温度和指定温度的差值越小越好；②控制温度的波动范围越小，各处的温度越均匀，恒温水浴的灵敏度越高。

测定恒温水浴灵敏度的方法是在设定温度下，用精密温差测量仪测定温度随时间的变化，绘制温度-时间曲线（即灵敏度曲线）并分析其性能，如图 70-2 所示。

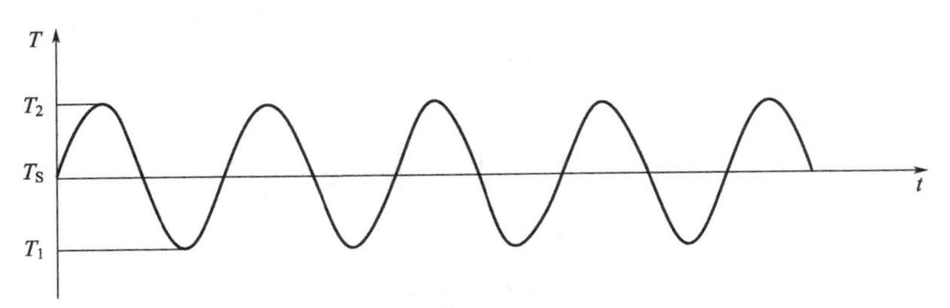

图 70-2　恒温水浴灵敏度曲线示意

T_S 为设定温度，T_1 为波动最低温度，T_2 为波动最高温度，则该恒温水浴的灵敏度为：

$$S=\pm\frac{T_2-T_1}{2}$$

灵敏度数值越小，恒温水浴的性能越好。恒温水浴的灵敏度与采用的液体介质、感温元件、搅拌速度、加热器功率的大小、温度控制器的物理性能等因素均有关。图 70-3 为恒温水浴灵敏度曲线的几种形式，由图可以看出：曲线 A 表示加热器功率适中，热惰性小，温度波动小，即恒温水浴灵敏度较高；B 表示加热器功率适中，但热惰性大，恒温槽灵敏度较差；C 表示加热器功率太大，热惰性小；D 表示加热器功率太小或散热太快。

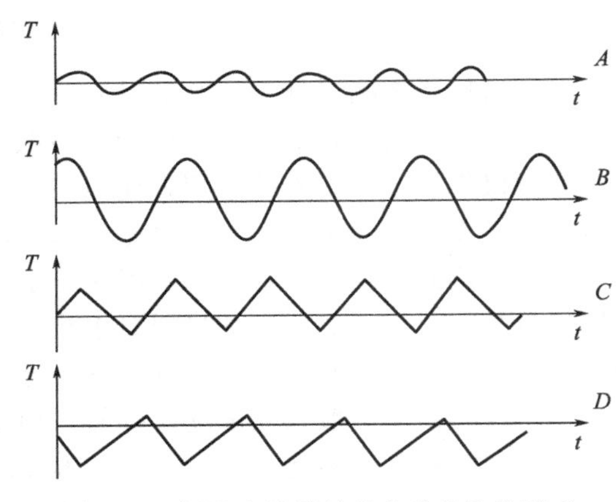

图 70-3　恒温水浴灵敏度曲线的几种形式

为了提高恒温水浴的灵敏度，在设计恒温水浴时要注意以下几点。

① 恒温水浴的热容量要大，恒温介质流动性要好，传热性能要好。

② 尽可能加快加热器与感温元件间传热的速度，使被加热的液体能立即搅拌均匀并流经感温元件及时进行温度控制。为此要使：感温元件的热容尽可能小；感温元件、搅拌器与电加热器间距离要近些；搅拌器效率要高。

③ 作调节温度用的加热器导热良好而且功率适宜。

三、实验仪器

玻璃浴缸 1 个，加热器 1 支，电动搅拌器 1 套，常规温度计 1 支，停表 1 个，热敏电阻感温元件 1 支，温度控制器 1 套，数字贝克曼温度计 1 套。

四、实验步骤

（1）根据所给元件和仪器，安装恒温水浴，并接好线路。将蒸馏水灌入浴槽至容积的4/5处，经教师检查完毕，方可接通电源。

（2）调节恒温水浴至设定温度，假定室温为25℃，可设定实验温度为35℃。

（3）用数字式贝克曼温度计测定恒温水浴的灵敏度曲线。当恒温水浴温度在设定温度处上下波动时，每隔30s读一次温度并记录，至少记录3个最高峰值和最低峰值。测定点固定在恒温水浴中心位置。

（4）用数字式贝克曼温度计测量已达设定温度的恒温水浴各处的温度波动值，测定点选择在恒温槽纵向上、中、下，径向左、中、右六点，测定温度波动的最高值和最低值，并记录，以确定最佳恒温区。

（5）实验完毕后，关闭电源，将各元件移出水面，排列整齐（搅拌器不动），整理实验台。

五、注意事项

（1）数字贝克曼温度计温差测量范围：±19.999℃，作温差测量时，为保证测量准确，“基温选择”在一次实验中不宜换挡。

（2）实验完毕后，一定要将热敏电阻感温元件从恒温水浴中取出，以免生锈或损坏。

六、实验记录与数据处理

（1）将时间、温度读数记录到表70-1，绘制恒温水浴的灵敏度曲线，并从曲线中确定其灵敏度。

表70-1　恒温水浴中心位置温度波动情况

室温：______℃，大气压：__________Pa，设定温度：________℃

时间/min	0.5	1	1.5	2	2.5	3	3.5	4	4.5	5	5.5
温度/℃											
时间/min	6	6.5	7	7.5	8	8.5	9	9.5	10	…	
温度/℃											

（2）将恒温水浴不同位置的温度波动情况记录到表70-2，确定最佳恒温区。

表70-2　恒温水浴不同位置温度波动情况

测温位置	最高温度/℃	最低温度/℃	温差/℃	灵敏度/℃	平均温度/℃	温度波动[①]/℃
中$_1$						
中$_2$						
中$_3$						
上						
下						
左						
右						

① 例如写成（35.055±0.065）℃，其中35.055℃为恒温水浴平均温度；±0.065℃为温度波动范围，即该恒温水浴在该设定温度下的灵敏度。

（3）根据所得实验数据，分析所测恒温水浴的工作质量。

七、思考题

（1）简要回答恒温水浴主要由哪些部件组成？恒温的原理是什么？

（2）恒温水浴内各处的温度是否相等？为什么？

（3）欲提高恒温水浴的灵敏度，可从哪些方面进行改进？

【附注】

一、气压计

1. 气压计的使用方法

实验室中最常用的气压计是固定杯式和福廷式两种，图 70-4 所示是固定杯式气压计，它使用较为方便。读气压时，先旋动调节游标螺旋，使游标稍高于水银面。然后再慢慢旋动调节游标螺旋，使游标慢慢下降，用眼睛观察游标前后两金属的曲面，两底边的边缘重叠且与水银柱凸面相切（由游标底边的小三角面辅助对正相切）。读数时，眼睛应与水银面齐平，从游标下线零线所对标尺上的刻度，读取大气压的整数及小数点后第一位小数部分，再从游标上找出一根与标尺上某一刻度完全吻合的刻度线，则此游标上的刻度线即为大气压的小数点后第二位小数读数部分。温度可从气压计下部温度计读取当时的室温。

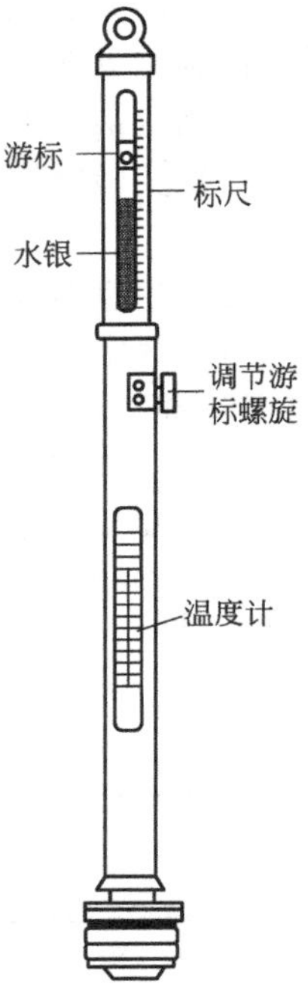

图 70-4 固定杯式气压计

在较精密的实验中，对气压计读数还常作进一步的校正。国际规定以 0℃、纬度 45°海平面高度下 101325Pa 为一标准大气压。海拔高度不同、温度变化以及仪器构造的误差，均对气压计的直接读数带来误差，需给予校正。

2. 仪器误差的校正

可从原气压计所附的出厂校正表予以校正。

3. 温度的校正

温度改变将引起水银、玻璃套管、铜套管等的胀缩从而影响读数。其中以水银及铜套管影响较大，且水银受温度影响较铜大。当温度读数高于 0℃时，所读取气压计的读数要减去算得的校正值，低于 0℃时则须加上校正值。气压温度校正式如下：

$$p_0=\frac{1+\beta t}{1+\alpha t}p$$

式中，p 为气压计读数，mmHg（1mmHg＝133.32Pa）；p_0 为换算为 0℃下的气压读数；α 为常温下水银的平均体胀系数，等于 0.0001818；β 为黄铜的线胀系数，等于 0.0000184；t 为气压计的温度，℃。

4. 重力的校正

重力加速度随纬度 A 和海拔高度 H 而改变，即气压计的读数受 A 和 H 的影响，可用下式校正：

$$p=p_0(1-2.65\times10^{-3}\cos2A-1.96\times10^{-7}H)$$

二、SWC-Ⅱ$_{\mathrm{c}}$ 数字贝克曼温度计使用说明

（1）在接通电源前，将传感器航空插头插入后面板上的传感器接口（槽口对准）。

（2）将约 220V 电源接入后面板上的电源插座。

（3）将传感器插入被测物中（插入深度应大于 50mm）。

（4）温度测量：按下电源开关，此时显示屏显示仪表初始状态（实时温度），如 25.59℃，数字后显示的“℃”表示仪器处于温度测量状态，“测量”指示灯亮。

（5）选择基温：根据实验所需的实际温度选择适当的基温挡，使温差的绝对值尽可能小。

(6) 温差的测量如下。

① 要测量温差时，按一下“温度/温差”键，此时显示屏上显示温差数，如 9.598*，其中显示最末位的“*”表示仪器处于温差测量状态。若显示屏上显示为“0.000”，且闪烁跳跃，表明选择的基温挡不适当，导致仪器超量程。此时，重新选择适当的基温。

② 再按一下“温度/温差”键，则返回温度测量状态。

(7) 需要记录温度和温差的读数时，可按一下“测量/保持”键，使仪器处于保持状态(此时“保持”指示灯亮)。读数完毕，再按一下“测量/保持”键，即可转换到“测量”状态，进行跟踪测量。

注意：传感器和仪表必须配套使用(即传感器探头编号和仪表的出厂编号应一致)，以保证温度检测的准确度，否则，温度检测的准确度将有所下降。

实验71 燃烧热的测定

一、实验目的

(1) 明确燃烧热的定义，了解恒容燃烧热与恒压燃烧热的差别及相互关系；

(2) 通过测定萘的燃烧热，掌握氧弹热量计测量燃烧热的原理及使用方法；

(3) 掌握高压钢瓶的有关知识并能正确使用；

(4) 掌握雷诺图解法校正温度的方法。

二、实验原理

1mol 的物质完全燃烧时所放出的热量称为燃烧热。所谓完全燃烧是指该化合物中的 C 变为 CO_2(气)，H 变为 H_2O(液)，S 变为 SO_2(气)，N 变为 N_2(气)，Cl 成为 HCl(水溶液)，其他元素转变为氧化物或游离态。

燃烧热可在恒压或恒容条件下测定。由热力学第一定律可知：在不做非膨胀功情况下，恒容燃烧热 Q_v 等于内能变化 ΔU，恒压燃烧热 Q_p 等于焓变化 ΔH。在氧弹式热量计中测得燃烧热为 Q_v，而一般热化学计算用的值为 Q_p，两者可通过下式进行换算：

$$Q_p = Q_v + \Delta nRT \tag{71-1}$$

式中，Δn 为燃烧反应前后生成物和反应物中气体的物质的量之差；R 为摩尔气体常数；T 为反应热力学温度。

测量燃烧热的仪器称为热量计。本实验采用氧弹式热量计，如图 71-1 所示。在盛有定量水的容器中，放入内装有一定量样品和氧气的密闭氧弹(见图 71-2)，然后使样品完全燃烧，放出的热量传给盛水桶内的水和氧弹，引起温度上升。

氧弹式热量计的基本原理是能量守恒定律，样品完全燃烧所释放出的热量使氧弹本身及其周围的介质(实验用水)和热量计有关的附件温度升高，测量介质在燃烧前后体系温度的变化值 ΔT，就可求算出该样品的恒容燃烧热，其关系式如下：

$$mQ_v + lQ_{点火丝} + qV = (C_{计} + C_{水}\ m_{水})\Delta T \tag{71-2}$$

式中，Q_v 为物质的恒容燃烧热，J/g；m 为燃烧物质的质量，g；$Q_{点火丝}$ 为点火丝的燃烧热，J/g；l 为燃烧了的点火丝的质量，g；q 为空气中的氮氧化为二氧化氮的生成热(用 0.1mol/L NaOH 滴定生成的硝酸时，每毫升碱相当于 5.98J)；V 为滴定硝酸耗用的 NaOH 的体积，mL；$C_{计}$ 为氧弹、水桶、温度计、搅拌器的热容，J/K；$C_{水}$ 为水的比热容，J/(g·K)；$m_{水}$ 为水的质量，g；ΔT 为燃烧前后的水温的变化值，K。

如在实验过程中，每次的用水量保持一定，把式(71-2)中的常数合并，即令：

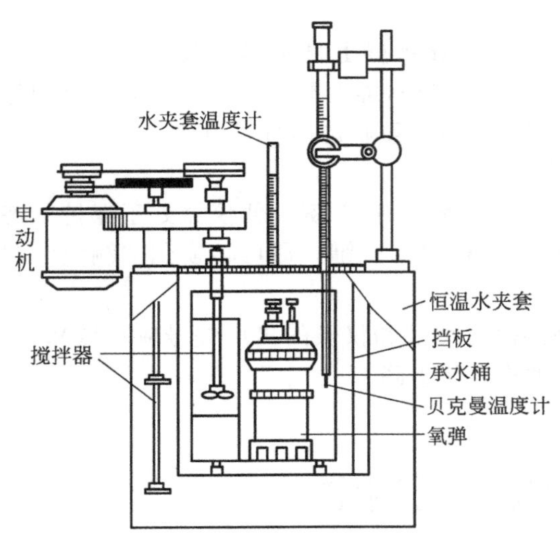

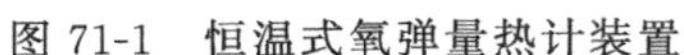

图 71-1 恒温式氧弹量热计装置

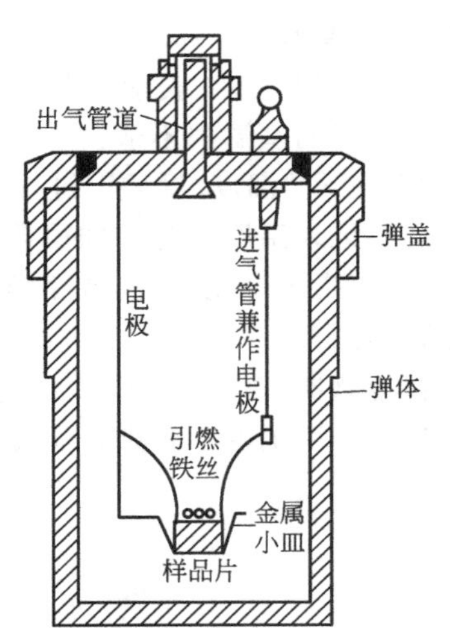

图 71-2 氧弹剖面图

$$k=C_{计}+C_{水}\ m_{水}$$

则
$$m\,Q_v+lQ_{点火丝}+qV=k\Delta T \tag{71-3}$$

式中，k 为仪器常数，可以通过用已知燃烧热的标准物质（如苯甲酸）放在热量计中燃烧，测出燃烧前后温度的变化，则

$$k=(m\,Q_v+lQ_{点火丝}+qV)/\Delta T \tag{71-4}$$

用同样的方法把待测物质置于氧弹中燃烧，由温度的升高和仪器的热容，即可测定待测物质的恒容燃烧热 Q_v，从式(71-1) 计算恒压燃烧热 Q_p。实验中常忽略 qV 的影响，因为氧弹中的 N_2 相对于高压 O_2 而言可以忽略，其次因滴定 HNO_3 而带来的误差可能会超过 N_2 本身带来的误差，操作中可以采用高压 O_2 先排除氧弹中的 N_2，这样既快捷又准确。

为保证样品在其中完全燃烧，氧弹中须充以高压氧气或其他氧化剂。因此氧弹应有很好的密封性能，耐高压且耐腐蚀。测定粉末样品时必须将样品压成片状，以免充气时冲散样品或者在燃烧时飞散开来，造成实验误差。本实验成功的首要关键是保证样品完全燃烧；其次，还必须使燃烧后放出的热量尽可能全部传递给热量计本身及其介质，而几乎不与周围环境发生热交换。为了做到这一点，热量计在设计制造中采取了几种措施，例如，在热量计外面设置一个套壳，此套壳有些是恒温的，有些是绝热的。因此，热量计又可分为恒温式热量计和绝热式热量计。另外，热量计壁高度抛光，这是为了减少热辐射。热量计和套壳间设置一层挡屏，以减少空气的对流。但是，热量的散失仍然无法完全避免，这可以是由于环境向热量计辐射热量而使其温度升高，也可以是由于热量计向环境辐射而使热量计的温度降低。因此，燃烧前后温度的变化值不能直接准确测量，而必须经过雷诺（Renolds）温度校正图进行校正。具体方法如下。

当适量待测物质燃烧后使热量计中的水温升高 1.5～2.0℃。将燃烧前后历次观测到的水温记录下来，并作图，连成 abcd 线（见图 71-3）。

图中 b 点相当于开始燃烧之点，c 点为观测到的最高温度读数点，由于热量计和外界的热量交换，曲线 ab 及 cd 常常发生倾斜。取 b 点所对应的温度为 T_1，c 点对应的温度为 T_2，其平均温度为 T，经过 T 点作横坐标的平等线 TO，与折线 $abcd$ 相交于 O 点，然后过 O 点作垂直线 AB，此线与 ab 线和 cd 线的延长线交于 E、F 两点，则 E 点和 F 点所表示的温度差即为欲求温度的升高值 ΔT。如图 71-3 所示，EE'表示环境辐射进来的热量所造成热量计温度的升高，这部分必须扣除；而 FF' 表示热量计向环境辐射出来的热量而造成热量计温度的降低，因此这部分必须加入。经过这样校正后的温差表示由于样品燃烧使热量计温度升高的数值。

有时热量计的绝热情况良好，热量散失少，而搅拌器的功率又比较大，这样往往不断引进少量热量，使得燃烧后的温度最高点不明显出现，这种情况下 ΔT 仍然可以按照同法进行校正（见图 71-4）。

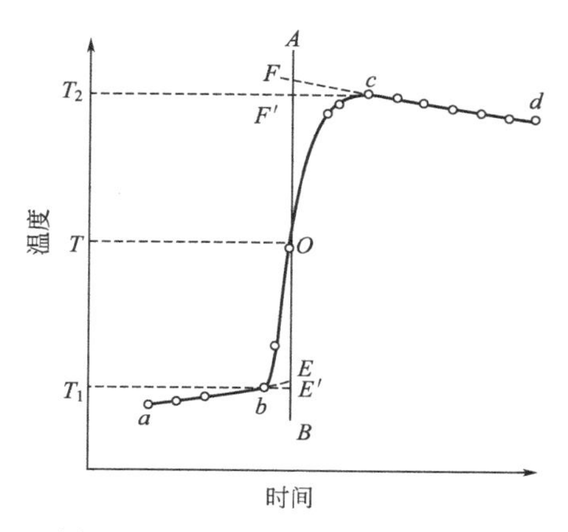

图 71-3　绝热较差时的雷诺校正图

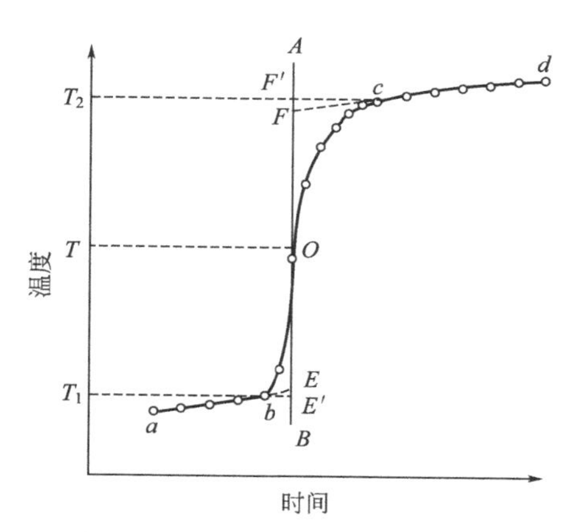

图 71-4　绝热良好时的雷诺校正图

必须注意，应用这种作图法进行校正时，热量计的温度和外界环境温度不宜相差太大（最好不超过 2～3℃），否则会引起误差。

三、实验仪器、试剂与材料

（1）仪器　氧弹式热量计 1 套（WZR-1A 配电脑），氧气钢瓶，电子天平（精度为 0.1g、0.001g 各一台），压片机 1 台，1/10℃精度温度计一支，万用电表 1 只（公用）。

（2）试剂与材料　苯甲酸（AR），萘（AR），点火丝。

四、实验步骤

1. 氧弹计仪器常数的测定

（1）仪器预热　将热量计及其全部附件清理干净，将有关仪器通电预热。

（2）样品压片　在天平（0.1g 精度）上粗称 0.8g 左右苯甲酸，在压片机中压成片状；然后在电子天平（0.001g 精度）上准确称量样品和点火丝的质量。

（3）装氧弹及充氧　将氧弹上套盖旋出，内壁擦干净，弹头放在弹头架上。把已压片、称量的样品放置在氧弹的小皿中，把点火丝的两端分别紧绕在氧弹头上的两根电极上，中间与样品片充分接触（点火丝不能与小皿接触），放回氧弹套筒内，旋紧氧弹盖，用万用表检查两电极是否通路。充氧时，打开钢瓶阀门，向氧弹中充入 1.2～1.5MPa 氧气。将氧弹小心地平放入热量计中。

（4）调节水温　准备一桶自来水，调节水温约低于外筒水温 1℃。用容量瓶取 3000mL 已调温的水注入内筒，水面盖过氧弹。

（5）测定仪器常数　打开搅拌器，待温度稍稳定后开始记录温度，每隔 1min 记录一次，共记录 10 次。开启“点火”按钮，每隔 15s 记录一次，记录 6～8 次。当温度明显升高时，说明点火成功，继续每 30s 记录一次；到温度升至最高点后，再记录 10 次，停止实验。停止搅拌，取出氧弹，放出余气，打开氧弹盖，检查样品的燃烧结果。若弹中没有残渣，表示燃烧完全，然后准确称量剩余点火丝的质量。

平行测定仪器常数两次，记录相应的数据。

2. 测量萘的燃烧热

称取 0.4～0.5g 萘，按照上述步骤测定萘的燃烧热。

五、注意事项

(1) 待测样品需干燥，受潮样品不易燃烧且称量有误差。

(2) 压片机要专用，清洁干净，样品压得太紧，点火时不易全部燃烧；压得太松，又容易脱落、燃烧过快，不易准确测量。

(3) 穿丝是重要操作，注意点火丝与样品应保持接触良好，但不要使点火丝接触到燃烧皿壁，也不要使点火丝上部分相连，以免形成短路而导致点火失败。

(4) 装好样品的氧弹在合上盖子和充氧的过程中一定要轻拿轻放，尽量减少对氧弹的震动，确保点火丝与样品的接触；充氧时注意氧气钢瓶和减压阀的正确使用顺序，注意开关的方向和压力。

(5) 氧气瓶在开总阀前要检查减压阀是否关好；实验结束后要关上钢瓶总阀，注意排净余气，使指针回零。

六、实验记录与数据处理

(1) 实验数据

室温：________℃，大气压：________ kPa。

第一次苯甲酸的质量____ g，点火丝____ mg，剩余点火丝______ mg；水温____℃，温差____℃；

第二次苯甲酸的质量____ g，点火丝____ mg，剩余点火丝______ mg；水温____℃，温差____℃；

第一次萘的质量____ g，点火丝____ mg，剩余点火丝______ mg；水温____℃，温差____℃；

第二次萘的质量____ g，点火丝____ mg，剩余点火丝______ mg；水温____℃，温差____℃。

列表记录每次实验初期、实验主期和实验末期温度随时间的变化数据。

(2) 由实验数据用雷诺图解法分别求出苯甲酸、萘燃烧前后的温度差 $\Delta T_{苯甲酸}$、$\Delta T_{萘}$。

(3) 由苯甲酸数据求出仪器的热容 k。

(4) 求出萘的燃烧热 Q_v，换算成 Q_p。

(5) 将所测萘的燃烧热值与文献值比较，求出误差，分析误差产生的原因。

(6) 文献值：本实验主要试剂及产品的物理常数如表 71-1 所示。

表 71-1 主要试剂及产品的物理常数（文献值）

Q_p	kJ/mol	J/g	测定条件
苯甲酸	－3226.9	－26460	$p^{\ominus}$,20℃
萘	－5153.8	－40205	$p^{\ominus}$,25℃
蔗糖	－5643	－16486	$p^{\ominus}$,25℃

七、思考题

(1) 在量热测定中，还有哪些情况可能需要用到雷诺温度校正方法？

(2) 如何测定挥发性液体样品的燃烧热？

(3) 在实验中是否每次都必须准确量取 3000mL 水？

(4) 如何快捷、合理地消除氧弹中氮气对测量结果的影响？

(5) 实验中哪些因素容易造成误差？提高本实验的准确度应该从哪些方面考虑？

【附注】 气体钢瓶和减压阀的使用

1. 常用压缩气体钢瓶的使用及注意事项

在物理化学实验中，经常要用到一些气体。例如，燃烧热的测定实验中要使用氧气，合成氨反应平衡常数的测定实验中要使用氢气和氮气。为了便于运输、储藏和使用气体，通常将气体压缩成为压缩气体（如氢气、氮气和氧气等）或液化气体（如液氨和液氯等），灌入耐压钢瓶内。当钢瓶受到撞击或高热时就会有发生爆炸的危险。另外有一些压缩气体或液化气体则有剧毒，一旦泄漏将造成严重后果。因而在物化实验中，正确和安全地使用各种压缩气体或液化气体钢瓶是十分重要的。钢瓶安全使用的注意事项很多，主要有以下几个方面。

(1) 在气体钢瓶使用前，要按照钢瓶外表油漆的颜色、字样等正确识别气体种类，切勿误用以免造成事故。

按我国有关部门规定，各种钢瓶必须按照表 71-2 的规定进行漆色、标注气体名称和涂刷横条。

表 71-2 我国有关部门对钢瓶的相关规定

钢瓶	外表颜色	字样	字样颜色	横条颜色
氧气瓶	天蓝	氧	黑	
氢气瓶	深绿	氢	红	红
氮气瓶	黑	氮	黄	棕
纯氩气瓶	灰	纯氩	绿	
二氧化碳气瓶	黑	二氧化碳	黄	黄
氨气瓶	黄	氨	黑	
氯气瓶	草绿	氯	白	白
压缩空气瓶	黑	压缩空气	白	
乙炔气瓶	白	乙炔	红	
氟氯烷瓶	铝白	氟氯烷	黑	

如钢瓶因使用久后色标脱落，应及时按以上规定进行漆色、标注气体名称和涂刷横条。

(2) 气体钢瓶在运输、储存和使用时，注意不要与其他坚硬物体撞击，或在烈日下暴晒以及靠近高温处，以免引起钢瓶爆炸。钢瓶应定期进行安全检查，如进行水压试验、气密性试验和壁厚测定等。

(3) 严禁油脂等有机物沾污氧气钢瓶，因为油脂遇到逸出的氧气就有可能燃烧。如已有油脂沾污，则应立即用四氯化碳洗净。氢气、氧气或可燃气体钢瓶严禁靠近明火。

(4) 存放氢气钢瓶或其他可燃性气体钢瓶的房间应注意通风，以免漏出的氢气或可燃性气体与空气混合后遇到火种发生爆炸。室内的照明灯及通风装置均应防爆。

(5) 有毒气体（如液氯等）钢瓶应单独存放，严防有毒气体逸出，注意室内通风。最好在存放有毒气体钢瓶的室内设置毒气鉴定装置。

(6) 若两种气体接触后可能引起燃烧或爆炸的，则灌装这两种气体的钢瓶不能存放在一起，如氢气瓶和氧气瓶，氢气瓶和氯气瓶等。氧、液氯、压缩空气等助燃气体钢瓶严禁与易燃物品放置在一起。

(7) 气体钢瓶存放或使用时要固定好，防止滚动或跌倒。为确保安全，最好在钢瓶外面装置橡胶防震圈。液化气体钢瓶使用时一定要直立放置，禁止倒置使用。

(8) 使用钢瓶时，应缓慢打开钢瓶上端的阀门，不能猛开阀门，也不能将钢瓶内的气体全部用完，要留下一些气体，以防止外界空气进入气体钢瓶。

2. 气体钢瓶减压阀

气体钢瓶使用时，要通过减压阀使气体压力降至实验所需范围，再经过其他控制阀门细调，输入使用系统。最常用的减压阀为氧气减压阀，简称氧压表。

(1) 氧气减压阀的工作原理

氧气减压阀的外观及工作原理见图 71-5 和图 71-6。氧气减压阀的高压腔与钢瓶连接，低压腔为气体出口，并通往使用系统。高压表的示值为钢瓶储存气体的压力。低压表的出口压力可由调节螺杆控制。使用时先打开钢瓶总开关，然后顺时针转动低压表压力调节螺杆，使减压阀压缩主弹簧并传动薄膜、弹簧垫块和顶杆而将活门打开。这样进口的高压气体由高压室经节流减压后进入低压室，并经出口通往工作系统。转动调节螺杆，改变活门开启的高度，从而调节高压气体的通过量并达到所需的压力值。

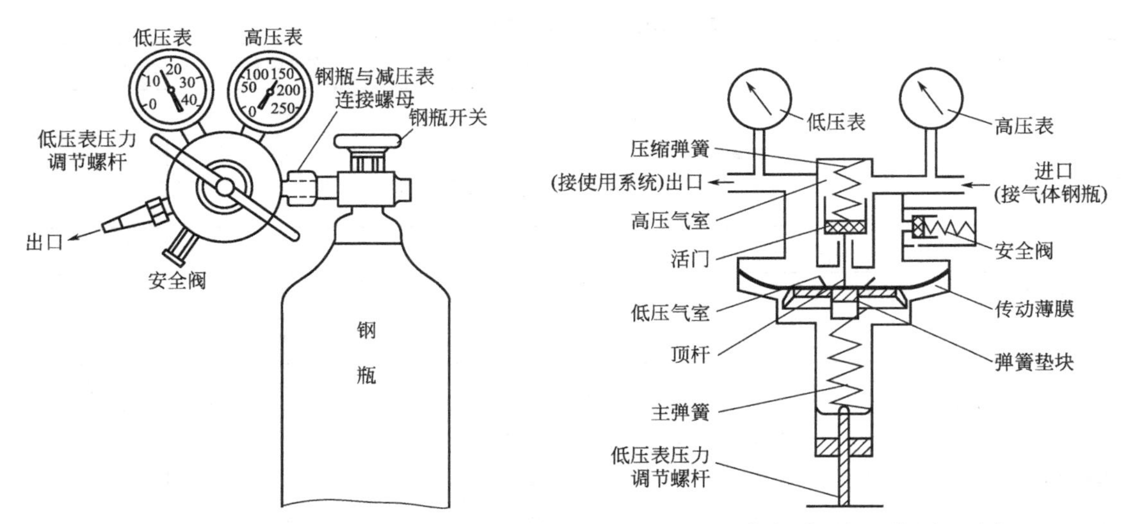

图 71-5　氧气减压阀示意

图 71-6　氧气减压阀工作原理示意

减压阀都装有安全阀，它是保护减压阀并使之安全使用的装置，也是减压阀出现故障的信号装置。如果由于活门垫、活门损坏或由于其他原因，导致出口压力自行上升并超过一定许可值时，安全阀会自动打开排气。

(2) 氧气减压阀的使用方法

① 按使用要求的不同，氧气减压阀有许多规格。最高进口压力大多为 $150kg/cm^2$（约 150×10^5Pa），最低进口压力不小于出口压力的 2.5 倍。出口压力规格较多，一般为 0～$1kg/cm^2$（约 1×10^5Pa），最高出口压力为 $40kg/cm^2$（约 40×10^5Pa）。

② 安装减压阀时应确定其连接规格是否与钢瓶和使用系统的接头相一致。减压阀与钢瓶采用半球面连接，靠旋紧螺母来使其完全吻合。因此，在使用时应保持两个半球面的光洁，以确保良好的气密效果。安装前可用高压气体吹除灰尘。必要时也可用聚四氟乙烯等材料作垫圈。

③ 氧气减压阀应严禁接触油脂，以免发生火警事故。

④ 停止工作时，应先将钢瓶总阀门关紧，然后将减压阀中余气放净，最后拧松调节螺杆以免弹性元件长久受压变形。

⑤ 减压阀应避免撞击振动，不可与腐蚀性物质相接触。

(3) 其他气体减压阀

有些气体，例如氮气、空气、氩气等永久性气体，可以采用氧气减压阀。但还有一些气体，如氨等腐蚀性气体，则需要专用减压阀。市面上常见的有氮气、空气、氢气、氨、乙炔、丙烷、水蒸气等专用减压阀。

这些减压阀的使用方法及注意事项与氧气减压阀基本相同。但是，还应该指出：专用减压阀一般不用于其他气体。为了防止误用，有些专用减压阀与钢瓶之间采用特殊的连接口。例如氢气和丙烷均采用左牙螺纹，也称反向螺纹，乙炔的进口用轧蓝，出口也用左牙纹等，安装时应特别注意。

参考文献

孙红梅．液体试样燃烧热的测定 [J]. 牡丹江大学学报，2008，17 (5)：95.

实验72 差热分析

一、实验目的

(1) 掌握差热分析的原理；

(2) 掌握差热分析仪的基本操作，并对 $CuSO_4 \cdot 5H_2O$ 等样品进行差热分析；

(3) 了解差热分析图谱定性、定量处理的基本方法，能合理解释实验结果。

二、实验原理

1. 差热分析的基本原理

物质在加热或冷却过程中，当达到特定温度时，会发生熔化、凝固、晶型转变、分解、化合、吸附、脱附等物理变化或化学变化，伴随有吸热和放热现象，反映物系的焓发生了变化。差热分析（differential thermal analysis，DTA）就是利用这一特点，通过测定样品与参比物的温度差对时间的函数关系，来鉴别物质或确定组成结构以及转化温度、热效应等物理化学性质。在升温或降温时发生的相变过程，是一种物理变化，一般来说由固相转变为液相或气相的过程是吸热过程，而其相反的相变过程则为放热过程。在各种化学变化中，失水、还原、分解等反应一般为吸热过程，而水化、氧化和化合等反应则为放热过程。

差热分析是使试样和参比物在程序升温或降温的相同环境中，测量两者的温度差 ΔT 随温度 T（或时间 t）的变化关系的一种技术，其中参比物在加热过程中不会产生热效应。差热分析仪包括带有控温装置的加热炉、放置样品和参比物的坩埚、用以盛放坩埚并使其温度均匀的保持器、测温热电偶、差热信号放大器和信号接收系统（记录仪或微机等）。差热图的绘制是通过两支型号相同的热电偶，分别插入样品和参比物中，并将其相同端连接在一起(即并联，见图 72-1)。A、B 两端引入记录笔 1 记录炉温信号。若炉子等速升温，则笔 1 记录下一条倾斜直线，如图 72-2 中 MN；A、C 端引入记录笔 2，记录差热信号。若样品不发生任何变化，样品和参比物的温度相同，两支热电偶产生的热电势大小相等、方向相反，所以 $\Delta U_{AC}=0$，笔 2 画出一条垂直直线，如图 72-2 中 ab、de、gh 段，是平直的基线。反之，样品发生物理、化学变化时，$\Delta U_{AC} \neq 0$，笔 2 发生左右偏移（视热效应正、负而异），记录下差热峰如图 72-2 中 bcd、efg 所示。两支笔记录的时间-温度（温差）图就称为差热图，或称为热谱图。

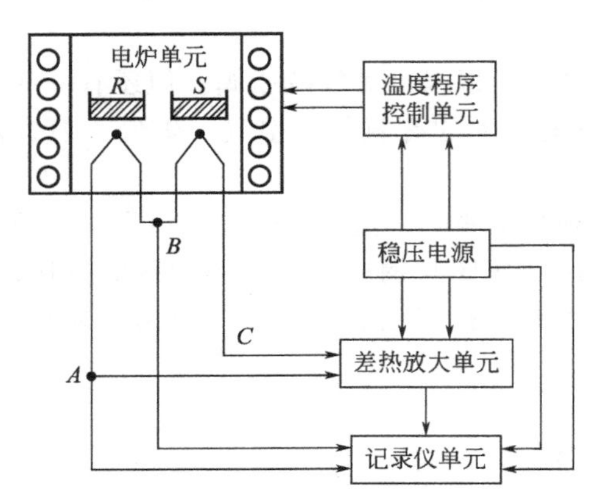

图 72-1　差热分析原理图

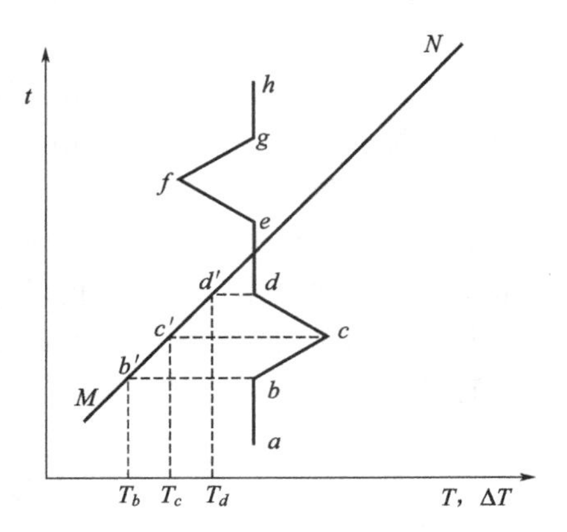

图 72-2　差热分析曲线

从差热图上可清晰地看到差热峰的数目、位置、方向、宽度、高度、对称性以及峰面积等。峰的数目表示在测定温度范围内，待测样品发生变化的次数；峰的位置表示物质发生变化的转化温度范围（如图 72-2 中的 T_b）；峰的方向表明体系发生热效应的正负性；峰面积说明热效应的大小：在相同条件下，峰面积大的表示热效应也大。

在相同的测定条件下，许多物质的热谱图具有特征性：即一定的物质就有一定的差热峰的数目、位置、方向、峰温等，所以，可通过与已知的热谱图的比较来鉴别样品的种类、相变温度、热效应等物理化学性质。理论上讲，可通过峰面积的测量对物质进行定量分析，在峰面积的测量中，峰前后基线在一条直线上时，可以按照三角形的方法求算面积，但是更多的时候，基线并不一定和时间轴平行，峰前后的基线也不一定在同一直线上（见图 72-3）。此时可以按照作切线的方法确定峰的起点、终点和峰面积（峰面积的测量方法见附注）；从差热图谱中峰的方向和面积可测得变化过程的热效应（吸热、放热以及热量的数值）。样品的相变热 ΔH 可按下式计算：

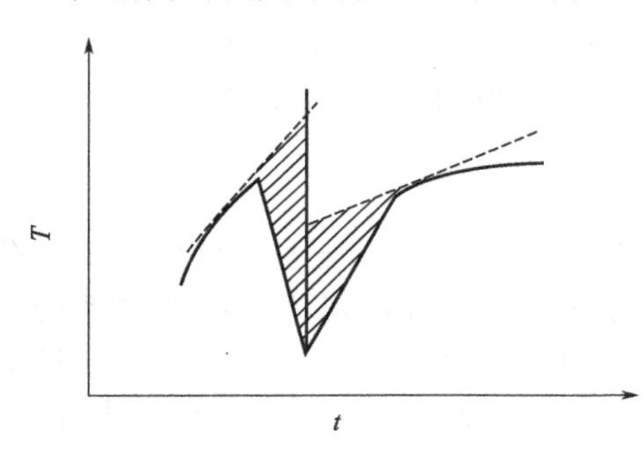

图 72-3　测定面积的方法

$$\Delta H=\frac{K}{m}\int_b^d \Delta T\mathrm{d}\tau \qquad (72\text{-}1)$$

式中，m 为样品质量；b、d 分别为峰的起始、终止时刻；ΔT 为时间 τ 内样品与参比物的温差；$\int_b^d \Delta T\mathrm{d}\tau$ 代表峰面积；K 为仪器常数，可用数学方法推导，但较麻烦，本实验采用已知热效应的锡进行标定。已知纯锡的熔化热为 59.36J/g，可由锡的差热峰面积求得 K 值。

另外，峰高、峰宽及对称性除与测定条件有关外，往往还与样品变化过程的动力学因素有关。由差热图谱的特征还可以计算某些反应的活化能和反应级数等。因此，差热分析广泛应用于化学、化工、冶金、陶瓷、地质和金属材料等领域的科研和生产部门。

2. 影响差热分析的几个主要因素

影响差热分析结果的因素有很多，主要的影响因素包括以下几个方面。

（1）升温速率　升温速率对差热曲线有重大影响，常常影响峰的形状、分辨率和峰所对应的温度值。比如当升温速率较低时，基线漂移较小，分辨率较高，可分辨距离很近的峰，但测定时间相对较长；而升温速率高时，基线漂移严重，分辨率较低，但测试时间较短。一般选择每分钟 2～20℃。

(2) 气氛及压力　许多样品在热分解中受加热炉中气氛及压力的影响较大。如 $CaC_2O_4 \cdot H_2O$在氮气和空气气氛下分解时曲线是不同的，在氮气气氛下 $CaC_2O_4 \cdot H_2O$ 第二步热解时会分解出 CO 气体，产生吸热峰，而在空气气氛下热解时放出的 CO 会被氧化，同时放出热量呈现放热峰。因此，应该根据样品的特点选择适当的气氛及压力。

(3) 参比物的选择　作为参比物的材料必须具备的条件是在测定温度范围内保持热稳定，一般用 α-Al_2O_3、MgO（煅烧过）、SiO_2 及金属镍等。选择时应尽量采用与待测物比热容、热导率及颗粒度相一致的物质，以提高准确性。

(4) 稀释剂　稀释剂是指在试样中加入一种与试样不发生任何反应的惰性物质，常常是参比物质。稀释剂的加入使样品与参比物的热容相近，能有助于改善基线的稳定性，提高检出灵敏度，但同时也会降低峰的面积。

(5) 样品处理　样品粒度大约为 200 目左右，颗粒小可以改善导热条件，但太细可能破坏晶格或分解。样品用量与热效应大小及峰间距有关，一般为几毫克。

(6) 走纸速度　走纸速度大则峰的面积大、面积误差可小些，但峰的形状平坦且浪费纸张。走纸速度太小，对原来峰面积小的差热峰不易看清楚。因此，要根据不同样品选择适当的走纸速度。如本实验中选择 20cm/h。

综上所述，影响差热曲线的因素很多，因此在运用差热分析方法研究体系时，必须认真查阅文献，审阅体系，找出合适的实验条件方可进行测试。

本实验使用的 PCR-1A 型差热仪属于中温、微量型差热仪，其主要由温控系统、差热系统、试样测温系统和记录系统四部分组成。

三、实验仪器与试剂

(1) 仪器　差热分析仪（PCR-1A）1 台，交流稳压电源 1 台，镊子 2 把，铝坩埚 8 个。

(2) 试剂　α-氧化铝（AR），$CuSO_4 \cdot 5H_2O$（AR），Sn 粉（AR、200 目左右）。

四、实验步骤

(1) 打开仪器电源，预热 20min。先在两个小坩埚内分别准确称取纯锡和 α-Al_2O_3 各 5mg。升起加热炉，逆时针方向旋转到左侧。用热源靠近差热电偶的任意一热偶板，若差热笔向右移动，则该端为参比热电偶板，反之，则为试样板。用镊子小心地将样品放在样品托盘上，参比放在参比托盘上，降下加热炉（注意在欲放下加热炉的时候，务必先把炉体转回原处，然后才能放下炉子，否则会弄断样品架）。

(2) 打开差热仪主机开关，接通冷却水，控制水的流量约在 300mL/min 左右。

(3) 打开记录仪开关，分别将差热笔和温度笔量程置于 0.5mV/cm，走纸速度置于 20cm/h 量程。调节差热仪主机上差热量程为 250℃。

(4) 在空气气氛下，用调零旋钮将温度笔置于差热图纸的最右端，差热笔置于中间，将升温速率设定为 10℃/min，放下绘图笔。

(5) 按下加热开关，同时注意升温速率指零旋钮左偏（不左偏时不能进行升温，需停机检查）。按下升温，进行加热，仪器自动记录。

(6) 等到绘图纸上出现一个完整的差热峰时，停止加热。旋起加热炉，用镊子取下坩埚。将加热炉冷却降温至 70℃以下，将预先称好的 α-Al_2O_3 和 $CuSO_4 \cdot 5H_2O$ 试样分别放在样品保持架的两个小托盘上，在与锡相同的条件下升温加热，直至出现两个差热峰为止。

(7) 按照上述步骤，每个样品测定差热曲线两次。

(8) 实验结束后，抬起记录笔，关闭记录仪电源开关、加热开关，按下程序功能“0”

键，关闭电源开关，升起炉子，取出样品，关闭水源和电源。

五、注意事项

(1) 坩埚一定要清理干净，否则埚垢不仅影响导热，而且杂质在受热过程中也会发生物理化学变化，影响实验结果的准确性。

(2) 样品必须研磨得很细，否则差热峰不明显，但也不宜太细。一般差热分析样品研磨到 200 目为宜。

(3) 双笔记录仪的两支笔并非平行排列，为防二者在运动中相碰，制作仪器时，二者位置上下平移一段距离，称为笔距差。因此，在差热图上求转折温度时应加以校正。

六、实验记录与数据处理

(1) 在本实验条件下，差热测量温度范围为 0～320℃ [实验所用为铂/铂-铑（10%）热电偶]，根据差热曲线，对所得锡和 $CuSO_4 \cdot 5H_2O$ 的差热图谱进行定性分析，解释各变化的意义。

(2) 计算差热峰面积，再根据公式（72-1）求出所测样品的热效应。

(3) 样品 $CuSO_4 \cdot 5H_2O$ 的各个峰分别代表什么变化？根据实验结果，结合无机化学知识，推测 $CuSO_4 \cdot 5H_2O$ 中 5 个 H_2O 的结构状态，并写出相应的反应方程式。

七、思考题

(1) 如何应用差热曲线来解释物质的物理变化及化学变化过程？

(2) 差热曲线的形状与哪些因素有关？影响差热分析结果的主要因素是什么？

(3) DTA 和简单热分析（步冷曲线法）有何异同？

(4) 试从物质的热容解释差热曲线的基线漂移？

(5) 在什么情况下，升温过程与降温过程所得到的差热分析结果相同？在什么情况下，只能采用升温或降温方法？

【附注】 差热峰面积的测量

(1) 三角形法　若差热峰对称性好，可以作等腰三角形处理，即用峰高×半峰宽的方法来求面积，即

$$A=hy_{1/2}$$

式中，A 为峰面积；h 为峰高；$y_{1/2}$ 为峰高 1/2 处的峰宽。

这种方法所得结果往往偏小，之后有人从经验总结加以修正，对差热峰的修正式可采用下式求得近似的峰面积：

$$A=hy_{0.4} \quad 或 \quad A=\frac{h}{3}y_{0.1}y_{0.5}y_{0.9}$$

式中，$y_{0.1}$、$y_{0.4}$、$y_{0.5}$、$y_{0.9}$ 分别为峰高 1/10、4/10、5/10、9/10 处的峰宽。

(2) 面积仪法　当差热峰不对称时，常常用此方法。面积仪是手动方法测量面积的仪器，可准确到 $0.1cm^2$。当被测面积小时，相对误差就大，必须重复测量多次取平均值，以提高准确度。

(3) 剪纸称量法　若记录纸均匀，可将差热峰分别剪下来在分析天平上称得其质量，其数值可代替面积带入计算公式。当面积小时误差较大，但也是常用方法之一。

除上述几种方法以外还有图解积分法，但比较麻烦。如果差热分析仪附有积分仪，则可以直接从积分仪上读得或自动记录下差热峰的面积。它是一种自动测量某一曲线围成面积的仪器。使用时要注意仪器的线性范围、基线漂移等问题。它在峰面积测量中的使用范围正在不断扩大，是解决峰面积测量自动化的方向。

实验73 凝固点降低法测定摩尔质量

一、实验目的

(1) 测定溶液的凝固点降低值，计算萘的摩尔质量；

(2) 掌握溶液凝固点的测定技术，加深对稀溶液依数性质的理解；

(3) 掌握精密数字温度（温差）测量仪的使用方法。

二、实验原理

当稀溶液凝固析出纯固体溶剂时，则溶液的凝固点低于纯溶剂的凝固点，其降低值与溶液的质量摩尔浓度成正比，即

$$\Delta T = T_f^* - T_f = K_f m_B \tag{73-1}$$

式中，T_f^* 为纯溶剂的凝固点；T_f 为溶液的凝固点；m_B 为溶液中溶质 B 的质量摩尔浓度，mol/kg；K_f 为溶剂的质量摩尔凝固点降低常数，K/(mol·kg)，它的数值仅与溶剂的性质有关。环己烷的 $K_f = 20.0$K/(mol·kg)。

若称取一定量的溶质 W_B(kg) 和溶剂 W_A(kg) 配成稀溶液，则此溶液的质量摩尔浓度为：

$$m = \frac{W_B}{M_B W_A} \tag{73-2}$$

式中，M_B 为溶质 B 的摩尔质量，kg/mol。将该式代入式(73-1)，整理得：

$$M_B = K_f \frac{W_B}{\Delta T_f W_A} \tag{73-3}$$

若已知某溶剂的凝固点降低常数 K_f 值，通过实验测定此溶液的凝固点降低值 ΔT_f，即可计算溶质的摩尔质量 M_B。

通常测凝固点的方法是将溶液逐渐冷却，但冷却到凝固点，并不析出晶体，往往成为过冷溶液。然后由于搅拌或加入晶种促使溶剂结晶，由结晶放出的凝固热使体系温度回升，当放热与散热达到平衡时，温度不再改变。此固液两相共存的平衡温度即为溶液的凝固点。但过冷或寒剂温度过低，则凝固热抵偿不了散热，此时温度不能回升到凝固点，在温度低于凝固点时完全凝固，就得不到正确的凝固点。从相律看，溶剂与溶液的冷却曲线形状不同。对纯溶剂两相共存时，条件自由度 $f^* = 1-2+1=0$，冷却曲线出现水平线段，其形状如图 73-1(a) 所示。对溶液两相共存时，条件自由度 $f^* = 2-2+1=1$，温度仍可下降，但由于溶剂凝固时放出凝固热，使温度回升，但回升到最高点又开始下降，所以冷却曲线不出现水平线段，如图 73-1(b) 所示。由于溶剂析出后，剩余溶液的浓度变大，显然回升的最高温度不是原浓度溶液的凝固点，严格的做法应作冷却曲线，并按图 73-1(b) 中所示方法加以校正。但由于冷却曲线不易测出，而真正的平衡浓度又难以直接测定，实验总是用稀溶液，并控制条件使其晶体析出量很少，所以以起始浓度代替平衡浓度，对测定结果不会产生显著影响。

本实验测纯溶剂与溶液凝固点之差，由于差值较小，所以测温需用较精密仪器，本实验使用数字贝克曼温度计。

三、实验仪器与试剂

(1) 仪器　烧杯 2 个（1000mL），数字贝克曼温度计 1 台，普通温度计（0～50℃）1 支，压片机 1 台，吸耳球 1 个，移液管（20mL）1 支。

(2) 试剂　萘丸（AR），环己烷（AR）。

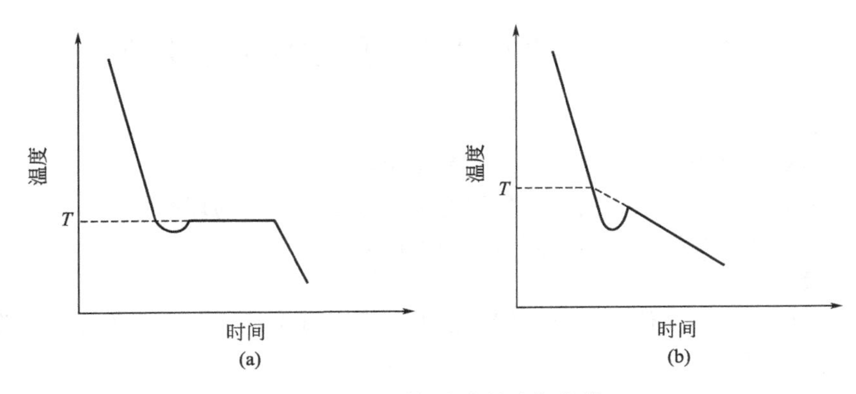

图 73-1 溶剂与溶液的冷却曲线

四、实验步骤

1. 准备

将仪器按图 73-2 安装好，取自来水注入冰浴槽中（水量以注满浴槽体积 2/3 为宜），然后加入冰屑以保持水温在 3～5℃。

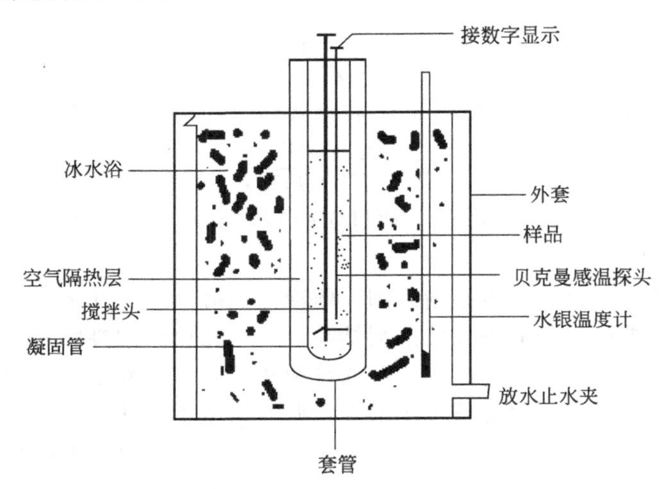

图 73-2 凝固点降低实验装置

2. 纯溶剂环己烷凝固点的测定

(1) 纯溶剂环己烷近似凝固点的测定 用移液管取 50mL 环己烷注入冷冻管并浸入水浴中，不断搅拌该液，使之逐渐冷却，当有固体开始析出时，停止搅拌，擦去冷冻管外的水，移到空气浴的外套管中，再一起插入冰水浴中，缓慢搅拌该液，同时观察数字贝克曼温度计的读数，当温度稳定后，记下读数，即为环己烷的近似凝固点。

(2) 纯溶剂环己烷精确凝固点的测定 取出冷冻管，温热之，使环己烷的结晶全部融化。再次将冷冻管插入冰水浴中，缓慢搅拌，使之逐渐冷却，并观察温度计的温度，当环己烷溶液的温度降至高于近似凝固点的 0.5℃时，迅速取出冷冻管，擦去水后插入空气套管中，并缓慢搅拌（每秒 1 次），使环己烷的温度均匀地降低。当温度低于近似凝固点 0.2～0.3℃时应急速搅拌（防止过冷超过 0.5℃），促使固体析出。当固体析出时，温度开始回升，立即改为缓慢搅拌，一直到温度达到最高点，此时记下的温度即为纯溶剂的精确凝固点。重复 3 次取其平均值。

3. 溶液凝固点的测定

取出冷冻管，温热之，使环己烷结晶熔化。取 0.114g 的萘片由加样口投入冷冻管内的环己烷溶液中，待萘全部溶解后，依（2）的步骤测定溶液的近似凝固点与精确凝固点，重复 3 次，取平均值，再加 0.120g，按同样的方法，测另一浓度的凝固点。

五、注意事项

（1）搅拌速率的控制是做好本实验的关键，每次测定应按要求的速率搅拌，并且测溶剂与溶液凝固点时搅拌条件要完全一致。

（2）寒剂温度对实验结果也有很大影响，过高会导致冷却太慢，过低则测不出正确的凝固点。

（3）凝固点的确定较为困难。先测一个近似凝固点，精确测量时，在接近近似凝固点时，降温速率要减慢，到凝固点时快速搅拌。

（4）实验所用的内套管必须洁净、干燥。

（5）冷却过程中的搅拌要充分，但不可使搅拌桨超出液面，以免把样品溅在器壁上。

六、实验记录与数据处理

（1）将实验数据列入表 73-1 中。

（2）由所得数据计算萘的摩尔质量，并计算与理论值的相对误差。

表 73-1　实验数据记录表

物质	质量	凝固点			凝固点降低值
		测量值		平均值	
环己烷		1			
		2			
		3			
萘		1			
		2			
		3			
		1			
		2			
		3			

七、思考题

（1）什么叫凝固点？凝固点降低公式在什么条件下才适用？它能否用于电解质溶液？

（2）为什么会产生过冷现象？如何控制过冷程度？

（3）为什么要使用空气夹套？过冷太甚有何弊病？

（4）为什么要先测近似凝固点？

（5）根据什么原则考虑加入溶质的量，太多或太少有何影响？

（6）当溶质在溶液中有解离、缔合、溶剂化或形成配合物时，测定的结果有何意义？

实验 74　纯液体饱和蒸气压的测量

一、实验目的

（1）深入了解纯液体的饱和蒸气压与温度的关系——Clausius-Clapeyron（克劳修斯-克

拉贝龙）方程式的意义；

（2）用平衡管及数字式真空计测定环己烷在不同温度下的饱和蒸气压，初步掌握低真空实验技术；

（3）学会由图解法求被测液体在实验温度范围内的平均摩尔气化热和正常沸点；

（4）了解旋片式真空泵、缓冲储气罐、数字式气压计的使用及注意事项。

二、实验原理

1. 饱和蒸气压、正常沸点和平均汽化热

在通常温度下（距离临界温度较远时），纯液体与其蒸气达平衡时的蒸气压称为该温度下液体的饱和蒸气压，简称为蒸气压。蒸发 1mol 液体所吸收的热量称为该温度下液体的摩尔汽化热。蒸气压随温度而变化，温度升高，蒸气压增大；温度降低，蒸气压降低。蒸气压等于外界压力时，液体便沸腾，此时的温度称为沸点，当外压为 $p^{\ominus}$（101.325kPa）时，液体的沸点称为该液体的正常沸点。液体的饱和蒸气压与温度的关系用克劳修斯-克拉贝龙方程式表示：

$$\frac{\mathrm{d}\ln p}{\mathrm{d}T}=\frac{\Delta_{\mathrm{vap}}H_{\mathrm{m}}}{RT^{2}} \tag{74-1}$$

假定 $\Delta_{\mathrm{vap}}H_{\mathrm{m}}$ 与温度无关，或因温度范围较小，$\Delta_{\mathrm{vap}}H_{\mathrm{m}}$ 可以近似作为常数，积分上式得：

$$\ln p=-\frac{\Delta_{\mathrm{vap}}H_{\mathrm{m}}}{R}\cdot\frac{1}{T}+c \tag{74-2}$$

由式(74-2) 可知，在一定温度范围内，测定不同温度下的饱和蒸气压，以 $\ln p$ 对 $1/T$ 作图，应为一直线，直线的斜率为 $-\Delta_{\mathrm{vap}}H_{\mathrm{m}}/R$，由斜率可求算出实验温度范围内液体的平均摩尔汽化热 $\Delta_{\mathrm{vap}}H_{\mathrm{m}}$。

2. 测定饱和蒸汽压的方法

（1）动态法　测量沸点随施加的外压力而变化的一种方法。液体上方的总压力可调，而且用一个大容器的缓冲瓶维持给定值，汞压力计测量压力值，加热液体待沸腾时测量其温度。

（2）饱和气流法　在一定温度和压力下，用干燥气体缓慢地通过被测纯液体，使气流为该液体的蒸气所饱和。用吸收法测量蒸气量，进而计算出蒸气分压，此即该温度下被测纯液体的饱和蒸气压。该法适用于蒸气压较小的液体。

（3）静态法　在一定温度下，直接测量饱和蒸气压。此法适用于具有较大蒸气压的液体。静态法有升温法和降温法两种。

本实验采用静态法中的降温法测定环己烷在不同温度下的饱和蒸气压。平衡管由 A 球和 U 形管 B、C 组成，如图 74-1 所示。平衡管上接一冷凝管，以橡皮管与缓冲储气罐（缓冲储气罐与数字压力计）相连。A 内装待测液体，当 A 球的液面上纯粹是待测液体的蒸气，而 B 管与 C 管的液面处于同一水平时，则表示 B 管液面上的蒸气压（即 A 球液面上的蒸气压）与加在 C 管液面上的外压相等。此时，体系气液两相平衡的温度称为液体在此外压下的沸点。用当时的大气压减去数字式气压计的气压值，即为该温度下液体的饱和蒸气压。

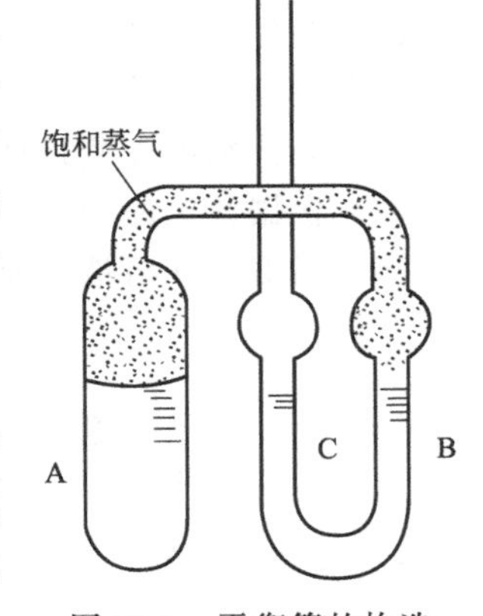

图 74-1　平衡管的构造

三、实验仪器与试剂

（1）仪器　纯液体饱和蒸气压测定装置 1 套，DP-AF 精密数字压力计（−100～0kPa），76-1 型玻璃恒温水浴装置 1 套（包括 SWQP 数字控温仪），旋片式真空泵（公用）1 个，缓冲储气罐，乳胶管，橡皮管。

（2）试剂　环己烷（AR）。

四、实验步骤

1. 系统气密性检查

仪器装置如图 74-2 所示。在开始实验前要检查装置是否漏气，关闭储气气罐的平衡阀 1，打开进气阀和平衡阀 2，开动真空泵，当测压仪的示数为－50～60kPa 时，关闭进气阀，观察测压仪读数，若读数不变，则系统不漏气；若真空度下降，则系统漏气，要查清漏气原因并排除之。

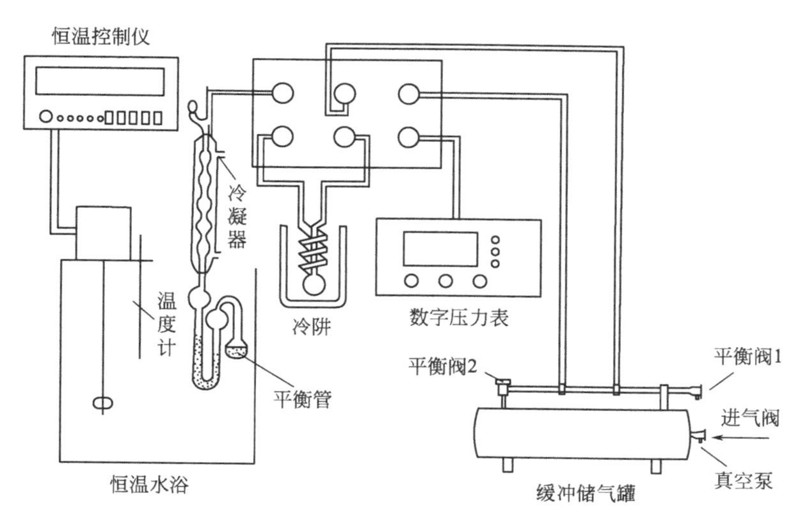

图 74-2　液态饱和蒸气压测定装置

2. 装置仪器

按图 74-2 安装好液体饱和蒸气压测定装置。若体系不漏气，则在平衡管的 A 球中装入 2/3 体积的环己烷，在 B、C 球之间的 U 形管中也装入少量环己烷。U 形管中不可装太多，否则，既不利于观察液面，也易于倒灌。将平衡管安装到装置上，通冷凝水。

3. 测定不同温度下液体的饱和蒸气压

转动平衡阀 1 使系统与大气相通。开动搅拌器，并将水浴加热。随着温度逐渐上升，平衡管中有气泡逸出。继续加热至正常沸点之上大约 3℃。保持此温度数分钟，以便将平衡管中的空气赶净。

（1）测定大气压力下的沸点

测定前须正确读取大气压的数据。

系统空气被赶净后，停止加热。让温度缓慢下降，C 管中的气泡将逐渐减少直至消失。C 管液面开始上升而 B 管液面下降，严密注视两管液面，一旦两液面处于同一水平时，记下此时的温度。细心而快速地转动平衡阀 2，使系统与泵略微连通，迅速升温，既要防止空气倒灌，也应避免系统突然减压。重复测定三次。结果应在测量允许误差范围内，即证明空气已赶净。

（2）测定不同温度下纯液体的饱和蒸气压

在大气压力下测定沸点之后，旋转平衡阀 1，使系统慢慢减压至压差约为 5kPa，平衡管内液体又明显气化，有气泡不断逸出。注意勿使液体暴沸。随着温度下降，气泡再次减少直至消失。同样等到 B、C 两管液面相平时，记下温度和真空表读数。再次转动平衡阀 1，缓慢减压。减压幅度同前，直至烧杯内水浴温度下降至 50℃左右，停止实验，再次读取大气压力。

4. 实验结束

实验结束后，慢慢打开平衡阀 1，使压力表恢复零位。关闭冷却水，将进气阀旋至与大气相通。拔去所有电源插头，整理好仪器装置，但不要拆装置。

五、注意事项

(1) 减压系统不能漏气，否则抽气时达不到本实验要求的真空度。

(2) 必须充分排净 AB 弯管空间中的全部空气，使 AB 管液面上空只含液体的蒸气分子。AB 管必须放置于恒温水浴中的水面以下，否则其温度与水浴温度不同。

(3) 升温法测定中，打开进空气活塞时，切不可太快，以免空气倒灌入 AB 弯管的空间中，如果发生倒灌，则必须重新排除空气。

(4) 降温法测定中，当 B、C 两管中的液面平齐时，读数要迅速，读毕应立即打开活塞抽气减压，防止空气倒灌。若发生倒灌现象，必须重新排净 AB 弯管内之空气。

(5) 注意在停止抽气时，应先把真空泵与大气相通，打开平衡阀 1 通大气后方可关闭真空泵，否则可能使真空泵中的油倒灌入系统。

六、实验记录与数据处理

(1) 数据记录：将温度、压力数据列表，算出不同温度的饱和蒸气压。

大气压=________ kPa，室温=________℃

p(蒸气压)=大气压+气压计的读数(负值)(即真空度示数)

(2) 绘出环己烷的蒸气压-温度曲线，从曲线中均匀读取 10 个点，列出相应的数据表。

(3) 以 $\ln p$ 对 $1/T$ 作图，求出直线的斜率，并由斜率算出此温度间隔内环己烷的平均摩尔汽化热 $\Delta_{vap}H_m$，通过图求算出环己烷的正常沸点。

七、思考题

(1) 如何判断平衡管中 AB 间空气已全部排出？如未排尽空气，对实验有何影响？怎样防止空气倒灌？

(2) 测定装置中安置缓冲储气罐起什么作用？冷凝管又起什么作用？平衡管的 U 形管中的液体起什么作用？

(3) 若用纯液体饱和蒸气压测量装置测易燃液体的饱和蒸气压，加热时应注意什么？

实验 75 双液系的气-液平衡相图

一、实验目的

(1) 用沸点仪测定常压下乙醇-环己烷的气液平衡相图；

(2) 了解沸点的测定方法；

(3) 掌握超级恒温水浴的使用方法；

(4) 掌握阿贝折光仪的测量原理及使用方法。

二、实验原理

两种在常温时为液态的物质混合起来而成的二组分体系称为双液系。若两液体按任意比例互相溶解，称为完全互溶双液系。完全互溶双液系在恒定压力下，沸点与组成关系有下列三种情况：① 溶液沸点介于两个纯组分沸点之间，如苯与甲苯，如图 75-1(a) 所示；②溶液有最低恒沸点，如乙醇与环己烷，如图 75-1(b) 所示；③溶液有最高恒沸点，如卤化氢与水，如图 75-1(c) 所示。

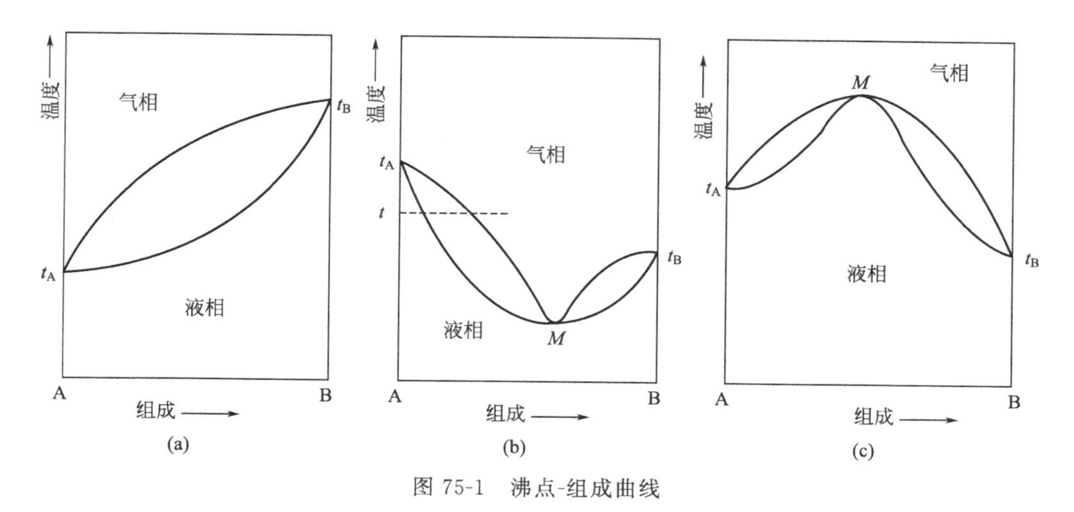

图 75-1　沸点-组成曲线

图 75-1(b) 表示有最低恒沸点体系的沸点-组成图，图中下方曲线是液相线，上方曲线是气相线，等温的水平线与气、液相线的交点表示该温度（沸点）时，互相平衡的气液两相的组成。它们一般是不相同的，只有 M 点的气液两相组成相同，M 点的温度就称为该体系的最低恒沸点，M 点代表的组成即为该恒沸混合物的组成。

绘制这类沸点-组成曲线，要求同时测定溶液的沸点及气液平衡两相的组成。本实验用回流冷凝法测定乙醇-环己烷溶液在不同组成时的沸点，平衡气、液相组成则利用组成与折射率之间的关系，应用阿贝折光仪间接测得。为了求出相应的组成，必须先测定已知组成溶液的折射率，做出折射率对组成的工作曲线，在此曲线上即可查得对应于样品折射率的组成。表 75-1 给出了乙醇-环己烷溶液的折射率-组成数据，供作工作曲线时采用。

表 75-1　30℃ 乙醇-环己烷的折射率-组成数据（环己烷组成以摩尔分数表示）

$x_{环己烷}$	0.000	0.100	0.200	0.402	0.500	0.600	0.801	0.901	1.000
n_D^{30}	1.3570	1.3657	1.3743	1.3890	1.3951	1.4009	1.4112	1.4158	1.4202

三、实验仪器与试剂

(1) 仪器　沸点测定仪 1 套，阿贝折光仪 1 台，超级恒温水浴 1 台，温度计（50～100℃，1/10℃）1 支，长滴管 2 支，电吹风 1 个，擦镜纸。

(2) 试剂　无水乙醇（AR），环己烷（AR）。

四、实验步骤

1. 安装沸点仪

将干燥的沸点仪如图 75-2 安装好。检查带有温度计的橡皮塞是否塞紧，加热用的电热丝要靠近底部中心又不得触碰瓶壁。温度计的水银球的位置在支管之下并高于电热丝 1cm 左右，水银球应有一半浸入溶液中。

2. 溶液沸点及平衡气、液两相组成的测定

从加液口处加入 20mL 环己烷于烧瓶中，连接好线路，打开回流冷却水，通电并调节调压变压器的电压约为 15V，使液体加热至沸腾，观察蒸气在冷凝管中回流的高度，不宜太高，以 2cm 较合适，这可通过调节电压和冷凝水的流量来控制。保持液体以恒定速度沸腾，回流一段时间，使冷凝液不断更新分馏液处的液体，直到温度计读数稳定为止，记下此刻的温度即为环己烷的沸点。切断电源，停止加热，充分冷却后，用滴管分别从冷凝管下端分馏液处及加液口处取样，用阿贝折光仪测定气相、液相的折射率。

在20mL环己烷中依次添加0.5、1、2、5、5mL无水乙醇，按上述方法测定各溶液的沸点及平衡气、液相的折射率。

实验结束后，把沸点仪中的溶液倒入废液回收瓶中，用电吹风把烧瓶及电热丝吹干，再安好装置。注入20mL乙醇，测其沸点，再依次加入1、2、5mL环己烷，同样按上述方法测定各溶液的沸点及平衡气、液相的折射率。

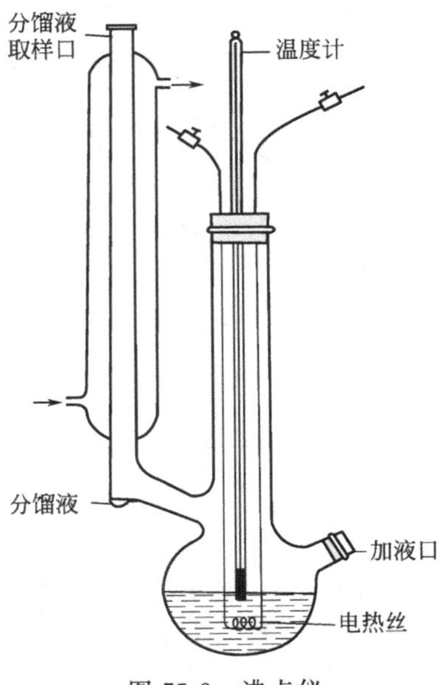

图75-2　沸点仪

五、注意事项

(1) 安装沸点仪时，温度传感器（或温度计）不要直接碰到加热丝。

(2) 沸点测定时，电热丝应完全浸入到溶液中，否则通电加热时可能会引起有机液体燃烧。

(3) 加热功率不能太大，加热丝上有小气泡逸出即可，加热丝的电压不得超过20V。

(4) 实验过程中必须在沸点仪的冷凝管中通入冷却水，使气相全部冷凝。

(5) 一定要使体系达到气液平衡即温度稳定后，读取沸点，停止加热，充分冷却后才能取样分析其折射率。取样后的滴管不能倒置。

(6) 使用阿贝折光仪时，棱镜不能触及硬物（特别是滴管）。棱镜上加入被测溶液后立即关闭镜头，迅速测定，以防液体样品挥发。

(7) 在测定纯液体样品时，沸点仪必须是干燥的，在整个实验中，取样管必须是洁净、干燥的。

六、实验记录与数据处理

(1) 将实验数据填入表75-2中：室温：________℃，大气压：________ Pa。

表75-2　乙醇-环己烷溶液的沸点及平衡气、液相的折射率和组成

混合物的体积组成		沸点	气相冷凝液分析		液相冷凝液分析	
环己烷 V/mL	乙醇 V/mL	t/℃	折射率	$x_{环己烷}$	折射率	$x_{环己烷}$
20	0					
—	0.5					
—	1					
—	2					
—	5					
—	5					
0	20					
1	—					
2	—					
5	—					

(2) 由表75-1中数据作30℃时乙醇-环己烷溶液的折射率-组成工作曲线。

(3) 利用工作曲线由折射率确定气、液相的组成填入表75-2，由表中数据绘制实验大气压下乙醇-环己烷双液系的沸点-组成曲线，并由相图确定此双液系恒沸温度和恒沸混合物的组成。

(4) 文献值：标准压力下环己烷-乙醇体系相图的恒沸点为 64.8℃，恒沸混合物中环己烷的摩尔分数为 0.545。

七、思考题

(1) 在该实验中，测定工作曲线时折射率的恒温温度与测定样品时折射率的恒温温度是否需要保持一致？为什么？

(2) 在实验中，样品的加入量应十分精确吗？为什么？

(3) 为什么工业上常生产 95%酒精？只用精馏含水酒精的方法是否可能获得无水酒精？

(4) 试估计哪些因素是本实验的误差主要来源？

【附注】 数字阿贝折光仪

阿贝折光仪可直接用来测定液体的折射率，定量地分析溶液的组成，鉴定液体的纯度。同时，物质的摩尔折射度、摩尔质量、密度、极性分子的偶极矩等也都可与折射率数据相关联，因此它也是物质结构研究工作的重要工具。折射率的测量，所需样品量少，测量精度高(折射率可精确到 1×10^{-4})，重现性好。所以，阿贝折光仪是教学实验和科研工作中常用的光学仪器。近年来，由于电子技术和电子计算机技术的发展，通常人们在科研和教学中均使用数字阿贝折光仪。在此介绍常用的 WAY-1S 型数字阿贝折光仪。

1. 数字阿贝折光仪测定液体介质折射率的基本原理

当一束光从一种各向同性的介质 m 进入另一种各向同性的介质 M 时，不仅光速会发生改变，如果传播方向不垂直于 m/M 界面，还会发生折射现象，如图 75-3 所示。根据斯涅耳(Snell) 折射定律，波长一定的单色光在温度、压力不变的条件下，其入射角 α_m 和折射角 β_M 与这两种介质的折光率 n（介质 M)、N（介质 m) 呈下列关系，即

$$N\sin\alpha_m = n\sin\beta_M \tag{75-1}$$

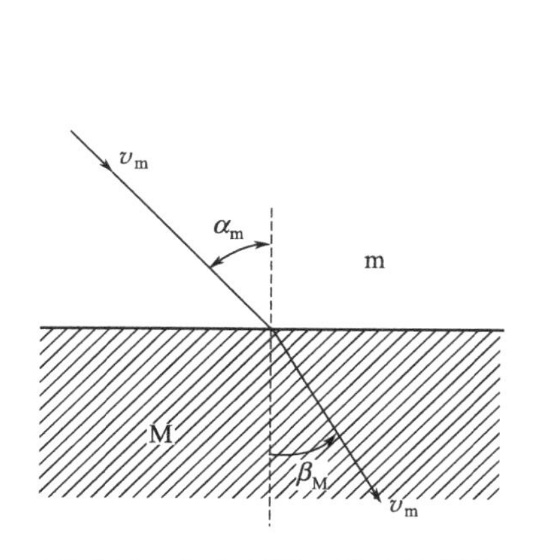

图 75-3 光在不同介质中的折射

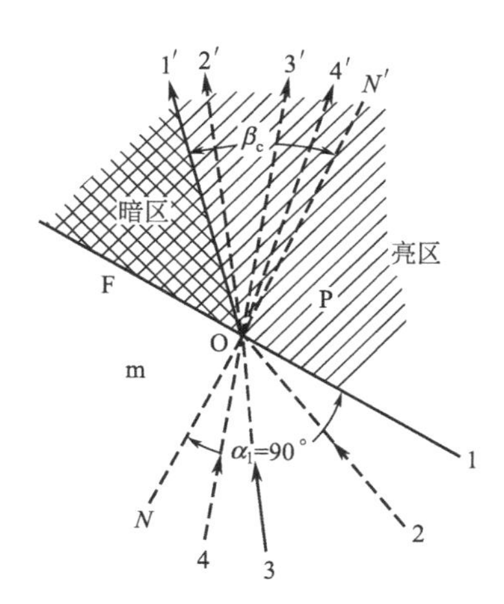

图 75-4 阿贝折光仪的临界折射

阿贝折光仪是根据临界折射现象设计的，如图 75-4 所示。试样 m 置于测量棱镜 P 的镜面 F 上，而棱镜的折射率 n_P 大于试样的折射率 n。如果入射光 I 正好沿着棱镜与试样的界面 F 射入，其折射光为 I'，入射角 $\alpha_1=90°$，折射角为 β_c，此即称为临界角，因为再没有比 β_c 更大的折射角了。大于临界角的构成暗区，小于临界角的构成亮区。因此 β_c 具有特征意义，根据式(75-1) 可得：

$$n = n_P \frac{\sin\beta_c}{\sin 90^\circ} = n_P \sin\beta_c \qquad (75\text{-}2)$$

显然，如果已知棱镜 P 的折射率 n_P，并且在温度、单色光波长都保持恒定值的实验条件下，测定临界角 β_c，就可得到 n。WAY-1S 型数字阿贝折光仪则由角度-数字转换系统将角度量转换成数字量，再输入微机系统进行数据处理，而后以数字显示出被测样品的折射率。仪器工作原理框图见图 75-5。

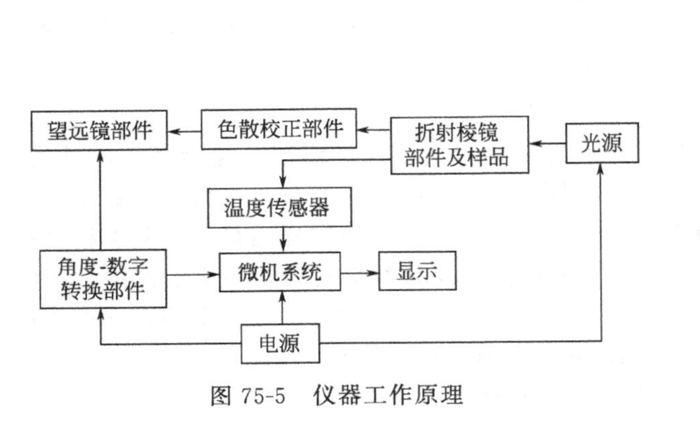

图 75-5　仪器工作原理

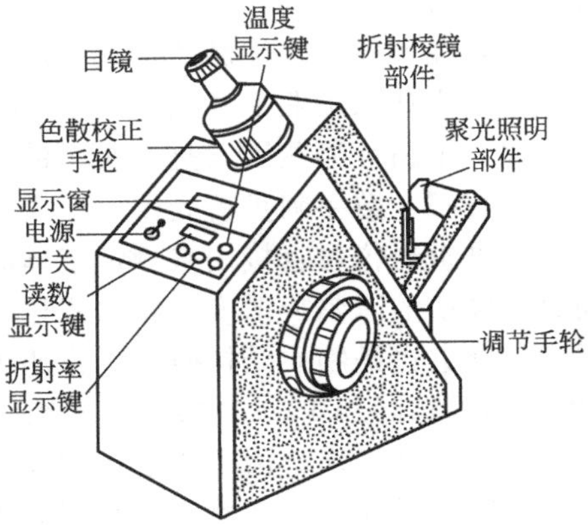

图 75-6　外形结构示意

2. WAY-1S 型数字阿贝折光仪主要技术参数

WAY-1S 型数字阿贝折光仪的外形结构如图 75-6 所示，当仪器与恒温水浴配套使用时，仪器可数字显示样品的温度。

(1) 折射率 n_D 测量范围：1.3000～1.7000；

(2) 折射率 n_D 测量精度：±0.0002；

(3) 温度显示范围：0～50℃。

3. 使用方法

(1) 用橡皮管将仪器上测量棱镜和辅助棱镜上保温夹套的进出水口与超级恒温槽串接起来（确保连接可靠），恒温温度以折光仪上的温度计读数为准，一般选用（20±0.1)℃或(25±0.1)℃。

(2) 打开仪器和恒温槽电源，此时仪器的显示窗显示“0000”。调节水浴温度，并开启水泵电源。

(3) 打开折射棱镜部件，移去擦镜纸。检查上、下棱镜表面，用滴管滴加少量丙酮（或无水酒精）清洗镜面，必要时可用擦镜纸轻轻吸干镜面（注意：用滴管时勿使管尖触碰镜面；测完样品后也必须仔细清洁两个镜面，但切勿用滤纸）。

(4) 滴加 1～2 滴试样于棱镜的工作面上，闭合进光棱镜。

(5) 旋转聚光照明部件的转臂和聚光镜筒，使上面的进光棱镜的进光表面得到均匀照明。

(6) 通过目镜观察视场，同时旋转调节手轮，使明暗分界线落在交叉线视场中。如从目镜中看到视场是暗的，可将调节手轮逆时针旋转；如是明亮的，则顺时针旋转。明亮区域在视场的顶部。在明亮视场下旋转目镜，使视场中的交叉线最清晰。

(7) 旋转目镜方缺口里的色散校正手轮，同时调节聚光镜位置，使视场中明暗两部分具有良好的反差和明暗分界线具有最小的色散。

(8) 旋转调节手轮，使明暗分界线准确对准交叉线的交点（见图 75-7）。

(9) 按面板上“READ”键，数秒后显示窗显示被测样品的折射率。为了数据的准确，必须按上述步骤分别测定三个样品，再取其平均值。

(10) 需检测样品的温度时，可按“TEMP”键，显示窗将显示被测样品的温度。

(11) 测量结束后，必须用少量丙酮（或无水酒精）和擦镜纸清洗镜面。合上折射棱镜部件前须在两个棱镜之间放一张擦镜纸。

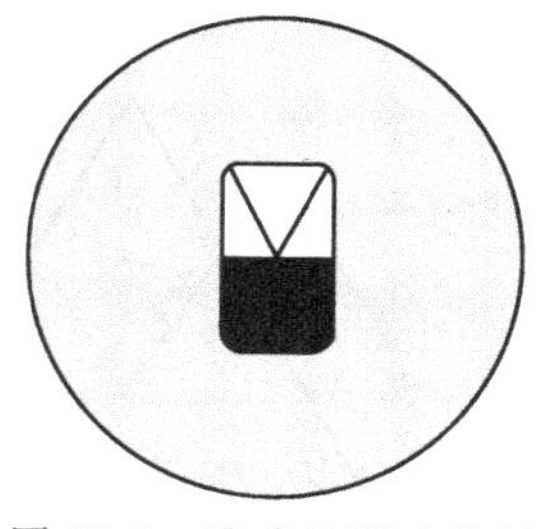

图 75-7 准确的明暗分界线与交叉线位置示意

4. 仪器校正

仪器需定期进行校正。校正的方法是用一种已知折射率的标准液体，一般使用纯水，按上述的方法进行测定，将平均值和标准值比较。纯水的 $n_D^{25}=1.3325$，在 15～30℃之间的温度系数为－0.0001/℃。如测量数据与标准值有偏差，可用工具通过色散校正手轮中的小孔，小心旋转里面的螺钉，使分划板上交叉线上下移动，然后再测量，反复进行直到测得的数据与标准值相同。

5. 注意事项

(1) 仪器应放在干燥、空气流通和温度适宜的地方，以免仪器的光学零件受潮发霉。

(2) 仪器使用前后及更换试样时，必须先清洗擦净折射棱镜的工作表面。

(3) 被测液体试样中不可含固体杂质，测试固体样品时应防止折射棱镜工作表面拉毛或产生压痕，严禁测试腐蚀性较强的样品。

(4) 仪器应避免强烈振动或撞击，防止光学零件震碎、松动而影响精度。

(5) 仪器不用时应用塑料罩将仪器遮盖或放入箱内。

(6) 使用者不得随意拆装仪器。发生故障或达不到精度要求时，应及时送修。

实验 76 三组分液-液体系的平衡相图

一、实验目的

(1) 熟悉相律，掌握用三角形坐标表示三组分体系相图；

(2) 掌握用溶解度法绘制相图的基本原理；

(3) 绘制环己烷-水-乙醇三组分体系的平衡相图。

二、实验原理

液-液平衡数据是液-液萃取和非均相恒沸精馏过程设计计算及生产操作的重要依据。液-液平衡数据的获得，目前主要是依靠实验测定。

对于三组分体系，当处于恒温、恒压条件时，根据相律，其条件自由度 f^* 为：

$$f^*=3-\Phi$$

式中，Φ 为体系的相数。体系最大条件自由度 $f^*_{max}=3-1=2$。因此，浓度变量最多只有两个，可用平面图表示体系状态和组成间的关系，通常是用等边三角形坐标表示，称之为三元相图。

设以等边三角形的三个顶点分别代表纯组分 A、B 和 C，则 AB 线代表（A+B）的两组分体系，BC 线代表（B+C）的两组分体系，AC 线代表（A+C）的两组分体系，而三角形内各点相当于三组分体系。将三角形的每一边分为 100 等份，通过三角形内任何一点 O 引平行线于各边的直线，根据几何原理，$a+b+c=AB=BC=CA=100\%$ 或 $a'+b'+c'=AB=BC=CA=100\%$。因此，O 点的组成可由 a′、b′、c′来表示，即 O 点所代表的三个组分的百

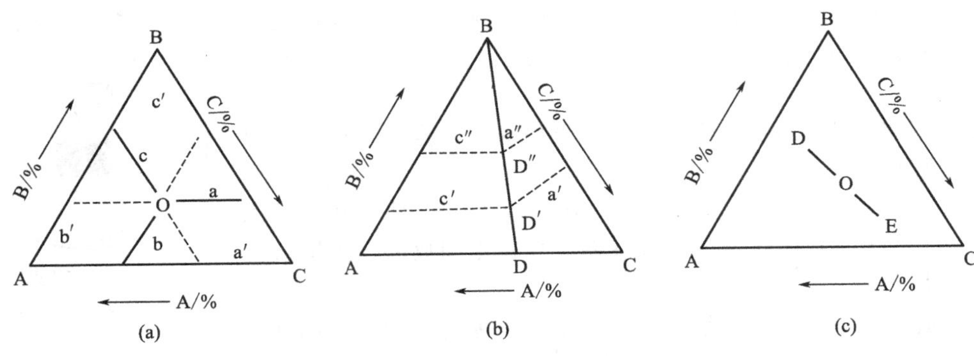

图 76-1　三角坐标表示法

分组成为：B％＝b′，C％＝c′，A％＝a′，如图 76-1(a) 所示。

等边三角形图还有以下两个特点：

(1) 通过任一顶点 B 向其对边引直线 BD，则 BD 线上的各点所表示的组成中，A、C 两个组分含量的比值保持不变。这可由三角形相似原理得到证明，即 $a'/c'=a'/c''=$ A％/C％＝常数，如图 76-1(b) 所示。

(2) 如果有两个三组分体系 D 和 E，将其混合之后其成分一定位于 D、E 两点之间的连线上，如为 O 点。根据杠杆规则，E 的量/D 的量＝DO 的长/EO 的长，如图 76-1(c) 所示。

在环己烷-水-乙醇三组分体系中，环己烷和水是不互溶的，而乙醇和环己烷及乙醇和水都是互溶的，在环己烷-水体系中加入乙醇则可促使环己烷与水的互溶。由于乙醇在环己烷层及水层中非等量分配，因此代表两层浓度的 a、b 点的连线并不一定和底边平行，如图 76-2(a)所示。设加入乙醇后体系总组成为 c，平衡共存的两相叫共轭溶液，其组成由通过 c 的连线上的 a、b 两点表示。图 76-2 中曲线以下区域为两相共存，其余部分为一相。

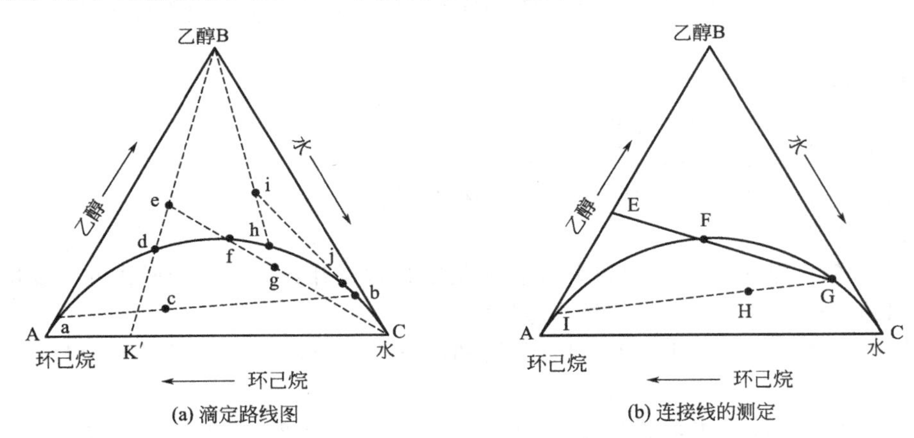

图 76-2　环己烷-水-乙醇三组分体系相图的绘制

现有一个环己烷-水的两组分体系，其组成为 K′，向其中逐渐加入乙醇，则体系总组成沿 K′B 变化（环己烷-水比例保持不变），在曲线以下区域内则存在互不混溶的两共轭相，将溶液振荡后则出现浑浊状态。继续滴加乙醇直到曲线上的 d 点，体系将由两相区进入单相区，溶液将由浑浊转为清澈，继续加乙醇至 e 点，溶液仍为清澈的单相。如果在这一体系中滴加水，则体系总组成将沿 e-C 变化（乙醇-环己烷比例保持不变），直到曲线上的 f 点。此后由单相区进入两相区，溶液开始由清澈变浑浊。继续滴加水至 g 点仍为两相。此时若在此体系中再加入乙醇，至h点则由两相区进入单相区，液体由浑浊变为清澈。如此反复进行，可获得d、f、h、j…位于曲线上的点，将它们连接即得单相区与两相区分界的曲线。

设将组成为E的环己烷-乙醇混合液，滴加到组成为G、质量为W_G的水层溶液中，如图76-2(b)所示，则体系总组成点将沿直线GE向E移动，当移至F点时，液体由浑浊变清澈（由两相变为单相），根据杠杆规则，加入环己烷-乙醇混合物的质量W_E与水层G的质量W_G之比按式（76-1）确定：

$$\frac{W_E}{W_G}=\frac{FG}{EF} \tag{76-1}$$

已知E点及FG/EF值后，可通过E作曲线的割线，使线段符合$FG/EF=W_E/W_G$，从而可确定出G点的位置。由G点通过原体系总组成点H，即得连接线GI。G及I代表总组成为H的体系的两个共轭溶液，G是它的水层。

三、实验仪器与试剂

(1) 仪器　25mL碱式滴定管2支，2mL移液管2支，1mL刻度移液管2支，250mL锥形瓶1个，50mL分液漏斗1个，50mL锥形瓶1个。

(2) 试剂　环己烷（AR），无水乙醇（AR），蒸馏水。

四、实验步骤

(1) 用移液管移取环己烷2mL放入干燥的250mL锥形瓶中，另用刻度移液管加水0.1mL（注意不使液滴沾在瓶内壁上），再用滴定管缓慢滴加乙醇，至溶液刚好由浑浊变清澈时，记下所加乙醇的体积。在此溶液中再加乙醇0.5mL，用水滴定至溶液刚由清澈返至浑浊，记下所用水的体积。按照记录表76-1中所规定的数值继续加入水，然后用乙醇滴定，如此反复进行实验。滴定时必须充分摇动，但要避免液滴沾在瓶内壁上。

(2) 在干燥的分液漏斗中加入环己烷3mL、水3mL及乙醇2mL，充分摇动后静止分层。放出下层（即水层）1mL于已称量的50mL干燥的锥形瓶中，再称其质量，然后逐滴加入50%环己烷-乙醇混合物，不断摇动，至由浑浊变清澈，再称其质量。

五、注意事项

(1) 因所测体系含有水的成分，故玻璃器皿均需干燥。

(2) 滴定管要干燥而洁净，下端不能漏液。在滴加水或乙醇的过程中必须一滴一滴地加入，且需不停地摇动锥形瓶。由于分散的“油珠”颗粒能散射光线，所以，体系出现浑浊，如在2～3min内仍不消失，即到终点。当体系乙醇含量少时要特别注意慢滴，含量多时开始可快些，接近终点时仍然要逐滴加入。锥形瓶要干净，加料和振荡后内壁不能挂液珠。

(3) 用水（或乙醇）滴定时如超过终点，可用乙醇（或水）回滴几滴恢复。记下各试剂的实际用量。在作最后几点时（环己烷含量较少），终点是逐渐变化的，需滴至出现明显浑浊，方可停止滴加。

六、实验记录与数据处理

(1) 将在实验中滴定终点时溶液中各成分的体积根据其密度换算成质量，求出各终点的质量分数，填入表76-1中，所得结果绘于三角形坐标纸上。将各点连成平滑曲线，并用虚线将曲线外延到三角形两个顶点（因水与环己烷在室温下可以看成是完全不互溶的）。

(2) 在三角坐标上定出50%环己烷-乙醇混合物的组成点E，过E作曲线的割线EG，割曲线于F，使$FG/EF=W_E/W_G$。求得G点后，与体系原始总组成点H连接，延长并与曲线交于I点，IG即为所求连接线，所得结果记于表76-2中。

表 76-1 实验数据记录表

室温______℃，气压______kPa

编号	体积/mL					质量/g				质量分数/%			终点记录
	环己烷	水		乙醇		环己烷	水	乙醇	合计	环己烷	水	乙醇	
		每次加	合计	每次加	合计								
1	2	0.1											清
2	2			0.5									浊
3	2	0.2											清
4	2			0.9									浊
5	2	0.6											清
6	2			1.5									浊
7	2	1.5											清
8	2			3.5									浊
9	2	4.5											清
10	2			7.5									浊

表 76-2 实验数据记录表

参　　数	环己烷	水	乙醇	锥形瓶质量＝
体积/mL	3	3	2	水层质量 W_G＝
质量/g				50%环己烷-乙醇混合物质量 W_E＝
质量分数/%				W_E/W_G＝

七、思考题

(1) 当体系总组成点在曲线内与曲线外时，相数有何变化？

(2) 连接线交于曲线上的两点代表什么？

(3) 根据相律说明当温度、压力恒定时，单相区的自由度是多少？

(4) 使用的锥形瓶为什么要事先干燥？

(5) 用水或乙醇滴定至清、浊变化以后，为什么还要加入过剩量？过剩量对结果有何影响？

(6) 如果滴定过程中有一次清、浊转变时读数不准，是否需要立即倒掉溶液重新做实验？

【附表】 一些常见有机化合物的密度与温度的关系

一些常见有机化合物的密度可通过经验公式进行计算：

$$\rho_t=\rho_0+\alpha(t-t_0)\times10^{-3}+\beta(t-t_0)^2\times10^{-6}+\gamma(t-t_0)^3\times10^{-9}$$

式中，ρ_0为$t=0$℃时的密度，g/cm³。

附表 一些常见有机化合物的密度与温度的关系

化合物	ρ_0	α	β	γ	温度范围/℃
四氯化碳	1.63255	−1.9110	−0.690		0～40
氯　仿	1.52643	−1.8563	−0.5309	−8.81	−53～55
乙　醚	0.73629	−1.1138	−1.237		0～70
乙　醇	0.78506(t_0=25℃)	−0.8591	−0.56	−5.0	
乙　酸	1.0724	−1.1229	0.0058	−2.0	9～100
丙　酮	0.81248	−1.100	−0.858		0～50
乙酸乙酯	0.92454	−1.168	−1.95	20.0	0～40
环己烷	0.79707	−0.8879	−0.972	1.55	0～60

摘自：International Critical Tables of Numerical Data. Physics, Chemistry and Technology. New York: McGraw-Hill Book Company Inc, 1928, Ⅲ: 28.

实验77 化学平衡常数及分配系数的测定

一、实验目的

（1）了解分配定律的应用范围；

（2）掌握从分配系数求平衡常数的方法；

（3）通过平衡常数计算 I_3^- 的解离焓。

二、实验原理

在一定温度下如果一个物质A溶解在两种互不相溶的液体溶剂中达到平衡，且A物质在这两种溶剂中都无缔合作用，则物质A在这两种溶剂中的活度之比为常数，这就是分配定律。若浓度较稀，则活度之比近似等于浓度比。用数学式(77-1)表示：

$$K_d=\frac{c_A^\alpha}{c_A^\beta} \tag{77-1}$$

式中，c_A^α 为A物质在溶剂 α 中的浓度；c_A^β 为A物质在溶剂 β 中的浓度；K_d 为与温度有关的常数，称为分配系数。式(77-1)只能用于理想溶液或稀溶液中，同时，溶质在两种溶剂中的分子形态相同，即不发生缔合、离解、络合等现象。

在恒温下，碘（I_2）溶于含有碘离子（I^-）的溶液中，大部分成为络离子（I_3^-），并存在下列平衡：

$$I_2+I^- \rightleftharpoons I_3^-$$

其平衡常数表达式为：

$$K_a=\frac{\alpha_{I_3^-}}{\alpha_{I^-}\alpha_{I_2}}=\frac{c_{I_3^-}}{c_{I^-}c_{I_2}}\times\frac{\gamma_{I_3^-}}{\gamma_{I^-}\gamma_{I_2}} \tag{77-2}$$

式中，α、c、γ 分别为活度、浓度和活度系数。由于在同一溶液中，离子强度相同（I^- 与 I_3^- 电价相同），由德拜-休克尔公式：

$$\lg\gamma_i=-0.509Z_i^2\frac{\sqrt{I}}{1+\sqrt{I}} \tag{77-3}$$

计算可知活度系数：

$$\gamma_{I^-}=\gamma_{I_3^-} \tag{77-4}$$

在水溶液中，I_2 浓度很小，则

$$\gamma_{I_2}\approx 1 \tag{77-5}$$

一定温度下，故得：

$$K_a\approx\frac{c_{I_3^-}}{c_{I^-}c_{I_2}}=K_c \tag{77-6}$$

为了测定平衡常数，应在不干扰动态平衡的条件下测定平衡组成。在本实验中，当达到上述平衡时，若用硫代硫酸钠标准溶液来滴定溶液中的 I_2 浓度，则会随着 I_2 的消耗，平衡将向左端移动，使 I_3^- 继续分解，因而最终只能测得溶液中 I_2 和 I_3^- 的总量。

$$I_2+2S_2O_3^{2-}=2I^-+S_4O_6^{2-}$$

为了解决这个问题，可在上述溶液中加入四氯化碳（CCl_4），然后充分振荡（I^- 和 I_3^- 不溶于 CCl_4），当温度一定时，上述化学平衡及 I_2 在四氯化碳层和水层的分配平衡同时建立，如图77-1所示。首先测出 I_2 在 H_2O 及 CCl_4 层中的分配系数 K_d，待平衡后再测出 I_2 在 CCl_4 中的浓度，根据分配系数，可算出 I_2 在KI水溶液中的浓度。再取上层水溶液分析，

得到 I_2 和 I_3^- 的总量：

$$(c_{I_2}+c_{I_3^-})_{水层}-c_{I_2,水层}=c_{I_3^-,平衡} \tag{77-7}$$

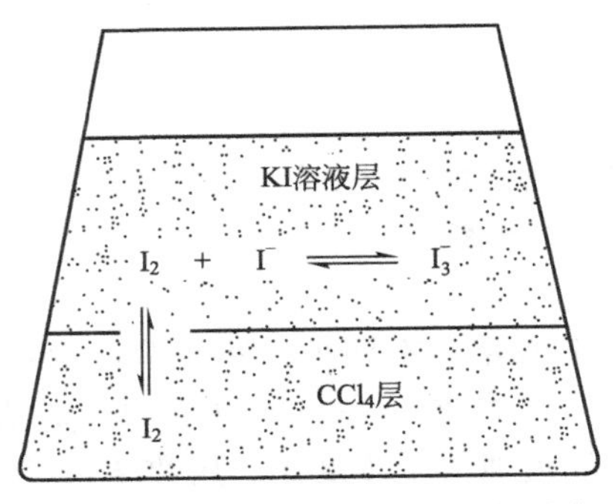

图 77-1　碘在水和四氯化碳中的平衡

由于在溶液中 I^- 总量不变，固有：

$$c_{I^-,初始}-c_{I_3^-,平衡}=c_{I^-,平衡} \tag{77-8}$$

因此，将平衡后各物质的浓度代入式(77-7) 就可求出此温度下的平衡常数 K_c。

改变实验温度，将得到另一个温度下的平衡常数，再由式(77-9) 可计算出 I_3^- 的解离焓：

$$\Delta_r H_m=\frac{RT_1T_2}{T_2-T_1}\ln\frac{K_c(T_1)}{K_c(T_2)} \tag{77-9}$$

三、实验仪器与试剂

(1) 仪器　恒温水浴 1 套，250mL 碘量瓶（磨口锥形瓶）2 个，25mL 移液管 2 支，5mL 移液管 2 支，100mL 量筒 2 个，25mL 量筒 1 个，25mL 碱式滴定管 1 支，微量管 1 支，250mL 锥形瓶 4 个。

(2) 试剂　0.04mol/L 的 I_2 四氯化碳溶液，I_2 的饱和水溶液，0.100mol/L 的 KI 溶液，$Na_2S_2O_3$ 标准溶液（0.05mol/L 左右），0.5%淀粉指示剂。

四、实验步骤

(1) 调节恒温水浴温度为 (25.0±0.1)℃。

(2) 取 2 个 250mL 的碘量瓶，标上号码，用量筒按表 77-1 配置系统，配好后立即塞紧磨口塞。

表 77-1　配制平衡体系的各溶液用量

编号	I_2 的饱和水溶液	0.100mol/L KI 水溶液	0.04mol/L 的 $I_2(CCl_4)$
1 号液	100mL	0	25mL
2 号液	0	100mL	25mL

(3) 将配置好的系统摇荡 1min 左右，然后置于 25℃恒温水槽内，每隔 10min 取出摇荡一次，以加快分配平衡的到达，约经 1h 后，按表 77-2 用移液管准确取样，并用标准 $Na_2S_2O_3$ 溶液滴定。

表 77-2　从平衡系统取样体积

编号	水层取样	CCl_4 层取样
1 号液	25mL(用微量管滴定)	5mL(用 25mL 滴定管滴定)
2 号液	25mL(用 25mL 滴定管滴定)	5mL(用微量管滴定)

① 每次取样 3 份，求取平均值。

② 分析水层时，用标准 $Na_2S_2O_3$ 溶液滴定至淡黄色，然后加数滴淀粉指示剂，此时溶液呈蓝色，继续滴定至蓝色刚消失。

③ 取 CCl_4 层样品时勿使水层进入移液管中，为此用洗耳球使移液管尖鼓气情况下穿过水层插入 CCl_4 层中取样，在滴定 CCl_4 层样品的 I_2 时，应加入少量固体 KI（或 10mL 0.1mol/L 的 KI 水溶液）以加快 CCl_4 层中的 I_2 完全提取到水层中，这样有利于 $Na_2S_2O_3$ 滴定的顺利进行。滴定时要充分摇荡，细心地滴至水层淀粉指示剂的蓝色消失，四氯化碳层不再出现红色。滴定后的和未用完的四氯化碳皆应倒入回收瓶中。

（4）将恒温水浴温度升高 10℃，再重复以上操作（注意：要防止 CCl_4 的挥发）。

（5）实验完毕后，整理好实验仪器，做好仪器使用登记，搞好实验室卫生。

五、注意事项

（1）测定分配系数 K_d 时，为了使系统加快达到平衡，水中预先溶入超过平衡时的碘量（约 0.02%），使水中的 I_2 向 CCl_4 层移动而到达平衡。

（2）平衡常数和分配系数均与温度有关，因此本实验应严格控制温度。

六、实验记录与数据处理

（1）将实验结果填入表 77-3。

（2）根据 1 号样品的滴定结果，由式(77-1）计算 25℃时，I_2 在四氯化碳层和水层的分配系数 K_d。

（3）由 2 号样品的滴定结果，根据式(77-1)、式(77-7）和式(77-8）计算 25℃时，反应 I_2+I^- ══ I_3^- 平衡时各物质的浓度及平衡常数 K_c（T_1）。

（4）同理，计算得到 35℃的平衡常数 K_c（T_2）。

（5）由式(77-9）计算 I_3^- 的解离焓。

表 77-3　实验数据记录表

恒温水浴温度：____℃，$Na_2S_2O_3$ 浓度______mol/L，KI 的原始浓度____mol/L

编　　号	1 号液				2 号液			
取样体积	25mL 水层		5mL CCl_4 层		25mL 水层		5mL CCl_4 层	
滴定时消耗的 $Na_2S_2O_3$ 的体积/mL	第一次		第一次		第一次		第一次	
	第二次		第二次		第二次		第二次	
	第三次		第三次		第三次		第三次	
	平　均		平　均		平　均		平　均	

七、思考题

（1）在 $KI+I_2$ ══ KI_3 反应稳定常数的测定实验中，所用的碘量瓶和锥形瓶中哪些需要干燥？哪些不需要干燥？为什么？

（2）在 $KI+I_2$ ══ KI_3 反应稳定常数的测定实验中，配制 1、2 号溶液的目的何在？

（3）在 $KI+I_2$ ══ KI_3 反应稳定常数的测定实验中，滴定 CCl_4 层样品时，为什么要先加入 KI 水溶液？

实验 78　溶液电导的测定——测 HAc 的电离平衡常数

一、实验目的

（1）掌握电导测定的原理和电导率仪的使用方法；

(2) 通过实验验证电解质溶液电导率与浓度的关系；

(3) 掌握电导法测定弱电解质的电离平衡常数的原理和方法。

二、实验原理

电解质溶液属于第二类电子导体，即离子导体，它是靠正、负离子的定向迁移传递电流，溶液的导电本领可用电导率来表示。

将电解质溶液放入两平行电极之间，两电极距离为 l(m)，两电极面积均为 $A(m^2)$，这时溶液的电阻是：

$$R=\rho\frac{l}{A}=\frac{1}{\kappa}\cdot\frac{l}{A}$$

所以

$$G=\frac{1}{R},\quad G=\kappa\frac{A}{l}=\frac{\kappa}{K_{cell}} \tag{78-1}$$

电导池常数或电极常数 K_{cell} 可用标准溶液（常用氯化钾溶液）标定。用已知电导率 κ 的氯化钾溶液放入电导池中，在测定其电阻 R 之后，即可求得电导池常数 K_{cell}。应用同一个电导池，便可通过电阻的测量求其他电解质溶液的电导率。

溶液的摩尔电导率 Λ_m 是指把含有 1mol 电解质的溶液置于相距为 1m 的两平行电板电极之间的电导，其单位为 $S\cdot m^2/mol$。摩尔电导率与电导率和浓度的关系为：

$$\Lambda_m=\frac{\kappa}{c} \tag{78-2}$$

无限稀释摩尔电导率 Λ_m^∞：溶液在无限稀释时的摩尔电导率，无论强弱电解质，此时均全部电离，符合离子独立移动定律：$\Lambda_m^\infty=\nu_+\Lambda_{m,+}^\infty+\nu_-\Lambda_{m,-}^\infty$。

Λ_m 随浓度变化的规律，对强弱电解质各不相同，对强电解质稀溶液可用下列经验公式表示：

$$\Lambda_m=\Lambda_m^\infty-A\sqrt{c} \tag{78-3}$$

将 Λ_m 对 $\sqrt{c}$ 作图，外推可求得 Λ_m^∞。

对弱电解质来说，可以认定它的电离度 α 等于溶液在浓度为 c 时的摩尔电导率 Λ_m 和溶液在无限稀释时的摩尔电导率 Λ_m^∞ 之比，即

$$\alpha=\frac{\Lambda_m}{\Lambda_m^\infty} \tag{78-4}$$

AB 型弱电解质在溶液中电离达到平衡时，电离平衡常数 K_c 与浓度 c 和电离度 α 有以下关系：

$$K_c=\frac{c\alpha^2}{1-\alpha}=\frac{c(\Lambda_m)^2}{\Lambda_m^\infty(\Lambda_m^\infty-\Lambda_m)}$$

可改写为直线方程：

$$c\Lambda_m=\frac{K_c(\Lambda_m^\infty)^2}{\Lambda_m}-K_c\Lambda_m^\infty \tag{78-5}$$

以 $c\Lambda_m$ 对 $1/\Lambda_m$ 作图为一直线，从直线斜率和截距可求得 Λ_m^∞ 和 K_c。按照标准写法，c 应为 $c/c^\ominus$，$c^\ominus$ 为 $1mol/dm^3$，K_c 应为 $K^\ominus$。

电导率的测定不仅可以用来测定弱电解质的电离度和电离平衡常数，还可以用来测定难溶盐的溶解度、电导滴定等。

三、实验仪器与试剂

(1) 仪器　电导率仪 1 台，恒温水浴装置 1 套，容量瓶（100mL）5 只，移液管（25mL、50mL）各 1 支，洗瓶 1 只，洗耳球 1 只。

（2）试剂　KCl 标准溶液（0.1mol/L），乙酸标准溶液（0.1mol/L），电导水。

四、实验步骤

（1）将恒温水浴温度调至（25.0±0.1)℃或（30.0±0.1)℃。

（2）测定电导池常数 K_{cell}　倾去电导池中的蒸馏水（电导池不用时，应把两铂黑电极浸在蒸馏水中，以免干燥致使表面发生改变）。将电导池和铂电极用少量的 0.1mol/L KCl 溶液洗涤 2～3 次后，装入 0.1mol/L KCl 溶液，恒温后，用电导率仪测其电导率，重复测定三次。

（3）测定电导水的电导率　倾去电导池中的 KCl 溶液，用电导水洗净电导池和铂电极，然后注入电导水，恒温后测其电导率，重复测定三次。

（4）测定 HAc 溶液的电导率

① 倾去电导池中的电导水，将电导池和铂电极用电导水洗净吹干，在电导池中注入 25mL 0.1mol/L HAc 溶液，插入干净、干燥的铂电极。恒温 10min，用电导率仪测其电导率，测至三次读数接近为止，求这三次的平均值。

② 用移液管吸取 25mL 电导水注入电导池，此时溶液浓度为原始浓度的 1/2，均匀混合后恒温 10min，用同样的方法测定其电导率。

③ 用移液管从电导池中吸出 25mL 弃去，用另一移液管再取 25mL 电导水注入，均匀混合后恒温 10min，此时溶液的浓度为原来的 1/4，用同样的方法测定其电导率。

④ 重复上述③的操作，依次测定浓度为原溶液的 1/8、1/16 的电导率。

（5）测定强电解质的电导率　按照（4）的操作，依次测定不同浓度的 KCl 溶液的电导率。

五、注意事项

（1）实验中温度要恒定，测量必须在同一温度下进行。

（2）测定溶液电导率前，都必须将电导电极及电导池洗涤干净，并用待测液润洗 2～3 次，以免影响测定结果。本实验步骤（4）、（5）中，溶液浓度的准确是要依靠体积的准确来保证，此时电导电极及电导池洗涤干净后就不能用待测液润洗，而应吹干。

六、实验记录与数据处理

1. 实验数据记录

室温：________　气压：________　恒温水浴温度：________　K_{cell}=________　K_{H_2O}=________

c_{HAc}/(mol/L)	$K_{solution}$/(S/m)	K_{HAc}/(S/m)	$\Lambda_{m,HAc}$/(S·m^2/mol)	α	K_c

2. 数据处理

（1）计算电导池常数 K_{cell}。

（2）计算各浓度的乙酸溶液的真实电导率。

（3）根据公式（78-2）计算乙酸和氯化钾在各浓度下的摩尔电导率。

（4）计算乙酸在各个浓度下的电离度 α，计算电离平衡常数 K_c。

（5）按公式(78-4) 以 $c\Lambda_m$ 对 $1/\Lambda_m$ 作图应得一直线，由直线的斜率和截距可求得 Λ_m^{∞} 和 K_c，查阅相应的文献值，比较实验值与文献值，进行误差分析。

(6) 以 KCl 溶液的 Λ_m 对$\sqrt{c}$作图，外推求 Λ_m^∞，并与文献值比较。

七、思考题

(1) 为什么要测电导池常数？如何得到该常数？

(2) 测电导时为什么要恒温？实验中测电导池常数和溶液电导率，温度是否要一致？

(3) 设计一个实验，用电导法测定难溶盐 $PbSO_4$ 的溶解度，并写出实验方案。

【附注】

一、电导率仪的使用

1. 仪器量程的显示范围

本仪器设有四挡量程。当选用电导池常数 $J_0=1$ 的电极测量时，其量程显示范围如表 78-1。

表 78-1　$J_0=1$ 时仪器各量程段对应量程显示范围

序号	量程开关位置	仪器显示范围	对应量程显示范围
1	20μS	0～19.99	0～19.99
2	200μS	0～199.9	0～199.9
3	2mS	0～1.999	0～1999
4	20mS	0～19.99	0～19990

注：量程 1、2 挡，单位为 μS/cm；量程 3、4 挡，单位为 mS/cm。

2. 电导池常数的测定方法

配制电导率标准溶液：标准物质用氯化钾，按表 78-2 要求配制。

清洗、清洁待测电极，接入仪器，插入溶液。测量开关置“校正”挡，调节常数校正旋钮，使仪器显示“1.00”。测量开关置“电导”挡，读出仪器读数 $D_{表}$。计算式如下：

$$J_{待}=K_{标}/D_{表}$$

式中，$J_{待}$ 为待测电极的电导池常数，cm^{-1}；$K_{标}$ 为标准溶液的电导率，由表 78-2 查得，S/cm；$D_{表}$ 为仪器显示读数，μS 或 mS，由仪器所用量程挡所得。

计算时，$J_{待}$ 与 $K_{标}$ 应统一用 μS/cm 或 mS/cm 作单位。

表 78-2　电导率标准溶液浓度及其电导率值（15～35℃）

编号	KCl 溶液 /(mol/L)	电导率/(S/cm)				
		15℃	18℃	20℃	25℃	35℃
1	1	0.09212	0.09780	0.10170	0.11131	0.13110
2	0.1	0.010455	0.011162	0.011644	0.012852	0.015353
3	0.01	0.0011414	0.0012200	0.0012737	0.0014083	0.0016876
4	0.001	0.0001185	0.0001267	0.0001322	0.0001465	0.0001765

3. 测量

选择合适规格常数的电极，根据电极实际电导池的常数，仪器进行常数校正。经校正后，仪器可直接测量液体的电导率。将测量开关置“测量”挡，选用适当的量程挡，将清洁的电极插入被测液中，仪器显示该被测液在溶液温度下的电导率。

4. 仪器维护和注意事项

(1) 电极应置于清洁、干燥的环境中保存。

(2) 电极在使用和保存过程中，因受介质、空气侵蚀等因素的影响，其电导池常数会有所变化。电导池常数发生变化后，需重新进行电导池常数的测定（测定方法见“电导池常数测定方法”）。仪器应根据新测得的常数重新进行“常数校正”。

（3）测量时，为保证样液不被污染，电极应用去离子水（或二次蒸馏水）冲洗干净，并用样液适量冲洗。

（4）当样液介质电导率小于 1μS/cm 时，应加测量槽作流动测量。

（5）选用仪器量程挡应参照表 78-1。能在低一挡量程内测量的，不放在高一挡测量。在低挡量程内，若已超量程，仪器显示屏左侧第一位显示 1（溢出显示），此时，请选高一挡测量。

二、水的处理

重蒸馏水：蒸馏水是电的不良导体。但由于溶有杂质，如二氧化碳和可溶性固体杂质，它的电导显得很大，影响电导测量的结果，因而需对蒸馏水进行处理。

处理的方法是，向蒸馏水中加入少量高锰酸钾，用硬质玻璃烧瓶进行蒸馏。本实验要求水的电导率应小于 1×10^{-4}S/m。

实验 79 原电池电动势的测定及其应用

一、实验目的

（1）掌握电位差计的测量原理和正确使用方法；

（2）学会一些电极的制备和处理方法；

（3）测定 Cu-Zn 电池的电动势和 Cu、Zn 电极的电极电势。

二、实验原理

原电池由正、负两极组成。电池在放电过程中，正极起还原反应，负极起氧化反应，电池内部还可能发生其他反应。电池反应是电池中所有反应的总和。

电池除可用来作为电源外，还可用来研究构成此电池的化学反应的热力学性质。从化学热力学知道，在恒温、恒压、可逆条件下，电池反应有以下关系：

$$\Delta_r G_m = -nEF \tag{79-1}$$

式中，$\Delta_r G_m$ 是电池反应的吉布斯自由能增量；n 为电极反应中得失电子的数目；F 为法拉第常数（其数值为 96500C）；E 为电池的电动势。所以，测出该电池的电动势 E 后，便可求得 $\Delta_r G_m$，进而又可求出其他热力学函数。必须注意，首先要求电池反应本身是可逆的，即要求电池电极反应是可逆的，并且不存在任何不可逆的液接界。同时要求电池必须在可逆情况下工作，即放电和充电过程都必须在准平衡状态下进行，此时只允许有无限小的电流通过电池。因此，在用电化学方法研究化学反应的热力学性质时，所设计的电池应尽量避免出现液接界，在精确度要求不高的测量中，出现液接界电势时，常用“盐桥”来消除或减小。

在进行电池电动势测量时，为了使电池反应在接近热力学可逆条件下进行，可采用电位差计测量。电位差计是根据补偿法（或称对消法）测量原理设计的一种平衡式电压测量仪器。其基本工作原理是在外电路上加一个方向相反而电动势几乎相等的电池，如图 79-1 所示。在线路图中，E_n 是标准电池，它的电动势值是已经精确知道的。E_X 为被测电池的电动势，G 为灵敏检流计，用来作示零仪表。R_n 为标准电池的补偿电阻，其大小是根据工作电

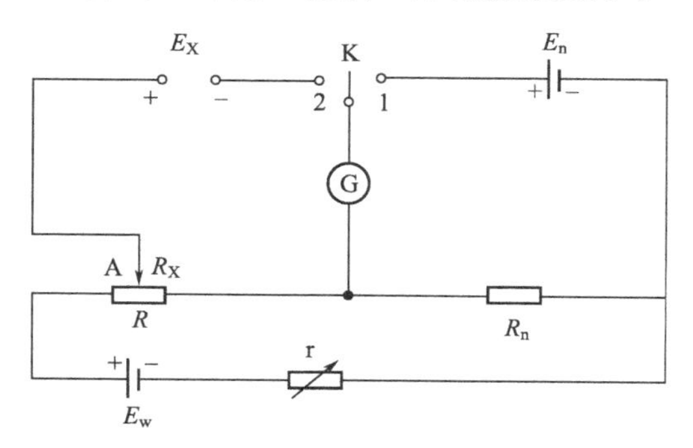

图 79-1 电位差计工作原理

流来选择的。R 是被测电动势的补偿电阻，它由已经知道电阻值的各进位盘组成，因此通过它可以调节不同的电阻数值，使其电压降与 E_X 相对消。r 是调节工作电流的变阻器，E_W 为工作电源，K 为转向开关。

测量时先将开关 K 合在 1 的位置上，然后调节 r，使检流计 G 指示到零点，这时有下列关系：

$$E_n = IR_n \tag{79-2}$$

式中，I 是流过 R_n 和 R 上的电流，称为电位差计的工作电流；E_n 是标准电池的电动势。由上式可得：

$$I = \frac{E_n}{R_n} \tag{79-3}$$

工作电流调好后，将转向开关 K 合至 2 的位置上，同时移动滑线电阻 A，再次使检流计 G 指到零，此时滑动触头 A 在可调电阻 R 上的电阻值设为 R_K，则：

$$E_X = IR_K \tag{79-4}$$

因为此时的工作电流就是前面所调节的数值，所以：

$$E_X = E_n \frac{R_K}{R_n} \tag{79-5}$$

当标准电池电动势 E_n 和标准电池电动势的补偿电阻 R_n 的数值确定时，只要正确读出 R_K 的值，就能正确测出未知电动势 E_X。

由此可知，用补偿法测量电池电动势的特点是：在完全补偿（G 在零位）时，工作回路与被测回路之间无电流通过，不需要测出工作回路的电流 I 的数值，只要测得 R_K 与 R_n 的比值即可。这两个补偿电阻的制造精度很高，且 E_n 也经过用标准方法精确测定，所以，只要用高灵敏度的检流计示零，就能准确测出被测电池的电动势。

原电池的电动势主要是两个电极的电极电势的代数和，如能测定出两个电极的电势，就可计算得到由它们组成的电池的电动势。由式(79-1) 可推导出电池的电动势以及电极电势的表达式。下面以铜-锌电池为例进行分析。

电池表示式为：$Zn|ZnSO_4(m_1)||CuSO_4(m_2)|Cu$，$m_1$ 和 m_2 分别为 $ZnSO_4$ 和 $CuSO_4$ 溶液的质量摩尔浓度。

当电池放电时：

负极起氧化反应 $Zn \longrightarrow Zn^{2+}[\alpha(Zn^{2+})] + 2e^-$

正极起还原反应 $Cu^{2+}[\alpha(Cu^{2+})] + 2e^- \longrightarrow Cu$

电池总反应 $Zn + Cu^{2+}[\alpha(Cu^{2+})] \longrightarrow Zn^{2+}[\alpha(Zn^{2+})] + Cu$

电池反应的吉布斯自由能变化值为：

$$\Delta_r G_m = \Delta_r G_m^{\ominus} + RT\ln\frac{\alpha(Zn^{2+})\alpha(Cu)}{\alpha(Cu^{2+})\alpha(Zn)} \tag{79-6}$$

式中，$\Delta_r G_m^{\ominus}$ 为标准态时自由能的变化值；α 为物质的活度，纯固体物质的活度等于 1，则：

$$\alpha(Zn) = \alpha(Cu) = 1 \tag{79-7}$$

在标准态时，$\alpha(Zn^{2+}) = \alpha(Cu^{2+}) = 1$，则：

$$\Delta_r G_m = \Delta_r G_m^{\ominus} = -nFE^{\ominus} \tag{79-8}$$

式中，$E^{\ominus}$ 为电池的标准电动势。由式(79-1)、式(79-6)～式(79-8) 可解得：

$$E = E^{\ominus} - \frac{RT}{nF}\ln\frac{\alpha(Zn^{2+})}{\alpha(Cu^{2+})} \tag{79-9}$$

对于任一电池，其电动势等于两个电极电势之差值，其计算式为：

$$E = \varphi_+(\text{右,还原电势}) - \varphi_-(\text{左,还原电势}) \tag{79-10}$$

对铜-锌电池而言：

$$\varphi_{+}=\varphi^{\ominus}_{Cu^{2+},Cu}-\frac{RT}{2F}\ln\frac{1}{\alpha(Cu^{2+})} \tag{79-11}$$

$$\varphi_{-}=\varphi^{\ominus}_{Zn^{2+},Zn}-\frac{RT}{2F}\ln\frac{1}{\alpha(Zn^{2+})} \tag{79-12}$$

式中，$\varphi^{\ominus}_{Cu^{2+},Cu}$和 $\varphi^{\ominus}_{Zn^{2+},Zn}$是当 $\alpha(Cu^{2+})=\alpha(Zn^{2+})=1$ 时，铜电极和锌电极的标准电极电势。

对于单个离子，其活度是无法测定的，但强电解质的活度与物质的平均质量摩尔浓度和平均活度系数之间有以下关系：

$$\alpha(Zn^{2+})=\gamma_{\pm}m_1 \tag{79-13}$$

$$\alpha(Cu^{2+})=\gamma_{\pm}m_2 \tag{79-14}$$

$\gamma_{\pm}$是离子的平均离子活度系数，其数值大小与物质浓度、离子的种类、实验温度等因素有关。

在电化学中，电极电势的绝对值至今无法测定，在实际测量中是以某一电极的电极电势作为零标准，然后将其他的电极（被研究电极）与它组成电池，测量其间的电动势，则该电动势即为该被测电极的电极电势。被测电极在电池中的正、负极性，可由它与零标准电极两者的还原电势比较而确定。通常将氢电极在氢气压力为100kPa、溶液中氢离子活度为1时的电极电势规定为0V，称为标准氢电极，然后与其他被测电极进行比较。由于使用标准氢电极不方便，在实际测定时往往采用第二级的标准电极，甘汞电极是其中最常用的一种。这些电极与标准氢电极比较而得到的电势已精确测出。

以上所讨论的电池是在电池总反应中发生了化学变化，因而被称为化学电池。还有一类电池叫作浓差电池，这种电池在净作用过程中，仅仅是一种物质从高浓度（或高压力）状态向低浓度（或低压力）状态转移，从而产生电动势，而这种电池的标准电动势 $E^{\ominus}$ 等于0V。例如电池 $Cu|CuSO_4(0.0100mol/L)||CuSO_4(0.1000mol/L)|Cu$ 就是浓差电池的一种。

必须指出，电极电势的大小不仅与电极种类、溶液浓度有关，而且与温度有关。在298K时，以水为溶剂的各种电极的标准还原电势有表可查。本实验是在实验温度下测得的电极电势 φ_T，由式(79-11) 和式(79-12) 可计算 $\varphi^{\ominus}_T$。为了比较方便，可采用下式求出298K时的标准电极电势 $\varphi^{\ominus}_{298K}$：

$$\varphi^{\ominus}_T=\varphi^{\ominus}_{298K}+\alpha(T-298)+\frac{1}{2}\beta(T-298)^2 \tag{79-15}$$

式中，α、β 为电池电极的温度系数。对Cu-Zn电池来说：

铜电极（Cu^{2+}，Cu），$\alpha=-0.016\times10^{-3}V/K$，$\beta=0$；

锌电极 [Zn^{2+},Zn(Hg)]，$\alpha=0.100\times10^{-3}V/K$，$\beta=0.62\times10^{-6}V/K^2$。

三、实验仪器与试剂

(1) 仪器　数字式电位差计1台，饱和甘汞电极1支，电极管3支，铜电极2支，锌电极1支，电极架3个，电镀装置1套。

(2) 试剂　镀铜溶液，饱和硝酸亚汞溶液，0.1000mol/L硫酸锌溶液，0.1000mol/L硫酸铜溶液，0.0100mol/L硫酸铜溶液，饱和氯化钾溶液。

四、实验步骤

1. 电极的制备

(1) 锌电极

用 6mol/L 硫酸浸洗锌电极以除去表面的氧化层，取出后用水洗涤，再用蒸馏水淋洗，然后浸入饱和硝酸亚汞溶液中 3～5s，取出后用滤纸擦拭锌电极，使锌电极表面上有一层均匀的锌汞齐，再用蒸馏水淋洗（汞有毒，用过的滤纸应投入指定的有盖的广口瓶中，瓶中应有水淹没滤纸，不要随便乱丢），把处理好的锌电极插入清洁的电极管内并塞紧，将电极管的虹吸管管口插入盛有 0.1000mol/kg $ZnSO_4$ 溶液的小烧杯内，用吸气球自支管抽气，将溶液吸入电极管至高出电极约 1cm，停止抽气，旋紧活夹，电极的虹吸管内（包括管口）不可有气泡，也不能有漏液现象。

（2）铜电极

将铜电极在约 6mol/L 的硝酸溶液内浸洗，除去氧化层和杂物，然后取出用水冲洗，再用蒸馏水淋洗。将铜电极置于电镀烧杯中作阴极，另取一个经清洁处理的铜棒作阳极，进行电镀，电流密度控制在 $20mA/cm^2$ 为宜。其电镀装置如图 79-2 所示。电镀 0.5h，使铜电极表面有一层均匀的新鲜铜后再取出。装配铜电极的方法与锌电极相同。

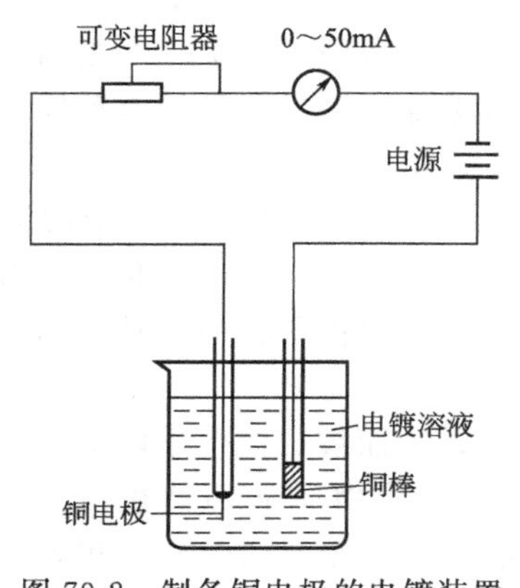

图 79-2 制备铜电极的电镀装置

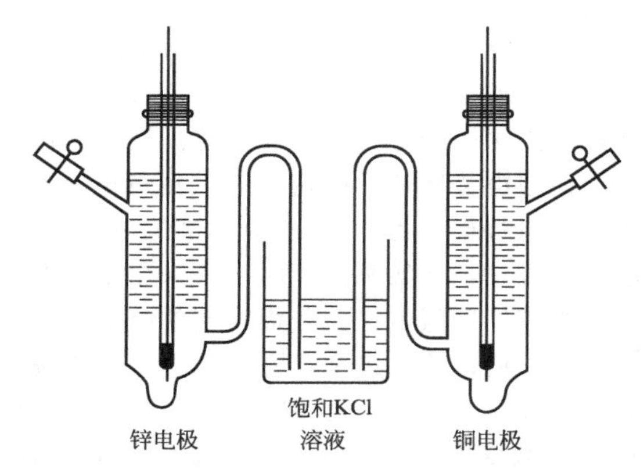

图 79-3 Cu-Zn 装置示意

2. 电池组合

将饱和 KCl 溶液注入 50mL 的小烧杯内作为盐桥，再将上面制备的锌电极和铜电极置于小烧杯内，即成 Cu-Zn 电池，电池装置如图 79-3 所示。

$$Zn|ZnSO_4(0.1000mol/kg)||CuSO_4(0.1000mol/kg)|Cu$$

同法组成下列电池：

$$Cu|CuSO_4(0.0100mol/kg)||CuSO_4(0.1000mol/kg)|Cu$$

$$Zn|ZnSO_4(0.1000mol/kg)||KCl(\text{饱和})|Hg_2Cl_2|Hg$$

$$Hg|Hg_2Cl_2|KCl(\text{饱和})||CuSO_4(0.1000mol/kg)|Cu$$

3. 电动势的测定

用数字式电位差计分别测定以上四个电池的电动势。

五、注意事项

电动势的测量方法属于平衡测量，在测量过程中尽可能地做到在可逆条件下进行。为此应注意以下几点。

（1）测量前可根据电化学基本知识，初步估算被测电池的电动势大小，以便在测量时能迅速找到平衡点，这样可避免电极极化。

（2）要选择最佳实验条件使电极处于平衡状态。制备锌电极要锌汞齐化，成为 Zn(Hg)，而不直接用锌棒。因为锌棒中不可避免地会含有其他金属杂质，在溶液中本身会成为微电池，锌电极电势较低（−0.7627V），在溶液中，氢离子会在锌的杂质（金属）上放电，锌是较活泼的金属，易被氧化。如果直接用锌棒作电极，将严重影响测量结果的准确度。锌汞齐化，能使锌溶解于汞中，或者说锌原子扩散在惰性金属汞中，处于饱和的平衡状态，此时锌的活度仍等于1，氢在汞上的超电势较大，在该实验条件下不会释放出氢气。所以汞齐化后，锌电极易建立平衡。制备铜电极也应注意：电镀前，铜电极基材表面要求平整、清洁，电镀时，电流密度不宜过大，一般控制在$20mA/cm^2$左右，以保证镀层紧密。电镀后，电极不宜在空气中暴露时间过长，否则会使镀层氧化，应尽快洗净，置于电极管中，用溶液浸没，并超出1cm左右，同时应尽快进行测量。

(3) 为判断所测量的电动势是否为平衡电势，一般应在15min左右时间内，等间隔地测量7～8个数据。若这些数据是在平均值附近摆动，偏差小于±0.5mV，则可认为已达平衡，可取其平均值作为该电池的电动势。

(4) 前面已讲到必须要求电池反应可逆，而且要求电池在可逆情况下工作。但严格说来，本实验测定的并不是可逆电池。因为当电池工作时，除了在负极进行Zn的氧化和在正极上进行Cu^{2+}的还原反应以外，在$ZnSO_4$和$CuSO_4$溶液交界处还要发生Zn^{2+}向$CuSO_4$溶液中的扩散过程，而且当有外电流反向流入电池中时，电极反应虽然可以逆向进行，但是在两溶液交界处离子的扩散与原来不同，是Cu^{2+}向$ZnSO_4$溶液中迁移。因此整个电池的反应实际上是不可逆的。但是由于在组装电池时，在两溶液之间插入了“盐桥”，则可近似地当作可逆电池来处理。

六、实验记录与数据处理

(1) 根据饱和甘汞电极的电极电势温度校正公式，计算实验温度下饱和甘汞电极的电极电势：

$$\varphi_{SCE}/V = 0.2415 - 7.61 \times 10^{-4}(T/K - 298) \quad (79\text{-}16)$$

(2) 根据测定的各电池的电动势，分别计算铜、锌电极的φ_T、$\varphi_T^{\ominus}$、$\varphi_{298K}^{\ominus}$，并与$\varphi_{298K}^{\ominus}$文献值进行比较。

(3) 根据有关公式计算Cu-Zn电池的理论电动势$E_{理}$并与实验值$E_{实}$进行比较。

(4) 有关文献数据：Cu、Zn电极的温度系数及标准电极电势见表79-1。

表79-1 Cu、Zn电极的温度系数及标准电极电势

电极	$\alpha \times 10^3/(V/K)$	$\beta \times 10^6/(V/K^2)$	$\varphi_{298K}^{\ominus}/V$
Cu^{2+}/ Cu	−0.016	0	0.3419
Zn^{2+}/ Zn(Hg)	0.100	0.62	−0.7627

七、思考题

(1) 在用电位差计测量电动势的过程中，若检流计的光点总是向一个方向偏转，可能是什么原因？

(2) 用Zn(Hg)与Cu组成电池时，有人认为锌表面有汞，因而铜应为负极，汞为正极。请分析此结论是否正确？

(3) 选择“盐桥”液应注意什么问题？

【附注】 SDC-Ⅱ数字电位差综合测试仪的使用说明

开机：用电源线将仪表后面板的电源插座与交流220V电源连接，打开电源开关(ON)，预热15min。

1. 内标法为基准进行测量

(1) 校验

① 将“测量选择”旋钮置于“内标”。

② 将“10^0”位旋钮置于“1”，“补偿”旋钮逆时针旋到底，其他旋钮均置于“0”，此

时，“电位指示”显示“1.00000”V，若显示小于“1.00000”V可调节补偿电位器以达到显示“1.00000”V，若显示大于“1.00000”V，应适当减小“10^0～10^{-4}”旋钮，使显示小于“1.00000”V，再调节补偿电位器以达到“1.00000”V。

③ 待“检零指示”显示数值稳定后，按一下“采零”键，此时，“检零指示”显示为“0000”。

（2）测量

① 将“测量选择”置于“测量”。

② 用测试线将被测电动势按“＋”、“－”极性与“测量”插孔连接。

③ 调节“10^0～10^{-4}”五个旋钮，使“检零指示”显示数值为负且绝对值最小。

④ 调节“补偿”旋钮，使“检零指示”显示为“0000”，此时，“电位显示”数值即为被测电动势的值。

注意：测量过程中，若“检零指示”显示溢出符号“OU. L”，说明“电位指示”显示的数值与被测电动势值相差过大。

2. 外标法为基准进行测量

（1）校验

① 将已知电动势的标准电池按“＋”、“－”极性与“外标”插孔连接。

② 将“测量选择”旋钮置于“外标”。

③ 调节“10^0～10^{-4}”五个旋钮和“补偿”旋钮，使“电位指示”显示的数值与外标电池数值相同。

④ 待“检零指示”数值稳定后，按一下“采零”键，此时，“检零指示”显示“0000”。

（2）测量

① 拔出“外标”插孔的测试线，再用测试线将被测电动势按“＋”、“－”极性接入“测量”插孔，将“测量选择”置于“测量”。

② 调节“10^0～10^{-4}”五个旋钮，使“检零指示”显示数值为负且绝对值最小。

③ 调节“补偿”旋钮使“检零指示”显示为“0000”，此时，“电位显示”数值即为被测电动势的值。

④ 最后关机：首先关闭电源开关（OFF），然后拔下电源线。

实验80 线性电位扫描法测定镍在硫酸溶液中的钝化行为

一、实验目的

（1）了解金属钝化行为的原理和测量方法；

（2）掌握用线性电位扫描法测定镍在硫酸溶液中的阳极极化曲线和钝化行为；

（3）测定 Cl^- 的浓度对 Ni 钝化的影响。

二、实验原理

1. 金属的钝化

金属处于阳极过程时会发生电化学溶解，其反应式为：

$$M \longrightarrow M^{n+} + ne^-$$

在金属的阳极溶解过程中，其电极电势必须大于其热力学电势，电极过程才能发生。这种电极电势偏离其热力学电势的行为称为极化。当阳极极化不大时，阳极过程的速率（即溶解电流密度）随着电势变正而逐渐增大，这是金属的正常溶解。但当电极电势正到某一数值时，其溶解速率达到最大，而后，阳极溶解速率随着电势变正反而大幅度降低，这种现象称为金属的钝化。

金属钝化一般可分为两种。若把铁浸入浓硝酸（$d>1.25$）中，一开始铁溶解在酸中并放出 NO，这时铁处于活化状态。经过一段时间后，铁几乎停止了溶解，此时的铁即使放在硝酸银溶液中也不能置换出银，这种现象被称为化学钝化。另一种钝化称为电化学钝化，即用阳极极化的方法使金属发生钝化。金属处于钝化状态时，其溶解速率较小，一般为 $10^{-6} \sim 10^{-8}$ A/cm^2。

金属之所以会由活化状态转变为钝化状态，至今还存在着不同的观点。有人认为金属钝化是由于金属表面形成了一层具有保护性的致密氧化物膜，因而阻止了金属进一步溶解，称为氧化物理论；另一种观点则认为金属钝化是由于金属表面吸附了氧，形成了氧吸附层或含氧化物吸附层，因而抑制了腐蚀的进行，称为表面吸附理论；第三种理论认为，开始是氧的吸附，随后金属从基底迁移至氧吸附膜中，然后发展为无定形的金属-氧基结构而使金属溶解速率降低，被称为连续模型理论。

2. 影响金属钝化过程的几个因素

（1）溶液的组成　溶液中存在的 H^+、卤素离子以及某些具有氧化性的阴离子对金属钝化现象起着显著的影响。在中性溶液中，金属一般是比较容易钝化的；而在酸性或某些碱性溶液中要困难得多。这与阳极反应产物的溶解度有关。卤素离子，特别是 Cl^- 的存在，则明显地阻止金属的钝化过程，且已经钝化了的金属也容易被它破坏（活化），这是因为 Cl^- 的存在破坏了金属表面钝化膜的完整性。溶液中如果存在具有氧化性的阴离子（如 CrO_4^{2-}），则可以促进金属的钝化。溶液中的溶解氧则可以减少金属表面钝化膜遭受破坏的危险。

（2）金属的化学组成和结构　各种纯金属的钝化能力均不相同，以 Fe、Ni、Cr 金属为例，易钝化的顺序为 Cr>Ni>Fe。因此，在合金中添加一些易钝化的金属，则可提高合金的钝化能力和钝态的稳定性。不锈钢就是典型的例子。

（3）外界因素　当温度升高或加剧搅拌，都可以推迟或防止钝化过程的发生。这显然是与离子的扩散有关。在进行测量前，对研究电极活化处理的方式及其程度也将影响金属的钝化过程。

3. 研究金属钝化的方法

电化学研究金属钝化通常有两种方法：恒电流法和恒电势法。由于恒电势法能测得完整的阳极极化曲线，因此，在金属钝化研究中比恒电流法更能反映电极的实际过程。用恒电势法测量金属钝化可有下列两种方法。

（1）静态法　将研究电极的电势恒定在某一数值，同时测量相应极化状态下达到稳定后的电流。如此逐点测量一系列恒定电势时所对应的稳定电流值，将测得的数据绘制成电流-电势图，从图中即可得到钝化电位。

（2）动态法　记录研究电极的电势随时间线性连续地变化，同时记录随电势改变而变化的瞬时电流，就可得完整的极化曲线图（见图 80-1）。所采用的扫描速率（单位时间电势变化的速率）需根据研究体系的性质而定。一般来说，电极表面建立稳态的速度愈慢，则扫描速率也应愈慢，这样才能使所测得的极化曲线与采用静态法的相近。

上述两种方法，虽然静态法的测量结果较接近静态值，但测量时间太长，所以，在实际工作中常采用动态法来测量。本实验亦采用动态法。

用动态法测量金属的阳极极化曲线时，对于大多数金属均可得到如图 80-2 所示的形式。图中的曲线可分为四个区域。

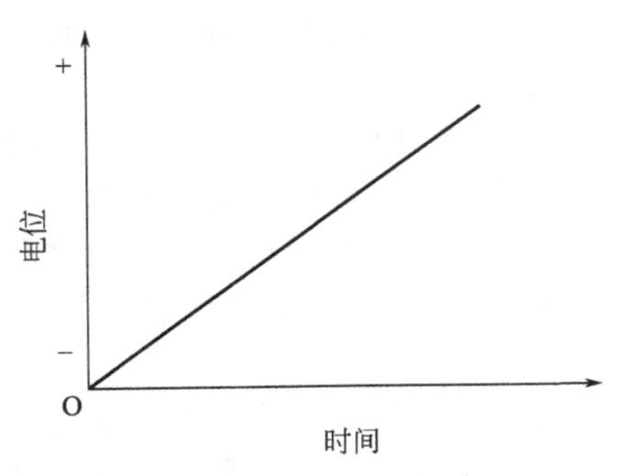

图 80-1 线性电势扫描信号示意

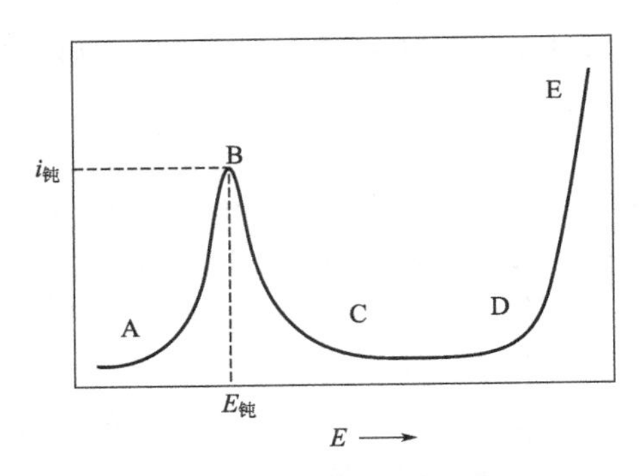

图 80-2 钝化曲线示意

① AB 段为活性溶解区，此时金属进行正常的阳极溶解，阳极电流随电势的变化符合塔菲尔（Tafel）公式。

② BC 段为过渡钝化区，电势达到 B 点时，电流为最大值，此时的电流称为钝化电流（$i_{钝}$），所对应的电势称为临界电势或钝化电势（$E_{钝}$）。电势过 B 点后，金属开始钝化，其溶解速率不断降低并过渡到钝化状态（C 点之后）。

③ CD 段为稳定钝化区，在该区域中金属的溶解速率基本不随电势而改变。此时的电流称为钝态金属的稳定溶解电流。

④ DE 段为过钝化区，D 点之后阳极电流又重新随电势的正移而增大，此时可能是高价金属离子的产生，也可能是水的电解而析出 O_2，还可能是两者同时出现。

三、实验仪器与试剂

（1）仪器　CHI 电化学分析仪（包括计算机）1 台，研究电极（直径为 0.5cm 的 Ni 圆盘电极）1 支，饱和甘汞电极 1 支（0.1mol/L H_2SO_4 作盐桥），辅助电极 1 支（Pt 丝电极），三电极电解池 1 个，金相砂纸（02 # 和 06 #）。

（2）试剂　H_2SO_4 溶液（0.1mol/L），KCl 溶液（1mol/L），蒸馏水。

四、实验步骤

本实验用线性电势扫描法分别测量 Ni 在 0.1mol/L H_2SO_4、0.1mol/L H_2SO_4 + 0.01mol/L KCl、0.1mol/L H_2SO_4 + 0.04mol/L KCl 和 0.1mol/L H_2SO_4 + 0.1mol/L KCl 溶液中的阳极极化曲线。

打开仪器和计算机的电源开关，预热 10min。研究电极用 06 # 金相砂纸打磨后，用重蒸馏水冲洗干净，擦干后将其放入已洗净并装有 0.1mol/L H_2SO_4 溶液的电解池中。分别装好辅助电极和参比电极，并按图 80-3 接好测量线路（红色夹子接辅助电极；绿色接研究电极；白色接参比电极）。

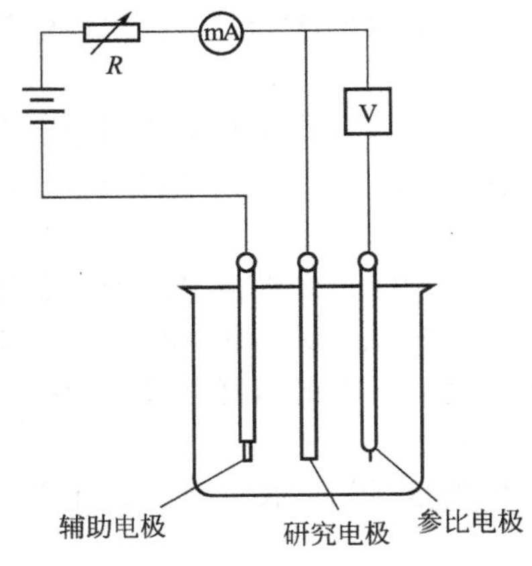

图 80-3 恒电位法测定金属钝化曲线示意

通过计算机使 CHI 仪器进入 Windows 工作界面；在工具栏里选中“Control”，此时屏幕上显示一系列命令的菜单，再选中“Open Circuit Potential”，数秒钟后屏幕上即显示开路电势值（镍工作电极相对于参比电极的电势），记下该数值；在工具栏里选中“T”（实验技术），此时屏幕上显示一系列实验技术的菜单，再选中“Linear Sweep Voltammetry”（线性电势扫描法）；然后在工具栏里选中“参数设定”（在“T”的右边），此时屏幕上显示一系列需设定参数的对话框：

初始电势（Init E）——设定为比先前所测得的开路电势低 0.1V；

终止电势（Final E）——设为 1.4V；

扫描速率（Scan Rate）——定为 0.01V/s；

采样间隔（Sample Interval）——0.01V；

初始电势下的极化时间（Quiet Time）——设为 300s；

电流灵敏度（Sensitivity）——设为 0.001A（10^{-3}A）。

至此参数已设定完毕，点击“OK”键；然后点击工具栏中的运行键，此时仪器开始运行，屏幕上即时显示极化时间值（即在初始电势下阴极极化），300s 后显示当时的工作状况和电流随电势的变化曲线。扫描结束后点击工具栏中的“Graphics”，再点击“Graph Option”，在对话框中分别填上电极面积和所用的参比电极及必要的注解，然后在“Graph Option”中点击“Present Data Plot”，显示完整的实验结果，给实验结果取个文件名存盘。

在原有的溶液中分别添加 KCl 使之成为 0.1mol/L H_2SO_4+0.01mol/L KCl、0.1mol/L H_2SO_4+0.04mol/L KCl 和 0.1mol/L H_2SO_4+0.1mol/L KCl 溶液，重复上述步骤进行测量。每次测量前工作电极必须用金相砂纸打磨和清洗干净。

五、注意事项

（1）每次测量前工作电极必须用金相砂纸打磨和清洗干净。

（2）本实验中当 KCl 浓度≥0.02mol/L 时，钝化电流会明显增大，而稳定钝化区间（CD 段）会减小，此时的过钝化电流（DE 段）也会明显增大，为了防止损伤工作电极，一旦当 DE 段的电流达到 3～4mA 时应及时停止实验，此时只需点击工具栏中的停止键“■”即可。

（3）在电化学测量实验中，常用电流密度代替电流，因为电流密度的大小就是电极反应的速率。同时实验图中电位轴上应标明是相对于何种参比电极。

六、实验记录与数据处理

（1）分别在极化曲线图上找出 $E_{钝}$、$i_{钝}$ 及钝化区间，并将数据记录到表 80-1 中。

表 80-1 实验结果记录表

溶液组成	开路电位/V	初始电位/V	钝化电位 $E_{钝}$/V	钝化电流 $i_{钝}$/mA	钝化稳定区间(CD)	钝化稳定区电流 $i_{钝}$/mA

（2）点击工具栏中的“Graphics”，再点击“Overlay Plot”，选中另 3 个文件使 4 条曲线叠加在一张图中，如果曲线溢出画面，可在“Graph Option”里选择合适的 x、y 轴量程再作图，然后打印曲线，打印前须将打印格式设定为“横向”。

（3）比较 4 条曲线，并讨论所得实验结果及曲线的意义。

七、思考题

（1）在测量前，为什么电极在进行打磨后还需进行阴极极化处理？

（2）如果扫描速率改变，测得的 $E_{钝}$ 和 $i_{钝}$ 有无变化？为什么？

（3）当溶液 pH 发生改变时，Ni 电极的钝化行为有无变化？

（4）在阳极极化曲线的测量线路中，参比电极和辅助电极各起什么作用？

实验 81 旋光法测定蔗糖转化反应的速率常数

一、实验目的

（1）了解旋光仪的基本原理，掌握旋光仪的正确使用方法；

(2) 了解反应物浓度与旋光度之间的关系；

(3) 测定蔗糖转化的反应速率常数和半衰期。

二、实验原理

蔗糖在水中转化为葡萄糖与果糖，其反应为：

$$C_{12}H_{22}O_{11}(蔗糖)+H_2O \xrightarrow{H^+} C_6H_{12}O_6(葡萄糖)+C_6H_{12}O_6(果糖)$$

它是一个二级反应，在纯水中蔗糖水解速率极慢，通常需要在 H^+ 催化作用下进行。反应中 H_2O 是大量的，尽管有部分水分子参加了反应，仍可近似地认为整个反应过程中水的浓度是恒定的，作为催化剂的 H^+ 浓度也不变。这样，蔗糖转化的反应速率只与蔗糖的浓度有关，故蔗糖的水解反应可看作是一级反应。

一级反应的速率方程可由下式表示：

$$-\frac{dc}{dt}=kc \tag{81-1}$$

式中，c 为时间 t 时的反应物浓度；k 为反应速率常数。上式积分可得：

$$\ln c=\ln c_0-kt \tag{81-2}$$

式中，c_0 为反应开始时的反应物浓度。

当 $c=\frac{1}{2}c_0$时，时间 t 可用 $t_{1/2}$ 表示，即反应的半衰期：

$$t_{1/2}=\frac{\ln 2}{k}=\frac{0.693}{k} \tag{81-3}$$

可见一级反应的半衰期只决定于反应速率常数 k，而与反应物起始浓度无关。

从式(81-2) 可看出，在不同时间测定反应物的相应浓度，并以 $\ln c$ 对 t 作图，可得一直线，由直线的斜率即可求得反应速率常数 k。然而反应是不断进行的，要快速分析出反应物的浓度是困难的。但蔗糖及其转化产物都具有旋光性，而且它们的旋光能力不同，故可以利用体系在反应进程中旋光度的变化来度量反应的进程。

测量物质旋光度所用的仪器称为旋光仪。溶液的旋光度与溶液中所含旋光物质的旋光能力、溶剂性质、溶液浓度、液层厚度、光源波长、样品管长度及温度等因素有关。所谓旋光度，指一束偏振光通过有旋光性物质的溶液时，使偏振光振动面旋转某一角度的性质，其旋转角度称为旋光度 α。使偏振光按顺时针方向旋转的物质称为右旋物质，α 为正值，反之称为左旋物质，α 为负值。当其他条件均固定时，旋光度 α 与反应物浓度 c 呈线性关系，即

$$\alpha=\beta c \tag{81-4}$$

式中，比例常数 β 与物质的旋光能力、溶剂性质、溶液浓度、样品管长度及温度等有关。

物质的旋光能力用比旋光度来度量，比旋光度用下式表示：

$$[\alpha_D^{20}]=\frac{100\alpha}{lc_A} \tag{81-5}$$

式中，$[\alpha_D^{20}]$ 右上角的“20”表示实验时温度为20℃；D是指旋光仪所采用的钠灯光源D线的波长（即589nm）；α 为测得的旋光度，(°)；l 为样品管长度，dm；c_A 为浓度，g/100mL。

作为反应物的蔗糖是右旋性物质，其比旋光度 $[\alpha_D^{20}]=66.6°$；生成物中葡萄糖也是右旋性物质，其比旋光度 $[\alpha_D^{20}]=52.5°$；但果糖则为左旋性物质，其比旋光度 $[\alpha_D^{20}]=-91.9°$。由于生成物中果糖的左旋性比葡萄糖的右旋性大，所以，生成物呈现左旋性质。因此，当蔗糖开始水解后，随着时间的增长，溶液的右旋光度渐小，反应至某一瞬间，体系的旋光度可恰好等于零，而后就变为左旋，直到反应完全，这时左旋角达到最大值 α_∞，即随着蔗糖浓度的减小，溶液的旋光度在改变。因此，借助反应系统旋光度的测定，可以测定

蔗糖水解的速率。

设体系最初的旋光度为：

$$\alpha_0=\beta_{反}\ c_0\quad (t=0,\text{蔗糖尚未转化})\tag{81-6}$$

体系最终的旋光度为：

$$\alpha_\infty=\beta_{生}\ c_0\quad (t=\infty,\text{蔗糖已完全转化})\tag{81-7}$$

式(81-6) 和式(81-7) 中 $\beta_{反}$ 和 $\beta_{生}$ 分别为反应物与生成物的比例常数。

当时间为 t 时，蔗糖浓度为 c，此时旋光度为 α_t，即

$$\alpha_t=\beta_{反}\ c+\beta_{生}(c_0-c)\tag{81-8}$$

由式(81-6)～式(81-8) 联立可解得：

$$c_0=\frac{\alpha_0-\alpha_\infty}{\beta_{反}-\beta_{生}}=\beta'(\alpha_0-\alpha_\infty)\tag{81-9}$$

$$c=\frac{\alpha_t-\alpha_\infty}{\beta_{反}-\beta_{生}}=\beta'(\alpha_t-\alpha_\infty)\tag{81-10}$$

将式(81-9) 和式(81-10) 代入式(81-2) 得：

$$\ln(\alpha_t-\alpha_\infty)=-kt+\ln(\alpha_0-\alpha_\infty)\tag{81-11}$$

显然，如以 $\ln(\alpha_t-\alpha_\infty)$对 t 作图可得一直线，从直线斜率即可求得反应速率常数 k。

三、实验仪器与试剂

(1) 仪器　恒温水浴 1 台，旋光仪（WZZ-2B 型）1 台，移液管（25mL）2 支，锥形瓶（100mL）2 个。

(2) 试剂　蔗糖（AR)，盐酸溶液（4.0mol/L）。

四、实验步骤

(1) 了解旋光仪的原理与使用方法，见附注。

(2) 安装仪器，将恒温槽调节到（25.0±0.1)℃[或(30.0±0.1)℃]。

(3) 旋光仪的零点校正。

(4) 反应过程旋光度 α_t 的测定。

① 配制蔗糖水溶液：称取 20g 蔗糖加入锥形瓶内，再加入 100mL 蒸馏水，使蔗糖完全溶解，若溶液浑浊，刚需要过滤。

② 分别取 50mL 蔗糖水溶液和 50mL 4mol/L HCl 溶液于两个 100mL 锥形瓶中，并浸入恒温槽使恒温在实验的温度。然后将 HCl 溶液全部倒入盛有蔗糖溶液的锥形瓶中（两瓶来回倒几次，使两者混合均匀)，同时记下时间。

③ 用上述溶液洗涤旋光管两次，然后装满旋光管（要求管内没有气泡)，盖上玻璃片，置于旋光仪中测其旋光度，反应开始后的 15min 内，每隔 1min 测量一次，然后由于反应物浓度降低而使反应速率变慢，此时可将每次测量的时间间隔放宽，一直到反应时间为 50min 为止。

(5) α_∞ 的测量：将上述混合液的一半放入 50～60℃的恒温水浴中恒温 40min，取出冷至实验温度下测定其旋光度，在 10～15min 内读取 5～7 个数据，如在测量误差范围内，则取其平均值，即为 α_∞ 值。

(6) 将恒温水浴的温度调高 5℃，按上述步骤（4)、(5) 再测量一套数据。

五、注意事项

(1) 在进行蔗糖水解速率常数的测定以前，要熟练掌握旋光仪的使用方法，能正确而迅速地读出其读数。

(2) 旋光管的管盖不要过紧，否则会因玻璃片受力产生应力而致使有一定的假旋光。

（3）旋光仪中的钠灯不宜长时间开启，以免损坏。

（4）实验结束时，应将旋光管洗净、干燥，防止酸对旋光管的腐蚀。

（5）温度对反应速率常数的影响很大，实验中应严格控制反应温度。

六、实验记录与数据处理

（1）分别将在两个不同温度下反应过程中所测得的旋光度 α_t 与对应时间 t 列表，作出 α_t-t 曲线图。

（2）分别从两条 α_t-t 曲线上 10～40min 的区间内，等间隔取 8 个（α_t-t）数组，并通过计算，以 $\ln(\alpha_t-\alpha_\infty)$ 对 t 作图，由直线斜率求反应速率常数 k，并计算半衰期 $t_{1/2}$。

（3）根据实验测得的 $k(T_1)$ 和 $k(T_2)$，利用阿仑尼乌斯（Arrhenius）公式计算反应的平均活化能。

（4）将结果值与文献参考值（见表 81-1）比较，求取实验误差。

表 81-1　温度与盐酸浓度对蔗糖水解速率常数的影响

c_{HCl}/(mol/L)	$k\times10^3$/min^{-1}		
	298.2K	308.2K	318.2K
0.0502	0.4169	1.738	6.213
0.2512	2.255	9.355	35.86
0.4137	4.043	17.00	60.62
0.9000	11.16	46.76	148.8
1.214	17.455	75.97	—

注：E=108kJ/mol。

七、思考题

（1）蔗糖的转化速率常数和哪些因素有关？

（2）实验中用蒸馏水来校正旋光仪的零点，试问在蔗糖转化反应过程中所测定的旋光度 α_t 是否必须要进行零点校正？

（3）配制蔗糖溶液和盐酸溶液时，可否将蔗糖溶液加到盐酸溶液中去？为什么？

（4）测定 α_t 和 α_∞ 是否要用同一根旋光管，为什么？

【附注】

一、旋光仪的使用

1. 仪器的使用方法

（1）将仪器电源插头插入 220V 交流电源（要求使用交流电子稳压器 1kV·A），并将接地线可靠接地。

（2）向上打开电源开关（右侧面），这时钠光灯在交流工作状态下起辉，经 5min 钠光灯激活后，钠光灯才发光稳定。

（3）向上打开光源开关（右侧面），仪器预热 20min（若光源开关扳上后，钠光灯熄灭，则再将光源开关上下重复扳动 1～2 次，使钠光灯在直流下点亮，即为正常）。

（4）按“测量”键，这时液晶屏应有数字显示。注意：开机后“测量”键只需按一次，如果误按该键，则仪器停止测量，液晶无显示。用户可再次按“测量”键，液晶重新显示，此时需重新校零（若液晶屏已有数字显示，则不需按“测量”键）。

（5）将装有蒸馏水或其他空白溶剂的试管放入样品室，盖上箱盖，待示数稳定后，按“清零”键。试管中若有气泡，应先让气泡浮在凸颈处；通光面两端的雾状水滴，应用软布揩干，试管螺帽不宜旋得过紧，以免产生应力，影响读数。试管安放时应注意标记的位置和方向。

（6）取出试管。将待测样品注入试管，按相同的位置和方向放入样品室内，盖好箱盖，仪器将显示出该样品的旋光度，此时指示灯“1”点亮。注意：试管内腔应用少量被测试样冲洗3～5次。

（7）按“复测”键一次，指示灯“2”点亮，表示仪器显示是第一次复测的结果，再次按“复测”键，指示灯“3”点亮，表示仪器显示第二次复测结果。按“1、2、3”键，可切换显示各次测量的旋光度值。按“平均”键，显示平均值，指示灯“AV”点亮。

（8）如样品超过测量范围，仪器在±45°处来回振荡。此时，取出试管，仪器即自动转回零位。此时可将试液稀释一倍再测。

（9）仪器使用完毕后，应依次关闭光源、电源开关。

（10）钠灯在直流供电系统出现故障不能使用时，仪器也可以在钠灯交流供电（光源开关不向上开启）的情况下测试，但仪器的性能可能略有降低。当放入小角度样品（小于±5°）时，示数可能变化，这时只要按“复测”键，就会出现新数字。

2. 仪器的保养

（1）仪器应放在干燥通风处，防止潮气侵蚀，尽可能在20℃的工作环境中使用仪器。搬动仪器应小心轻放，避免振动。

（2）光源（钠光灯）积灰或损坏，可打开机壳进行擦净或更换。

（3）机械部分摩擦阻力增大，可以打开门板，在伞形齿轮蜗杆处加少许机油。

（4）如果仪器发现停转或其他元件损坏的故障，应请专业人员检查或通知厂方，由厂方维修人员进行检修。

二、讨论

（1）蔗糖在纯水中水解速率很慢，但在催化剂作用下会迅速加快，此时反应速率的大小不仅与催化剂的种类有关，而且与催化剂的浓度有关。

本实验除了用H^+作催化剂外，也可用蔗糖酶催化。后者的催化效率更高，并且用量可减少。如用蔗糖酶液（3～5活力单位/mL），其用量仅为2mol/L HCl用量的1/50。

蔗糖酶的制备可采用以下的方法：在50mL清洁的锥形瓶中加入鲜酵母10g，同时加入0.8g醋酸钠，搅拌15～20min，使团块溶化，再加入1.5mL甲苯，用软木塞将瓶口塞住并振荡10min，置于37℃恒温水浴中，保温60h。取出后加入1.6mL 42mol/L醋酸溶液和5mL蒸馏水，使其pH为4.5左右，摇匀。然后以3000r/min的转速离心30min，取出后用滴管将中层澄清液移出，放置于冰柜中备用。

本实验用HCl溶液作催化剂（浓度保持不变）。如果改变HCl的浓度，其蔗糖转化速率也随着变化。详见表81-1。反应所用蔗糖溶液初始含量为20%。

（2）温度对反应速率常数的影响很大，所以严格控制反应温度是做好本实验的关键。建议在反应开始时溶液的混合操作在恒温箱中进行。

反应进行到后阶段，为了加快反应进程，采用50～60℃恒温，促使反应进行完全。但温度不能高于60℃，否则会产生副反应，此时溶液变黄。因为蔗糖是由葡萄糖的苷羟基与果糖的苷羟基之间缩合而成的二糖。在H^+催化下，除了苷键断裂进行转化反应外，由于高温还有脱水反应，这会影响测量结果。

（3）假级反应　对于蔗糖水解：

$$C_{12}H_{22}O_{11}(\text{蔗糖})+H_2O = C_6H_{12}O_6(\text{葡萄糖})+C_6H_{12}O_6(\text{果糖})$$

人们发现该反应速率为：$v=kc(C_{12}H_{22}O_{11})$。因为溶剂水参加了反应，预计其反应速率方程应具有：$v=k'c^m(C_{12}H_{22}O_{11})c^n(H_2O)$的形式。由于水是大量存在的，各次实验中，水的浓度几乎保持不变。因此，可以认为：$k=k'c^n(H_2O)$。这个反应称为假一级反应，或称为准一级反应。

欲测定 n 是很困难的，但动力学表明 $n=6$。这可以用包含六合水化蔗糖的反应历程予以解释。

假级数包括在催化反应中，催化剂影响反应速率，但在反应中不损耗。在一次实验中，H_3O^+ 浓度固定不变。然而，改变 $c(H_3O^+)$ 进行一系列实验时，人们发现实际上速率对 H_3O^+ 为一级反应，对于蔗糖水解的准确速率方程为 $v=k''c(C_{12}H_{22}O_{11})c^6(H_2O)c(H_3O^+)$，反应为 8 级。然而在某一次实验中，$H_3O^+$ 浓度固定不变，H_2O 的浓度也可看成不变，故蔗糖水解反应可看作假一级反应。

（4）本实验在安排方面，由于时间原因，采用测定两个温度下的反应速率常数来计算反应活化能。如果时间许可，最好测定 5～7 个温度下的速率常数，用作图法求算反应活化能 E，则结果更合理可靠。

根据阿仑尼乌斯的积分形式：

$$\ln(k\cdot\min)=-\frac{E}{RT}+\text{常数}$$

测定不同温度下的 k 值，作 $\ln(k\cdot\min)$ 对 $1/T$ 图，可得一直线，从直线斜率求算反应的活化能 E。上式对数中乘上时间（min）因子使得对数后数值量纲为 1。

三、误差分析

（1）根据蔗糖水解的速率常数 $k=\frac{1}{t}\ln\frac{\alpha_0-\alpha_\infty}{\alpha_t-\alpha_\infty}$ 的相对误差分析可得：

$$\frac{\Delta k}{k}=\frac{\Delta t}{t}+\frac{2\Delta\alpha}{(\alpha_0-\alpha_\infty)\ln\frac{\alpha_0-\alpha_\infty}{\alpha_t-\alpha_\infty}}+\frac{2\Delta\alpha}{(\alpha_t-\alpha_\infty)\ln\frac{\alpha_0-\alpha_\infty}{\alpha_t-\alpha_\infty}}$$

在反应初期，由于 t 值较小，故时间测定的相对误差较大。随着反应的进行，α_t 的数值不断减小，使 $\alpha_t-\alpha_\infty$ 也不断减小，故由旋光度测定的误差就增大。

（2）实验表明，只有当 H^+ 浓度很低时，H^+ 浓度对水解速率才为一级反应。当 H^+ 浓度较高时，水解速率随 H^+ 浓度不同而变化，两者并非正比关系。

（3）为求一级反应的速率常数 k，若没有反应结束的相应浓度或物理量（α_∞），可采用古根亥姆（Guggenheim）的固定时间间隔的方法处理，即合理地选择反应时间为 t_1，t_2，t_3，…，然后在此时间上加上相同的时间间隔 Δt，即为 $t_1+\Delta t$，$t_2+\Delta t$，$t_3+\Delta t$，…，再利用其相应的浓度（或物理量）即可求得 k。具体计算如下。

设在 t_t 时　　$c_t=c_0e^{-kt_t}$

在 $t_t+\Delta t$ 时　　$c_t'=c_0e^{-k(t_t+\Delta t)}$

两式相减，则　　$c_t-c_t'=c_0e^{-kt_t}(1-e^{-k\Delta t})$

$$\ln(c_t-c'_t)=-kt_t+\ln[c_0(1-e^{-k\Delta t})]$$

以 $\ln(c_t-c_t')$ 对 t_t 作图，斜率即为 $-k$ 值。

应该指出，若时间间隔 Δt 值取得太小，则会导致实验结果的误差较大。一般取反应完成时间的一半为宜。

《实验 82》电导法测定乙酸乙酯皂化反应的速率常数

一、实验目的

（1）了解二级反应的特点，学会用图解法求取二级反应速率常数；

（2）用电导法测定乙酸乙酯反应速率常数，了解反应活化能的测定方法；

（3）掌握测量原理，并熟悉电导率仪的使用。

二、实验原理

乙酸乙酯的皂化反应是一个二级反应，其反应式为：

$$CH_3COOC_2H_5 + Na^+ + OH^- \longrightarrow CH_3COO^- + Na^+ + C_2H_5OH$$

在反应过程中，各物质的浓度随时间而改变。某一时刻的 OH^- 的浓度可用标准酸进行滴定求得，也可以通过测量溶液的某些物理性质而求出。用电导率仪测定溶液的电导率值 κ 随时间的变化关系，可以监测反应的进程，进而可求算反应的速率常数。二级反应的速率与反应物的浓度有关。为了处理方便，在设计实验时将反应物 $CH_3COOC_2H_5$ 和 NaOH 采用相同的浓度 c 作为起始浓度。当反应时间为 t 时，反应所生成的 CH_3COO^- 和 C_2H_5OH 的浓度为 x，则 $CH_3COOC_2H_5$ 和 NaOH 的浓度则为 $(c-x)$。设逆反应可忽略，则反应物和生成物的浓度随时间的关系为：

	$CH_3COOC_2H_5$	+ NaOH	$\longrightarrow CH_3COONa$	+ C_2H_5OH
$t=0$：	c	c	0	0
$t=t$：	$c-x$	$c-x$	x	x
$t\to\infty$：	$\to 0$	$\to 0$	$\to c$	$\to c$

对于上述二级反应的速率方程可表示为：

$$\frac{dx}{dt}=k(c-x)(c-x) \tag{82-1}$$

积分得：

$$kt=\frac{x}{c(c-x)} \tag{82-2}$$

显然，只要测出反应进程中 t 时的 x 值，再将 c 代入上式，就可以算出反应速率常数 k 值。

由于反应是在稀的水溶液中进行的，因此，可以假定 CH_3COONa 全部电离。溶液中参与导电的离子有 Na^+、OH^- 和 CH_3COO^- 等，而 Na^+ 在反应前后浓度不变，OH^- 的迁移率比 CH_3COO^- 的迁移率大得多。随着反应时间的增加，OH^- 不断减少，而 CH_3COO^- 不断增加，所以，体系的电导率值不断下降。在一定范围内，可以认为体系电导率值的减少与 CH_3COONa 的浓度 x 的增加量成正比，即

$$t=t \qquad x=\beta(\kappa_0-\kappa_t) \tag{82-3}$$

$$t\to\infty \qquad c=\beta(\kappa_t-\kappa_\infty) \tag{82-4}$$

式中，κ_0 为 $t=0$ 时溶液的初始电导率值；κ_t 为 $t=t$ 时溶液的电导率值；κ_∞ 为 $t\to\infty$，即反应完全后溶液的电导率值；β 为比例常数。将 x 及 c 与电导率的关系式分别代入积分式得：

$$kt=\frac{\beta(\kappa_0-\kappa_t)}{c\beta[(\kappa_0-\kappa_\infty)-(\kappa_0-\kappa_t)]}=\frac{\kappa_0-\kappa_t}{c(\kappa_t-\kappa_\infty)} \tag{82-5a}$$

或

$$\frac{\kappa_0-\kappa_t}{(\kappa_t-\kappa_\infty)}=ckt \tag{82-5b}$$

从直线方程式(82-5b) 可知，只要测定了 κ_0、κ_∞ 以及一组相应于 t 时 κ_t 值，以 $(\kappa_0-\kappa_t)/(\kappa_t-\kappa_\infty)$ 对 t 作图，可得一直线，由直线的斜率即可求得反应速率常数 k 值，k 的单位为 L/(min·mol)。

式(82-5b) 也可整理为：

$$\kappa_t=\frac{1}{ck}\frac{\kappa_0-\kappa_t}{t}+\kappa_\infty \tag{82-5c}$$

从直线方程式(82-5c)可知，只要测定了κ_0以及一组相应于t时κ_t值，以κ_t对$(\kappa_0-\kappa_t)/t$作图，也可得一直线，由直线的斜率即可求得反应速率常数k值。利用式(82-5c)可以不要测定κ_∞值。

根据阿仑尼乌斯（Arrhenius）公式：

$$\ln\frac{k_2}{k_1}=-\frac{E_a}{R}\left(\frac{1}{T_2}-\frac{1}{T_1}\right) \tag{82-6}$$

式中，k_1、k_2分别为温度T_1、T_2时测得的反应速率常数；R是摩尔气体常数；E_a为反应活化能。如果测定两个不同温度下的反应速率常数，就得从式(82-6)求算出反应活化能。

三、实验仪器与试剂

(1) 仪器　恒温槽（CH1015 上海恒平）1台，数字式电导率仪（DDS-307 上海日岛）1台，双管电导池2个，停表1支，移液管（10mL）3支，容量瓶（50mL）1个。

(2) 试剂　NaOH（AR），CH_3COONa（AR），$CH_3COOC_2H_5$（AR）。

四、实验步骤

(1) 启用恒温槽，调节至实验所需温度。

(2) 配制溶液：分别配制0.0100mol/L NaOH、0.0200mol/L NaOH、0.0100mol/L CH_3COONa和0.0200mol/L $CH_3COOCOOC_2H_5$各50mL。

(3) 调节电导率仪。

(4) 溶液起始电导率κ_0的测定：本实验采用双管电导池进行测量，其装置如图82-1所示。先将铂黑电极取出，浸入电导水中。

① 将双管电导池洗净烘干，加入适量0.0100mol/L NaOH溶液（浸没铂黑电极并超出1cm）。

② 将铂黑电极取出，用相同浓度的NaOH溶液淋洗电极（不要碰电极上的铂黑），然后插入电导池中。

③ 将整个系统置于恒温水浴中，恒温约10min。

④ 测量该溶液的电导值，每隔2min读一次数据，读取三次。

⑤ 更换溶液，重复测量，如果两次测量在误差允许范围内，可取平均值作κ_0。注意：每次更换电导池中的溶液时，都要先用电导水淋洗电极和电导池，接着再用被测溶液淋洗2～3次。

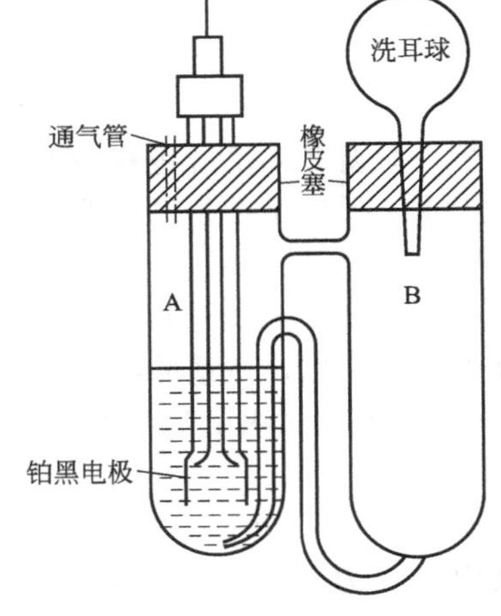

图82-1　双管电导池示意

(5) κ_∞的测量：实验测定中，不可能等到$t\to\infty$，且反应也并不完全不可逆，故通常以0.0100mol/L CH_3COONa溶液的电导率值κ_∞，测量方法与κ_0的测量相同。

(6) κ_t的测量

① 将电导池和铂电极用电导水洗净吹干，此时不能用待测液润洗，否则会影响反应物的浓度。安装后置于恒温水浴内。

② 用移液管吸取10mL 0.0200mol/L NaOH注入A管中；用另一支移液管吸取10mL 0.0200mol/L $CH_3COOC_2H_5$溶液注入B管中，塞上橡皮塞，恒温10min。

③ 用洗耳球通过B管上口将$CH_3COOC_2H_5$溶液压入A管（注意，不要用力过猛），与NaOH溶液混合。当溶液压入一半时，开始记录反应时间。反复压几次，使溶液混合均匀，并立即开始测量其电导率值。

④ 每隔2min读一次数据，直至电导率数值变化不大时（一般反应时间为45～60min），

可停止测量。

⑤ 反应结束后，倾去反应液，洗尽电导池和电极，重新测量 κ_∞。如果测量结果与前一次的基本相同，则可进行下一步的实验。

(7) 反应活化能的测定：按上述操作步骤测定另一温度下的反应速率常数，用阿仑尼乌斯公式计算反应的活化能。

五、注意事项

(1) 本实验需用电导水，并避免接触空气及灰尘杂质的落入。

(2) 配好的 NaOH 溶液要防止空气中的 CO_2 气体进入。

(3) 乙酸乙酯溶液和 NaOH 溶液的浓度必须相同。

(4) 乙酸乙酯溶液需临时配制，配制时动作要迅速，以减少挥发损失。

(5) 小心使用所有的玻璃器皿和电极，防止损坏。

(6) 实验温度要控制准确。

六、实验记录与数据处理

(1) 根据实验测定结果，分别以 $(\kappa_0-\kappa_t)/(\kappa_t-\kappa_\infty)$ 对 t 作图，并从直线斜率计算不同温度下的反应速率常数 k_1，k_2。

(2) 根据公式(82-6) 计算反应的活化能 E_a。

(3) 文献值如表 82-1 所示。

表 82-1 温度对乙酸乙酯皂化反应速率常数的影响

c/(mol/L)	t/℃	k/[L/(mol/s)]	k/[L/(mol/min)]	E_a/(kJ/mol)
0.01	0	8.65×10^{-3}	0.519	61.1
	10	2.35×10^{-2}	1.41	
	19	5.03×10^{-2}	3.02	
0.021	25		6.85	

七、思考题

(1) 反应分子数和反应级数是两个完全不同的概念，反应级数只能通过实验来确定。试问如何从实验结果来验证乙酸乙酯皂化反应为二级反应？

(2) 乙酸乙酯的皂化反应为吸热反应，试问在实验过程中如何处置这一影响而使实验得到较好结果？

(3) 如果 NaOH 和 $CH_3COOC_2H_5$ 溶液为浓溶液时，能否用此法求 k 值，为什么？

【附注】

(1) 在 NaOH 的初始浓度 a 略大于 $CH_3COOC_2H_5$ 初始浓度 b 的情况下，可以推导出：

$$\ln\frac{(\kappa_t-B/m)}{(\kappa_t-\kappa_\infty)}=\alpha_\infty kt+\ln\frac{(\kappa_0-B/m)}{(\kappa_0-\kappa_\infty)} \tag{82-7}$$

式中，B 和 m 分别与有关离子的摩尔电导率 λ 以及 NaOH 的初始浓度 a 有关：

$$B=1/(\lambda_{OH^-}-\lambda_{Ac^-})$$

$$m=a(\lambda_{Na^+}+\lambda_{Ac^-})/(\lambda_{OH^-}-\lambda_{Ac^-}) \tag{82-8}$$

a_∞ 根据反应终了时的 pH 求算：

$$\lg a_\infty=\text{pH}-14 \tag{82-9}$$

这样只要以 $\ln[(\kappa_t-B/m)/(\kappa_t-\kappa_\infty)]$ 对 t 作图，由斜率即可计算反应速率常数 k。利用这个方法甚至无需精确测定反应体系中乙酸乙酯的浓度，也可计算出 k 值。

(2) 由于空气中的 CO_2 会溶入电导水和配制的 NaOH 溶液中，而使溶液浓度发生改变。因此在实验中可用煮沸的电导水，同时可在配好的 NaOH 溶液瓶上装配碱石灰吸收管等方法进行处理。由于 $CH_3COOC_2H_5$ 溶液水解缓慢，且水解产物又会部分消耗 NaOH，故所用溶液都应新鲜配制。

(3) 溶液的电导率值的大小，表明导电能力的强弱，其物理含义为电阻的倒数。实际上它与所用的电极面积 A 和电极之间的距离 l 有关：

$$G=\frac{1}{R}=\kappa\frac{A}{l} \tag{82-10}$$

式中，κ 称为电导率，单位为 S/m；G 的单位为 Ω^{-1}。

电导池所用的铂黑电极的表面积无法直接测定，故常用已知电导率的溶液（如 KCl 溶液）对电导池进行标定。

参　考　文　献

冯安春，冯喆．简化电导法测量乙酸乙酯皂化反应速率常数 [J]. 化学通报，1986，49 (3)：55.

实验 83 最大泡压法测定溶液的表面张力

一、实验目的

(1) 了解表面张力的性质、表面自由能的意义以及表面张力和吸附的关系；

(2) 掌握用最大泡压法测定表面张力的原理和技术；

(3) 测定不同浓度正丁醇水溶液的表面张力，计算表面吸附量和正丁醇分子的横截面积。

二、实验原理

1. 表面自由能

在液体的内部，任何分子周围的吸引力都是平衡的，可是在液体表面层的分子却不相同。因为表面层的分子，一方面受到液体内层邻近分子的吸引，另一方面受到液面外部气体分子的吸引，而且前者的作用要比后者大。因此在液体表面层中，每个分子都受到垂直于液面并指向液体内部的不平衡力（见图 83-1）。这种吸引力使表面上的分子向内挤，促成液体的最小面积。

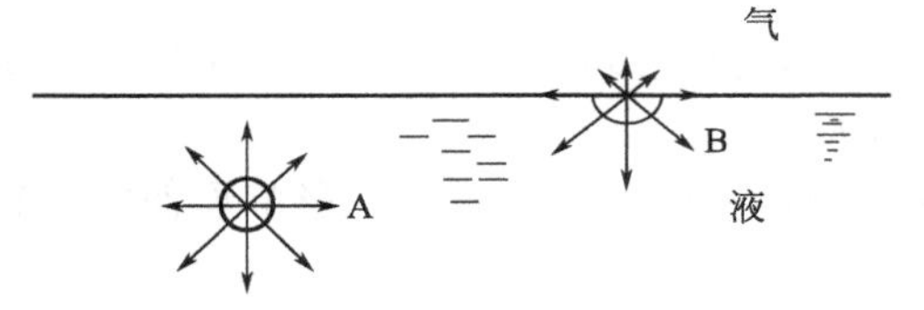

图 83-1　液体分子间作用力示意

要使液体的表面积增大，就必须要反抗分子的内向力而做功，增加分子的位能，所以说分子在表面层比在液体内部有较大的位能，该位能就是表面自由能。

从热力学观点看，液体表面缩小是一个自发过程，这是使系统总的吉布斯自由能减小的过程。在温度、压力和组成恒定时，可逆地使液体产生新的表面 ΔA，则需要对其做表面功，该表面功就转化为表面分子的吉布斯自由能。表面功的大小应与 ΔA 成正比：

$$\Delta G=W=\gamma\Delta A \tag{83-1}$$

式中，γ 为液体的比表面自由能，J/m^2，即增加单位表面积引起系统吉布斯自由能的增量，或者单位表面积上的分子比相同数量的内部分子“超额的”吉布斯自由能。也可将 γ 看作液体限制其表面，力图使它收缩的单位直线长度上所作用的力，称为表面张力，单位为 N/m。γ 表示了液体表面自动缩小趋势的大小，其值与液体的成分、溶质的浓度、温度及表面气氛等因素有关。

2. 溶液的表面吸附

纯液体表面层的组成与内部的组成相同，因此，纯液体降低表面自由能的唯一途径是尽可能缩小其表面积。对于溶液，由于溶质能使溶剂表面张力发生改变，因此，可以通过调节溶质在表面层的浓度来降低表面自由能。

根据能量最低原则，当溶质能降低溶剂的表面张力时，溶质表面层中的浓度比溶液内部大；反之，溶质使溶剂的表面张力升高时，溶质表面层中的浓度比内部的浓度低。这种表面浓度与溶液内部浓度不同的现象叫做溶液的表面吸附。表面吸附的多少常用表面吸附量 Γ 表示，其定义为：单位面积表面层所含溶质的物质的量比与同量溶剂在本体溶液中所含溶质的物质的量的超出值。显然，在指定的温度和压力下，溶质的吸附量与溶液的表面张力及溶液的浓度有关，从热力学方法可知它们之间的关系遵守吉布斯（Gibbs）吸附等温方程：

$$\Gamma=-\frac{c}{RT}\left(\frac{\mathrm{d}\gamma}{\mathrm{d}c}\right)_T \tag{83-2}$$

式中，Γ 为表面吸附量，$\mathrm{mol/m^2}$；c 为稀溶液浓度，mol/L；R 为摩尔气体常数；T 为热力学温度，K；γ 为表面张力，$\mathrm{J/m^2}$；$(\mathrm{d}\gamma/\mathrm{d}c)_T$ 表示在一定温度下表面张力随浓度的变化率。$(\mathrm{d}\gamma/\mathrm{d}c)_T<0$，则 $\Gamma>0$，溶质能降低溶剂的表面张力，溶液表面层的浓度大于内部的浓度，称为正吸附；$(\mathrm{d}\gamma/\mathrm{d}c)_T>0$，则 $\Gamma<0$，溶质能增加溶剂的表面张力，溶液表面层的浓度小于内部的浓度，称为负吸附。本实验测定正吸附的情况。

一般说来，凡是能使溶液表面张力升高的物质，皆称为表面惰性物质；凡是能使溶液表面张力降低的物质，皆称为表面活性物质。但习惯上，只把那些溶入少量就能显著降低溶液表面张力的物质，称为表面活性剂。表面活性物质的分子都是由亲水性的极性基团和憎水（亲油）性的非极性基团所构成，正丁醇即为此类化合物。它们在水溶液表面排列的情况随其浓度不同而异，如图 83-2 所示。浓度小时，分子可以平躺在表面上；浓度增大时，分子的极性基团取向溶液内部，而非极性基团基本上取向空间；当浓度增至一定程度，溶质分子占据了所有表面，就形成了饱和吸附层。

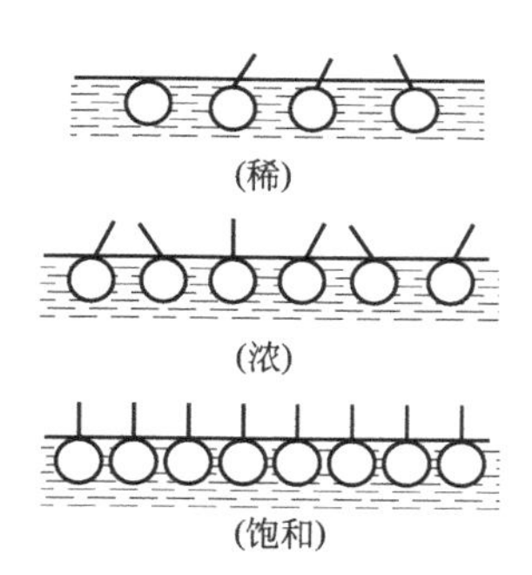

图 83-2　表面活性物质分子在水溶液表面上的排列情况示意

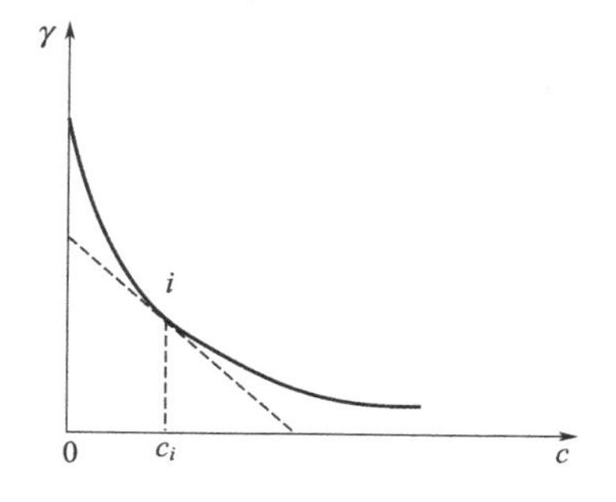

图 83-3　表面张力与浓度的关系

用吉布斯吸附等温式计算某溶质的吸附量时，可由实验测定一组恒温下不同浓度 c 时的表面张力，以 γ 对 c 作图，可得到 γ-c 曲线，如图 83-3 所示。从图上可以看出，在开始时，γ 随浓度增加而迅速下降，以后的变化比较缓慢。将曲线上某指定浓度下的斜率 $\mathrm{d}\gamma/\mathrm{d}c$ 代入式(83-2)，即可求得该浓度下溶质在溶液表面的吸附量 Γ。

3. 饱和吸附与溶质分子的横截面积

在一定温度下，体系在平衡状态时，吸附量 Γ 和浓度 c 之间的关系与固体对气体的吸附

很相似，也可用和朗缪尔单分子层吸附等温式相似的经验公式来表示，即

$$\Gamma=\Gamma_{\infty}\frac{kc}{1+kc} \tag{83-3}$$

式中，k 为经验常数，与溶质的表面活性大小有关。由上式可知，当浓度很小时，Γ 与 c 呈直线关系；当浓度较大时，Γ 与 c 呈曲线关系；当浓度足够大时，则呈现一个吸附量的极限值，即 $\Gamma=\Gamma_{\infty}$。此时若再增加浓度，吸附量不再改变，所以 Γ_{∞} 称为饱和吸附量。Γ_{∞} 可以近似地看作是在单位表面上定向排列呈单分子层吸附时溶质的物质的量。求出 Γ_{∞} 值，即可算出每个被吸附的表面活性物质分子的横截面积 A_s。

将式(83-3) 整理得：

$$\frac{c}{\Gamma}=\frac{1}{\Gamma_{\infty}}c+\frac{1}{k\Gamma_{\infty}} \tag{83-4}$$

以 c/Γ 对 c 作图可得到一条直线，其斜率的倒数为 Γ_{∞}，则每个分子的截面积为：

$$A_s=\frac{1}{\Gamma_{\infty}N_A} \tag{83-5}$$

式中，N_A 为阿伏伽德罗常数。

因此，如测得不同浓度溶液的表面张力，从 γ-c 曲线可求得不同浓度的斜率 $d\gamma/dc$，即可求出不同浓度的吸附量 Γ，再从 c/Γ-c 直线上求出 Γ_{∞}，便可计算出溶质分子的横截面积 A_s。

4. 最大泡压法

测定表面张力的方法很多，本实验采用最大泡压法测定正丁醇水溶液的表面张力，实验装置如图 83-4 所示。

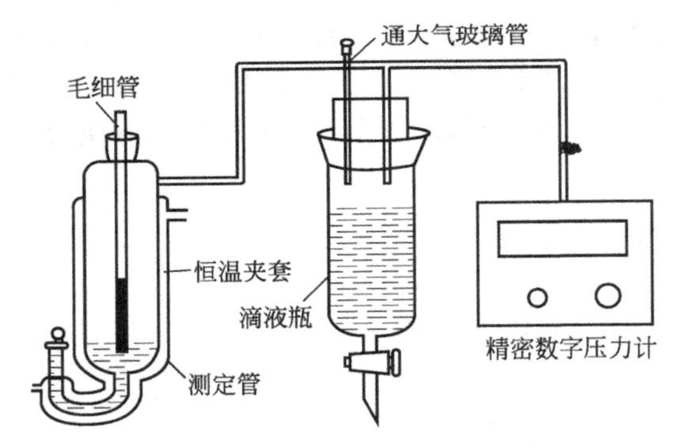

图 83-4 测定表面张力实验装置

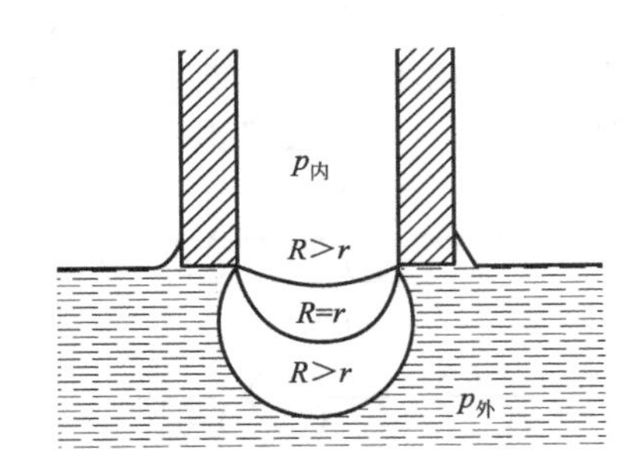

图 83-5 气泡的形成过程

R—气泡的曲率半径；r—毛细管端半径

将被测液体装于测定管中，打开滴液瓶的活塞缓缓放水抽气，系统不断减压，毛细管出口将出现一个小气泡，且不断增大。若毛细管足够细，管下端气泡将呈球缺形，液面可视为球面的一部分。随着小气泡的变大，气泡的曲率半径将变小。当气泡的半径等于毛细管的半径时，气泡的曲率半径最小，液面对气体的附加压力达到最大，如图 83-5 所示。

在气泡的半径等于毛细管半径时：$p_{内}=p_{外}$

气泡内的压力：$p_{内}=p_{大气}-2\gamma/r$

气泡外的压力：$p_{外}=p_{系统}+\rho gh$

实验过程中，控制毛细管端口与液面相切，即使 $h=0$，$p_{外}=p_{系统}$，根据附加压力的定义及拉普拉斯方程，半径为 r 的凹面对小气泡的附加压力为：

$$\Delta p_{max}=p_{大气}-p_{系统}=p_{最大}=2\gamma/r \tag{83-6}$$

于是求得所测液体的表面张力为：

$$\gamma=\frac{r}{2}\Delta p_{\max}=K'\Delta p_{\max} \tag{83-7}$$

此后进一步抽气，气泡若再增大，气泡半径也将增大，此时气泡表面承受的压力差必然减小，而测定管中的压力差却在进一步加大，所以导致气泡破裂从液体内部逸出。最大压力差可用数字式压力差仪直接读出，K'称为毛细管常数，可用已知表面张力的物质来确定。

三、实验仪器与试剂

(1) 仪器　表面张力测定装置1套，超级恒温槽1台，洗耳球1个，10mL移液管1支，1mL移液管1支，250mL容量瓶1个，50mL容量瓶9个，500mL烧杯1个，50mL碱式滴定管1支，洗瓶/滴管。

(2) 试剂　正丁醇（AR），去离子水。

四、实验步骤

(1) 调节恒温水浴温度为25℃。

(2) 配制溶液　用称量法精确配制250mL 0.50mol/L正丁醇溶液，装入50mL碱式滴定管。再用这一浓溶液配制下列浓度的稀溶液各50mL：0.02mol/L、0.04mol/L、0.06mol/L、0.08mol/L、0.10mol/L、0.12mol/L、0.16mol/L、0.20mol/L、0.24mol/L，并将配好溶液的容量瓶浸入恒温水浴中恒温。

(3) 仪器准备与检漏　仔细用洗液洗净测定管及毛细管内外壁，然后用自来水和蒸馏水冲洗数次。按图83-4安装好实验仪器，检查系统是否漏气。检查方法：在恒温条件下，将一定量的蒸馏水装入测定管中，将毛细管插入测定管中，用滴管通过测定管下端支管调节液面的高度，使测定管内的液体刚好与毛细管端面相切。打开滴液瓶活塞缓缓放水抽气，使系统内压力降低，数字压力计的读数由小增大至一相当大的数值时，关闭滴液瓶活塞，若数字压力计读数在1～2min内基本稳定，表明系统的气密性良好，可以进行实验，否则应检查各玻璃磨口处或其他接口。

(4) 测定毛细管常数　在测定管中注入蒸馏水，使管内液面刚好与毛细管口相接触，慢慢打开滴液瓶活塞，严格控制滴液速度，使毛细管端口5～10s出一个气泡，由数字压力计读出瞬间最大压差（大约在700～800Pa），记录最大值，重复3次，取平均值。

(5) 测量正丁醇溶液的表面张力　按实验步骤（4）分别测量不同浓度正丁醇溶液的表面张力，从稀到浓依次进行。每次测量前必须用少量被测液洗涤测定管，尤其毛细管部分，确保毛细管内外溶液的浓度一致。

(6) 实验结束，用蒸馏水洗净仪器，整理好实验仪器，做好仪器使用登记，搞好实验室卫生。

五、注意事项

(1) 在测定有效数据之前一定要检查系统的气密性，否则数据不真实。

(2) 连接压力计与毛细管及滴液瓶用的乳胶管中不应有水等阻塞物，否则压力无法传递至毛细管，将没有气泡自毛细管口逸出。

(3) 测定时毛细管及测定管应洗涤干净，以玻璃不挂水珠为好，否则，气泡可能不呈单泡逸出，而使压力计读数不稳定，如发生此种现象，毛细管应重洗。

(4) 测定时，毛细管一定要与液面保持垂直，端面刚好与液面相切，若毛细管末端插入到溶液内部，则气泡外的压力：

$$p_{外}=p_{系统}+\rho gh$$

此时因为 h 不等于 0，在气泡的半径等于毛细管半径时：

$$p_{内}=p_{大气}-2\gamma/r=p_{外}=p_{系统}+\rho gh$$

$$\Delta p_{max}=p_{大气}-p_{系统}=\rho gh+2\gamma/r$$

计算公式将只能采用：

$$\gamma=\frac{(\Delta p_{max}-\rho gh)r}{2}$$

(5) 控制好滴液瓶的放液速度，水的流速每次均应保持一致，尽可能使气泡呈单泡逸出，以利于读数的准确性。

(6) 数字微压差仪上显示的数字为实验系统与大气压之间的压差值。要读取最大压力差数值，因为 Δp_{max} 与毛细管的半径 r 是对应的，只有这样才能获得一致的数据。

(7) 正丁醇溶液要准确配制，使用过程中防止挥发损失。测定正丁醇溶液的表面张力时，按从稀到浓的顺序依次进行，毛细管及测定管一定要用待测液润洗，否则测定的数据不真实。毛细管的清洗方法：将毛细管在下次被测溶液中沾一下，溶液在毛细管中上升一液柱，然后用洗耳球将溶液吹出，重复 3～4 次。

(8) 温度应保持恒定，否则对 γ 的测定影响较大。

六、实验记录与数据处理

(1) 将实验结果填入表 83-1。

表 83-1 正丁醇溶液表面张力的测定

实验温度____℃，大气压____kPa，$\gamma_{水}$=____N/m，毛细管常数 $r/2$=____

正丁醇的浓度 c/(mol/L)	Δp_{max}/Pa				Γ/(N/m)
	1	2	3	平均值	
0.00(纯 H_2O)					
0.02					
0.04					
0.06					
0.08					
0.10					
0.12					
0.16					
0.20					
0.24					
0.50					

(2) 查得实验温度下纯水的表面张力数据，按式(83-7) 求出毛细管常数。

(3) 分别计算各浓度正丁醇水溶液的 γ 值。

(4) 以浓度 c 为横坐标，以 γ 为纵坐标作 $\gamma=f(c)$ 图，连成光滑曲线。

(5) 在曲线上取 10 个点（不一定是原实验浓度），求出曲线上不同浓度 c 点处的斜率 $d\gamma/dc$。

(6) 根据吉布斯方程求吸附量 Γ。

(7) 列出 c、$(d\gamma/dc)_T$、Γ、c/Γ 的对应数据，以 c/Γ 对 c 作图，从直线的斜率求出 Γ_∞，并计算出正丁醇分子的截面积 A_s。

七、思考题

(1) 用最大泡压法测定表面张力时为什么要读最大压差？

(2) 如果将毛细管末端插入到溶液内部进行测量，可以吗？为什么？

(3) 表面张力仪（玻璃器皿）的清洁与否和温度的不恒定对测量数据有何影响？

（4）为什么要求从毛细管中逸出的气泡必须均匀而间断？如何控制出泡速度？若出泡速度太快，对表面张力的测定值有何影响？

实验84 固体在溶液中的吸附

一、实验目的

（1）测定活性炭在醋酸水溶液中对醋酸的吸附作用，并由此计算活性炭的比表面；

（2）验证弗罗因德利希（Freundlich）经验公式和朗缪尔（Langmuir）吸附公式；

（3）了解固-液界面的分子吸附。

二、实验原理

对于比表面很大的多孔性或高度分散的吸附剂，如活性炭和硅胶等，在溶液中有较强的吸附能力。由于吸附剂表面结构的不同，对不同的吸附质有着不同的相互作用，因而吸附剂能够从混合溶液中有选择地把某一种溶质吸附。根据这种吸附能力的选择性，在工业上有着广泛的应用，如糖的脱色提纯等。

吸附能力的大小常用吸附量 Γ 表示。Γ 通常指每克吸附剂吸附溶质的物质的量，在恒定温度下，吸附量与溶液中吸附质的平衡浓度有关，弗罗因德利希从吸附量和平衡浓度的关系曲线得出经验方程：

$$\Gamma=\frac{x}{m}=kc^{\frac{1}{n}} \tag{84-1}$$

式中，x 为吸附溶质的物质的量，mol；m 为吸附剂的质量，g；c 为平衡浓度，mol/L；k，n 为经验常数，由温度、溶剂、吸附质及吸附剂的性质决定（n 一般在 0.1～0.5）。

将式(84-1) 取对数：

$$\lg\Gamma=\lg\frac{x}{m}=\frac{1}{n}\lg c+\lg k \tag{84-2}$$

以 $\lg\Gamma$ 对 $\lg c$ 作图可得一直线，从直线的斜率和截距可求得 n 和 k。式(84-1) 纯系经验方程式，只适用于浓度不太大和不太小的溶液。从表面上看，k 为 $c=1$ 时的 Γ，但这时式(84-1) 可能已不适用。一般吸附剂和吸附质改变时，n 改变不大，而 k 值则变化很大。

朗缪尔根据大量实验事实，提出固体对气体的单分子层吸附理论，认为固体表面的吸附作用是单分子层吸附，即吸附剂一旦被吸附质占据之后，就不能再吸附。固体表面是均匀的，各处的吸附能力相同，吸附热不随覆盖程度而变，被吸附在固体表面上的分子，相互之间无作用力；吸附平衡是动态平衡，并由此导出下列吸附等温式，在平衡浓度为 c 时的吸附量 Γ 可用下式表示：

$$\Gamma=\Gamma_{\infty}\frac{ck}{1+ck} \tag{84-3}$$

Γ_{∞} 为饱和吸附量，即表面被吸附质铺满单分子层时的吸附量。k 是常数，也称吸附系数。

将式(84-3) 重新整理可得：

$$\frac{c}{\Gamma}=\frac{1}{\Gamma_{\infty}k}+\frac{1}{\Gamma_{\infty}}c \tag{84-4}$$

以 c/Γ 对 c 作图，得一直线，由这一直线的斜率可求得 Γ_{∞}，再结合截距可求得常数 k。这个 k 实际上带有吸附和脱附平衡的平衡常数的性质，而不同于弗罗因德利希方程式中的 k。

根据 Γ_{∞} 的数值，按照朗缪尔单分子层吸附的模型，并假定吸附质分子在吸附剂表面上是直立的，每个醋酸分子所占的面积以 0.243nm^2 计算（此数据是根据水-空气界面上对于直链正脂肪酸测定的结果而得)，则吸附剂的比表面 S_0 可按下式计算得到：

$$S_0 = \Gamma_\infty N_A a_\infty = \frac{\Gamma_\infty \times 6.02 \times 10^{23} \times 0.243}{10^{18}} \tag{84-5}$$

式中，S_0 为比表面，即每克吸附剂具有的总表面积，m^2/g；N_A 为阿伏伽德罗常数($6.02\times10^{23}mol^{-1}$)；$a_\infty$ 为每个吸附分子的横截面积；10^{18} 是因为 $1m^2=10^{18}nm^2$ 所引入的换算因子。

根据上述所得的比表面积，往往要比实际数值小一些。原因有两点：一是忽略了界面上被溶剂占据的部分；二是吸附剂表面上有小孔，醋酸不能钻进去，故这一方法所得的比表面积一般偏小。不过这一方法测定时手续简便，又不要特殊仪器，故是了解固体吸附剂性能的一种简便方法。

三、实验仪器与试剂

(1) 仪器　HY-4 型调速多用振荡器(江苏金坛) 1 台，带塞锥形瓶 (125mL) 7 支，移液管 (25mL、5mL、10mL) 各 1 支，洗耳球 1 支，碱式滴定管 1 支，温度计 1 支，电子天平 1 台，称量瓶 1 个。

(2) 试剂　NaOH 标准溶液 (0.1mol/L)，醋酸标准溶液 (0.4mol/L)，活性炭，酚酞指示剂。

四、实验步骤

(1) 准备 6 个干的编好号的 125mL 锥形瓶(带塞)。按记录表格中所规定的浓度配制 50mL 醋酸溶液，注意随时盖好瓶塞，以防醋酸挥发。

(2) 将 120℃下烘干的活性炭(本实验不宜用骨炭)装在称量瓶中，瓶里放上小勺，用差减法称取活性炭各约 1g (准确到 0.001g) 放于锥形瓶中。塞好瓶塞，在振荡器上振荡 0.5h，或在不时用手摇动下放置 1h。

(3) 使用颗粒活性炭时，可直接从锥形瓶里取样分析。如果是粉状性活性炭，则应过滤，弃去最初 10mL 滤液。按记录表规定的体积取样，用 0.1mol/L 标准碱溶液滴定。

(4) 活性炭吸附醋酸是可逆吸附。使用过的活性炭可用蒸馏水浸泡数次，烘干后回收利用。

五、注意事项

(1) 温度及气压不同，得出的吸附常数不同。

(2) 使用的仪器干燥无水；注意密闭，防止与空气接触影响活性炭对醋酸的吸附。

(3) 滴定时注意观察终点的到达。

(4) 在浓的 HAc 溶液中，应该在操作过程中防止 HAc 的挥发，以免引起较大的误差。

(5) 本实验溶液配制用不含 CO_2 的蒸馏水进行。

六、实验记录与数据处理

(1) 将实验数据记录到表 84-1。

(2) 由平衡浓度 c 及初始浓度 c_0，按公式：$\Gamma=(c_0-c)V/m$ 计算吸附量，式中，V 为溶液总体积，L；m 为活性炭的质量，g。

(3) 作吸附量 Γ 对平衡浓度 c 的等温线。

(4) 以 $\lg\Gamma$ 对 $\lg c$ 作图，从所得直线的斜率和截距可求得式(84-1) 中的常数 n 和 k。

(5) 计算 c/Γ，作 c/Γ-c 图，由图求得 Γ_∞，将 Γ_∞ 值用虚线作一水平线在 Γ-c 图上。这一虚线即是吸附量 Γ 的渐近线。

(6) 由 Γ_∞ 根据式(84-5) 计算活性炭的比表面积。

表 84-1　实验数据记录

实验温度：__________　　大气压：__________

编号	1	2	3	4	5	6
0.4mol/L HAc 的体积/mL	50	25	15	7.5	4	2
水的体积/mL	0	25	35	42.5	46	48
活性炭的质量 m/g						
醋酸的初浓度 c_0/(mol/L)						
滴定时取样量/mL	5	10	25	25	25	25
滴定耗碱量/mL						
醋酸的平衡浓度 c/(mol/L)						

七、思考题

(1) 吸附作用与哪些因素有关？固体吸附剂吸附气体与从溶液中吸附溶质有何不同？

(2) 试比较弗罗因德利希吸附等温式与朗缪尔吸附等温式的优缺点？

(3) 如何加快吸附平衡的到达？如何判定平衡已经到达？

(4) 讨论本实验中引入误差的主要因素？

实验 85　黏度法测定水溶性高聚物的相对分子质量

一、实验目的

(1) 了解黏度法测定高聚物相对分子质量的基本原理和公式；

(2) 掌握用乌氏（Ubbelohde）黏度计测定黏度的原理和方法；

(3) 测定聚乙二醇的相对分子质量。

二、实验原理

相对分子质量是聚合物的基础数据，但高聚物相对分子质量大小不一、参差不齐，一般在 $10^3 \sim 10^7$，所以平常所测高聚物的相对分子质量是平均相对分子质量。高聚物平均相对分子质量的大小对高聚物的性能影响很大，如橡胶的硫化程度、聚苯乙烯和醋酸纤维等薄膜的抗张强度、纺丝黏液的流动性等，均与其平均相对分子质量有密切关系。通过平均相对分子质量的测定，可进一步了解高聚物的性能，指导和控制聚合时的条件，以获得具有优良性能的产品。

高聚物相对分子质量的测定方法很多，对线性高聚物有端基分析、沸点升高、凝固点降低、等温蒸馏、渗透压、光散射和超离心沉降及扩散等分析方法。这些方法除端基分析外，一般都需要较复杂的仪器设备，并且操作复杂。黏度法测定高聚物的相对分子质量，设备简单，操作方便，有相当好的实验精度，其适用的相对分子质量范围为 $10^4 \sim 10^7$。

高聚物在稀溶液中的黏度，主要反映了液体在流动时存在的内摩擦。其中有溶剂分子与溶剂分子之间的内摩擦，表现出的黏度叫纯溶剂黏度，记为 η_0，还有高聚物分子间的内摩擦，以及高聚物分子与溶剂分子之间的内摩擦，三者的总和表现为溶液的黏度，记为 η。

在同一温度下，高聚物溶液的黏度一般都比纯溶剂的黏度大，即 $\eta > \eta_0$。因为液体黏度的绝对值测定很困难，所以一般都是测定溶液与溶剂的相对黏度 η_r：

$$\eta_r = \frac{\eta}{\eta_0} \qquad (85\text{-}1)$$

相对于溶剂，溶液黏度增加的分数称为增比黏度，记为 η_{sp}，即：

$$\eta_{sp}=\frac{\eta-\eta_0}{\eta_0}=\eta_r-1 \tag{85-2}$$

相对黏度 η_r 反映的是溶液的黏度行为，增比黏度 η_{sp}则反映的是扣除了溶剂分子之间的内摩擦效应，仅留下纯溶剂与高聚物分子之间，以及高聚物分子之间的内摩擦效应。显然，溶液的浓度越大，黏度也越大，为了便于比较，引入比浓黏度 η_{sp}/c 及比浓对数黏度 $\ln\eta_r/c$。当溶液无限稀释时，每个高聚物分子彼此相隔极远，其相互间的内摩擦可忽略不计，此时溶液所表现出的黏度主要反映了高聚物分子与溶剂分子间的内摩擦，定义为特性黏度 [η]，其值与浓度无关，仅取决于溶剂的性质及高聚物分子的形态与大小。计算公式如下：

$$[\eta]=\lim_{c\to 0}\frac{\eta_{sp}}{c}=\lim_{c\to 0}\frac{\ln\eta_r}{c} \tag{85-3}$$

在足够稀的高聚物溶液中，η_{sp}/c 和 $\ln\eta_r/c$ 与 c 之间的关系可由经验公式表示：

$$\frac{\eta_{sp}}{c}=[\eta]+K'[\eta]^2c \tag{85-4}$$

$$\frac{\ln\eta_r}{c}=[\eta]-\beta[\eta]^2c \tag{85-5}$$

式中，系数 K'与 β 分别称为赫金斯（Huggins）和克拉默（Kraemer）常数。

因此，通过 η_{sp}/c 与 c 和 $\ln\eta_r/c$ 与 c 作图将得到两条直线，外推至 $c=0$ 时所得截距即为 [η]，外推法求 [η]，如图 85-1 所示。

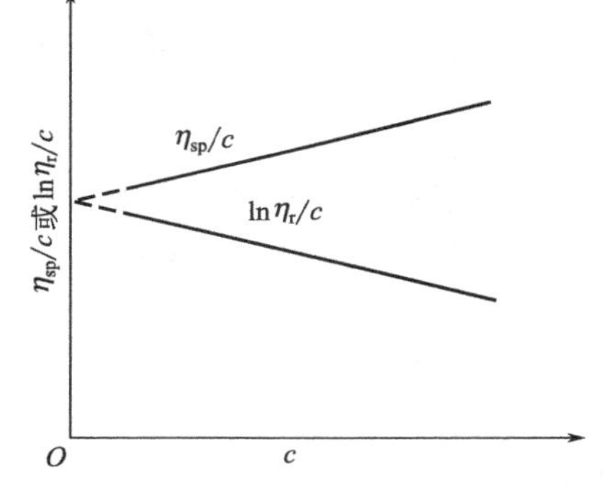

图 85-1　外推法求 [η]

高聚物分子的相对分子质量越大，则它与溶剂分子间的接触表面也越大，因此摩擦就大，表现出的特性黏度也大。实验证明，当聚合物、溶剂和温度确定以后，特性黏度 [η] 的数值只与高聚物平均相对分子质量$\overline{M}$有关，它们之间的半经验关系可用马克-豪威克（Mark-Houwink）方程式表示：

$$[\eta]=K\overline{M}^{\alpha} \tag{85-6}$$

式中，K 为比例常数；α 是与分子形状有关的经验常数。K 和 α 值与温度、聚合物和溶剂性质有关，在一定的相对分子质量范围内与相对分子质量无关。K 值受温度的影响较明显，而 α 值主要取决于高分子线团在某温度下、某溶剂中舒展的程度，其数值介于 0.5～1 之间。K 和 α 的数值只能通过其他方法确定，例如渗透压法、光散射法等。黏度法只能测得 [η]，通过已经确实的公式来计算聚合物的相对分子质量。

测定液体黏度的方法，主要有毛细管法（测定液体通过毛细管的流出时间）、落球法（测定圆球在液体里的下落速度）及转筒法（测定液体在同心轴圆柱体间相对转动的影响）。在测定高分子溶液的特性黏度 [η] 时，以毛细管法最为方便。当液体在毛细管黏度计内因重力作用而流出时，遵守泊肃叶（Poiseuille）定律：

$$\frac{\eta}{\rho}=\frac{\pi hgr^4t}{8lV}-m\frac{V}{8\pi lt} \tag{85-7}$$

式中，ρ 为液体的密度；l 是毛细管长度；r 是毛细管半径；t 是流出时间；h 是流经毛细管液体的平均液柱高度；g 为重力加速度；V 是流经毛细管液体的体积；m 是与仪器的几何形状有关的常数，在 $r/l\ll l$ 时，可取 $m=1$。

对某一支指定的黏度计而言，令 $\alpha=\frac{\pi hgr^4}{8lV}$，$\beta=\frac{mV}{8\pi l}$，式(85-7) 可改写为：

$$\frac{\eta}{\rho}=\alpha t-\frac{\beta}{t} \tag{85-8}$$

式中，$\beta<1$，当 $t>100s$ 时，等式右边第二项可以忽略。又因通常测定是在稀溶液中进行，所以溶液的密度 ρ 与溶剂密度 ρ_0 近似相等。这样，通过分别测定溶液和溶剂的流出时间 t 和 t_0，就可求算 η_r：

$$\eta_r=\frac{\eta}{\eta_0}=\frac{t}{t_0} \tag{85-9}$$

进而可分别计算得到 η_{sp}、η_{sp}/c 和 $\ln\eta_r/c$ 值。配置一系列不同浓度的溶液分别进行测定，以 η_{sp}/c 和 $\ln\eta_r/c$ 为同一纵坐标，c 为横坐标作图，得两条直线，分别外推到 $c=0$ 处（见图 85-1），其截距即为 $[\eta]$，代入式(85-6)（K，α 已知），即可得到$\overline{M}$。

由前述可知，黏度法测定高聚物相对分子质量，最基础的是测定 t_0、t、c，实验的关键和准确度在于测量液体流经毛细管的时间、溶液浓度的准确度和恒温程度等因素。

三、实验仪器与试剂

（1）仪器　恒温水浴 1 套，乌氏黏度计 1 支，移液管（10mL）2 支和（5mL）1 支，停表 1 只，洗耳球 1 支，弹簧夹 1 支，乳胶管（约 5cm 长）2 根，3 号砂芯漏斗 2 个。

（2）试剂　聚乙二醇（AR），蒸馏水。

四、实验步骤

（1）将恒温水浴调至（30±0.1)℃。

（2）溶液的配制

用电子天平准确称量聚乙二醇样品约 2.5g，用 100mL 容量瓶配成水溶液。如溶液中有不溶物，则必须用预先洗净并烘干的 3 号砂芯漏斗过滤，过滤时不能用滤纸，以免纤维混入，装入锥形瓶中备用。

（3）黏度计的洗涤

本实验用乌氏黏度计测定黏度，它最大的优点是样品溶液的体积不影响测定结果，因而可以在黏度计中逐渐稀释溶液从而节省许多操作手续，其构造如图 85-2 所示。所用黏度计必须洗净，因为微量的灰尘、油污等会导致局部的堵塞现象，影响溶液在毛细管中的流动，引起较大的误差，所以在实验前应彻底洗净烘干。先用热洗液（经砂芯漏斗过滤）浸泡，再用自来水、蒸馏水分别冲洗几次。每次都要注意反复流洗毛细管部分，洗好后烘干备用。其他容量瓶、移液管等都要彻底洗净，做到无尘。

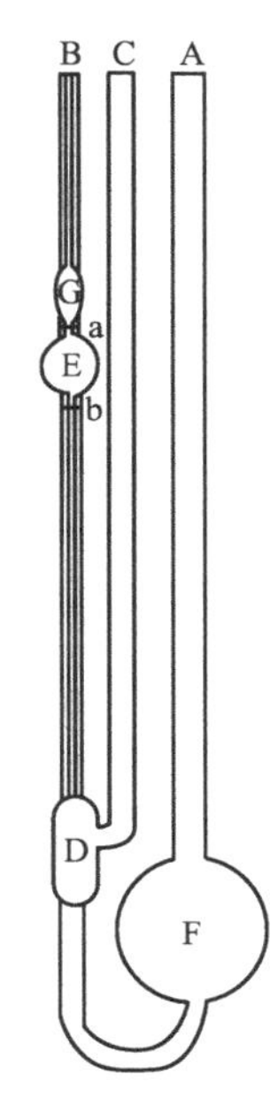

图 85-2　乌氏黏度计结构示意

（4）溶液流出时间的测定

先在黏度计的 C 管和 B 管的上端套上干燥清洁的乳胶管，然后将其垂直放入恒温水浴中，使水面超过 G 球 1cm 左右，放置位置要适于观察液体流动情况，恒温水浴搅拌器的搅拌速率应调节合适，如产生剧烈振动，将会影响测定的结果。

安装好后，用移液管吸取已知浓度的聚乙二醇溶液 10.00mL，由 A 管注入黏度计中，在 C 管处用洗耳球打气，使溶液混合均匀，浓度记为 c_1，恒温 10min，进行测定。测定方法如下：将 C 管上端的乳胶管用夹子夹紧，使之不通气，在 B 管的乳胶管口用洗耳球慢慢抽吸，将溶液从 F 球经 D 球、毛细管、E 球抽至 G 球 2/3 处，先拿走洗耳球后，再松开 C 管上的夹子，让其通大气，此时 D 球内的溶液即回入 F 球，使毛细管以上的液体悬空。毛细管以上的液体下落，当液面流经 a 刻度时，立即按表开始计时，当液面降至 b 刻度时，停止计时，测得液体流经 a、b 线所需的时间，即为刻度 a、b 之间的液体流经毛细管所需的时间。重复三次，偏差应小于 0.3s，取其平均值，即为 t_1 值。

然后依次由 A 管用移液管准确加入 5.00、5.00、10.00、10.00mL 蒸馏水，将溶液稀释，使溶液浓度分别为 c_2、c_3、c_4、c_5，按上述方法分别测定溶液流经毛细管的时间 t_2、t_3、t_4、t_5。应注意每次稀释后都要将溶液在 F 球中充分搅匀（可用洗耳球打气的方法，但不要将溶液溅到管壁上），然后用稀释液抽洗黏度计的毛细管、E 球和 G 球，使黏度计内各处溶液的浓度相等，而且必须恒温。若最后一次液体太多，可在充分混合后取出一部分溶液弃去。

（5）溶剂流出时间的测定

用蒸馏水洗净黏度计，尤其要反复流洗黏度计的毛细管部分。由 A 管加入约 15mL 蒸馏水，用同法测定溶剂流出的时间 t_0。

（6）实验完毕后，倒出蒸馏水，将黏度计放入烘箱干燥，关闭恒温水浴电源。整理好实验仪器，做好仪器使用登记，搞好实验室卫生。

五、注意事项

（1）高聚物在溶剂中溶解缓慢，配制溶液时必须保证其完全溶解，否则，会影响溶液的起始浓度，从而导致结果偏低。

（2）对于黏度计，有时微量的灰尘、油污等均会产生局部的堵塞现象，影响溶液在毛细管中的流速，从而导致较大的误差。因此，黏度计必须洁净，如毛细管壁上挂有水珠，需用洗液浸泡（洗液经砂芯漏斗过滤除去微粒杂质），高聚物溶液中若有絮状物不能将它直接移入黏度计中，也应用干净、干燥的砂芯漏斗过滤后方可使用。检查洗耳球里面是否有污染物，不要让污染物堵塞毛细管。

（3）本实验溶液的稀释是直接在黏度计中进行的，因此，每加入一次溶剂进行稀释时必须混合均匀，并抽洗 E 球和 G 球，要注意多次（不少于三次）用稀释液抽洗毛细管，保持黏度计内各处浓度相等。

（4）液体黏度的温度系数较大，实验中应严格控制温度恒定，溶液每次稀释恒温后才能测量，否则难以获得重现性结果。

（5）测定时黏度计要垂直放置，实验过程中不要振动黏度计，否则，影响实验结果的准确性。

（6）用洗耳球抽提液体时，要避免气泡进入毛细管以及从 G、E 球内进入，若有气泡，则要让液体流回 F 球后，重新抽提。

（7）在严格操作的情况下，有时会出现图 85-3 所示的反常现象，目前不能清楚地解释其原因，只能作一些近似处理。式(85-4）中的 K' 和 $\eta_{sp}/c\eta_{sp}$ 值与高聚物结构（如高聚物的多分散性及高分子链的支化等）和形态有关，该式物理意义明确；式(85-5）则基本为数学

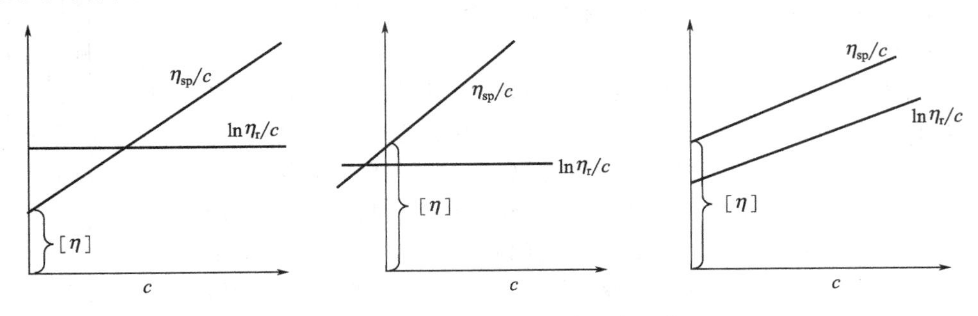

图 85-3　黏度测定中的异常现象示意

运算式，含义不太明确。因此，图85-3中的异常现象就应以η_{sp}/c与c的关系作为基准来求得高聚物溶液的特性强度［η］。

六、实验记录与数据处理

（1）将所有记录与处理结果填入表85-1。

恒温水浴温度______℃。

准确称量的聚乙二醇质量________g，起始浓度$c_1=$______g/mL。

溶剂流出时间$t_0=$________，________，________，平均值________。

（2）以η_{sp}/c及$\ln\eta_r/c$对c作图，得两条直线，外推至$c=0$处，由截距求出［η］。

（3）聚乙二醇的水溶液在25℃时，$K=15.6\times10^{-2}$mL/g，$\alpha=0.5$，在30℃时，$K=1.25\times10^{-2}$mL/g，$\alpha=0.78$。由$[\eta]=K\overline{M}^{\alpha}$求出聚乙二醇的平均相对分子质量$\overline{M}$。

表85-1 数据记录与处理结果

溶液的体积/mL		10	10	10	10	10
溶剂的累计体积/mL		0	5	10	20	30
溶液的浓度/(g/mL)						
溶液流出时间 t/s	1					
	2					
	3					
	平均值					
η_r						
η_{sp}						
η_{sp}/c						
$\ln\eta_r/c$						

七、思考题

（1）乌氏黏度计中支管C有何作用？除去支管C是否仍可测定黏度？

（2）乌氏黏度计的毛细管太粗或太细，对实验有何影响？如何选择合适的毛细管？

（3）特性黏度［η］就是溶液无限稀释时的比浓黏度，它和纯溶剂的黏度有无区别？为什么要用［η］来求算高聚物的相对分子质量？

（4）评价黏度法测定水溶性高聚物相对分子质量的优缺点，适用的相对分子质量的范围是多少？并指出影响准确测定结果的因素。

实验86 $Fe(OH)_3$溶胶的制备及其ζ电势的测定

一、实验目的

（1）掌握$Fe(OH)_3$溶胶的制备和纯化的方法；

（2）掌握电泳法测定$Fe(OH)_3$溶胶的电泳速度及计算其ζ电势的方法。

二、实验原理

溶胶是一种半径为$10^{-9}\sim10^{-7}$m（1～100nm）的固体粒子（称分散相）在液体介质（称分散介质）中形成的多相高分散系统。由于分散粒子的颗粒小、表面积大，其表面能高，使得溶胶处于热力学不稳定状态，这是溶胶系统的主要特征。研究溶胶的形成、稳定与破坏，均需从此出发。

1. $Fe(OH)_3$ 溶胶的制备与纯化

溶胶的制备方法可分为分散法和凝聚法。分散法是用适当方法把较大的物质颗粒变为胶体大小的质点；凝聚法是先制成难溶物的分子（或离子）的过饱和溶液，再使之相互结合成胶体粒子而得到溶胶。本实验是采用化学凝聚法制备 $Fe(OH)_3$ 溶胶，即用 $FeCl_3$ 溶液在沸水中进行水解反应制备成 $Fe(OH)_3$ 溶胶，反应式如下：

$$FeCl_3 + 3H_2O \xrightarrow{\text{沸腾}} Fe(OH)_3 + 3HCl$$

（红棕色溶液）

$Fe(OH)_3$ 溶胶的胶团结构式可表示为：$\{[Fe(OH)_3]_m \cdot nFe^{3+}, (3n-x)Cl^-\}^{x+} \cdot xCl^-$。

用上述方法制得的 Fe（OH）$_3$ 溶胶中，除 Fe^{3+} 与 Cl^- 外，还有许多杂质离子，对溶胶的稳定性有不良的影响，故必须除去，称为溶胶的纯化。实验室对溶胶进行纯化，大多采用渗析法。渗析法是利用离子能穿过半透膜进入到溶剂中，而胶粒却不能穿过半透膜。所以，将溶胶装入半透膜制成的袋内，将该袋浸入溶剂中，离子及小分子便透过半透膜进入溶剂，若不断更换溶剂，则可将溶胶中的杂质除去。

2. 电泳现象与 ζ 电势

在溶胶中，由于胶体本身的电离或胶粒对某些离子的选择性吸附，使胶粒的表面带有一定的电荷。在外电场作用下，胶粒向异性电极定向移动，这种现象称为电泳。发生相对移动的界面称为切动面，切动面与溶液本体之间的电势差称为电动电势或 ζ 电势。ζ 电势的数值与胶粒的性质、介质成分及溶胶的浓度有关。ζ 电势是表征胶粒特性的重要物理量之一，在研究溶胶性质及实际应用中起着重要的作用。溶胶的稳定性与 ζ 电势有着直接的关系，ζ 电势的绝对值越大，表明胶粒所带电荷量越多，这样胶粒间排斥力也就越大，溶胶越稳定；反之则表明溶胶越不稳定。当 ζ 电势为零时，溶胶的稳定性最差，此时可观察到溶胶的聚沉。原则上，溶胶的电动现象（电泳、电渗、流动电势、沉降电势）都可以用来测定 ζ 电势，但电泳是最常用的测定方法。

电泳法可分为宏观法和微观法。宏观法的原理是观察溶胶与另一种不含胶粒的电解质溶液的界面在电场中的迁移速度，也称界面电泳法。微观法则是直接观察单个胶粒在电场中的迁移速度。对于高分散的溶胶［如 As_2S_3 溶胶、$Fe(OH)_3$ 溶胶］或过浓的溶胶，不易观察个别胶粒的运动，只能采用宏观法。对于颜色太淡或过稀的溶胶则适宜用微观法。本实验采用宏观法。

本实验采用 U 形管电泳仪在一定的外加电场强度下测定 $Fe(OH)_3$ 胶粒的电泳速度计算其 ζ 电势。原理如图 86-1 所示。

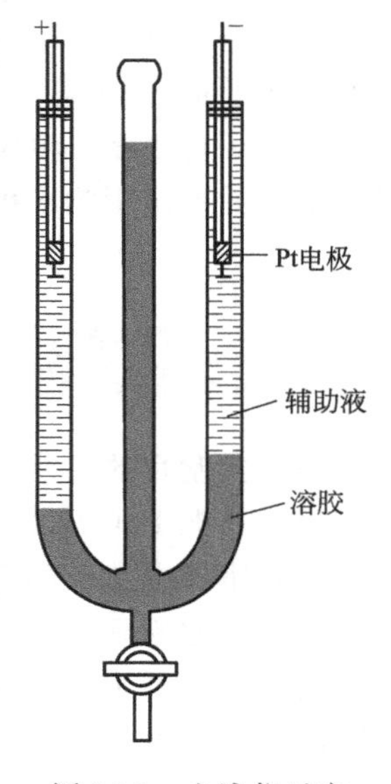

图 86-1　电泳仪示意

在电泳仪两极间接上电位差 U（V）后，在 t（s）时间内溶胶界面移动的距离为 d（m），即溶胶电泳速度 v(m/s) 为：

$$v = d/t \tag{86-1}$$

当辅助液的电导率与溶胶的电导率相差很小时，相距为 L（m）的两极间的电位梯度平均值 H（V/m）为：

$$H = U/L \tag{86-2}$$

如果辅助液的电导率 κ_0 与溶胶的电导率 κ 相差较大，则在整个电泳管内的电位降是不均匀的，这时需用下式求 H：

$$H = \frac{U}{\frac{\kappa}{\kappa_0}(L - L_K) + L_K} \tag{86-3}$$

式中，L_K 为溶胶两界面的距离。为了简便，电泳实验中通常使用与溶胶电导率相同的辅助液。

从实验中求得溶胶电泳速度 v 后，可根据下式计算 ζ(V) 电势：

$$\zeta=\frac{K\pi\eta}{\varepsilon H}\cdot v \tag{86-4}$$

式中，K 为与胶粒形状有关的常数［对于球形粒子，$K=5.4\times10^{10}\mathrm{V^2\cdot s^2/(kg\cdot m)}$；对于棒形粒子，$K=3.6\times10^{10}\mathrm{V^2\cdot s^2/(kg\cdot m)}$，本实验中 $Fe(OH)_3$ 胶粒为棒形粒子］；η 为黏度，kg/(m·s)；ε 为介质的介电常数，$\varepsilon_t=80-0.4(t-20)$。

三、实验仪器与试剂

（1）仪器　DDY-12C 型电泳仪 1 套，U 形电泳管 1 支，铂电极 2 支，电炉 1 台，温度计 1 支，DDS-307 型电导率仪 1 台，250mL 锥形瓶 1 个，100mL、250mL、1000mL 烧杯各 1 个，10mL、100mL 量筒各 1 个。

（2）试剂　火棉胶（分析纯），$FeCl_3$（20%）溶液，$AgNO_3$（1%）溶液，KSCN（1%）溶液，稀盐酸溶液。

四、实验步骤

1. $Fe(OH)_3$ 溶胶的制备及纯化

（1）半透膜的制备

在一个内壁洁净、干燥的 250mL 锥形瓶中，加入约 20mL 火棉胶液，小心转动锥形瓶，使火棉胶液黏附在锥形瓶内壁上形成均匀薄层，倾出多余的火棉胶。此时锥形瓶仍需倒置，并不断旋转，待剩余的火棉胶流尽，使瓶中的乙醚蒸发至已闻不出气味为止（此时用手轻触火棉胶膜，已不黏手）。然后再往瓶中注满水（若乙醚未蒸发完全，加水过早，则半透膜发白），浸泡 5min。倒出瓶中的水，小心用手分开膜与瓶壁之间隙。慢慢注水于夹层中，使膜脱离瓶壁，轻轻取出，在膜袋中注入蒸馏水检查是否漏水，若不漏，将其浸入蒸馏水中待用。

（2）水解法制备 $Fe(OH)_3$ 溶胶

在 250mL 烧杯中，加入 100mL 蒸馏水，加热至沸，不断搅拌下加入 5mL(20%) $FeCl_3$ 溶液，约 30s 加完，加完后即停止加热，即可得到红棕色的 $Fe(OH)_3$ 溶胶，在溶胶中存在的过量 H^+、Fe^{3+}、Cl^- 等需要除去。

（3）热渗析法纯化 $Fe(OH)_3$ 溶胶

将制得的 $Fe(OH)_3$ 溶胶冷至约 60℃，注入半透膜内用线拴住袋口，置于 500mL 的清洁烧杯中，杯中加蒸馏水约 400mL，维持温度在 60℃左右，进行渗析。每 20min 换一次蒸馏水，4 次后取出 1mL 渗析水，分别用 1% KSCN 溶液检查是否存在 Fe^{3+}，如果仍存在，应继续换水渗析，直到检查不出为止，将纯化过的 $Fe(OH)_3$ 溶胶移入一清洁、干燥的 100mL 小烧杯中待用。

2. HCl 辅助液的制备

将渗析好的 $Fe(OH)_3$ 溶胶冷却至室温，测其室温时的电导率，用稀盐酸溶液和蒸馏水配制与溶胶电导率相同的辅助液。

3. 测定 $Fe(OH)_3$ 溶胶的电泳速度

按图 86-1 所示将洗净的电泳仪装配好，从中间漏斗加入 $Fe(OH)_3$ 溶胶至 U 形管两边 10cm 刻度处，再用滴管缓慢地沿 U 形管壁加入适量的辅助液，将两支铂黑电极插入 U 形管内并连接电源。记录下 U 形管左右两边溶胶液面的高度位置。接好线路，开启电源，将恒压电源开关拨至电压挡，将电压调至 50V，一通电即开始计时，至 30min 后记下左右两边溶胶液面的高度位置。关闭电源，用线量出两电极间的距离（不是水平距离，而是U形导电距离），此数值须测量5～6次并取其平均值（L）。实验结束，拆除线路，回收胶体溶液，用自来水洗电泳管多次，最后用蒸馏水洗一次，U形管中放入蒸馏水浸泡铂电极。

4. 实验整理

整理好实验仪器，做好仪器使用登记，搞好实验室卫生。

五、注意事项

（1）火棉胶液是硝化纤维的乙醇-乙醚混合溶液，制备半透膜袋时，要远离火焰，注意回收残液。

（2）在制备半透膜时，加水的时间应适中。如加水过早，因胶膜中的溶剂尚未完全挥发掉，胶膜呈乳白色，强度差而不能使用；如加水过迟，则胶膜变干、脆，不易取出且易破裂。

（3）量取两电极间的距离时，要尽量沿着电泳管的中心线量取。

六、实验记录与数据处理

（1）将实验数据记录如下：电泳时间 $t=$____s；外电场在两极间的电位差 $U=$____V；两极间距离 $L=$____m；溶胶液面移动距离 $d=$____m。

（2）依据实验结果，计算电泳速度 v 及电位梯度 H。

（3）由实验温度下水的介电常数及黏度计算出 $Fe(OH)_3$ 溶胶的 ζ 电位。

（4）根据 $Fe(OH)_3$ 溶胶电泳时的移动方向确定其所带电荷的符号。

七、思考题

（1）电泳速度的快慢与哪些因素有关？

（2）本实验中所用稀盐酸溶液的电导率为什么必须和所测溶胶的电导率相等或尽量接近？

（3）在电泳测定中如不用辅助液体，把电极直接插入溶胶中会发生什么现象？

【附注】 DYY-12型电脑三恒多用电泳仪

1. 概述

电泳技术是目前分子生物学上不可缺少的重要分析手段。它在基础理论、农业、工业、医药卫生、法医学、商检、教育以及国防科研等实践中有着广泛的用途。

电泳是指混悬于溶液中的样品荷电颗粒，在电场影响下向与其自身带相反电荷的电极移动。生物学上的重要物质如蛋白质、核酸、同工酶等，在溶液中能吸收或给出氢离子从而带电。因此，它们在电场影响下，在不同介质中的运动速度是不同的。这样用电泳的方法就可以对其进行定量分析，或者将一定混合物分离成各个组分以及作少量制备。

DYY-12型电泳仪正是根据这一原理设计的高压电源，它与序列分析电泳槽或冷却板多用电泳槽、循环冷却器等组成完整的系统，可完成核苷酸序列分析电泳、分析型等电聚焦电泳，SDS常规聚丙烯酰胺凝胶电泳、各类普通凝胶及薄膜电泳，免疫电泳，双向电泳等多种测量。

本仪器按医用电气设备安全分类属Ⅰ类B型普通设备。

2. 结构与特点

（1）本仪器为全电脑化操作控制，大屏幕液晶显示。

（2）采用高性能的开关电源作为本机的输出核心，输出功率大，负载能力强，控制精度高，工作稳定可靠。

（3）稳压、稳流、稳功率状态可以相互转换，以确保使用的安全。

（4）具有过载、短路、开路、超限、外壳漏电、过热等保护功能。

(5) 具有记忆储存功能，可方便地调用和安排程序。

3. 技术指标及工作条件

(1) 电源：交流 220V±10%（50Hz±2%）

(2) 输入功率：最大约 400V·A

(3) 输出电压：20～5000V 连续可调（显示精度：2V）

(4) 输出电流：2～200mA 连续可调（显示精度：1mA）

(5) 输出功率：5～200W 连续可调（显示精度：2W）

(6) 2 组并联的输出插座

(7) 纹波系数：<2%

(8) 稳定度：稳压≤1%；稳流≤2%；稳功率≤3%

(9) 调整率：稳压≤2%；稳流≤3%；稳功率≤5%

(10) 可记忆储存编辑 9 组 9 步程序。

4. 操作说明

(1) 按下电源开关后（“—”为接通，“o”为断开），显示屏出现“欢迎使用 DYY-12C 型电泳仪（三恒、高压、多用、智能型）北京市六一仪器厂”字样。显示时间为 6s，同时系统初始化，蜂鸣 4 声，设置常设值。屏幕转成参数设置状态，如图 86-2 所示。

显示屏分三个区域，左侧大写“U:”、“I:”、“P:”、“T:”，其数值为仪器输出的实际值；中间部分小写，显示的是程序的预置值（开机后仪器首先显示默认值）：

U=100V；I=50mA；P=50W；T=01：00（VH=1000）

虚线右侧的内容为工作模式及工作状态等信息，如 Mode（模式）：STD（标准），TIME（定时），VH（伏时），STEP（分步）。

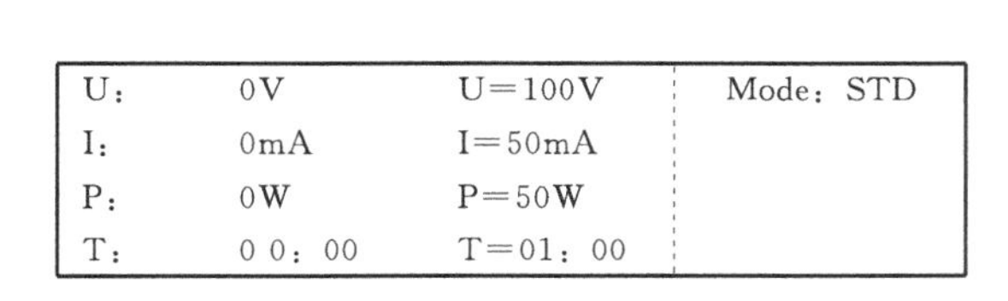

图 86-2　DYY-12C 型电脑三恒多用电泳仪界面

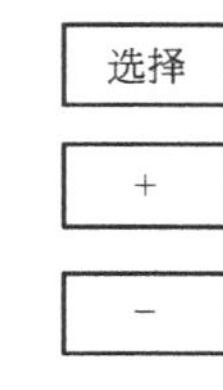

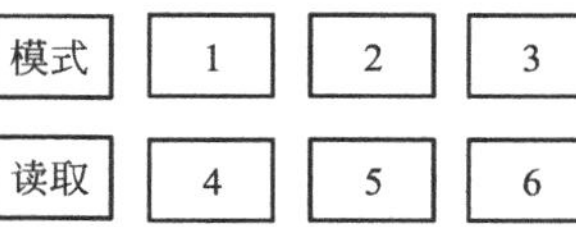

图 86-3　DYY-12 型电脑三恒多用电泳仪按键位置

(2) 设置工作程序

设置工作程序的方法有三种：

① 用键盘输入新的工作程序，见第③步操作步骤的介绍。

② 按“读取”键，取出保存在 M_0 中的上次工作程序，按“确认”键。

③ 按“读取”、“n”、“确认”键，取出保存在 M_n（n=0～9）中的工作程序。取出保存在 M_n 中的程序确认，必须检查一遍，确认无误后才可启动仪器工作。

(3) 按键功能介绍

按键位置如图 86-3 所示。

22 个按键中，中间的 16 个小按键用于设定仪器的工作方式及数值，两旁的 6 个大按键用于输出状态的确定和改变。下面举例详细说明设置过程。

【例 1】 如希望工作在稳压状态 U=1000V，电流 I 限制在 100mA 以内，功率 W 限制在 100W 以内，时间 T 为 $3\frac{1}{3}$h，并且到时间自动关输出，则操作步骤如下。

① 正确连接电泳槽到电泳仪之间的电极导线，做好电泳样品的必要配置工作。

② 按下电泳仪的电源开关，此时仪器显示欢迎词并发出 4 声鸣响且显示图 86-2 所示的界面。

③ 按“模式”键，将工作模式由标准（STD）模式转为定时（TIME）模式。“模式”键是用于选择设置工作模式的。每按一下这个键，其工作方式按下列顺序改变：

→ STD(标准)⟶TIME(定时)⟶VH(伏时)⟶STEP(分步)

标准模式：到时不关输出；定时模式：到时关输出；伏时模式：输出电压与工作时间的乘积达到设定值时关输出；分步模式：可在电泳过程中分步改变输出参数。

④ 设置电压 U，先看 U 是否为反显状态，如果不是，则按“选择”键设置。“选择”键用于选择设置 U、I、P、T 的参数。并将其反显提示，每按一次移到下一个参数，移动顺序为：

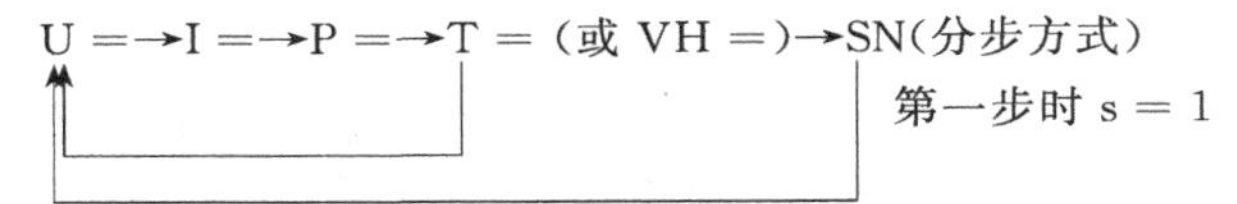

移动的同时确认上一参数，在反显时输入数字键即可设置该参数的数值。按数字键 1000，则电压 U 即设置完成。

⑤ 设置电流 I，按“选择”键，先使 I 反显，然后输入数字 100。

⑥ 设置功率 P，按“选择”键，先使 P 反显，然后输入数字 100。

⑦ 设置时间 T，按“选择”键，先使 T 反显，然后输入数字 320。如果输入错误，可以按“清除”键，再重新输入。“清除”键可以清除有反显提示的参数数值。

⑧ 确认各参数无误后，按“启动”键，启动电泳仪输出程序。如果参数有问题，自动反显提示有问题的参数。

在显示屏状态栏中显示“Start!”并蜂鸣 2 声，提醒操作者电泳仪将输出高电压，注意安全。之后逐渐将输出电压加至设置值。同时在状态栏中显示：

Run ϟ ϟ

两个不断闪烁的高压符号，表示端口已有电压输出。

在状态栏最下方，显示实际的工作时间（精确到秒）；在启动的同时将此时的设定值存入 M_0 中。

仪器输出端电压开始缓缓地由 0 增加至 1000V 左右，显示屏左端显示实际输出值（“U:”、“I:”、“P:”、“T:”），且定时开始计时。

如果设置是正确的，显示屏左端“U:”应闪烁，表示是在稳压状态，而“I:”、“P:”显示值应小于预置值。如果是其他参数闪烁（“T:”、“P:”），则说明其他参数中有达到预置值，限制了“U”。这种情况说明电泳槽中的样品负载电阻值较低。如果确认样品配置无误，则说明电泳仪预置不当，应适当调整。可以直接按下［+］或［-］键，调节 U、I、P。

［+］键：在输出情况下递增反显 U、I、P、T 的数值；每按一次递增一个数字，若按住不放，则连续快速递增。

［-］键：在输出情况下递减反显 U、I、P、T 的数值；每按一次递减一个数字，若按住不放，则连续快速递减。

⑨ 启动后如果需要暂停输出，以便处置样品等，可按“停止”键，显示“Stop:”并蜂鸣 3 声提醒，显示工作的截止时间。此时仪器关输出并鸣响提示，按任意键可止鸣。处置完后，需要继续输出，可按“继续”键。

“继续”键：当电泳过程中出现人为中断停机，并希望继续接着输出工作，可以按“继续”键，此后电泳仪接着前面的工作时间（或伏时）继续工作。

状态栏显示：“Continue!”并蜂鸣 2 声提醒操作者电泳仪将输出高电压，注意安全。然后显示：Run ϟ ϟ。

说明仪器恢复输出，且从暂停时的时间起继续累计计时。

如果需要从头开始输出，则按“启动”键，仪器重新从 0 计时工作。

⑩ 每次启动输出时，仪器自动将此时的设置数存入［M_0］号存储单元。以后需要调用时可以按“读取”键，再按“0”键，按“确定”键，即可将上次工作程序取出执行。

操作人员也可以将自己认可的工作参数存入［M_1］～［M_9］单元中，以后可直接调用以简化操作，方法是按“存储”、“n”、“确认”键，则将现在设置的工作程序存入 M_n 单元中，显示：“WMn:　OK!”(n＝0、1…9)，按“读取”键后，再按“n”键（n＝0、1…9），显示“Mode：RM M＝n”（n＝0、1…9），此时再按“确认”键，则读取保存在 M_n 中的工作程序，显示“RMn　OK!”。

⑪ 工作结束：仪器显示“END”，并连续蜂鸣提醒。此时按任一键均可止鸣。

以上通过一个例子说明了仪器的大致操作方法和工作过程。如果需要稳电流或稳功率输出，其基本设置方法和操作与稳电压是一致的。

如果选择了标准模式，则到定时时间后不关输出，只是鸣响提示使用者。

仪器工作时任何情况下只能稳 U、I、P 中的一种参数，具体稳何种参数，由仪器的设定及负载决定。一般情况下，要稳一个参数，应将另两个设定在安全的高限。

【例 2】 伏时（VH）模式。

对于某些电泳场合，要求仪器的输出电压与时间的乘积为定值时，可选用此模式。若需要电压为 1000V，时间 T 为 2h，则伏时就是 2000。如果实际工作时电压为 500V，则仪器将自动调整时间为 4h。此种模式设置 U、I、P 参数时与稳压输出的设置方式基本相同。

具体操作如下。若需要：VH＝2000，U＝1000，I、P 限制在 100mA、300W。

① 按下“模式”键，选 VH；

② 设置 U 反显，输入 1000；

③ 设置 I 反显，输入 100；

④ 设置 P 反显，输入 300；

⑤ 设置 VH 反显，输入 2000；

⑥ 启动后，工作在 VH 模式，右下边显示实际运行的时间，当实际电压与运行时间的乘积等于 2000 时，仪器自动关输出，鸣响提示，按任意键止鸣。

【例 3】 分步模式。

当需要在电泳过程中分步改变输出参数时，可采用此种模式，如分以下 3 步。

第一步（S＝1）稳流 I＝45mA，U、P 限制在 1500V、70W，T＝10min。

第二步（S＝2）伏时 U＝500V，I、P 限制在 100mA、50W，VH＝150。

第三步（S＝3）稳定率 P＝30W，U、I 限制在 1000V、80mA，T＝15min。

操作步骤如下。

① 按“模式”键，选“Step”。

② 此时步数 SN 反显，输入 3，则 SN＝3，此时显示 S＝1 时的预置值，按“选择”键将 U、I、P、T 分别设置为 1500、45、70、10。第一步设置完。

③ 按“＋”键，此时显示 S＝2 时的设置值，按“选择”键，分别将 U、I、P 设置为 500、100、50。按“选择”键选 T，再按“伏时”键，此时变为 VH，输入 150，按“确认”

键，则第二步设置完。

④ 按“+”键，此时显示 S=3 时的预置值，同第一步，将 U、I、P、T 分别设置为 1000、80、30、15。第三步设置完。

⑤ 按“+”键，使再次显示 S=1，方可启动输出。不管多少步，只有使 S=1 才可以启动输出。

5. 注意事项

① 如果是标准模式，则输出不关，始终有输出，但在达到定时时间后有蜂鸣声提示。如果是定时、伏时或分步模式，则关输出并报警。

② U、I、P 三个参数的有效输入范围是 U：(20～5000)V；I：(2～200)mA；P：(5～200)W，若输出数值超出此范围，则显示“U(I 或 P)-data?!”表示输入数据有误。

③ 报警状态：wrong!

过载：Over Load!——负载接近短路状态

空载：No Load!——负载接近开路状态

过热：Over Heat!——仪器在超温状态条件下工作

超限：Overrun-U——输出电压超过极限

Overrun-I——输出电流超过极限

Overrun-P——输出功率超过极限

短路：Short!——输出端短路

外壳漏电：GND-Leak!——外壳带电，表示输入数据错误，应重新输入。

以上故障出现时，仪器自动关输出，并鸣响提醒操作者处理。外壳带电（输出电极某一端搭在机壳上，且超过一定电压值时）、在 12s 内恢复正常，则输出自动恢复，超过则不再恢复输出，处于暂停。

④ 一般情况下，当出现“No Load!”时，首先应关机检查电极导线与电泳槽之间是否有接触不良的地方，可以用万用表的欧姆挡逐段测量。此类检查应定期作，避免出现电泳过程中不必要的损失。

⑤ 当电流或功率数值较小时，仪器内部的风扇不工作，只有达到一定值后才工作。如果输出端接多个电泳槽，则仪器显示的电流数值为各槽电流之和（并联）。此时应选择稳压输出，以减小各槽的相互影响。

⑥ 注意保持环境的清洁，请不要遮挡仪器后方的进风通道。严禁将电泳槽放在仪器顶部，避免缓冲液洒进仪器内部。

⑦ 若需清洁面板，请勿使用有机溶剂，可用半湿软布擦拭。

⑧ 本仪器输出电压较高，使用中应避免接触输出回路及电泳槽内部，以免发生危险。

《实验 87》电导法测定水溶性表面活性剂的临界胶束浓度

一、实验目的

(1) 测定表面活性剂临界胶束浓度 CMC，并加深对表面活性剂性质的理解；

(2) 了解测量 CMC 的各种实验方法；

(3) 掌握电导率仪的使用方法。

二、实验原理

在表面活性剂的临界胶束浓度范围内，溶液的一些物理性质发生明显的变化，如表面张力、电导率、摩尔电导率、渗透压、去污能力等，如图 87-1 所示。

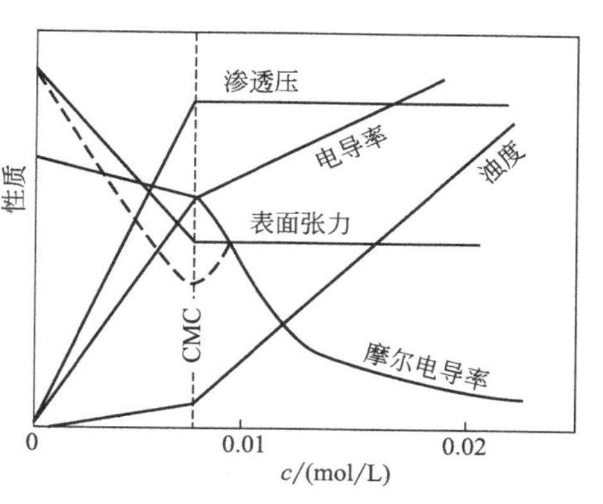

图 87-1 十二烷基硫酸钠水溶液的物理性质和浓度的关系

对于一般电解质溶液，其导电能力由电导 G，即电阻的例数（$1/R$）来衡量。若所用电导管的电极面积为 A，电极间距为 l，用此管测定电解质溶液的电导，则：

$$G=\frac{1}{R}=\kappa\frac{A}{l} \qquad (87\text{-}1)$$

式中，κ 是 $A=1\text{m}^2$、$l=1\text{m}$ 时的电导，称作电导率，其单位为 S/m；l/A 称作电导管常数。电导率 κ 和摩尔电导率 Λ_m 有下列关系：

$$\Lambda_\text{m}=\frac{\kappa}{c} \qquad (87\text{-}2)$$

式中，Λ_m 为 1mol 电解质溶液的导电能力；c 为电解质溶液的物质的量浓度。Λ_m 随电解质的浓度而变，对强电解质的稀溶液：

$$\Lambda_\text{m}=\Lambda_\text{m}^\infty-A\sqrt{c} \qquad (87\text{-}3)$$

式中，Λ_m^∞ 为浓度无限稀时的摩尔电导率，A 为常数。具有明显“两亲”性质的分子，即含有亲油的、足够长的（大于 10～12 个碳原子）烃基，又含有亲水的极性基团（通常是离子化的）。由这一类分子组成的物质称为表面活性剂，如肥皂和各种合成洗涤剂等，表面活性剂分子都是由极性部分和非极性部分组成，若按离子的类型分类，可分为三大类：①阴离子型表面活性剂，如羧酸盐（肥皂）、烷基硫酸盐（十二烷基硫酸钠）、烷基磺酸盐（十二烷基苯磺酸钠）等；②阳离子型表面活性剂，主要是胺（铵）盐，如十二烷基二甲基叔胺和十二烷基二甲基氯化铵；③非离子型表面活性剂，如聚氧乙烯类。

表面活性剂进入水中，在低浓度时呈分子状态，并且把亲油基团靠拢而分散在水中。当溶液浓度增加大到一定程度时，许多表面活性物质的分子立刻结合成很大的集团，形成“胶束”，其形成过程如图 87-2 所示。以胶束形式存在于水中的表面活性物质是比较稳定的。表面活性物质在水中形成胶束所需的最低浓度称为临界胶束浓度，以 CMC 表示。在 CMC 点上，由于溶液的结构改变，导致其物理及化学性质（如表面张力、电导率、渗透压、浊度、光学性质等）同浓度的关系曲线出现明显的转折，如图 87-1 所示，这个现象是测定 CMC 的实验依据，也是表面活性剂的一个重要特性。

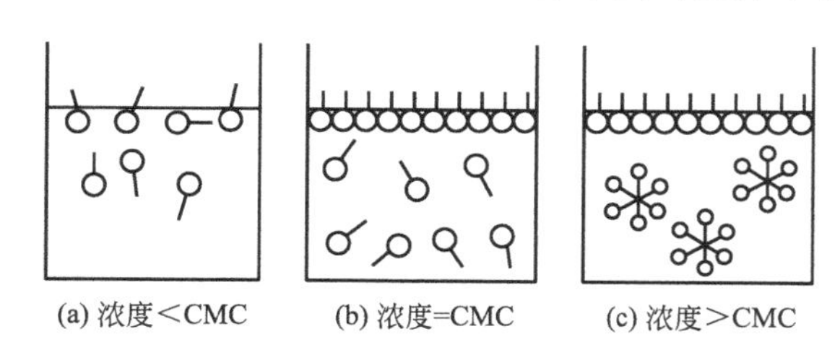

图 87-2 胶束形成过程示意

测定表面活性剂溶液的 CMC 有各种方法，如表面张力法、电导法、染料法等。电导法是测定溶液的电导率 κ，计算出相应的摩尔电导率 Λ_m，然后作 κ-c 或 Λ_m-$\sqrt{c}$图，得相应的曲线，曲线上转折点对应的浓度即为 CMC。一般 CMC 为一浓度范围，且随测量的方法不同而异。

电导法测定离子表面活性剂的 CMC 相当方便，在溶液中对电导有贡献的主要是带长链烷基的表面活性剂离子和相应的反离子，而胶束的贡献则极为微小。从离子贡献大小来考虑，反离子大于表面活性剂离子。当溶液浓度达 CMC 时，由于表面活性剂离子缔合成胶束，反离子固定于胶束的表面，它们对电导的贡献明显下降，同时由于胶束的电荷被反离子部分中和，这种电荷量小、体积大的胶束对电导的贡献非常小，所以电导发生改变。

对于离子型表面活性剂溶液，当溶液浓度很稀时，电导率的变化规律也和强电解质一样；但当溶液浓度达到临界胶束浓度时，随着胶束的生成，电导率发生改变，摩尔电导率急剧下降，这就是电导法测定 CMC 的依据。

本实验利用电导率仪测定不同浓度的十二烷基硫酸钠水溶液的电导率值，并作摩尔电导率与浓度的关系图，从图中的转折点求得临界胶束浓度。

三、实验仪器与试剂

（1）仪器　电导率仪 1 台，25mL 碱式（或酸式）滴定管 1 支，100mL 容量瓶 1 个，100mL 锥形瓶 1 个。

（2）试剂　十二烷基硫酸钠（AR），电导水。

四、实验步骤

（1）准确配制 100mL 0.02mol/L 十二烷基硫酸钠溶液。

（2）置溶液于定温下（超级恒温槽 25℃），测其电导率 κ。

（3）吸取 10mL 的 0.02mol/L 十二烷基硫酸钠溶液于 100mL 锥形瓶中，依次移入恒温后的电导水 2、3、5、5、5、5、10、10、10、20mL，混合均匀，恒温后分别测其电导率 κ。

五、注意事项

（1）液体电导率的温度系数较大，实验中应严格控制温度恒定。

（2）溶液浓度一定要精确配置。

（3）本实验溶液的稀释是直接在锥形瓶中进行的，因此，每加入一次溶剂需精确量取体积，稀释时必须混合均匀，恒温后才能测量其电导率 κ。

六、实验记录与数据处理

（1）将实验数据记录于表 87-1。

0.02mol/L 十二烷基硫酸钠用量：10mL。

表 87-1　实验数据记录

实验温度：____℃，大气压：________Pa，恒温水浴温度：______℃

编　号	1	2	3	4	5	6	7	8	9	10	11
加电导水量/mL	0	2	3	5	5	5	5	10	10	10	20
电导水总量/mL	0	2	5	10	15	20	25	35	45	55	75
c/(mol/L)											
$\sqrt{c}$											
电导率 κ/(S/m)											
Λ_m/(S·m^2/mol)											

（2）以 κ-c 作图，求 CMC。

（3）以 Λ_m-$\sqrt{c}$作图，求 CMC。

（4）查文献值，计算误差，比较两种方法的准确性。

七、思考题

（1）若要知道所测得的临界胶束浓度是否准确，可用什么实验方法验证之？

（2）非离子型表面活性剂能否用本实验方法测定临界胶束浓度？为什么？若不能，则采用何种方法测定？

（3）实验中影响临界胶束浓度的因素有哪些？

附　　录

附录 1　不同温度下水的饱和蒸气压

（由熔点 0℃至临界温度 370℃）

单位：kPa

t/℃	0	1	2	3	4	5	6	7	8	9
0	0.61129	0.65716	0.70605	0.75813	0.81359	0.87260	0.93537	1.0021	1.0730	1.1482
10	1.2281	1.3129	1.4027	1.4979	1.5988	1.7056	1.8185	1.9380	2.0644	2.1978
20	2.3388	2.4877	2.6447	2.8104	2.9850	3.1690	3.3629	3.5670	3.7818	4.0078
30	4.2455	4.4953	4.7578	5.0335	5.3229	5.6267	5.9453	6.2795	6.6298	6.6299
40	7.3814	7.7840	8.2054	8.6463	9.1075	9.5898	10.094	10.620	11.171	11.745
50	12.344	12.970	13.623	14.303	15.012	15.752	16.522	17.324	18.159	19.028
60	19.932	20.873	21.851	22.868	23.925	25.022	26.163	27.347	28.576	29.852
70	31.176	32.549	33.972	35.448	36.978	38.563	40.205	41.905	43.665	45.487
80	47.373	49.324	51.342	53.428	55.585	57.815	60.119	62.499	64.958	67.496
90	70.117	72.823	75.614	78.494	81.465	84.529	87.688	90.945	94.301	97.759
100	101.32	104.99	108.77	112.66	116.67	120.79	125.03	129.39	133.88	138.50
110	143.24	148.12	153.13	158.29	163.58	169.02	174.61	180.34	186.23	192.28
120	198.48	204.85	211.38	218.09	224.96	232.01	239.24	246.66	254.25	262.04
130	270.02	278.20	286.57	295.15	303.93	312.93	322.14	331.57	341.22	351.09
140	361.19	371.51	382.11	392.92	403.98	415.29	426.85	438.67	450.75	463.10
150	475.72	488.61	501.78	515.23	528.96	542.99	557.32	571.94	586.87	602.11
160	617.66	633.53	649.73	666.25	683.10	700.29	717.84	735.70	753.94	772.52
170	791.47	810.78	830.47	850.53	870.98	891.80	913.03	934.64	956.66	979.09
180	1001.9	1025.2	1048.9	1073.0	1097.5	1122.5	1147.9	1173.8	1200.1	1226.9
190	1254.2	1281.9	1310.1	1338.8	1368.0	1397.6	1427.8	1458.5	1489.7	1521.4
200	1553.6	1586.4	1619.7	1653.6	1688.0	1722.9	1758.4	1794.5	1831.1	1868.4
210	1906.2	1944.6	1983.6	2023.2	2063.4	2104.2	2145.7	2187.8	2230.5	2273.8
220	2317.8	2362.5	2407.8	2453.8	2500.5	2547.9	2595.9	2644.6	2694.1	2744.2
230	2795.1	2846.7	2899.0	2952.1	3005.9	3060.4	3115.7	3171.8	3228.6	3286.3
240	3344.7	3403.9	3463.9	3524.7	3586.3	3648.8	3712.1	3776.2	3841.2	3907.0
250	3973.6	4041.2	4109.6	4178.9	4249.1	4320.2	4392.2	4465.1	4539.0	4613.7
260	4689.4	4766.1	4843.7	4922.3	5001.8	5082.3	5163.8	5246.3	5329.8	5414.3
270	5499.9	5586.4	5674.0	5762.7	5852.4	5943.1	6035.0	6127.9	6221.9	6317.0
280	6413.2	6510.5	6608.9	6708.5	6809.2	6911.1	7014.1	7118.3	7223.7	7330.2
290	7438.0	7547.0	7657.2	7768.6	7881.3	7995.2	8110.3	8226.8	8344.5	8463.5
300	8583.8	8705.4	8828.3	8952.6	9078.2	9205.1	9333.4	9463.1	9594.2	9762.7
310	9860.5	9995.8	10133	10271	10410	10551	10694	10838	10984	11131
320	11279	11429	11581	11734	11889	12046	12204	12364	12525	12688
330	12852	13019	13187	13357	13528	13701	13876	14053	14232	14412
340	14594	14778	14964	15152	15342	15533	15727	15922	16120	16320
350	16521	16725	16931	17138	17348	17561	17775	17992	18211	18432
360	18655	18881	19110	19340	19574	19809	20048	20289	20533	20780

注：摘译自 Lide D R. Handbook of Chemistry and Physics，6-8-6-9，78th Ed. 1997-1998.

附录 2　一些无机化合物的溶解度

化合物	溶解度 /(g/100mL$\mathrm{H_2O}$)	T /℃
$\mathrm{Ag_2O}$	0.0013	20
BaO	3.48	20
$\mathrm{BaO \cdot 8H_2O}$	0.168	
$\mathrm{As_2O_3}$	3.7	20
$\mathrm{As_2O_5}$	150	16
LiOH	12.8	20
NaOH	42	0
KOH	107	15
$\mathrm{Ca(OH)_2}$	0.185	0
$\mathrm{Ba(OH)_2 \cdot 8H_2O}$	5.6	15
$\mathrm{Ni(OH)_2}$	0.013	
$\mathrm{BaF_2}$	0.12	25
$\mathrm{AlF_3}$	0.559	25
AgF	182	15.5
$\mathrm{NH_4F}$	100	0
$\mathrm{(NH_4)SiF_6}$	18.6	17
LiCl	63.7	0
$\mathrm{LiCl \cdot H_2O}$	86.2	20
NaCl	35.7	0
$\mathrm{NaOCl \cdot 5H_2O}$	29.3	0
KCl	23.8	20
$\mathrm{KCl \cdot MgCl_2 \cdot 6H_2O}$	64.5	19
$\mathrm{MgCl_2 \cdot 6H_2O}$	167	
$\mathrm{CaCl_2}$	74.5	20
$\mathrm{CaCl_2 \cdot 6H_2O}$	279	0
$\mathrm{BaCl_2}$	37.5	26
$\mathrm{BaCl_2 \cdot 6H_2O}$	58.7	100
$\mathrm{AlCl_3}$	69.9	15
$\mathrm{SnCl_2}$	83.9	0
$\mathrm{CuCl_2 \cdot 2H_2O}$	110.4	0
$\mathrm{ZnCl_2}$	432	25
$\mathrm{CdCl_2}$	140	20
$\mathrm{CdCl_2 \cdot 2.5H_2O}$	168	20
HgCl	6.9	20
$\mathrm{[Cr(H_2O)_4Cl_2] \cdot 2H_2O}$	58.5	25
$\mathrm{MnCl_2 \cdot 4H_2O}$	151	8
$\mathrm{FeCl_2 \cdot 4H_2O}$	160.1	10
$\mathrm{FeCl_3 \cdot 6H_2O}$	91.9	20
$\mathrm{CoCl_3 \cdot 6H_2O}$	76.7	0
$\mathrm{MnSO_4 \cdot 6H_2O}$	147.4	

化合物	溶解度 /(g/100mL$\mathrm{H_2O}$)	T /℃
$\mathrm{NiCl_2 \cdot 6H_2O}$	254	20
$\mathrm{NH_4Cl}$	29.7	0
$\mathrm{NaBr \cdot 2H_2O}$	79.5	0
KBr	53.48	0
$\mathrm{NH_4Br}$	97	25
$\mathrm{HIO_3}$	286	0
NaI	184	25
$\mathrm{NaI \cdot 2H_2O}$	31709	0
KI	127.5	0
$\mathrm{KIO_3}$	4.74	0
$\mathrm{KIO_4}$	0.66	15
$\mathrm{NH_4I}$	154.2	0
$\mathrm{Na_2S}$	15.4	10
$\mathrm{Na_2S \cdot 9H_2O}$	47.5	10
$\mathrm{NH_4HS}$	128.1	0
$\mathrm{Na_2SO_3 \cdot 7H_2O}$	32.8	0
$\mathrm{Na_2SO_4 \cdot 10H_2O}$	11	0
	92.7	30
$\mathrm{NaHSO_4}$	28.6	25
$\mathrm{Li_2SO_4 \cdot H_2O}$	34.9	25
$\mathrm{KAl(SO_4) \cdot 12H_2O}$	5.9	20
	11.7	40
	17.0	50
$\mathrm{KCr(SO_4) \cdot 12H_2O}$	24.39	25
$\mathrm{BeSO_4 \cdot 4H_2O}$	42.5	25
$\mathrm{MgSO_4 \cdot 7H_2O}$	71	20
$\mathrm{CaSO_4 \cdot 0.5H_2O}$	0.3	20
$\mathrm{CaSO_4 \cdot 2H_2O}$	0.241	
$\mathrm{Al_2(SO_4)_3}$	31.3	0
$\mathrm{Al_2(SO_4)_3 \cdot 18H_2O}$	86.9	0
$\mathrm{CuSO_4}$	14.3	0
$\mathrm{CuSO_4 \cdot 5H_2O}$	31.6	0
$\mathrm{[Cu(NH_3)_4]SO_4 \cdot H_2O}$	18.5	21.5
$\mathrm{Ag_2SO_4}$	0.57	0
$\mathrm{ZnSO_4 \cdot 7H_2O}$	96.5	20
$\mathrm{3CdSO_4 \cdot 8H_2O}$	113	0
$\mathrm{HgSO_4 \cdot 2H_2O}$	0.003	18
$\mathrm{Cr_2(SO_4)_3 \cdot 18H_2O}$	120	20
$\mathrm{CrSO_4 \cdot 7H_2O}$	12.35	0
$\mathrm{K_2CO_3 \cdot 2H_2O}$	146.9	

续表

化合物	溶解度 /(g/100mLH_2O)	T /℃	化合物	溶解度 /(g/100mLH_2O)	T /℃
$MnSO_4 \cdot 7H_2O$	172		$(NH_4)_2CO_3 \cdot H_2O$	100	15
$FeSO_4 \cdot H_2O$	50.9	70	$NaHCO_3$	6.9	0
	43.6	80	NH_4HCO_3	11.9	0
	37.3	90	$Na_2C_2O_4$	3.7	20
$FeSO_4 \cdot 7H_2O$	15.65	0	$FeC_2O_4 \cdot 2H_2O$	0.022	
	26.5	20	$(NH_4)_2C_2O_4 \cdot H_2O$	2.54	0
	40.2	40	$NaC_2H_3O_2$	119	0
	48.6	50	$NaC_2H_3O_2 \cdot 3H_2O$	76.2	0
$Fe_2(SO_4)_3 \cdot 9H_2O$	440		$Pb(C_2H_3O_2)_2$	44.3	20
$CoSO_4 \cdot 7H_2O$	60.4	3	$Zn(C_2H_3O_2)_2 \cdot 2H_2O$	31.1	20
$NiSO_4 \cdot 6H_2O$	62.52	0	$NH_4C_2H_3O_2$	148	4
$NiSO_4 \cdot 7H_2O$	75.6	15.5	KCNS	177.2	0
$(NH_4)_2SO_4$	70.6	0	NH_4CNS	128	0
$NH_4Al(SO_4)_2 \cdot 12H_2O$	15	20	KCN	50	
$NH_4Cr(SO_4)_2 \cdot 12H_2O$	21.2	25	$K_4[Fe(CN)_6] \cdot 3H_2O$	14.5	0
$(NH_4)_2SO_4 \cdot FeSO_4 \cdot 6H_2O$	26.9	20	$K_3[Fe(CN)_6]$	33	4
$NH_4Fe(SO_4)_2 \cdot 12H_2O$	124.0	25	H_3PO_4	548	
$Na_2S_2O_3 \cdot 5H_2O$	79.4	0	$Na_3PO_4 \cdot 10H_2O$	8.8	
$NaNO_2$	81.5	15	$(NH_4)_3PO_4 \cdot 3H_2O$	26.1	25
KNO_2	281	0	$NH_4MgPO_4 \cdot 6H_2O$	0.0231	0
	413	100	$Na_4P_2O_7 \cdot 10H_2O$	5.41	0
$LiNO_2 \cdot 3H_2O$	34.8	0	$Na_2HPO_4 \cdot 7H_2O$	104	40
KNO_3	13.3	0	H_3BO_3	6.35	20
	247	100	$Na_2B_4O_7 \cdot 10H_2O$	2.01	0
$Mg(NO_3)_2 \cdot 6H_2O$	125		$(NH_4)_2B_4O_7 \cdot 4H_2O$	7.27	18
$Ca(NO_3)_2 \cdot 4H_2O$	266	0	$NH_4B_5O_8 \cdot 4H_2O$	7.03	18
$Sr(NO_3)_2 \cdot 4H_2O$	60.43	0	K_2CrO_4	62.9	20
$Ba(NO_3)_2 \cdot H_2O$	63	20	Na_2CrO_4	87.3	20
$Al(NO_3)_3 \cdot 9H_2O$	63.7	25	$Na_2CrO_4 \cdot 10H_2O$	50	10
$Pb(NO_3)_2$	37.65	0	$CaCrO_4 \cdot 2H_2O$	16.3	20
$Cu(NO_3)_2 \cdot 6H_2O$	243.7	0	$(NH_4)_2CrO_4$	40.5	30
$AgNO_3$	122	0	$Na_2Cr_2O_7 \cdot 2H_2O$	238	0
$Zn(NO_3)_2 \cdot 6H_2O$	184.3	20	$K_2Cr_2O_7$	4.9	0
$Cd(NO_3)_2 \cdot 4H_2O$	215		$(NH_4)_2Cr_2O_7$	30.8	15
$Mn(NO_3)_2 \cdot 4H_2O$	426.4	0	$H_2MoO_4 \cdot H_2O$	0.133	18
$Fe(NO_3)_2 \cdot 6H_2O$	83.5	20	$Na_2MoO_4 \cdot 2H_2O$	56.2	0
$Fe(NO_3)_3 \cdot 6H_2O$	150	0	$(NH_4)_6Mo_7O_{24} \cdot 4H_2O$	43	
$Co(NO_3)_2 \cdot 6H_2O$	133.8	0	$Na_2WO_4 \cdot 2H_2O$	41	0
NH_4NO_3	118.3	0	$KMnO_4$	6.38	20
Na_2CO_3	7.1	0	$Na_3AsO_4 \cdot 12H_2O$	38.9	15.5
$Na_2CO_3 \cdot 10H_2O$	21.52	0	$NH_4H_2AsO_4$	33.74	0
K_2CO_3	112	20	NH_4VO_3	0.52	15
			$NaVO_3$	21.1	25

注：摘译自 Weast R C. Handbook of Chemistry and Physics，B68-161，66th Ed. 1985-1986.

附录3 气体在水中的溶解度

气体	T /℃	溶解度 /(mL/100mLH_2O)	气体	T /℃	溶解度 /(mL/100mLH_2O)	气体	T /℃	溶解度 /(mL/100mLH_2O)
H_2	0	2.14	N_2	0	2.33	O_2	0	4.89
	20	0.85		40	1.42		25	3.16
CO	0	3.5	NO	0	7.34	H_2S	0	437
	20	2.32		60	2.37		40	186
CO_2	0	171.3	NH_3	0	89.9	Cl_2	10	310
	20	90.1		100	7.4		30	177
SO_2	0	22.8						

注：摘译自 Weast R C. Handbook of Chemistry and Physics，B68-161，66th Ed. 1985-1986.

附录4 常用酸、碱的浓度

试剂名称	密度 /(g/cm^3)	质量分数 /%	物质的量浓度 /(mol/L)	试剂名称	密度 /(g/cm^3)	质量分数 /%	物质的量浓度 /(mol/L)
浓硫酸	1.84	98	18	氢溴酸	1.38	40	7
稀硫酸	101	9	2	氢碘酸	1.70	57	7.5
浓盐酸	1.19	38	12	冰醋酸	1.05	99	17.5
稀盐酸	1.0	7	2	稀醋酸	1.04	3	5
浓硝酸	1.4	68	16	稀醋酸	1.0	12	2
稀硝酸	1.2	32	6	浓氢氧化钠	1.44	约 41	约 14.4
稀硝酸	1.1	12	2	稀氢氧化钠	1.1	8	8
浓磷酸	1.7	85	14.7	浓氨水	0.91	约 28	14.8
稀磷酸	1.05	9	1	稀氨水	1.0	3.5	2
浓高氯酸	1.67	70	11.6	氢氧化钙水溶液		0.15	
稀高氯酸	1.12	19	2	氢氧化钡水溶液		2	约 0.1
浓氢氟酸	1.13	40	23				

注：摘自北京师范大学化学系无机化学教研室编．简明化学手册．北京：北京出版社，1980.

附录5 弱电解质的电离常数
（离子强度等于零的稀溶液）

一、弱酸的电离常数

酸	t/℃	级数	K_a	pK_a
砷酸(H_3AsO_4)	25	1	5.5×10^{-2}	2.26
	25	2	1.7×10^{-7}	6.76
	25	3	5.1×10^{-12}	11.29
亚砷酸(H_3AsO_3)	25		5.1×10^{-10}	9.29
正硼酸(H_3BO_3)	20		5.4×10^{-10}	9.27

续表

酸	t/℃	级数	K_a	pK_a
碳酸(H_2CO_3)	25	1	4.5×10^{-7}	6.35
	25	2	4.7×10^{-11}	10.33
铬酸(H_2CrO_4)	25	1	1.8×10^{-1}	0.74
	25	2	3.2×10^{-7}	6.49
氢氰酸(HCN)	25		6.2×10^{-10}	9.21
氢氟酸(HF)	25		6.3×10^{-4}	3.20
氢硫酸(H_2S)	25	1	8.9×10^{-8}	7.05
	25	2	1×10^{-19}	19
过氧化氢(H_2O_2)	25	1	2.4×10^{-12}	11.62
次溴酸(HBrO)	18		2.8×10^{-9}	8.55
次氯酸(HClO)	25		2.95×10^{-8}	7.53
次碘酸(HIO)	25		3×10^{-11}	10.5
碘酸(HIO_3)	25		1.7×10^{-11}	0.78
亚硝酸(HNO_2)	25		5.6×10^{-4}	3.25
高碘酸(HIO_4)	25		2.3×10^{-2}	1.64
正磷酸(H_3PO_4)	25	1	6.9×10^{-3}	2.16
	25	2	6.23×10^{-8}	7.21
	25	3	4.8×10^{-13}	12.32
亚磷酸(H_3PO_3)	20	1	5×10^{-2}	1.3
	20	2	2.0×10^{-7}	6.70
焦磷酸($H_4P_2O_7$)	25	1	1.2×10^{-1}	0.91
	25	2	7.9×10^{-3}	2.10
	25	3	2.0×10^{-7}	6.70
	25	4	4.8×10^{-10}	9.32
硒酸(H_2SeO_4)	25	2	2×10^{-2}	1.7
亚硒酸(H_2SeO_3)	25	1	2.4×10^{-3}	2.62
	25	2	4.8×10^{-9}	8.32
硅酸(H_2SiO_3)	30	1	1×10^{-10}	9.9
	30	2	2×10^{-12}	11.8
硫酸(H_2SO_4)	25	2	1.0×10^{-2}	1.99
亚硫酸(H_2SO_3)	25	1	1.4×10^{-2}	1.85
	25	2	6×10^{-8}	7.2
甲酸(HCOOH)	20		1.77×10^{-4}	3.75
醋酸(HAc)	25		1.76×10^{-5}	4.75
草酸($H_2C_2O_4$)	25	1	5.90×10^{-2}	1.23
	25	2	6.40×10^{-5}	4.19

二、弱碱的电离常数

碱	t/℃	级数	K_b	pK_b
氨水($NH_3\cdot H_2O$)	25		1.79×10^{-5}	4.75
氢氧化铍①[$Be(OH)_2$]	25	2	5×10^{-11}	10.30
氢氧化钙[$Ca(OH)_2$]	25	1	3.74×10^{-3}	2.43
	30	2	4.0×10^{-2}	1.4
联氨(NH_2NH_2)	20		1.2×10^{-6}	5.9
羟胺(NH_2OH)	25		8.71×10^{-9}	8.06
氢氧化铅①[$Pb(OH)_2$]	25		9.6×10^{-4}	3.02
氢氧化银①(AgOH)	25		1.1×10^{-4}	3.96
氢氧化锌①[$Zn(OH)_2$]	25		9.6×10^{-4}	3.02

① 摘译自 Weast R C. Handbook of Chemistry and Physics，B68-161，66th Ed. 1985-1986.

注：摘译自 Lide D R. Handbook of Chemistry and Physics，6-8-6-9，78th Ed. 1997-1998.

附录 6 溶度积

化合物	溶度积(温度/℃)	化合物	溶度积(温度/℃)
铝	4×10^{-13}(15)	硫化铜①	8.5×10^{-45}(18)
铝酸	1.1×10^{-15}(18)	溴化亚铜	6.27×10^{-9}(25)
		氯化亚铜	1.72×10^{-7}(25)
	3.7×10^{-15}(25)	碘化亚铜	1.27×10^{-12}(25)
氢氧化铝①	1.9×10^{-33}(18～20)	硫化亚铜①	2×10^{-47}(18～25)
钡		硫氰酸亚铜	1.77×10^{-13}(25)
碳酸钡	2.58×10^{-9}(25)	亚铁氰化铜①	1.3×10^{-16}(18～25)
铬酸钡	1.17×10^{-10}(25)	铁	
氟化钡	1.84×10^{-7}(25)	氢氧化铁	2.79×10^{-39}(25)
碘酸钡 $Ba(IO_3)_2\cdot2H_2O$	1.67×10^{-9}(25)	氢氧化亚铁	4.87×10^{-17}(18)
碘酸钡	4.01×10^{-9}(25)	草酸亚铁	2.1×10^{-7}(25)
草酸钡① $BaC_2O_4\cdot2H_2O$	1.2×10^{-7}(18)	硫化亚铁①	3.7×10^{-19}(18)
硫酸钡①	1.08×10^{-10}(25)	铅	
镉		碳酸铅	7.4×10^{-14}(25)
草酸镉 $CdC_2O_4\cdot3H_2O$	1.42×10^{-8}(25)	铬酸铅①	1.77×10^{-14}(18)
氢氧化镉	7.2×10^{-15}(25)	氟化铅	3.3×10^{-8}(25)
硫化镉①	3.6×10^{-29}(18)	碘酸铅	3.69×10^{-13}(25)
钙		碘化铅	9.8×10^{-9}(25)
碳酸钙	3.36×10^{-9}(25)	草酸铅①	2.74×10^{-11}(18)
氟化钙	3.45×10^{-11}(25)	硫酸铅	2.53×10^{-8}(25)
碘酸钙 $Ca(IO_3)_2\cdot6H_2O$	7.10×10^{-7}(25)	硫化铅①	3.4×10^{-28}(18)
碘酸钙	6.47×10^{-6}(25)	锂	
草酸钙	2.32×10^{-9}(25)	碳酸锂	8.15×10^{-4}(25)
草酸钙① $CaC_2O_4\cdot H_2O$	2.57×10^{-9}(25)	镁	
硫酸钙	4.93×10^{-5}(25)	磷酸镁铵①	2.5×10^{-13}(25)
钴		碳酸镁	6.82×10^{-6}(25)
硫化钴(Ⅱ)① α-CoS	4.0×10^{-21}(18～25)	氟化镁	5.16×10^{-11}(25)
β-CoS①	2.0×10^{-25}(18～25)	氢氧化镁	5.61×10^{-12}(25)
铜		二水合草酸镁	4.83×10^{-6}(25)
一水合碘酸铜	6.94×10^{-8}(25)	锰	
草酸铜	4.43×10^{-10}(25)	氢氧化锰①	4×10^{-14}(18)
硫化锰①	1.4×10^{-15}(18)	氢氧化银	1.52×10^{-8}(20)
汞		碘酸银	3.17×10^{-8}(25)
氢氧化汞①	3.0×10^{-26}(18～25)	碘化银①	0.32×10^{-16}(13)
硫化汞(红)①	4.0×10^{-53}(18～25)	碘化银	8.52×10^{-17}(25)
硫化汞(黑)①	1.6×10^{-52}(18～25)	硫化银①	1.6×10^{-49}(18)
氯化亚汞	1.43×10^{-18}(25)	溴化银	5.38×10^{-5}(25)
碘化亚汞	5.2×10^{-29}(25)	硫氰酸银①	0.49×10^{-12}(18)
溴化亚汞	6.4×10^{-23}(25)	硫氰酸银	1.03×10^{-12}(25)
镍		锶	
硫化镍(Ⅱ)① α-NiS	3.2×10^{-19}(18～25)	碳酸锶	5.60×10^{-10}(25)
β-NiS①	1.0×10^{-24}(18～25)	氟化锶	4.33×10^{-9}(25)
γ-NiS①	2.0×10^{-26}(18～25)	草酸锶①	5.61×10^{-8}(25)
银		硫酸锶①	3.44×10^{-7}(25)
溴化银	5.35×10^{-13}(25)	铬酸锶①	2.2×10^{-5}(18～25)
碳酸银	8.46×10^{-12}(25)	锌	
氯化银	1.77×10^{-10}(25)	氢氧化锌	3×10^{-17}(25)
铬酸银①	1.2×10^{-10}(14.8)	草酸锌 $ZnC_2O_4\cdot2H_2O$	1.38×10^{-9}(25)
铬酸银	1.12×10^{-12}(25)	硫化锌①	1.2×10^{-23}(18)
重铬酸银①	2×10^{-7}(25)		

① 摘译自 Weast R C. Handbook of Chemistry and Physics，B68-161，66th Ed. 1985-1986.

注：摘译自 Lide D R. Handbook of Chemistry and Physics，6-8-6-9，78th Ed. 1997-1998.

附录 7　常见沉淀物的 pH

一、金属氢氧化物沉淀的 pH（包括形成氢氧配离子的大约值）

氢氧化物	开始沉淀的 pH		沉淀完成时的残留离子度	沉淀开始溶解	沉淀完全溶解
	初浓度[M^{n+}]				
	1mol/L	0.01mol/L			
$Sn(OH)_4$	0	0.5	1	13	15
$TiO(OH)_2$	0	0.5	2.0	—	—
$Sn(OH)_2$	0.9	2.1	4.7	10	13.5
$ZrO(OH)_2$	1.3	2.3	3.8	—	—
HgO	1.5	2.4	5.0	11.5	—
$Fe(OH)_3$	3.3	2.3	4.1	14	
$Al(OH)_3$	4.0	4.0	5.2	7.8	10.8
$Cr(OH)_3$	5.2	4.9	6.8	12	15
$Be(OH)_2$	5.4	6.2	8.8	—	—
$Zn(OH)_2$	6.2	6.4	8.0	10.5	12～13
Ag_2O	6.5	8.2	11.2	12.7	—
$Fe(OH)_2$	6.6	7.5	9.7	13.5	—
$Co(OH)_2$	6.7	7.6	9.2	14.1	—
$Ni(OH)_2$	7.2	7.7	9.5	—	—
$Cd(OH)_2$	7.8	8.2	9.7	—	—
$Mn(OH)_2$	9.4	8.8	10.4	14	—
$Mg(OH)_2$		10.4	12.4	—	—
$Pb(OH)_2$		7.2	8.7	10	13
$Ce(OH)_4$		0.8	1.2	—	—
$Th(OH)_4$		0.5			—
$Tl(OH)_3$		约 0.6	约 1.6	—	—
H_2WO_4		约 0	约 0	—	—
H_2MoO_4				约 8	约 9
稀土		6.8～8.5	约 9.5	—	—
H_2UO_4		3.6	5.1	—	—

二、沉淀金属硫化物的 pH

pH	被 H_2S 所沉淀的金属
1	Cu,Ag,Hg,Pb,Bi,Cd,Rh,Pd,Os
	As,Au,Pt,Sb,Ir,Ge,Se,Te,Mo
2～3	Zn,Ti,In,Ga
5～6	Co,Ni
>7	Mn,Fe

三、溶液中硫化物能沉淀时的盐酸的最高浓度

硫化物	Ag_2S	HgS	CuS	Sb_2S_3	Bi_2S_3	SnS_2	CdS
盐酸浓度/(mol/L)	12	7.5	7.0	3.7	2.5	2.3	0.7
硫化物	PbS	SnS	ZnS	CoS	NiS	FeS	MnS
盐酸浓度/(mol/L)	0.35	0.30	0.02	0.001	0.001	0.0001	0.00008

注：摘自北京师范大学化学系无机化学教研室编．简明化学手册．北京：北京出版社，1980.

附录 8　某些离子和化合物的颜色

一、离子

1. 无色离子

Na^+、K^+、NH_4^+、Mg_2^+、Ca^{2+}、Sr^{2+}、Ba^{2+}、Al^{3+}、Sn^{2+}、Sn^{4+}、Pb^{2+}、Bi^{3+}、Ag^+、Zn^{2+}、Cd^{2+}、Hg_2^{2+}、Hg^{2+}等阳离子。

$B(OH)_4^-$、$B_4O_7^{2-}$、$C_2O_4^{2-}$、Ac^-、CO_3^{2-}、SiO_3^{2-}、NO_3^-、NO_2^-、PO_4^{2-}、AsO_3^{3-}、AsO_4^{3-}、$[SbCl_6]^{3-}$、$[SbCl_6]^-$、SO_3^{2-}、SO_4^{2-}、S^{2-}、$S_2O_3^{2-}$、F^-、Cl^-、ClO_3^-、Br^-、BrO_3^-、I^-、SCN^-、$[CuCl_2]^-$、TiO^{2+}、VO_3^-、VO_4^{3-}、MoO_4^{2-}、WO_4^{2-} 等阴离子。

2. 有色离子

离子	颜色	离子	颜色	离子	颜色
$[Cu(H_2O)_4]^{2+}$	浅蓝色	$[Cr(H_2O)_5Cl]^{2+}$	浅绿色	$[Fe(H_2O)_6]^{3+}$	淡紫色
$[CuCl_4]^{2-}$	黄色	$[Cr(H_2O)_4Cl_2]^+$	暗绿色	$[Fe(CN)_6]^{4-}$	黄色
$[Cu(NH_3)_4]^{2+}$	深蓝色	$[Cr(NH_3)_2(H_2O)_4]^{3+}$	紫红色	$[Fe(CN)_6]^{3-}$	浅橘黄色
$[Ti(H_2O)_6]^{3+}$	紫色	$[Cr(NH_3)_3(H_2O)_3]^{3+}$	浅红色	$[Fe(NCS)_n]^{3-n}$	血红色
$[Ti(H_2O)_4]^{2+}$	绿色	$[Cr(NH_3)_4(H_2O)_2]^{3+}$	橙红色	$[Co(H_2O)_6]^{2+}$	粉红色
$[TiO(H_2O_2)]^{2+}$	橘黄色	$[Cr(NH_3)_5(H_2O)_3]^{2+}$	橙黄色	$[Co(NH_3)_6]^{2+}$	黄色
$[V(H_2O)_6]^{2+}$	紫色	$[Cr(NH_3)_6]^{3+}$	黄色	$[Co(NH_3)_6]^{3+}$	橙黄色
$[V(H_2O)_6]^{3+}$	绿色	CrO_2^-	绿色	$[CoCl(NH_3)_5]^{2+}$	红紫色
VO^{2+}	蓝色	CrO_4^{2-}	黄色	$[Co(NH_3)_5(H_2O)]^{3+}$	粉红色
VO_2^+	浅黄色	$Cr_2O_7^{2-}$	橙色	$[Co(NH_3)_4CO_3]^+$	紫红色
$[VO_2(O_2)_2]^{3-}$	黄色	$[Mn(H_2O)_6]^{2+}$	肉色	$[Co(CN)_6]^{3-}$	紫色
$[V(O_2)]^{3+}$	深红色	MnO_4^{2-}	绿色	$[Co(SCN)_4]^{2-}$	蓝色
$[Cr(H_2O)_6]^{2+}$	蓝色	MnO_4^-	紫红色	$[Ni(H_2O)_6]^{2+}$	亮绿色
$[Cr(H_2O)_6]^{3+}$	紫色	$[Fe(H_2O)_6]^{2+}$	浅绿色	$[Mn(NH_3)_6]^{2+}$	蓝色

二、化合物

化合物	颜色	化合物	颜色	化合物	颜色
1. 氧化物					
CuO	黑色	V_2O_3	黑色	Fe_2O_3	砖红色
Cu_2O	暗红色	VO_2	深蓝色	Fe_3O_4	黑色
Ag_2O	暗棕色	V_2O_5	红棕色	CoO	灰绿色
ZnO	白色	Cr_2O_3	绿色	Co_2O_3	黑色
CdO	棕红色	CrO_3	红色	NiO	暗绿色
Hg_2O	黑褐色	MnO_2	棕褐色	Ni_2O_3	黑色
HgO	红色或黄色	MoO_2	铅灰色	PbO	黄色
TiO_2	白色	WO_2	棕红色	Pb_3O_4	红色
VO	亮灰色	FeO	黑色		

续表

化合物	颜色	化合物	颜色	化合物	颜色
2. 氢氧化物					
$Zn(OH)_2$	白色	$Fe(OH)_3$	红棕色	$Ni(OH)_2$	浅绿色
$Pb(OH)_2$	白色	$Cd(OH)_2$	白色	$Ni(OH)_3$	黑色
$Mg(OH)_2$	白色	$Al(OH)_3$	白色	$Co(OH)_2$	粉红色
$Sn(OH)_2$	白色	$Bi(OH)_3$	白色	$Co(OH)_3$	褐棕色
$Sn(OH)_4$	白色	$Sb(OH)_3$	白色	$Cr(OH)_3$	灰绿色
$Mn(OH)_2$	白色	$Cu(OH)_2$	浅蓝色		
$Fe(OH)_2$	白色或苍绿色	$Cu(OH)$	黄色		
3. 氯化物					
$AgCl$	白色	$CuCl_2 \cdot 2H_2O$	蓝色	$CoCl_2 \cdot 6H_2O$	粉红色
Hg_2Cl_2	白色	$Hg(NH_2)Cl$	白色	$FeCl_3 \cdot 6H_2O$	黄棕色
$PbCl_2$	白色	$CoCl_2$	蓝色	$TiCl_3 \cdot 6H_2O$	紫色或绿色
$CuCl$	白色	$CoCl_2 \cdot H_2O$	蓝紫色	$TiCl_2$	黑色
$CuCl_2$	棕色	$CoCl_2 \cdot 2H_2O$	紫红色		
4. 溴化物					
$AgBr$	淡黄色	$AsBr$	浅黄色	$CuBr_2$	黑紫色
5. 碘化物					
AgI	黄色	PbI_2	黄色	BiI_3	绿黑色
Hg_2I_2	黄绿色	CuI	白色	TiI_4	暗棕色
HgI_2	红色	SbI_3	红黄色		
6. 卤酸盐					
$Ba(IO_3)_2$	白色	$KClO_4$	白色	$AgBrO_3$	白色
$AgIO_3$	白色				
7. 硫化物					
Ag_2S	灰黑色	Fe_2S_3	黑色	CdS	黄色
HgS	红色或黑色	CoS	黑色	Sb_2S_3	橙色
PbS	黑色	NiS	黑色	Sb_2S_5	橙红色
CuS	黑色	Bi_2S_3	黑褐色	MnS	肉色
Cu_2S	黑色	SnS	褐色	ZnS	白色
FeS	棕黑色	SnS_2	金黄色	As_2S_3	黄色
8. 硫酸盐					
Ag_2SO_4	白色	$BaSO_4$	白色	$Cu_2(SO_4)_3 \cdot 6H_2O$	绿色
Hg_2SO_4	白色	$[Fe(NO)]SO_4$	深棕色	$Cu_2(SO_4)_3$	蓝色或红色
$PbSO_4$	白色	$Cu_2(OH)_2SO_4$	浅蓝色	$Cu_2(SO_4)_3 \cdot 18H_2O$	蓝紫色
$CaSO_4 \cdot 2H_2O$	白色	$CuSO_4 \cdot 5H_2O$	蓝色	$KCr(SO_4)_2 \cdot 12H_2O$	紫色
$SrSO_4$	白色	$CuSO_4 \cdot 7H_2O$	红色		

续表

化合物	颜色	化合物	颜色	化合物	颜色
9. 碳酸盐					
Ag_2CO_3	白色	$MnCO_3$	白色	$Hg_2(OH)_2CO_3$	红褐色
$CaCO_3$	白色	$CdCO_3$	白色	$Co_2(OH)_2CO_3$	白色
$SrCO_3$	白色	$Zn_2(OH)_2CO_3$	白色	$Cu_2(OH)_2CO_3$	暗绿色
$BaCO_3$	白色	$BiOHCO_3$	白色	$Ni_2(OH)_2CO_3$	浅绿色
10. 磷酸盐					
Ca_3PO_4	白色	$Ba_3(PO_4)_2$	白色	Ag_3PO_4	黄色
$CaHPO_3$	白色	$FePO_4$	浅黄色	NH_4MgPO_4	白色
11. 铬酸盐					
Ag_2CrO_4	砖红色	$BaCrO_4$	黄色	$FeCrO_4 \cdot 2H_2O$	黄色
$PbCrO_4$	黄色				
12. 硅酸盐					
$BaSiO_3$	白色	$Fe_2(SiO_3)_3$	棕红色	$NiSiO_3$	翠绿色
$CuSiO_3$	蓝色	$MnSiO_3$	肉色	$ZnSiO_3$	白色
$CoSiO_3$	紫色				
13. 草酸盐					
CaC_2O_4	白色	$Ag_2C_2O_4$	白色	$FeC_2O_4 \cdot 2H_2O$	黄色
14. 类卤化合物					
$AgCN$	白色	$Cu(CN)_2$	浅棕黄色	$AgSCN$	白色
$Ni(CN)_2$	浅绿色	$CuCN$	白色	$Cu(SCN)_2$	黑绿色
15. 其他含氧酸盐					
NH_4MgAsO_4	白色	$Ag_2S_2O_3$	白色	$SrSO_3$	白色
Ag_3AsO_4	红褐色	$BaSO_3$	白色		
16. 其他化合物					
$Fe[Fe(CN)_6]_3 \cdot 2H_2O$	蓝色	$K_3[Co(NO_2)_6]$	黄色	$NaAc \cdot Zn(Ac)_2 \cdot 3[UO_2(Ac)_2] \cdot 9H_2O$	黄色
$Cu_2[Fe(CN)_6]$	红褐色	$K_2Na[Co(NO_2)_6]$	黄色	$\left[O\begin{matrix}Hg\\Hg\end{matrix}NH_2\right]I$	红棕色
$Ag_3[Fe(CN)_6]$	橙色	$(NH_4)_2Na[Co(NO_2)_6]$	黄色		
$Zn_3[Fe(CN)_6]_2$	黄褐色	$K_2[PtCl_6]$	黄色		
$Co_2[Fe(CN)_6]$	绿色	$KHC_4H_4O_6$	白色	$\left[\begin{matrix}I-Hg\\I-Hg\end{matrix}NH_2\right]I$	深褐色或红棕色
$Ag_4[Fe(CN)_6]$	白色	$Na[Sb(OH)_6]$	白色		
$Zn_2[Fe(CN)_6]$	白色	$Na[Fe(CN)_5NO] \cdot 2H_2O$	红色	$(NH_4)_2MoS_4$	血红色

附录 9 标准电极电势

1. 在酸性溶液中（298K）

电对	方程式	E/V
Li(Ⅰ)-(0)	$Li^+ + e^- = Li$	-3.0401
Cs(Ⅰ)-(0)	$Cs^+ + e^- = Cs$	-3.026
Rb(Ⅰ)-(0)	$Rb^+ + e^- = Rb$	-2.98
K(Ⅰ)-(0)	$K^+ + e^- = K$	-2.931
Ba(Ⅱ)-(0)	$Ba^{2+} + 2e^- = Ba$	-2.912
Sr(Ⅱ)-(0)	$Sr^{2+} + 2e^- = Sr$	-2.89
Ca(Ⅱ)-(0)	$Ca^{2+} + 2e^- = Ca$	-2.868
Na(Ⅰ)-(0)	$Na^+ + e^- = Na$	-2.71
La(Ⅲ)-(0)	$La^{3+} + 3e^- = La$	-2.379
Mg(Ⅱ)-(0)	$Mg^{2+} + 2e^- = Mg$	-2.372
Ce(Ⅲ)-(0)	$Ce^{3+} + 3e^- = Ce$	-2.336
H(0)-(-Ⅰ)	$H_2(g) + 2e^- = 2H^-$	-2.23
Al(Ⅲ)-(0)	$AlF_6^{3-} + 3e^- = Al + 6F^-$	-2.069
Th(Ⅳ)-(0)	$Th^{4+} + 4e^- = Th$	-1.899
Be(Ⅱ)-(0)	$Be^{2+} + 2e^- = Be$	-1.847
U(Ⅲ)-(0)	$U^{3+} + 3e^- = U$	-1.798
Hf(Ⅳ)-(0)	$HfO^{2+} + 2H^+ + 4e^- = Hf + H_2O$	-1.724
Al(Ⅲ)-(0)	$Al^{3+} + 3e^- = Al$	-1.662
Ti(Ⅱ)-(0)	$Ti^{2+} + 2e^- = Ti$	-1.630
Zr(Ⅳ)-(0)	$ZrO_2 + 4H^+ + 4e^- = Zr + 2H_2O$	-1.553
Si(Ⅳ)-(0)	$[SiF_6]^{2-} + 4e^- = Si + 6F^-$	-1.24
Mn(Ⅱ)-(0)	$Mn^{2+} + 2e^- = Mn$	-1.185
Cr(Ⅱ)-(0)	$Cr^{2+} + 2e^- = Cr$	-0.913
Ti(Ⅲ)-(Ⅱ)	$Ti^{3+} + e^- = Ti^{2+}$	-0.9
B(Ⅲ)-(0)	$H_3BO_3 + 3H^+ + 3e^- = B + 3H_2O$	-0.8698
Ti(Ⅳ)-(0)	$TiO_2 + 4H^+ + 4e^- = Ti + 2H_2O$	-0.86
Te(0)-(-Ⅱ)	$Te + 2H^+ + 2e^- = H_2Te$	-0.793
Zn(Ⅱ)-(0)	$Zn^{2+} + 2e^- = Zn$	-0.7618
Ta(Ⅴ)-(0)	$Ta_2O_5 + 10H^+ + 10e^- = 2Ta + 5H_2O$	-0.750
Cr(Ⅲ)-(0)	$Cr^{3+} + 3e^- = Cr$	-0.744
Nb(Ⅴ)-(0)	$Nb_2O_5 + 10H^+ + 10e^- = 2Nb + 5H_2O$	-0.644
As(0)-(-Ⅲ)	$As + 3H^+ + 3e^- = AsH_3$	-0.608
U(Ⅳ)-(Ⅲ)	$U^{4+} + e^- = U^{3+}$	-0.607
Ga(Ⅲ)-(0)	$Ga^{3+} + 3e^- = Ga$	-0.549
P(Ⅰ)-(0)	$H_3PO_2 + H^+ + e^- = P + 2H_2O$	-0.508
P(Ⅲ)-(Ⅰ)	$H_3PO_3 + 2H^+ + 2e^- = H_3PO_2 + H_2O$	-0.499
C(Ⅳ)-(Ⅲ)	$2CO_2 + 2H^+ + 2e^- = H_2C_2O_4$	-0.49
Fe(Ⅱ)-(0)	$Fe^{2+} + 2e^- = Fe$	-0.447
Cr(Ⅲ)-(Ⅱ)	$Cr^{3+} + e^- = Cr^{2+}$	-0.407
Cd(Ⅱ)-(0)	$Cd^{2+} + 2e^- = Cd$	-0.4030
Se(0)-(-Ⅱ)	$Se + 2H^+ + 2e^- = H_2Se(aq)$	-0.399
Pb(Ⅱ)-(0)	$PbI_2 + 2e^- = Pb + 2I^-$	-0.365
Eu(Ⅲ)-(Ⅱ)	$Eu^{3+} + e^- = Eu^{2+}$	-0.36
Pb(Ⅱ)-(0)	$PbSO_4 + 2e^- = Pb + SO_4^{2-}$	-0.3588
In(Ⅲ)-(0)	$In^{3+} + 3e^- = In$	-0.3382
Tl(Ⅰ)-(0)	$Tl^+ + e^- = Tl$	-0.336
Co(Ⅱ)-(0)	$Co^{2+} + 2e^- = Co$	-0.28
P(Ⅴ)-(Ⅲ)	$H_3PO_4 + 2H^+ + 2e^- = H_3PO_3 + H_2O$	-0.276
Pb(Ⅱ)-(0)	$PbCl_2 + 2e^- = Pb + 2Cl^-$	-0.2675
Ni (Ⅱ)-(0)	$Ni^{2+} + 2e^- = Ni$	-0.257
V(Ⅲ)-(Ⅱ)	$V^{3+} + e^- = V^{2+}$	-0.255
Ge(Ⅳ)-(0)	$H_2GeO_3 + 4H^+ + 4e^- = Ge + 3H_2O$	-0.182
Ag(Ⅰ)-(0)	$AgI + e^- = Ag + I^-$	-0.15224

电对	方程式	E/V
Sn(Ⅱ)-(0)	$Sn^{2+}+2e^- = Sn$	−0.1375
Pb(Ⅱ)-(0)	$Pb^{2+}+2e^- = Pb$	−0.1262
C(Ⅳ)-(Ⅱ)	$CO_2(g)+2H^++2e^- = CO+H_2O$	−0.12
P(0)-(−Ⅲ)	P(白色)$+3H^++3e^- = PH_3(g)$	−0.063
Hg(Ⅰ)-(0)	$Hg_2I_2+2e^- = 2Hg+2I^-$	−0.0405
Fe(Ⅲ)-(0)	$Fe^{3+}+3e^- = Fe$	−0.037
H(Ⅰ)-(0)	$2H^++2e^- = H_2$	0.0000
Ag(Ⅰ)-(0)	$AgBr+e^- = Ag+Br^-$	0.07133
S(Ⅱ.Ⅴ)-(Ⅱ)	$S_4O_6^{2-}+2e^- = 2S_2O_3^{2-}$	0.08
Ti(Ⅳ)-(Ⅲ)	$TiO^{2+}+2H^++e^- = Ti^{3+}+H_2O$	0.1
S(0)-(−Ⅱ)	$S+2H^++2e^- = H_2S(aq)$	0.142
Sn(Ⅳ)-(Ⅱ)	$Sn^{4+}+2e^- = Sn^{2+}$	0.151
Sb(Ⅲ)-(0)	$Sb_2O_3+6H^++6e^- = 2Sb+3H_2O$	0.152
Cu(Ⅱ)-(Ⅰ)	$Cu^{2+}+e^- = Cu^+$	0.153
Bi(Ⅲ)-(0)	$BiOCl+2H^++3e^- = Bi+Cl^-+H_2O$	0.1583
S(Ⅵ)-(Ⅳ)	$SO_4{}^{2-}+4H^++2e^- = H_2SO_3+H_2O$	0.172
Sb(Ⅲ)-(0)	$SbO^++2H^++3e^- = Sb+H_2O$	0.212
Ag(Ⅰ)-(0)	$AgCl+e^- = Ag+Cl^-$	0.22233
As(Ⅲ)-(0)	$HAsO_2+3H^++3e^- = As+2H_2O$	0.248
Hg(Ⅰ)-(0)	$Hg_2Cl_2+2e^- = 2Hg+2Cl^-$(饱和 KCl)	0.26808
Bi(Ⅲ)-(0)	$BiO^++2H^++3e^- = Bi+H_2O$	0.320
U(Ⅵ)-(Ⅳ)	$UO_2^{2+}+4H^++2e^- = U^{4+}+2H_2O$	0.327
C(Ⅳ)-(Ⅲ)	$2HCNO+2H^++2e^- = (CN)_2+2H_2O$	0.330
V(Ⅳ)-(Ⅲ)	$VO^{2+}+2H^++e^- = V^{3+}+H_2O$	0.337
Cu(Ⅱ)-(0)	$Cu^{2+}+2e^- = Cu$	0.3419
Re(Ⅶ)-(0)	$ReO_4^-+8H^++7e^- = Re+4H_2O$	0.368
Ag(Ⅰ)-(0)	$Ag_2CrO_4+2e^- = 2Ag+CrO_4{}^{2-}$	0.4470
S(Ⅳ)-(0)	$H_2SO_3+4H^++4e^- = S+3H_2O$	0.449
Cu(Ⅰ)-(0)	$Cu^++e^- = Cu$	0.521
Ⅰ(0)-(−Ⅰ)	$I_2+2e^- = 2I^-$	0.5355
Ⅰ(0)-(−Ⅰ)	$I_3{}^-+2e^- = 3I^-$	0.536
As(Ⅴ)-(Ⅲ)	$H_3AsO_4+2H^++2e^- = HAsO_2+2H_2O$	0.560
Sb(Ⅴ)-(Ⅲ)	$Sb_2O_5+6H^++4e^- = 2SbO^++3H_2O$	0.581
Te(Ⅳ)-(0)	$TeO_2+4H^++4e^- = Te+2H_2O$	0.593
U(Ⅴ)-(Ⅳ)	$UO_2^++4H^++e^- = U^{4+}+2H_2O$	0.612
Hg(Ⅱ)-(Ⅰ)	$2HgCl_2+2e^- = Hg_2Cl_2+2Cl^-$	0.63
Pt(Ⅳ)-(Ⅱ)	$[PtCl_6]^{2-}+2e^- = [PtCl_4]^{2-}+2Cl^-$	0.68
O(0)-(−Ⅰ)	$O_2+2H^++2e^- = H_2O_2$	0.695
Pt(Ⅱ)-(0)	$[PtCl_4]^{2-}+2e^- = Pt+4Cl^-$	0.755
Se(Ⅳ)-(0)	$H_2SeO_3+4H^++4e^- = Se+3H_2O$	0.74
Fe(Ⅲ)-(Ⅱ)	$Fe^{3+}+e^- = Fe^{2+}$	0.771
Hg(Ⅰ)-(0)	$Hg_2^{2+}+2e^- = 2Hg$	0.7973
Ag(Ⅰ)-(0)	$Ag^++e^- = Ag$	0.7996
Os(Ⅷ)-(0)	$OsO_4+8H^++8e^- = Os+4H_2O$	0.8
N(Ⅴ)-(Ⅳ)	$2NO_3^-+4H^++2e^- = N_2O_4+2H_2O$	0.803
Hg(Ⅱ)-(0)	$Hg^{2+}+2e^- = Hg$	0.851
Si(Ⅳ)-(0)	(quartz)$SiO_2+4H^++4e^- = Si+2H_2O$	0.857
Cu(Ⅱ)-(Ⅰ)	$Cu^{2+}+I^-+e^- = CuI$	0.86
N(Ⅲ)-(Ⅰ)	$2HNO_2+4H^++4e^- = H_2N_2O_2+2H_2O$	0.86
Hg(Ⅱ)-(Ⅰ)	$2Hg^{2+}+2e^- = Hg_2^{2+}$	0.920
N(Ⅴ)-(Ⅲ)	$NO_3^-+3H^++2e^- = HNO_2+H_2O$	0.934
Pd(Ⅱ)-(0)	$Pd^{2+}+2e^- = Pd$	0.951
N(Ⅴ)-(Ⅱ)	$NO_3^-+4H^++3e^- = NO+2H_2O$	0.957
N(Ⅲ)-(Ⅱ)	$HNO_2+H^++e^- = NO+H_2O$	0.983
I(Ⅰ)-(−Ⅰ)	$HIO+H^++2e^- = I^-+H_2O$	0.987
V(Ⅴ)-(Ⅳ)	$VO_2^++2H^++e^- = VO^{2+}+H_2O$	0.991

续表

电对	方程式	E/V
V(Ⅴ)-(Ⅳ)	$V(OH)_4^+ + 2H^+ + e^- = VO^{2+} + 3H_2O$	1.00
Au(Ⅲ)-(0)	$[AuCl_4]^- + 3e^- = Au + 4Cl^-$	1.002
Te(Ⅵ)-(Ⅳ)	$H_6TeO_6 + 2H^+ + 2e^- = TeO_2 + 4H_2O$	1.02
N(Ⅳ)-(Ⅱ)	$N_2O_4 + 4H^+ + 4e^- = 2NO + 2H_2O$	1.035
N(Ⅳ)-(Ⅲ)	$N_2O_4 + 2H^+ + 2e^- = 2HNO_2$	1.065
I(Ⅴ)-(－Ⅰ)	$IO_3^- + 6H^+ + 6e^- = I^- + 3H_2O$	1.085
Br(0)-(－Ⅰ)	$Br_2(aq) + 2e^- = 2Br^-$	1.0873
Se(Ⅵ)-(Ⅳ)	$SeO_4^{2-} + 4H^+ + 2e^- = H_2SeO_3 + H_2O$	1.151
Cl(Ⅴ)-(Ⅳ)	$ClO_3^- + 2H^+ + e^- = ClO_2 + H_2O$	1.152
Pt(Ⅱ)-(0)	$Pt^{2+} + 2e^- = Pt$	1.18
Cl(Ⅶ)-(Ⅴ)	$ClO_4^- + 2H^+ + 2e^- = ClO_3^- + H_2O$	1.189
I(Ⅴ)-(0)	$2IO_3^- + 12H^+ + 10e^- = I_2 + 6H_2O$	1.195
Cl(Ⅴ)-(Ⅲ)	$ClO_3^- + 3H^+ + 2e^- = HClO_2 + H_2O$	1.214
Mn(Ⅳ)-(Ⅱ)	$MnO_2 + 4H^+ + 2e^- = Mn^{2+} + 2H_2O$	1.224
O(0)-(－Ⅱ)	$O_2 + 4H^+ + 4e^- = 2H_2O$	1.229
Tl(Ⅲ)-(Ⅰ)	$Tl^{3+} + 2e^- = Tl^+$	1.252
Cl(Ⅳ)-(Ⅲ)	$ClO_2 + H^+ + e^- = HClO_2$	1.277
N(Ⅲ)-(Ⅰ)	$2HNO_2 + 4H^+ + 4e^- = N_2O + 3H_2O$	1.297
Cr(Ⅵ)-(Ⅲ)	$Cr_2O_7^{2-} + 14H^+ + 6e^- = 2Cr^{3+} + 7H_2O$	1.33
Br(Ⅰ)-(－Ⅰ)	$HBrO + H^+ + 2e^- = Br^- + H_2O$	1.331
Cr(Ⅵ)-(Ⅲ)	$HCrO_4^- + 7H^+ + 3e^- = Cr^{3+} + 4H_2O$	1.350
Cl(0)-(－Ⅰ)	$Cl_2(g) + 2e^- = 2Cl^-$	1.35827
Cl(Ⅶ)-(－Ⅰ)	$ClO_4^- + 8H^+ + 8e^- = Cl^- + 4H_2O$	1.389
Cl(Ⅶ)-(0)	$ClO_4^- + 8H^+ + 7e^- = 1/2Cl_2 + 4H_2O$	1.39
Au(Ⅲ)-(Ⅰ)	$Au^{3+} + 2e^- = Au^+$	1.401
Br(Ⅴ)-(－Ⅰ)	$BrO_3^- + 6H^+ + 6e^- = Br^- + 3H_2O$	1.423
I(Ⅰ)-(0)	$2HIO + 2H^+ + 2e^- = I_2 + 2H_2O$	1.439
Cl(Ⅴ)-(－Ⅰ)	$ClO_3^- + 6H^+ + 6e^- = Cl^- + 3H_2O$	1.451
Pb(Ⅳ)-(Ⅱ)	$PbO_2 + 4H^+ + 2e^- = Pb^{2+} + 2H_2O$	1.455
Cl(Ⅴ)-(0)	$ClO_3^- + 6H^+ + 5e^- = 1/2Cl_2 + 3H_2O$	1.47
Cl(Ⅰ)-(－Ⅰ)	$HClO + H^+ + 2e^- = Cl^- + H_2O$	1.482
Br(Ⅴ)-(0)	$BrO_3^- + 6H^+ + 5e^- = 1/2Br_2 + 3H_2O$	1.482
Au(Ⅲ)-(0)	$Au^{3+} + 3e^- = Au$	1.498
Mn(Ⅶ)-(Ⅱ)	$MnO_4^- + 8H^+ + 5e^- = Mn^{2+} + 4H_2O$	1.507
Mn(Ⅲ)-(Ⅱ)	$Mn^{3+} + e^- = Mn^{2+}$	1.5415
Cl(Ⅲ)-(－Ⅰ)	$HClO_2 + 3H^+ + 4e^- = Cl^- + 2H_2O$	1.570
Br(Ⅰ)-(0)	$HBrO + H^+ + e^- = 1/2Br_2(aq) + H_2O$	1.574
N(Ⅱ)-(Ⅰ)	$2NO + 2H^+ + 2e^- = N_2O + H_2O$	1.591
I(Ⅶ)-(Ⅴ)	$H_5IO_6 + H^+ + 2e^- = IO_3^- + 3H_2O$	1.601
Cl(Ⅰ)-(0)	$HClO + H^+ + e^- = 1/2Cl_2 + H_2O$	1.611
Cl(Ⅲ)-(Ⅰ)	$HClO_2 + 2H^+ + 2e^- = HClO + H_2O$	1.645
Ni(Ⅳ)-(Ⅱ)	$NiO_2 + 4H^+ + 2e^- = Ni^{2+} + 2H_2O$	1.678
Mn(Ⅶ)-(Ⅳ)	$MnO_4^- + 4H^+ + 3e^- = MnO_2 + 2H_2O$	1.679
Pb(Ⅳ)-(Ⅱ)	$PbO_2 + SO_4^{2-} + 4H^+ + 2e^- = PbSO_4 + 2H_2O$	1.6913
Au(Ⅰ)-(0)	$Au^+ + e^- = Au$	1.692
Ce(Ⅳ)-(Ⅲ)	$Ce^{4+} + e^- = Ce^{3+}$	1.72
N(Ⅰ)-(0)	$N_2O + 2H^+ + 2e^- = N_2 + H_2O$	1.766
O(－Ⅰ)-(－Ⅱ)	$H_2O_2 + 2H^+ + 2e^- = 2H_2O$	1.776
Co(Ⅲ)-(Ⅱ)	$Co^{3+} + e^- = Co^{2+}$ (2mol/L H_2SO_4)	1.83
Ag(Ⅱ)-(Ⅰ)	$Ag^{2+} + e^- = Ag^+$	1.980
S(Ⅶ)-(Ⅵ)	$S_2O_8^{2-} + 2e^- = 2SO_4^{2-}$	2.010
O(0)-(－Ⅱ)	$O_3 + 2H^+ + 2e^- = O_2 + H_2O$	2.076
O(Ⅱ)-(－Ⅱ)	$F_2O + 2H^+ + 4e^- = H_2O + 2F^-$	2.153
Fe(Ⅵ)-(Ⅲ)	$FeO_4^{2-} + 8H^+ + 3e^- = Fe^{3+} + 4H_2O$	2.20
O(0)-(－Ⅱ)	$O(g) + 2H^+ + 2e^- = H_2O$	2.421
F(0)-(－Ⅰ)	$F_2 + 2e^- = 2F^-$	2.866
	$F_2 + 2H^+ + 2e^- = 2HF$	3.053

2. 在碱性溶液中（298K）

电对	方程式	E/V
Ca(Ⅱ)-(0)	$Ca(OH)_2+2e^-$ ══ $Ca+2OH^-$	−3.02
Ba(Ⅱ)-(0)	$Ba(OH)_2+2e^-$ ══ $Ba+2OH^-$	−2.99
La(Ⅲ)-(0)	$La(OH)_3+3e^-$ ══ $La+3OH^-$	−2.90
Sr(Ⅱ)-(0)	$Sr(OH)_2\cdot 8H_2O+2e^-$ ══ $Sr+2OH^-+8H_2O$	−2.88
Mg(Ⅱ)-(0)	$Mg(OH)_2+2e^-$ ══ $Mg+2OH^-$	−2.690
Be(Ⅱ)-(0)	$Be_2O_3^{2-}+3H_2O+4e^-$ ══ $2Be+6OH^-$	−2.63
Hf(Ⅳ)-(0)	$HfO(OH)_2+H_2O+4e^-$ ══ $Hf+4OH^-$	−2.50
Zr(Ⅳ)-(0)	$H_2ZrO_3+H_2O+4e^-$ ══ $Zr+4OH^-$	−2.36
Al(Ⅲ)-(0)	$H_2AlO_3^-+H_2O+3e^-$ ══ $Al+OH^-$	−2.33
P(Ⅰ)-(0)	$H_2PO_2^-+e^-$ ══ $P+2OH^-$	−1.82
B(Ⅲ)-(0)	$H_2BO_3^-+H_2O+3e^-$ ══ $B+4OH^-$	−1.79
P(Ⅲ)-(0)	$HPO_3^{2-}+2H_2O+3e^-$ ══ $P+5OH^-$	−1.71
Si(Ⅳ)-(0)	$SiO_3^{2-}+3H_2O+4e^-$ ══ $Si+6OH^-$	−1.697
P(Ⅲ)-(Ⅰ)	$HPO_3^{2-}+2H_2O+2e^-$ ══ $H_2PO_2^-+3OH^-$	−1.65
Mn(Ⅱ)-(0)	$Mn(OH)_2+2e^-$ ══ $Mn+2OH^-$	−1.56
Cr(Ⅲ)-(0)	$Cr(OH)_3+3e^-$ ══ $Cr+3OH^-$	−1.48
Zn(Ⅱ)-(0)	$[Zn(CN)_4]^{2-}+2e^-$ ══ $Zn+4CN^-$	−1.26
Zn(Ⅱ)-(0)	$Zn(OH)_2+2e^-$ ══ $Zn+2OH^-$	−1.249
Ga(Ⅲ)-(0)	$H_2GaO_3^-+H_2O+2e^-$ ══ $Ga+4OH^-$	−1.219
Zn(Ⅱ)-(0)	$ZnO_2{}^{2-}+2H_2O+2e^-$ ══ $Zn+4OH^-$	−1.215
Cr(Ⅲ)-(0)	$CrO_2^-+2H_2O+3e^-$ ══ $Cr+4OH^-$	−1.2
Te(0)-(−Ⅰ)	$Te+2e^-$ ══ Te^{2-}	−1.143
P(Ⅴ)-(Ⅲ)	$PO_4^{3-}+2H_2O+2e^-$ ══ $HPO_3^{2-}+3OH^-$	−1.05
Zn(Ⅱ)-(0)	$[Zn(NH_3)_4]^{2+}+2e^-$ ══ $Zn+4NH_3$	−1.04
W(Ⅵ)-(0)	$WO_4^{2-}+4H_2O+6e^-$ ══ $W+8OH^-$	−1.01
Ge(Ⅳ)-(0)	$HGeO_3^-+2H_2O+4e^-$ ══ $Ge+5OH^-$	−1.0
Sn(Ⅳ)-(Ⅱ)	$[Sn(OH)_6]^{2-}+2e^-$ ══ $HSnO_2^-+H_2O+3OH^-$	−0.93
S(Ⅵ)-(Ⅳ)	$SO_4^{2-}+H_2O+2e^-$ ══ $SO_3^{2-}+2OH^-$	−0.93
Se(0)-(−Ⅱ)	$Se+2e^-$ ══ Se^{2-}	−0.924
Sn(Ⅱ)-(0)	$HSnO_2^-+H_2O+2e^-$ ══ $Sn+3OH^-$	−0.909
P(0)-(−Ⅲ)	$P+3H_2O+3e^-$ ══ $PH_3(g)+3OH^-$	−0.87
N(Ⅴ)-(Ⅳ)	$2NO_3^-+2H_2O+2e^-$ ══ $N_2O_4+4OH^-$	−0.85
H(Ⅰ)-(0)	$2H_2O+2e^-$ ══ H_2+2OH^-	−0.8277
Cd(Ⅱ)-(0)	$Cd(OH)_2+2e^-$ ══ $Cd(Hg)+2OH^-$	−0.809
Co(Ⅱ)-(0)	$Co(OH)_2+2e^-$ ══ $Co+2OH^-$	−0.73
Ni(Ⅱ)-(0)	$Ni(OH)_2+2e^-$ ══ $Ni+2OH^-$	−0.72
As(Ⅴ)-(Ⅲ)	$AsO_4^{3-}+2H_2O+2e^-$ ══ $AsO_2^-+4OH^-$	−0.71
Ag(Ⅰ)-(0)	Ag_2S+2e^- ══ $2Ag+S^{2-}$	−0.691
As(Ⅲ)-(0)	$AsO_2^-+2H_2O+3e^-$ ══ $As+4OH^-$	−0.68
Sb(Ⅲ)-(0)	$SbO_2^-+2H_2O+3e^-$ ══ $Sb+4OH^-$	−0.66
Re(Ⅶ)-(Ⅳ)	$ReO_4^-+2H_2O+3e^-$ ══ ReO_2+4OH^-	−0.59
Sb(Ⅴ)-(Ⅲ)	$SbO_3^-+H_2O+2e^-$ ══ $SbO_2^-+2OH^-$	−0.59
Re(Ⅶ)-(0)	$ReO_4^-+4H_2O+7e^-$ ══ $Re+8OH^-$	−0.584
S(Ⅳ)-(Ⅱ)	$2SO_3^{2-}+3H_2O+4e^-$ ══ $S_2O_3^{2-}+6OH^-$	−0.58
Te(Ⅳ)-(0)	$TeO_3^{2-}+3H_2O+4e^-$ ══ $Te+6OH^-$	−0.57

续表

电对	方程式	E/V
Fe(Ⅲ)-(Ⅱ)	$Fe(OH)_3+e^- = Fe(OH)_2+OH^-$	−0.56
S(0)-(−Ⅱ)	$S+2e^- = S^{2-}$	−0.47627
Bi(Ⅲ)-(0)	$Bi_2O_3+3H_2O+6e^- = 2Bi+6OH^-$	−0.46
N(Ⅲ)-(Ⅱ)	$NO_2^-+H_2O+e^- = NO+2OH^-$	−0.46
Co(Ⅱ)-C(0)	$[Co(NH_3)_6]^{2+}+2e^- = Co+6NH_3$	−0.422
Se(Ⅳ)-(0)	$SeO_3^{2-}+3H_2O+4e^- = Se+6OH^-$	−0.366
Cu(Ⅰ)-(0)	$Cu_2O+H_2O+2e^- = 2Cu+2OH^-$	−0.360
Tl(Ⅰ)-(0)	$Tl(OH)+e^- = Tl+OH^-$	−0.34
Ag(Ⅰ)-(0)	$[Ag(CN)_2]^-+e^- = Ag+2CN^-$	−0.31
Cu(Ⅱ)-(0)	$Cu(OH)_2+2e^- = Cu+2OH^-$	−0.222
Cr(Ⅵ)-(Ⅲ)	$CrO_4^{2-}+4H_2O+3e^- = Cr(OH)_3+5OH^-$	−0.13
Cu(Ⅰ)-(0)	$[Cu(NH_3)_2]^++e^- = Cu+2NH_3$	−0.12
O(0)-(−Ⅰ)	$O_2+H_2O+2e^- = HO_2^-+OH^-$	−0.076
Ag(Ⅰ)-(0)	$AgCN+e^- = Ag+CN^-$	−0.017
N(Ⅴ)-(Ⅲ)	$NO_3^-+H_2O+2e^- = NO_2^-+2OH^-$	0.01
Se(Ⅵ)-(Ⅳ)	$SeO_4^{2-}+H_2O+2e^- = SeO_3^{2-}+2OH^-$	0.05
Pd(Ⅱ)-(0)	$Pd(OH)_2+2e^- = Pd+2OH^-$	0.07
S(Ⅱ,Ⅴ)-(Ⅱ)	$S_4O_6^{2-}+2e^- = 2S_2O_3^{2-}$	0.08
Hg(Ⅱ)-(0)	$HgO+H_2O+2e^- = Hg+2OH^-$	0.0977
Co(Ⅲ)-(Ⅱ)	$[Co(NH_3)_6]^{3+}+e^- = [Co(NH_3)_6]^{2+}$	0.108
Pt(Ⅱ)-(0)	$Pt(OH)_2+2e^- = Pt+2OH^-$	0.14
Co(Ⅲ)-(Ⅱ)	$Co(OH)_3+e^- = Co(OH)_2+OH^-$	0.17
Pb(Ⅳ)-(Ⅱ)	$PbO_2+H_2O+2e^- = PbO+2OH^-$	0.247
I(Ⅴ)-(−Ⅰ)	$IO_3^-+3H_2O+6e^- = I^-+6OH^-$	0.26
Cl(Ⅴ)-(Ⅲ)	$ClO_3^-+H_2O+2e^- = ClO_2^-+2OH^-$	0.33
Ag(Ⅰ)-(0)	$Ag_2O+H_2O+2e^- = 2Ag+2OH^-$	0.342
Fe(Ⅲ)-(Ⅱ)	$[Fe(CN)_6]^{3-}+e^- = [Fe(CN)_6]^{4-}$	0.358
Cl(Ⅶ)-(Ⅴ)	$ClO_4^-+H_2O+2e^- = ClO_3^-+2OH^-$	0.36
Ag(Ⅰ)-(0)	$[Ag(NH_3)_2]^++e^- = Ag+2NH_3$	0.373
O(0)-(−Ⅱ)	$O_2+2H_2O+4e^- = 4OH^-$	0.401
I(Ⅰ)-(−Ⅰ)	$IO^-+H_2O+2e^- = I^-+2OH^-$	0.485
Ni(Ⅳ)-(Ⅱ)	$NiO_2+2H_2O+2e^- = Ni(OH)_2+2OH^-$	0.490
Mn(Ⅶ)-(Ⅵ)	$MnO_4^-+e^- = MnO_4^{2-}$	0.558
Mn(Ⅶ)-(Ⅳ)	$MnO_4^-+2H_2O+3e^- = MnO_2+4OH^-$	0.595
Mn(Ⅵ)-(Ⅳ)	$MnO_4^{2-}+2H_2O+2e^- = MnO_2+4OH^-$	0.60
Ag(Ⅱ)-(Ⅰ)	$2AgO+H_2O+2e^- = Ag_2O+2OH^-$	0.607
Br(Ⅴ)-(−Ⅰ)	$BrO_3^-+3H_2O+6e^- = Br^-+6OH^-$	0.61
Cl(Ⅴ)-(−Ⅰ)	$ClO_3^-+3H_2O+6e^- = Cl^-+6OH^-$	0.62
Cl(Ⅲ)-(Ⅰ)	$ClO_2^-+H_2O+2e^- = ClO^-+2OH^-$	0.66
I(Ⅶ)-(Ⅴ)	$H_3IO_6^{2-}+2e^- = IO_3^-+3OH^-$	0.7
Cl(Ⅲ)-(−Ⅰ)	$ClO_2^-+2H_2O+4e^- = Cl^-+4OH^-$	0.76
Br(Ⅰ)-(−Ⅰ)	$BrO^-+H_2O+2e^- = Br^-+2OH^-$	0.761
Cl(Ⅰ)-(−Ⅰ)	$ClO^-+H_2O+2e^- = Cl^-+2OH^-$	0.841
Cl(Ⅳ)-(Ⅲ)	$ClO_2(g)+e^- = ClO_2^-$	0.95
O(0)-(−Ⅱ)	$O_3+H_2O+2e^- = O_2+2OH^-$	1.24

附录 10　常见配离子的稳定常数

配离子	$K_{稳}$	$\lg K_{稳}$	配离子	$K_{稳}$	$\lg K_{稳}$
1∶1			1∶3		
$[NaY]^{3-}$	5.0×10^{1}	1.69	$[Fe(NCS)_3]$	2.0×10^{3}	3.30
$[AgY]^{3-}$	2.0×10^{7}	7.30	$[CdI_3]^{-}$	1.2×10^{1}	1.07
$[CuY]^{2-}$	6.8×10^{18}	18.79	$[Cd(CN)_3]^{-}$	1.1×10^{4}	4.04
$[MgY]^{2-}$	4.9×10^{8}	8.69	$[Ag(CN)_3]^{-}$	5×10^{0}	0.69
$[CaY]^{2-}$	3.7×10^{10}	10.56	$[Ni(en)_3]^{2+}$	3.9×10^{18}	18.59
$[SrY]^{2-}$	4.2×10^{8}	8.62	$[Al(C_2O_4)_3]^{3-}$	2.0×10^{16}	16.30
$[BaY]^{2-}$	6.0×10^{7}	7.77	$[Fe(C_2O_4)_3]^{3-}$	1.6×10^{20}	20.20
$[ZnY]^{2-}$	3.1×10^{16}	16.49	1∶4		
$[CdY]^{2-}$	3.8×10^{16}	16.57	$[Cu(NH_3)_4]^{2+}$	4.8×10^{12}	12.68
$[HaY]^{2-}$	6.3×10^{21}	21.79	$[Zn(NH_3)_4]^{2+}$	5×10^{8}	8.69
$[PbY]^{2-}$	1.0×10^{18}	18.00	$[Cd(NH_3)_4]^{2+}$	3.6×10^{6}	6.55
$[MnY]^{2-}$	1.0×10^{14}	14.00	$[Zn(CNS)_4]^{2-}$	2.0×10^{1}	1.30
$[FeY]^{2-}$	2.1×10^{14}	14.32	$[Zn(CN)_4]^{2-}$	1.0×10^{16}	16.00
$[CoY]^{2-}$	1.6×10^{16}	16.20	$[Cd(SCN)_4]^{2-}$	1.0×10^{3}	3.00
$[NiY]^{2-}$	4.1×10^{18}	18.61	$[CdCl_4]^{2-}$	3.1×10^{2}	2.49
$[FeY]^{-}$	1.2×10^{25}	25.07	$[CdI_4]^{2-}$	3.0×10^{6}	6.43
$[CoY]^{-}$	1.0×10^{36}	36.00	$[Cd(CN)_4]^{2-}$	1.3×10^{18}	18.11
$[GaY]^{-}$	1.8×10^{20}	20.25	$[Hg(CN)_4]^{2-}$	3.1×10^{41}	41.51
$[InY]^{-}$	8.9×10^{24}	24.94	$[Hg(SCN)_4]^{2-}$	7.7×10^{21}	21.88
$[TlY]^{-}$	3.2×10^{22}	22.51	$[HgCl_4]^{2-}$	1.6×10^{15}	15.20
$[TIHY]$	1.5×10^{23}	23.17	$[HgI_4]^{2-}$	7.2×10^{20}	29.80
$[CuOH]^{+}$	1.0×10^{5}	5.00	$[Co(NCS)_4]^{2-}$	3.8×10^{2}	2.58
$[AgNH_3]^{+}$	20×10^{5}	3.30	$[Ni(CN)_4]^{2-}$	1×10^{22}	22.00
1∶2			1∶6		
$[Cu(NH_3)_2]^{+}$	7.4×10^{10}	10.87	$[Cd(NH_3)_6]^{2+}$	1.4×10^{6}	6.15
$[Cu(CN)_2]^{-}$	2.0×10^{18}	38.30	$[Co(NH_3)_6]^{2+}$	2.4×10^{4}	4.38
$[Ag(NH_3)_2]^{+}$	1.7×10^{7}	7.24	$[Ni(NH_3)_6]^{2+}$	1.1×10^{8}	8.04
$[Ag(en)_2]^{+}$	7.0×10^{7}	7.84	$[Co(NH_3)_6]^{3+}$	1.4×10^{35}	35.15
$[Ag(NCS)_2]^{-}$	4.0×10^{8}	8.60	$[AlF_6]^{3-}$	6.9×10^{19}	19.84
$[Ag(CN)_2]^{-}$	1.0×10^{21}	21.00	$[Fe(CN)_6]^{3-}$	1×10^{24}	24.00
$[Au(CN)_2]^{-}$	2×10^{38}	38.30	$[Fe(CN)_6]^{4-}$	1×10^{35}	35.00
$[Cu(en)_2]^{2+}$	4.0×10^{19}	19.60	$[Co(CN)_6]^{3-}$	1×10^{64}	64.00
$[Ag(S_2O_3)_2]^{3-}$	1.6×10^{13}	13.20	$[FeF_6]^{3-}$	1.0×10^{16}	16.00

注：1. 表中 Y 表示 EDTA 的酸根，en 表示乙二胺。

2. 摘自 O. Ⅱ. KpaTHHA CnpaBoyHHK Ⅱ Xumhh 增订四版，1974。

附录 11　某些试剂溶液的配制

试　剂	浓度/(mol/L)	配制方法
格里斯试剂		(1)在加热下溶解 0.5g 对氨基苯磺酸于 50mL 30% HAc 中,储于暗处保存 (2)将 0.4g α-萘胺与 100mL 水混合煮沸,在从蓝色渣滓中倾出的无色溶液中加入 6mL 80% HAc 使用前将(1)、(2)两液体等体积混合
打萨宗(二苯缩氨硫脲)		溶解 0.1g 打萨宗于 1L CCl_4 或 $CHCl_3$ 中
甲基红		1L 60%乙醇中溶解 2g
甲基橙	0.1%	1L 水中溶解 1g
酚酞		1L 90%乙醇中溶解 1g
溴甲酚蓝(溴甲酚绿)		0.1g 该指示剂与 2.9mL 0.05mol/L NaOH 一起搅匀,用水稀释至 250mL;或 1L 20%乙醇中溶解 1g 该指示剂
石蕊		2g 石蕊溶于 50mL 水中,静置一昼夜后过滤,在溴液中加 30mL 95%乙醇,再加水稀释至 100mL
氯水		在水中通入氯气直至饱和,该溶液使用时临时配制
溴水		在水中滴入液溴至饱和
碘液	0.01	溶解 1.3g 碘和 5g KI 于尽可能少量的水中,加水稀释至 1L
品红溶液		0.01%的水溶液
淀粉溶液	0.2%	将 0.2g 淀粉和少量冷水调成糊状,倒入 100mL 沸水中,煮沸后冷却即可
NH_3-NH_4Cl 缓冲溶液		20g NH_4Cl 溶于适量水中,加入 100mL 氨水(密度 $0.9g/cm^3$),混合后稀释至 1L,即为 pH=10 的缓冲溶液
仲钼酸铵 $(NH_4)_6Mo_7O_{24}\cdot 4H_2O$	0.1	溶解 124g $(NH_4)_6Mo_7O_{24}\cdot 4H_2O$ 于 1L 水中,将所得溶液倒入 1L 6mol/L HNO_3 中,放置 24h,取其澄清溶液
硫化铵 $(NH_4)_2S$	3	取一定量氨水,将其平均分配成两份,把其中一份通入 H_2S 至饱和,而后与另一份氨水混合
铁氰化钾 $K_3[Fe(CN)_6]$		取铁氰化钾约 0.7～1g 溶解于水中,稀释至 100mL(使用前临时配制)
铬黑 T		将铬黑 T 和烘干的 NaCl 按 1∶100 的比例研细,均匀混合,置于棕色瓶中
二苯胺		将 1g 二苯胺在搅拌下溶于 100mL 密度 $1.84g/cm^3$ 硫酸或 100mL $1.7g/cm^3$ 磷酸中(该溶液可保存较长时间)
镍试剂		溶解 10g 镍试剂于 1L 95%的酒精中
镁试剂		溶解 0.01g 镁试剂于 1L 1mol/L 的 NaOH 溶液中
铝试剂		1g 铝试剂溶于 1L 水中
镁铵试剂		将 100g $MgCl_2\cdot 6H_2O$ 和 100gNH_4Cl 溶于水中,加 50mL 浓氨水,用水稀释至 1L
奈氏试剂		溶解 115g HgI 和 80g KI 于水中,稀释至 500mL,加入 500mL 6mol/L NaOH 溶液,静置后取其清液,保存在棕色瓶中
五氰氧铵合铁(Ⅲ)酸钠 $Na_2[Fe(CN)_5NO]$		10g 亚硝酰铁氰酸钠溶解于 100mL H_2O 中,保存在棕色瓶中,如果溶液变绿,则不能用
三氯化铋 $BiCl_3$	0.1	溶解 31.6g $BiCl_3$ 于 330mL 6mol/L HCl 中,加水稀释至 1L
三氯化锑 $SbCl_3$	0.1	溶解 22.8g $SbCl_3$ 于 330mL 6mol/L HCl 中,加水稀释至 1L
氯化亚锡 $SnCl_2$	0.1	溶解 22.6g $SnCl_2\cdot 2H_2O$ 于 330mL 6mol/L HCl 中,加水稀释至 1L,加入数粒纯锡,以防氧化

续表

试剂	浓度/(mol/L)	配制方法
硝酸汞 $Hg(NO_3)_2$	0.1	溶解33.4g $Hg(NO_3)_2 \cdot 0.5H_2O$ 于0.6mol/L HNO_3 中，加水稀释至1L
硝酸亚汞 $Hg_2(NO_3)_2$	0.1	溶解56.1g $Hg_2(NO_3)_2 \cdot 0.5H_2O$ 于0.6mol/L HNO_3 中，加水稀释至1L，并加入少许金属汞
碳酸铵 $(NH_4)_2CO_3$	1	96g研细的 $(NH_4)_2CO_3$ 溶于1L 2mol/L氨水中
硫酸铵 $(NH_4)_2SO_4$	饱和	50g $(NH_4)_2SO_4$ 溶于100mL热水，冷却后过滤
硫酸亚铁 $FeSO_4$	0.5	溶解69.5g $FeSO_4 \cdot 7H_2O$ 于适量水中，加入5mL 18mol/L H_2SO_4，用水稀释至1L，置入小铁钉数枚
六羟基锑酸钠 $Na[Sb(OH)_6]$	0.1	溶解12.2g锑粉于50mL浓 HNO_3 中，微热，使锑粉全部作用成白色粉末，用倾析法洗涤数次，然后加入50mL 6mol/L NaOH使之溶解，稀释至1L
六硝基钴酸钠 $Na_3[Co(NO_2)_6]$		溶解230g $NaNO_2$ 于500mL水中，加入165mL 6mol/L HAc和30g $Co(NO_3)_2 \cdot 6H_2O$ 放置24h，取其清液，稀释至1L，保存在棕色瓶中。此溶液应呈橙色，若变成红色，表示已分解，应重新配制
硫化钠 Na_2S	2	溶解240g $Na_2S \cdot 9H_2O$ 和40g NaOH于水中，稀释至1L

附录12 危险药品的分类、性质和管理

一、危险药品

危险药品是指受光、热、空气、水或撞击等外界因素的影响，可能引起燃烧、爆炸的药品，或具有强腐蚀性、剧毒性的药品。常用的危险药品按危害性可分为以下几类。

类别		举例	性质	注意事项
1. 爆炸品		硝酸铵、苦味酸、三硝基甲苯	遇高热摩擦、撞击等，引起剧烈反应，放出大量气体和热量，产生猛烈爆炸	存放于阴凉、低温处，轻拿轻放
2. 易燃品	易燃液体	丙酮、乙醚、甲醇、乙醇、苯等有机溶剂	沸点低，易挥发，遇火则燃烧，甚至引起爆炸	存放于阴凉处，远离热源，使用时注意通风，不得有明火
	易燃固体	赤磷、硫、萘、硝化纤维	燃点低，受热、摩擦撞击或遇氧化剂，可引起剧烈连续燃烧、爆炸	存放于阴凉处，远离热源，使用时注意通风，不得有明火
	易燃气体	氢气、乙炔、甲烷	因撞击、受热引起燃烧，与空气按一定比例混合会爆炸	使用时注意通风，如为钢瓶气，不得在实验室存放
	遇水易燃品	钠、钾	遇水剧烈反应，产生可燃气体并放出热量 此反应热会引起燃烧	保存于煤油中，切勿与水接触
	自燃物品	黄磷	在适当温度下被空气氧化放热，达到沸点而引起自燃	保存于水中
3. 氧化剂		硝酸钾、氯酸钾、过氧化氢、过氧化钠、高锰酸钾	具有强氧化性，遇酸、受热，与有机物、易燃品、还原剂等混合时，因反应引起燃烧或爆炸	不得与易燃品、爆炸品、还原剂等一起存放
4. 剧毒素		氰化钾、三氧化二砷、升汞、氯化钡	剧毒，少量侵入人体（误食或接触伤口）引使中毒，甚至死亡	专人、专柜保管，现用、现领，用后的剩余物，不论是固体或液体都应交回保管人，并应设有使用登记制度
5. 腐蚀性药品		强酸、强碱、氟化氢、溴、酚	具有强腐蚀性，触及物品会造成腐蚀、破坏 触及人体皮肤，可引起化学烧伤	不要与氧化剂、易燃品、爆炸品放在一起

二、剧毒药品

（1）剧毒类药品　如氰化物、砷化物、生物碱等。剧毒化学试剂包括无机类和有机类。无机剧毒类，如氰化物、砷化物、硒化物，汞、锇、铊、磷的化合物等。有机剧毒类，如硫酸二甲酯、四乙基铅、醋酸苯等。

（2）毒害化学试剂　无机毒害类，如汞、铅、钡、氟的化合物等。有机毒害类，如乙二酸、四氯乙烯、甲苯二异氰酸酯、苯胺等。摄入微量剧毒药品即可使人致残或有生命危险。剧毒药品使用不当会造成严重环境污染。

三、预防措施

1．剧毒物品的管理与使用注意事项

（1）购买剧毒药品必须向学校保卫处申请并批准备案，通过正常渠道在指定的化学危险品商店购买。

（2）剧毒药品管理实行“五双”制度，即两人管理、两人使用、两人运输、两人保管和两把锁为核心的安全管理制度，落实各项安全措施。

（3）剧毒药品保管实行责任制，“谁主管，谁负责”，责任到人。学生使用剧毒物品必须由教师带领，临时工作人员不得使用剧毒物品。

（4）必须由实验室两名正式工作人员持系主任（或执行主任）批准签名的领用报告到化学试剂仓库领取，并妥善保管，严防发生意外事故。

（5）操作时，应穿戴防护服、口罩、橡胶手套等，准确记录实验用剧毒化学试剂的用量。

（6）剧毒药品使用完毕，其容器依然由双人管理，应将剩余化学试剂由两人共同送到化学试剂仓库登记代存，以备再用。送存时应保持标签完好，粘贴牢固。

（7）实验产生的剧毒药品废液、废弃物等要妥善保管，不得随意丢弃、掩埋或水冲。废液、废弃物等应集中保存，统一处理。

（8）剧毒药品使用完毕，其容器依然由双人管理，统一进行报废处理。

（9）过期的、不知名的固体化学药品也要妥善保存，交由学校统一处理。

（10）剧毒物品不得私自转让、赠送、买卖。如果各单位之间需要调剂，必须经保卫处审批。

2．有毒物品使用注意事项

（1）有毒化学试剂应放置在通风处，远离明火、远离热源。

（2）有毒化学试剂一般不得和其他种类的物品（包括非危险品）共同放置，特别是与酸类及氧化剂共放，尤其不能与食品放在一起。

（3）进行有毒化学试剂实验时，化学试剂应轻拿轻放，严禁碰撞、翻滚，以免摔破漏出。

（4）操作时，应穿戴防护服、口罩、橡胶手套等。

四、化学实验室毒品管理规定

（1）各种剧毒药品（包括麻醉品）必须指定工作认真可靠，并具有一定保管知识的专人加强管理。要专库、专柜存放（保险柜），门的钥匙要两人分开保管，动用药品必须两人同时到场。剧毒药品的保管，化学与药学院和保卫部门应经常给予指导和检查。

（2）剧毒药品的增减账目必须高度准确精细，不论任何情况，学生均不能直接领取剧毒药品。

（3）因教学需要用剧毒药品，必须由实验指导教师和实验技术人员共同填写《剧毒药品领用报告单》，注明用途用量，并经实验中心主任、分管院长核定签字后，才能发给（限一次用量）。

（4）在实验室使用剧毒药品时，应向学生及有关人员讲明药品的危害性及正确的操作使用原则，实验中产生的有毒物按相关的三废处理办法妥善处理。

（5）学生必须在教师监督之下使用剧毒药品，必须严谨细心，不得使剧毒药品洒落、遗失。含有剧毒药品的废液，实验过程中要全部回收，必须作无毒处理后，倒入废液储罐。

（6）剧毒药品的使用、处理情况要记录在案，使用人签字后交实验中心主任存档。领出的剧毒药品如未用完，应交回剧毒药品库称量后代管。任何人不得将此类药品带出实验室。

（7）剧毒药品库应对外保密，内部人员尽量减少介入，保管人员要尽量相对稳定、保密，确保安全。

（8）每年清理盘存剧毒药品一次，盘存的结果应由实验中心和剧毒药品保管员分别备案存档。

附录 13　相对原子质量表（IUPAC1993 年公布）

元素		相对原子质量	元素		相对原子质量	元素		相对原子质量	元素		相对原子质量
符号	名称		符号	名称		符号	名称		符号	名称	
Ac	锕	[227]	Er	铒	167.26	Mn	锰	54.93805	Ru	钌	101.07
Ag	银	107.8682	Es	锿	[254]	Mo	钼	95.94	S	硫	32.066
Al	铝	26.98154	Eu	铕	151.965	N	氮	14.00674	Sb	锑	121.760
Am	镅	[243]	F	氟	18.9984032	Na	钠	22.989768	Sc	钪	44.955910
Ar	氩	39.948	Fe	铁	55.845	Nb	铌	92.90638	Se	硒	78.96
As	砷	74.92159	Fm	镄	[257]	Nd	钕	144.24	Si	硅	28.0855
At	砹	[210]	Fr	钫	[223]	Ne	氖	20.1797	Sm	钐	150.36
Au	金	196.96654	Ga	稼	69.723	Ni	镍	58.6934	Sn	锡	118.710
B	硼	10.811	Gd	钆	157.25	No	锘	[254]	Sr	锶	87.62
Ba	钡	137.327	Ge	锗	72.61	Np	镎	237.0482	Ta	钽	180.9479
Be	铍	9.012182	H	氢	1.00794	O	氧	15.9994	Tb	铽	158.92534
Bi	铋	208.98037	He	氦	4.002602	Os	锇	190.23	Tc	锝	98.9062
Bk	锫	[247]	Hf	铪	178.49	P	磷	30.973762	Te	碲	127.60
Br	溴	79.904	Hg	汞	200.59	Pa	镤	231.0588	Th	钍	232.0381
C	碳	12.011	Ho	钬	164.93032	Pb	铅	207.2	Ti	钛	47.867
Ca	钙	40.078	I	碘	126.90447	Pd	钯	106.42	Tl	铊	204.3833
Cd	镉	112.411	In	铟	114.818	Pm	钷	[145]	Tm	铥	168.93421
Ce	铈	140.115	Ir	铱	192.22	Po	钋	[约 210]	U	铀	238.0289
Cf	锎	[251]	K	钾	39.0983	Pr	镨	140.90765	V	钒	50.9415
Cl	氯	35.4527	Kr	氪	83.80	Pt	铂	195.08	W	钨	183.84
Cm	锔	[247]	La	镧	138.9055	Pu	钚	[244]	Xe	氙	131.29
Co	钴	58.93320	Li	锂	6.941	Ra	镭	226.0254	Y	钇	88.90585
Cr	铬	51.9961	Lr	铹	[257]	Rb	铷	85.4678	Yb	镱	173.04
Cs	铯	132.90543	Lu	镥	174.967	Re	铼	186.207	Zn	锌	65.39
Cu	铜	63.546	Md	钔	[256]	Rh	铑	102.90550	Zr	锆	91.224
Dy	镝	162.50	Mg	镁	24.3050	Rn	氡	[222]			

附录 14　常用指示剂

一、酸碱指示剂（18～25℃）

指示剂名称	pH 变化范围	颜色变化	溶液配置方法
甲基紫(第一变色范围)	0.13～0.5	黄～绿	1g/L 或 0.5g/L 的水溶液
甲酚红(第一变色范围)	0.2～1.8	红～黄	0.04g 指示剂溶于 100mL 50%乙醇
甲基紫(第二变色范围)	1.0～1.5	绿～蓝	1g/L 水溶液
百里酚蓝(麝香草酚蓝)(第一变色范围)	1.2～2.8	红～黄	0.1g 指示剂溶于 100mL20%乙醇
甲基紫(第三变色范围)	2.0～3.0	蓝～紫	1g/L 水溶液
甲基橙	3.1～4.4	红～黄	1g/L 水溶液
溴酚蓝	3.0～4.6	黄～蓝	0.1g 指示剂溶于 100mL 20%乙醇
刚果红	3.0～5.2	蓝紫～红	1g/L 水溶液
溴甲酚绿	3.8～5.4	黄～蓝	0.1g 指示剂溶于 100mL 20%乙醇
甲基红	4.4～6.2	红～黄	0.1g 或 0.2g 指示剂溶于 100mL 60%乙醇
溴酚红	5.0～6.8	黄～红	0.1g 或 0.04g 指示剂溶于 100mL 20%乙醇
溴百里酚蓝	6.0～7.6	黄～蓝	0.05g 指示剂溶于 100mL 20%乙醇
中性红	6.8～8.0	红～亮黄	0.1g 指示剂溶于 100mL 60%乙醇
酚红	6.8～8.0	黄～红	0.1g 指示剂溶于 100mL 20%乙醇
甲酚红	7.2～8.8	亮黄～紫红	0.1g 指示剂溶于 100mL 50%乙醇
百里酚蓝（麝香草酚蓝）(第二变色范围)	8.0～9.6	黄～蓝	参看第一变色范围
酚酞	8.2～10.0	无色～紫红	0.1g 指示剂溶于 100mL 60%乙醇
百里酚酞	9.3～10.5	无色～蓝	0.1g 指示剂溶于 100mL 90%乙醇

二、酸碱混合指示剂

指示剂溶液的组成	变色点	颜色		备　注
		酸色	碱色	
三份 1g/L 溴甲酚绿酒精溶液 一份 2g/L 甲基红酒精溶液	5.1	酒红	绿	
一份 2g/L 甲基红酒精溶液 一份 1g/L 次甲基蓝酒精溶液	5.4	红紫	绿	pH 5.2 红紫 pH 5.4 暗蓝 pH 5.6 绿
一份 1g/L 溴甲酚绿钠盐水溶液 一份 1g/L 氯酚红钠盐水溶液	6.1	黄绿	蓝紫	pH 5.4 蓝绿 pH 5.8 蓝 pH 6.2 蓝紫
一份 1g/L 中性红酒精溶液 一份 1g/L 次甲基蓝酒精溶液	7.0	蓝紫	绿	pH 7.0 蓝紫
一份 1g/L 溴百里酚蓝钠盐水溶液 一份 1g/L 酚红钠盐水溶液	7.5	黄	绿	pH 7.2 暗绿 pH 7.4 淡紫 pH 7.6 深紫
一份 1g/L 甲酚红钠盐水溶液 三份 1g/L 百里酚蓝钠盐水溶液	8.3	黄	紫	pH 8.2 玫瑰色 pH 8.4 紫色

三、金属离子指示剂

指示剂名称	离解平衡和颜色变化	溶液配制方法
铬黑 T(EBT)	$H_2In^- \xrightleftharpoons{pk_{a2}^{\ominus}=6.3} HIn^{2-} \xrightleftharpoons{pk_{a3}^{\ominus}=11.5} In^{3-}$ 紫红 蓝 橙	5g/L 水溶液
二甲酚橙(XO)	$H_3In^{4-} \xrightleftharpoons{pk_{a}^{\ominus}=6.3} H_2In^{5-}$ 黄 红	2g/L 水溶液
K-B 指示剂	$H_2In \xrightleftharpoons{pk_{a1}^{\ominus}=8} HIn^- \xrightleftharpoons{pk_{a2}^{\ominus}=13} In^{2-}$ 红 蓝 紫红 (酸性铬蓝 K)	0.2g 酸性铬蓝 K 与 0.4g 萘酚绿 B 溶于 100mL 水中
钙指示剂	$H_2In^- \xrightleftharpoons{pk_{a2}^{\ominus}=7.4} HIn^{2-} \xrightleftharpoons{pk_{a3}^{\ominus}=13.5} In^{3-}$ 酒红 蓝 酒红	5g/L 的乙醇溶液
吡啶偶氮萘酚 (PAN)	$H_2In^+ \xrightleftharpoons{pk_{a2}^{\ominus}=1.9} HIn \xrightleftharpoons{pk_{a3}^{\ominus}=12.2} In^{2-}$ 黄绿 黄 淡红	1g/L 的乙醇溶液
Cu-PAN(CuY-PAN 溶液)	$CuY+PAN+M^{n+} = MY+Cu\text{-}PAN$ 浅绿 无色 红色	取 0.05mol/L Cu^{2+} 溶液 10mL,加 pH5～6 的 HAc 缓冲溶液 5mL、1 滴 PAN 指示剂,加热至 60℃左右,用 EDTA 滴至绿色,得到约 0.025mol/L 的 CuY 溶液。使用时取 2～3mL 于试液中,再加数滴 PAN 溶液
磺基水杨酸	$H_2In \xrightleftharpoons{pk_{a1}^{\ominus}=2.7} HIn^- \xrightleftharpoons{pk_{a2}^{\ominus}=13.1} In^{2-}$ 无色	10g/L 水溶液
钙镁试剂(Calmagnite)	$H_2In^- \xrightleftharpoons{pk_{a2}^{\ominus}=8.4} HIn^{2-} \xrightleftharpoons{pk_{a3}^{\ominus}=13.4} In^{3-}$ 红 蓝 橙红	5g/L 水溶液

注：EBT、钙指示剂、K-B 指示剂等在水溶液中稳定性较差，可以配成指示剂与 NaCl 之比为 1∶100 或 1∶200 的固体粉末。

四、氧化还原指示剂

指示剂名称	变色电势 $E^{\ominus}$/V	颜色变化		溶液配制方法
		氧化态	还原态	
二苯胺	0.76	紫	无色	10g/L 的浓 H_2SO_4 溶液
二苯胺磺酸钠	0.85	紫红	无色	5g/L 水溶液
N-邻苯氨基苯甲酸	1.08	紫红	无色	0.1g 指示剂加 20mL 50g/L 的 Na_2CO_3 溶液,用水稀释至 100mL
邻二氮菲-Fe(Ⅱ)	1.06	浅蓝	红	1.485g 邻二氮菲加 0.965g $FeSO_4$ 溶解，稀释至 100mL(0.025mol/L 水溶液)
5-硝基邻二氮菲-Fe(Ⅱ)	1.25	浅蓝	紫红	1.608g 5-硝基邻二氮菲加 0.695g $FeSO_4$ 溶解,稀释至 100mL(0.025mol/L 水溶液)

五、吸附指示剂

名称	配制	用于测定		
		可测元素(括号内为滴定剂)	颜色变化	测定条件
荧光黄	1%钠盐水溶液	Cl^-,Br^-,I^-,SCN^-(Ag^+)	黄绿～粉红	中性或弱碱性
二氯荧光黄	1%钠盐水溶液	Cl^-,Br^-,I^-(Ag^+)	黄绿～粉红	pH=4.4～7.2
四溴荧光黄(曙红)	1%钠盐水溶液	Br^-,I^-(Ag^+)	橙红～红紫	pH=1～2

附录 15　常用缓冲溶液的配制

缓冲溶液的组成	pK_a	缓冲溶液的 pH	缓冲溶液的配制方法
氨基乙酸-HCl	2.35(pK_{a1})	2.3	取氨基乙酸 150g 溶于 500mL 水中，加浓 HCl 溶液 80mL，加水稀释至 1L
H_3PO_4-柠檬酸盐		2.5	取 $Na_2HPO_4 \cdot 12H_2O$ 113g 溶于 200mL 水后，加柠檬酸 387g，溶解，过滤后，稀释至 1L
一氯乙酸-NaOH	2.86	2.8	取 200g 一氯乙酸溶于 200mL 水中，加 NaOH 40g，溶解后，稀释至 1L
邻苯二甲酸氢钾-HCl	2.95(pK_{a1})	2.9	取 500g 邻苯二甲酸氢钾溶于 500mL 水中，加浓 HCl 溶液 80mL，稀释至 1L
甲酸-NaOH	3.76	3.7	取 95g 甲酸和 40g NaOH 于 500mL 水中，溶解，稀释至 1L
NaAc-HAc	4.74	4.7	取无水 NaAc 83g 溶于水中，加冰醋酸 60mL，稀释至 1L
六亚甲基四胺-HCl	5.15	5.4	取六亚甲基四胺 40g 溶于 200mL 水中，加浓 HCl 10mL，稀释至 1L
Tris-HCl[三羟甲基氨基甲烷 $CNH_2(HOCH_3)_3$]	8.21	8.2	取 25g Tris 试剂溶于水中，加浓 HCl 溶液 8mL，稀释至 1L
NH_3-NH_4Cl	9.26	9.2	取 NH_4Cl 54g 溶于水中，加浓氨水 63mL，稀释至 1L

注：1. 缓冲溶液配制后可用 pH 试纸检查。如 pH 不对，可用共轭酸或碱调节。pH 欲调节精确时，可用 pH 计调节。
2. 若需增加或减少缓冲溶液的缓冲容量时，可相应增加或减少共轭酸碱对的物质的量，再调节之。

附录 16　常用基准物质及其干燥条件与应用

基准物质		干燥后组成	干燥条件	标定对象
名称	分子式			
碳酸氢钠 碳酸钠	$NaHCO_3$ $Na_2CO_3 \cdot 10H_2O$	Na_2CO_3 Na_2CO_3	270～300 270～300	酸 酸
硼砂	$Na_2B_4O_7 \cdot 10H_2O$	$Na_2B_4O_7 \cdot 10H_2O$	放在含 NaCl 和蔗糖饱和液的干燥器中	酸
碳酸氢钾 草酸 邻苯二甲酸氢钾 重铬酸钾 溴酸钾 碘酸钾铜	$KHCO_3$ $H_2C_2O_4 \cdot 2H_2O$ $KHC_8H_4O_4$ $K_2Cr_2O_7$ $KBrO_3$ KIO_3 Cu	K_2CO_3 $H_2C_2O_4 \cdot 2H_2O$ $KHC_8H_4O_4$ $K_2Cr_2O_7$ $KBrO_3$ KIO_3 Cu	270～300 室温、空气干燥 110～120 140～150 130 130 室温、干燥器中保存	酸 碱或 $KMnO_4$ 碱 还原剂 还原剂 还原剂 还原剂
三氧化二砷 草酸钠 碳酸钙 锌 氧化锌 氯化钠 氯化钾 硝酸银	As_2O_3 $Na_2C_2O_4$ $CaCO_3$ Zn ZnO NaCl KCl $AgNO_3$	As_2O_3 $Na_2C_2O_4$ $CaCO_3$ Zn ZnO NaCl KCl $AgNO_3$	室温、干燥器中保存 130 110 室温、干燥器中保存 900～1000 500～600 500～600 280～290	氧化剂 氧化剂 EDTA EDTA EDTA $AgNO_3$ $AgNO_3$ 氯化物
氨基磺酸	$HOSO_2NH_2$	$HOSO_2NH_2$	在真空、H_2SO_4 干燥中保存 48h	碱
氟化钠	NaF	NaF	铂坩埚中 500～550℃下保存 40～50min 后，H_2SO_4 干燥器中冷却	

附录 17　常用熔剂和坩埚

熔剂、混合熔剂名称	所用熔剂量(对试样量而言)	熔融用坩埚材料①						熔剂的性质和用途
		铂	铁	镍	磁	石英	银	
Na_2CO_3(无水)	6～10 倍	+	+	+	—	—	—	碱性熔剂，用于分析酸性矿渣黏土，耐火材料，不溶于酸的残渣，难溶于硫酸盐等
$NaHCO_3$	12～14 倍	+	+	+	—	—	—	碱性熔剂，用于分析酸性矿渣黏土，耐火材料，不溶于酸的残渣，难溶于硫酸盐等
Na_2CO_3-K_2CO_3(1∶1)	6～8 倍	+	+	+	—	—	—	碱性熔剂，用于分析酸性矿渣黏土，耐火材料，不溶于酸的残渣，难溶于硫酸盐等
Na_2CO_3-KNO_3(6∶0.5)	8～10 倍	+	+	+	—	—	—	碱性氧化熔剂，用于测定矿石中的总 S、As、Cr、V，分离 V、Cr 等物中的 Ti
$KNaCO_3$-$Na_2B_4O_7$(3∶2)	10～12 倍	+	—	—	+	+	—	碱性氧化熔剂，用于分析铬铁矿、钛铁矿等
Na_2CO_3-MgO(2∶1)	10～14 倍	+	+	+	+	+	—	碱性氧化熔剂，用于分解铁合金、铬铁矿等
Na_2CO_3-ZnO(2∶1)	8～10 倍	—	—	—	+	+	—	碱性氧化熔剂，用于测定矿石中的硫
Na_2O_2	6～8 倍	—	+	+	—	—	—	碱性氧化熔剂，用于测定矿石和铁合金中的 S、Cr、V、Mn、Si、P；辉钼矿中的 Mo 等
NaOH(KOH)	8～10 倍	—	+	+	—	—	+	碱性熔剂，用以测定锡石中的 Sn，分解硅酸盐等
$KHSO_4$($K_2S_2O_7$)	12～14(8～12)倍	+	—	—	+	+	—	碱性熔剂，用以分解硅酸盐、钨矿石；熔融 Ti、Al、Fe、Cu 等的氧化物
Na_2CO_3∶粉末结晶硫黄(1∶1)	8～12 倍	—	—	—	+	+	—	碱性硫化熔剂用于从铅、铜、银等分离钼、锑、砷、锡；分解有色矿石烘烧后的产品，分离钛和钫等
硼酸酐(熔融、研细)	5～8 倍	+	—	—	—	—	—	主要用于分解硅酸盐(当测定其中的碱金属时)

①“+”可以进行熔融，“—”不能用以熔融，以免损坏坩埚，近年来采用聚四氟乙烯坩埚代替铂器皿用于氢氟酸熔样。

附录18 常用酸碱溶液的质量分数、相对密度和溶解度

一、盐酸

质量分数/%	相对密度	S(HCl)/(g/100mLH_2O)	质量分数/%	相对密度	S(HCl)/(g/100mLH_2O)
1	1.0032	1.003	22	1.1083	24.38
2	1.0082	2.006	24	1.1187	26.85
4	1.0181	4.007	26	1.1290	29.35
6	1.0279	6.167	28	1.1392	31.90
8	1.0376	8.301	30	1.1492	34.48
10	1.0474	10.47	32	1.1593	37.10
12	1.0574	12.69	34	1.1691	39.75
14	1.0675	14.95	36	1.1789	42.44
16	1.0776	17.24	38	1.1885	45.16
18	1.0878	19.58	40	1.1980	47.92
20	1.0980	21.96			

二、硫酸

质量分数/%	相对密度	S(H_2SO_4)/(g/100mLH_2O)	质量分数/%	相对密度	S(H_2SO_4)/(g/100mLH_2O)
1	1.0051	1.005	70	1.6105	112.7
2	1.0118	2.024	80	1.7272	138.2
3	1.0184	3.055	90	1.8144	163.3
4	1.0250	4.100	91	1.8195	165.6
5	1.0317	5.159	92	1.8240	167.8
10	1.0661	10.66	93	1.8279	170.2
15	1.1020	16.53	94	1.8312	172.1
20	1.1394	22.79	95	1.8337	174.2
25	1.1783	29.46	96	1.8355	176.2
30	1.2185	36.56	97	1.8364	178.1
40	1.3028	52.11	98	1.8361	179.9
50	1.3951	69.76	99	1.8342	181.6
60	1.4983	89.90	100	1.8305	183.1

三、发烟硫酸

游离 SO_3 质量分数/%	相对密度	S(游离 SO_3)/(g/100mLH_2O)	游离 SO_3 质量分数/%	相对密度	S(游离 SO_3)/(g/100mLH_2O)
10	1.800	83.46	60	2.020	92.65
20	1.920	85.30	70	2.018	94.48
30	1.957	87.14	90	1.990	98.16
50	2.00	90.81	100	1.984	100.00

注：含游离 SO_3 0～30%在15℃为液体；含游离 SO_3 30%～56%在15℃为固体；含游离 SO_3 56%～73%在15℃为液体；含游离 SO_3 73%～100%在15℃为固体。

四、氢氧化钠溶液

质量分数/%	相对密度	S(NaOH)/(g/100mLH_2O)	质量分数/%	相对密度	S(NaOH)/(g/100mLH_2O)
1	1.0095	1.010	26	1.2848	33.40
5	1.0538	5.269	30	1.3279	39.84
10	1.1089	11.09	35	1.3798	48.31
16	1.1751	18.80	40	1.4300	57.20
20	1.2191	24.38	50	1.5253	76.27

五、氨水

质量分数/%	相对密度	$S(NH_3)$ /(g/100mLH_2O)	质量分数/%	相对密度	$S(NH_3)$ /(g/100mLH_2O)
1	0.9939	9.94	16	0.9362	149.8
2	0.9895	19.97	18	0.9295	167.3
4	0.9811	39.24	20	0.9229	184.6
6	0.9730	58.38	22	0.9164	201.6
8	0.9651	77.21	24	0.9101	218.4
10	0.9575	95.75	26	0.9040	235.0
12	0.9501	114.0	28	0.8980	251.4
14	0.9430	132.0	30	0.8920	267.6

六、碳酸钠

质量分数/%	相对密度	$S(Na_2CO_3)$ /(g/100mLH_2O)	质量分数/%	相对密度	$S(Na_2CO_3)$ /(g/100mLH_2O)
1	1.0086	1.009	12	1.1244	13.49
2	1.0190	2.038	14	1.1463	16.05
4	1.0398	4.159	16	1.1682	13.50
6	1.0606	6.364	18	1.1905	21.33
8	1.0816	8.653	20	1.2132	24.26
10	1.1029	11.03			

附录 19 常用的物理常数

常数	符号	数值	单位
真空中的光速	c_0	$2.997\ 924\ 58(12)\times10^{8}$	m/s
真空磁导率	u_0	$12.566\ 371\times10^{-7}$	H/m
真空电容量	$\varepsilon_0=(u_0c^2)^{-1}$	$8.854\ 187\ 82(7)\times10^{-12}$	F/m
基本电荷	e	$1.602\ 177\ 33(49)\times10^{-19}$	C
精细结构常数	$\alpha=u_0ce^2/2h$	$7.297\ 353\ 08(33)\times10^{-3}$	
普朗克常数	h	$6.626\ 075\ 5(40)\times10^{-34}$	J·s
阿伏伽德罗常数	N_A	$6.022\ 136\ 7(36)\times10^{23}$	mol^{-1}
电子的静止质量	m_e	$9.109\ 389\ 7(54)\times10^{-31}$	kg
质子的静止质量	m_p	$1.672\ 623\ 1(10)\times10^{-27}$	kg
中子的静止质量	m_n	$1.674\ 928\ 6(10)\times10^{-27}$	kg
法拉第常数	F	$9.648\ 530\ 9(29)\times10^{4}$	C/mol
里德堡常数	R^{∞}	$1.097\ 373\ 153\ 4(13)\times10^{7}$	m^{-1}
玻尔半径	$\alpha_0=\alpha/4\pi R^{\infty}$	$5.291\ 772\ 49(31)\times10^{-11}$	m
玻尔磁子	$u_B=e^{h/2m_e}$	$9.274\ 015\ 4(31)\times10^{-24}$	J/T
核磁子	$u_N=e^{h/2m_pc}$	$5.050\ 786\ 6(17)\times10^{-27}$	J/T
摩尔气体常数	R	$8.314\ 510(70)$	J/(K·mol)
波耳兹曼常数	$k=R/L$	$1.380\ 658(12)\times10^{-23}$	J/K

附录 20　一些物质的饱和蒸气压与温度的关系

物质	t/℃	方程及适用范围/℃	a	b	c
溴 Br_2	59.5		6.832.78	113.0	228.0
四氯化碳 CCl_4	76.6	−19～+20	8.004	33914	
二氯甲烷 $CHCl_2$	61.3	−30～+150	6.90328	1163.03	227.4
甲醇 CH_4O	64.65	−10～+80	8.8017	38324	
甲醇 CH_4O	64.65	−20～+140	7.87863	1473.11	230.0
醋酸 $C_2H_4O_2$	118.2	0～+36	7.80307	1651.2	225
乙醇 C_2H_6O	78.37		8.04494	1554.3	222.65
丙酮 C_3H_6O	56.5		7.0244	1161.0	200.22
乙酸乙酯 $C_4H_8O_2$	77.06	−22～+150	7.09808	1238.71	217.0
乙醚 $C_4H_{10}O$	34.6		6.785.74	994.19	220.0
苯(液)C_6H_6	80.10	0～+42	7.9622	34	
苯 C_6H_6	80.10	5.53～140	6.89745	1206.350	220.237
环己烷 C_6H_{12}	80.74	6.56～105	6.84498	1203.526	222.863
正己烷 C_6H_{14}	80.74	−10～+90	7.724	316.79	
环己烷 C_6H_{12}	68.32	−25～+92	6.87773	1171.530	224.366
甲苯 C_7H_8	110.63	−92～+15	8.330	39198	
甲苯 C_7H_8	110.63	6～136	6.953.34	1343.943	219.377
苯甲酸 $C_7H_6O_2$		60～110	9.033	63820	
萘 $C_{10}H_8$		0～+80	11.450	71401	
铅 Pb		525～1325	7.827	188500	
锡 Sn		1950～2270	9.643	328000	

附录 21　不同温度下水的密度和黏度

t/℃	密度/(10^3kg/m^3)	η/mPa·s	t/℃	密度/(10^3kg/m^3)	η/mPa·s
0	0.99987	1.787	26	0.99681	0.8705
1	0.99993	1.728	27	0.99654	0.8513
2	0.99997	1.671	28	0.99626	0.8327
3	0.99999	1.618	29	0.99597	0.8148
4	1.00000	1.567	30	0.99567	0.7975
5	0.99999	1.519	31	0.99537	0.7808
6	0.99997	1.472	32	0.99505	0.7647
7	0.99993	1.428	33	0.99473	0.7491
8	0.99988	1.386	34	0.99440	0.7340
9	0.99981	1.346	35	0.99406	0.7194
10	0.99973	1.307	36	0.99371	0.7052
11	0.99963	1.271	37	0.99336	0.6915
12	0.99952	1.235	38	0.99299	0.6783
13	0.99940	1.202	39	0.99262	0.6654
14	0.99927	1.169	40	0.99224	0.6529
15	0.99913	1.139	41	0.99186	0.6408
16	0.99897	1.109	42	0.99147	0.6291
17	0.99880	1.081	43	0.99107	0.6178
18	0.99862	1.053	44	0.99066	0.6067
19	0.99843	1.027	45	0.99025	0.5960
20	0.99823	1.002	46	0.98982	0.5856
21	0.99802	0.9779	47	0.98940	0.5755
22	0.99780	0.9548	48	0.98896	0.5656
23	0.99756	0.9325	49	0.98852	0.5561
24	0.99732	0.9111	50	0.98807	0.5468
25	0.99707	0.8904			

附录 22 不同温度下水对空气的表面张力

t/℃	γ/N·m^{-1}	t/℃	γ/N·m^{-1}	t/℃	γ/N·m^{-1}
0	0.07564	17	0.07319	26	0.07182
5	0.07492	18	0.07305	27	0.07166
10	0.07422	19	0.07290	28	0.07150
11	0.07407	20	0.07275	29	0.07135
12	0.07393	21	0.07259	30	0.07118
13	0.07378	22	0.07244	35	0.07038
14	0.07364	23	0.07228	40	0.06956
15	0.07349	24	0.07213	45	0.06874
16	0.07334	25	0.07197		

附录 23 不同温度下 KCl 溶液的电导率

t/℃	κ/(S/m)	κ/(S/m)	κ/(S/m)	t/℃	κ/(S/m)	κ/(S/m)	κ/(S/m)
	0.0100mol/L	0.0200mol/L	0.1000mol/L		0.0100mol/L	0.0200mol/L	0.1000mol/L
10	0.1020	0.194	0.933	23	0.1359	0.2659	1.239
11	0.1045	0.2043	0.956	24	0.1386	0.2712	1.264
12	0.1070	0.2093	0.979	25	0.1413	0.2765	1.288
13	0.1095	0.2142	1.002	26	0.1441	0.2819	1.313
14	0.1021	0.2193	1.025	27	0.1468	0.2873	1.337
15	0.1147	0.2243	1.048	28	0.1496	0.2927	1.362
16	0.1173	0.2294	1.072	29	0.1524	0.2981	1.387
17	0.1199	0.2345	1.095	30	0.1552	0.3036	1.412
18	0.1225	0.2397	1.119	31	0.1584	0.3091	1.437
19	0.1251	0.2449	1.143	32	0.1609	0.3146	1.462
20	0.1278	0.2501	1.167	33	0.1638	0.3201	1.488
21	0.1305	0.2553	1.191	34	0.1667	0.3256	1.513
22	0.1332	0.2606	1.215	35	—	0.3312	1.539

附录 24 不同温度下乙醇的密度

t/℃	密度/(10^3kg/m^3)	t/℃	密度/(10^3kg/m^3)	t/℃	密度/(10^3kg/m^3)
5	0.802	20	0.789	27	0.784
10	0.798	21	0.789	28	0.783
15	0.794	22	0.788	29	0.782
16	0.794	23	0.787	30	0.781
17	0.792	24	0.786	40	0.772
18	0.791	25	0.785	50	0.763
19	0.790	26	0.784		

附录 25 恒沸混合物的沸点和组成（101325Pa）

组分 1 及沸点/℃	组分 2 及沸点/℃	恒沸点/℃	恒沸组成(组分 1)/%
乙醇:78.32	水:100	78.12	96
丙醇:97.3	水:100	87	71.7
苯:80.1	乙醇:78.32	67.9	68.3
异丙醇:82.5	环己烷:80.7	69.4	32
乙醇:78.32	环己烷:80.7	64.8	29.2
苯:80.1	环己烷:80.7	68.5	4.7
乙酸乙酯:77	己烷:68.7	65.15	39.9

附录 26 一些离子在水溶液中的摩尔电导率（25℃，无限稀释）

阳离子	$10^4\lambda_m$ /(S·m²/mol)	阴离子	$10^4\lambda_m$ /(S·m²/mol)	阳离子	$10^4\lambda_m$ /(S·m²/mol)	阴离子	$10^4\lambda_m$ /(S·m²/mol)
Ag^+	61.9	F^-	54.4	Hg^{2+}	106.12	IO_3^-	40.5
Ba^{2+}	127.8	ClO_3^-	64.4	Mn^{2+}	107.0	IO_4^-	54.5
Be^{2+}	108	ClO_4^-	67.9	K^+	73.5	NO_2^-	71.8
Ca^{2+}	118.4	CN^-	78	La^{3+}	208.8	NO_3^-	71.4
Cd^{2+}	108	CO_3^{2-}	144	Li^+	38.69	OH^-	198.6
Ce^{3+}	210	CrO_4^{2-}	170	Mg^{2+}	106.12	PO_4^{3-}	207
Co^{2+}	106	$Fe(CN)_6^{4-}$	444	NH_4^+	73.5	SCN^-	66
Cr^{3+}	201	$Fe(CN)_6^{3-}$	303	Na^+	50.11	SO_3^{2-}	159.8
Cs^+	77.26	HCO_3^-	44.5	Ni^{2+}	100	SO_4^{2-}	160
Cu^{2+}	110	HS^-	65	Pb^{2+}	142	Ac^-	40.9
Fe^{2+}	108	HSO_3^-	50	Sr^{2+}	118.92	$C_2O_4^{2-}$	148.4
Fe^{3+}	204	HSO_4^-	50	Tl^+	76	Br^-	73.1
H^+	349.82	I^-	76.8	Zn^{2+}	105.6	Cl^-	76.35

附录 27 低共熔混合物的组成和低共熔温度

组分 1 及沸点/℃	组分 2 及沸点/℃	低共熔温度/℃	低共熔混合物(1 的百分数)/%
Sn:232	Pb:327	183	63.0
Sn:232	Zn:420	198	91.0
Sn:232	Ag:961	221	96.5
Sn:232	Cu:1083	227	99.2
Sn:232	Bi:271	140	42.0
Sb:630	Pb:327	246	12.0
Bi:271	Pb:327	124	55.5
Bi:271	Cd:321	146	60.0
Cd:321	Zn:420	270	83.0

附录 28　一些有机化合物的燃烧热（25℃）

物质	分子式	$-\Delta H_m^{\ominus}$(kJ/mol)	物质	分子式	$-\Delta H_m^{\ominus}$(kJ/mol)
甲烷	CH_4(g)	890.31	甲醇	CH_3OH(l)	726.51
乙烷	C_2H_6(g)	1559.8	乙醇	C_2H_5OH(l)	1366.8
丙烷	C_3H_8(g)	2219.9	正丙醇	C_3H_7OH(l)	2019.8
正戊烷	C_5H_{12}(g)	3536.1	甲酸甲酯	$HCOOCH_3$(l)	979.5
正己烷	C_6H_{14}(l)	4163.1	苯酚	C_6H_5OH(s)	3053.5
乙烯	C_2H_4(g)	1411.0	苯甲醛	C_6H_5CHO(l)	3527.9
乙炔	C_2H_2(g)	1299.6	苯甲酸	C_6H_5COOH(s)	3226.9
环丙烷	C_3H_6(g)	2091.5	乙酸	CH_3COOH(l)	874.54
环丁烷	C_4H_8(l)	2720.5	甲酸	$HCOOH$(l)	254.6
环戊烷	C_5H_{10}(l)	3290.9	丙酸	C_2H_5COOH(l)	1527.3
环己烷	C_6H_{12}(l)	3919.9	丙烯酸	$CH_2CHCOOH$(l)	1368.2
苯	C_6H_6(l)	3267.5	蔗糖	$C_{12}H_{22}O_{11}$(s)	5460.9
萘	C_8H_{10}(s)	5153.9			

附录 29　一些有机物的蒸气压

物质	温度范围/℃	*A*	*B*	*C*
乙醇	－2～100	7.4457	1718.10	237.5
苯	－12～3	8.2310	1885.9	244.2
	8～103	6.0302	1211.03	220.8
乙酸乙酯	15～76	6.2264	1244.95	217.9
环己烷	20～81	5.9659	1201.53	222.7
丙酮	液相	6.2417	1210.60	229.7
甲苯	6～137	6.0792	1344.8	219.5

附录 30　常用单位换算

一、国际单位制的基本单位

量	单位名称	单位符号
长度	米	m
质量	千克(公斤)	kg
时间	秒	s
电流	安[培]	A
热力学温度	开[尔文]	K
物质的量	摩[尔]	mol
光强度	坎[德拉]	ed

二、力单位换算

牛顿 N	千克力 kgf	达因 dyn
1	0.102	10^5
9.80665	1	9.80665×10^5
10^{-5}	1.02×10^{-6}	1

三、压力单位换算

帕斯卡 Pa	工程大气压 kgf/cm^2	毫米水柱 mmH_2O	标准大气压 atm	毫米汞柱 mmHg
1	1.02×10^{-5}	0.102	0.99×10^{-5}	0.0075
98067	1	104	0.9678	735.6
9.807	0.0001	1	0.9678×10^{-4}	0.0736
101325	1.033	10332	1	760
133.32	0.00036	13.6	0.00132	1

四、能量单位换算

尔格 erg	焦耳 J	千克力米 kgf·m	千瓦小时 kW·h	千卡 kcal(国际蒸汽表卡)	升大气压 L·atm
1	10^{-7}	0.102×10^{-7}	27.78×10^{-15}	23.9×10^{-12}	9.869×10^{-10}
107	1	0.102	277.8×10^{-9}	239×10^{-6}	9.869×10^{-3}
9.807×10^7	9.807	1	2.724×10^{-6}	2.342×10^{-3}	9.679×10^{-2}
36×10^{12}	3.6×10^6	367.1×10^3	1	859.845	3.553×10^4
41.87×10^9	4186.8	426.935	1.163×10^{-3}	1	41.29
1.013×10^9	101.3	10.33	2.814×10^{-5}	0.024218	1

注：1erg=1dyn·cm，1J=1N·m=1W·s，1eV=1.602×10^{-19}J；1erg=1dyn·cm，1J=1N·m=1W·s，1eV=1.602×10^{-19}J；1 国际蒸汽表卡=1.00067 热化学卡。

附录 31 甘汞电极的电极电势与温度的关系

甘汞电极①	φ/V
SCE	$0.2412-6.61\times10^{-4}(t-25℃)-1.75\times10^{-6}(t-25℃)\times2-9\times10^{-10}(t-25℃)\times3$
NCE	$0.2801-2.75\times10^{-4}(t-25℃)-2.50\times10^{-6}(t-25℃)\times2-4\times10^{-9}(t-25℃)\times3$
0.1NCE	$0.3337-8.75\times10^{-5}(t-25℃)^{-3}\times10^{-6}(t-25℃)\times2$

① SCE 为饱和甘汞电极；NCE 为标准甘汞电极；0.1NCE 为 0.1mol/L 甘汞电极。

附录 32 常用参比电极的电极电势及温度系数

名称	体系	E①/V	$(dE/dT)/(mV/K)$
氢电极	$Pt,H_2\|H^+[\alpha(H^+)=1]$	0.0000	
饱和甘汞电极	$Hg,Hg_2Cl_2\|$饱和 KCl	0.2415	−0.761
标准甘汞电极	$Hg,Hg_2Cl_2|$1mol/L KCl	0.2800	−0.275
甘汞电极	$Hg,Hg_2Cl_2|$0.1mol/L KCl	0.3337	−0.875
银-氯化银电极	$Ag,AgCl|$0.1mol/L KCl	0.290	−0.3
氧化汞电极	$Hg,HgO|$0.1mol/L KOH	0.165	
硫酸亚汞电极	$Hg,Hg_2SO_4|$1mol/L H_2SO_4	0.6758	
硫酸铜电极	$Cu\|$饱和 $CuSO_4$	0.316	−0.7

① 25℃，相对于标准氢电极（NCE）。

参考文献

[1] 北京师范大学无机教研室等．无机化学实验［M］. 第3版．北京：高等教育出版社，2002.
[2] 刘约权，李贵深．实验化学［M］. 第2版．北京：高等教育出版社，2005.
[3] 毛海荣．无机化学实验［M］. 南京：东南大学出版社，2006.
[4] 崔学桂，张晓丽．基础化学实验（1）：无机及分析化学部分［M］. 北京：化学工业出版社，2003.
[5] 王兴民，李铁汉．基础化学实验［M］. 北京：中国农业出版社，2006.
[6] 徐伟亮．基础化学实验［M］. 北京：科学出版社，2005.
[7] 郑春生，杨南，李梅等．基础化学实验：无机及化学分析实验部分［M］. 天津：南开大学出版社，2001.
[8] 华东理工大学无机教研组．无机化学实验［M］. 北京：高等教育出版社，2007.
[9] 徐家宁，门瑞芝，张寒琪．基础化学实验（上册）：无机化学和化学分析实验［M］. 北京：高等教育出版社，2006.
[10] 朱玲，徐春祥．无机化学实验［M］. 北京：高等教育出版社，2005.
[11] 周井炎．基础化学实验（下册）［M］. 武汉：华中科技大学出版社，2004.
[12] 高丽华．基础化学实验［M］. 北京：化学工业出版社，2004.
[13] 吕苏琴等．基础化学实验（Ⅰ）［M］. 北京：科学出版社，2000.
[14] 大连理工大学无机化学教研室．无机化学实验［M］. 第2版．北京：高等教育出版社，2004.
[15] 古风才，肖衍繁．基础化学实验教程［M］. 北京：科学出版社，2000.
[16] 武汉大学．分析化学实验［M］. 第4版．北京：高等教育出版社，2001.
[17] 湖南大学．基础化学实验［M］. 北京：科学出版社，2001.
[18] 符斌．有色冶金分析手册［M］. 北京：冶金工业出版社．2004.
[19] 曾昭琼．有机化学实验［M］. 第2版．北京：高等教育出版社，2000.
[20] 郭书好．有机化学实验［M］. 第3版．武汉：华中科技大学出版社，2008.
[21] 蔡会武，曲建林．有机化学实验［M］. 西安：西北工业大学出版社，2007.
[22] 《全国有色金属标准化技术委员会检测标准》YS/T 461.1—2003.
[23] 华中师范大学等．分析化学实验［M］. 第3版．北京：高等教育出版社，2001.
[24] 关烨第．有机化学实验［M］. 北京：北京大学出版社，2002.
[25] 李霁良．微型半微型有机化学实验［M］. 北京：高等教育出版社，2003.
[26] 陈大勇等．实验化学（Ⅱ）［M］. 北京：化学工业出版社，2000.
[27] 吉卯祉，葛正华．有机化学实验［M］. 北京：科学出版社，2002.
[28] 柯以侃．大学化学实验［M］. 北京：化学工业出版社，2001.
[29] 陈同云．工科化学实验［M］. 北京：化学工业出版社，2003.
[30] 单尚等．现代大学化学实验［M］. 北京：中国商业出版社，2002.
[31] 蔡炳新等．基础化学实验［M］. 北京：科学出版社，2007.
[32] 刘约权等．实验化学［M］. 北京：高等教育出版社，2008.
[33] 江苏医学院．中药大辞典［M］. 上海：上海人民出版社，1977.
[34] 刘塔斯，裔秀琴．四种大青叶的生药研究［J］. 中药材，1986，(4).
[35] 谢宗万．中药材品种论述［M］. 上海：上海科学技术出版社，1964.
[36] 国家中医药管理局中华本草编委会．中华本草［M］. 上海：上海科学技术出版社，1999.
[37] 中国科学院中国植物志编辑委员会．中国植物志［M］. 北京：科学出版社，1985.
[38] 薛漓，饶伟交．路边青的鉴别研究［J］. 中草药，2004，35 (4)．
[39] 杨秀兰，文正洪．路边青质量标准探讨［J］. 中国民族民间医药杂志，2004，(总66).
[40] 马文瑾．β-环糊精在分析化学中的应用［M］. 理化检验化学分册，2002.38 (6).
[41] 国家药典委员会．中华人民共和国药典一部［M］. 北京：化学工业出版社，2005.
[42] 苗明三，李振国．现代实用中药材质量控制技术［M］. 北京：人民卫生出版社，2000.
[43] 沙世炎．中草药有效成分分析［M］. 北京：人民卫生出版社，1982.
[44] 北京大学化学系物理化学教研室．物理化学实验［M］. 第4版．北京：北京大学出版社，2002.
[45] Shoemaker D P，Garland C W，Nibler J W. Experiments in Physical Chemistry［M］. 5th edition. New York：Mc-Graw-Hill Book Company. 1989.
[46] Weast R C. CRC Handbook of Chemistry and Physic［M］. Boca Raton，Florida：CRC Press，Inc，1985-1986.
[47] 印永嘉．物理化学简明手册［M］. 北京：高等教育出版社，1988.

[48] 陈镜泓，陈传儒．热分析及其应用［M］．北京：科学出版社，1985．
[49] Pope M I，Judd M D. Differential Thermal Analysis［M］. London：Heyden and Son Led，1977.
[50] 汪昆华，罗传秋，周啸．聚合物近代仪器分析［M］．第2版．北京：清华大学出版社，2000．
[51] 雷群芳．中级化学实验［M］．北京：科学出版社，2005．
[52] 罗澄源．物理化学实验［M］．北京：高等教育出版社，2003．
[53] 崔献英．物理化学实验［M］．合肥：中国科学技术大学出版社，2000．
[54] 复旦大学等．庄继华等修订．物理化学实验［M］．第3版．北京：高等教育出版社，2004．
[55] 孙尔康等．物理化学实验［M］．南京：南京大学出版社，1998．
[56] 北京大学化学系物理化学教研室．物理化学实验［M］．北京：北京大学出版社，1995．
[57] 东北师范大学等．物理化学实验［M］．北京：人民教育出版社，2002．
[58] 傅献彩等．物理化学［M］．北京：高等教育出版社，2003．
[59] 蒋月秀，龚福忠，李俊杰．物理化学实验［M］．上海：华东理工大学出版社，2005．
[60] 方能虎．实验化学（下册）［M］．北京：科学出版社，2005．
[61] Moore W J．基础物理化学［M］．江逢霖等译．上海：复旦大学出版社，1992．
[62] P. W. Atkins. J. de. Paula. Atkins' Physical Chemistry，8th ed［M］. Oxford University Press，2006.
[63] 周伟舫．电化学测量［M］．上海：上海科学技术出版社，1985．
[64] Daniels F，Alberty R A，Williams J W，ed. Harriman Expermental Physical Chemistry［M］. New York：McGraw-Hill，Inc，1975.
[65] 戴维·P·休梅尔等．物理化学实验［M］．第4版．俞鼎琼，廖代伟译．北京：化学工业出版社，1990．
[66] 古凤才．基础化学实验教程［M］．第2版．北京：科学出版社，2005．
[67] 肖 D J．胶体与表面化学导论［M］．第3版．张中路，张仁佑译．北京：化学工业出版社，1989．
[68] ［苏］N. C. 拉圃洛夫．胶体化学实验［M］．陈宗琪，张春光等译．济南：山东大学出版社，1987．
[69] 赵国玺．表面活性剂物理化学［M］．北京：北京大学出版社，1984．